TURING 图灵原创

深入剖析 Kubernetes

KUBERNETES DEEP DIVE

张磊 / 著

人民邮电出版社
北京

图书在版编目（CIP）数据

深入剖析Kubernetes / 张磊著. -- 北京 : 人民邮电出版社, 2021.3（2024.5重印）
（图灵原创）
ISBN 978-7-115-56001-8

Ⅰ. ①深… Ⅱ. ①张… Ⅲ. ①Linux操作系统—程序设计 Ⅳ. ①TP316.85

中国版本图书馆CIP数据核字(2021)第029515号

内 容 提 要

本书基于 Kubernetes v1.18，深入剖析 Kubernetes 的本质、核心原理和设计思想。本书从开发者和使用者的真实逻辑出发，逐层剖析 Kubernetes 项目的核心特性，全面涵盖集群搭建、容器编排、网络、资源管理等核心内容，以生动有趣的语言揭示了 Kubernetes 的设计原则和容器编排理念，是一本全面且深入的 Kubernetes 技术指南。

本书适合软件开发人员、架构师、运维工程师以及具备一定服务器端基础知识且对容器感兴趣的互联网从业者阅读。

◆ 著　　　　张　磊
责任编辑　张　霞
责任印制　周昇亮

◆ 人民邮电出版社出版发行　　北京市丰台区成寿寺路 11 号
邮编　100164　　电子邮件　315@ptpress.com.cn
网址　https://www.ptpress.com.cn
固安县铭成印刷有限公司印刷

◆ 开本：800×1000　1/16
印张：24.5　　　　2021 年 3 月第 1 版
字数：579千字　　　　2024 年 5 月河北第 17 次印刷

定价：99.00元

读者服务热线：(010)84084456-6009　印装质量热线：(010)81055316

反盗版热线：(010)81055315

广告经营许可证：京东市监广登字 20170147 号

前　言

很多人在学习 Kubernetes，但也有很多人在抱怨 Kubernetes“太复杂了”。

这里的根本问题在于，Kubernetes 项目的定位是“平台的平台”（The Platform for Platform），所以其核心功能、原语服务的对象是基础平台工程师，而非业务研发人员与运维人员；它的声明式 API 设计、CRD Operator 体系，也是为了方便基础平台工程师接入和构建新基础设施能力而设计的。这就导致作为这些能力的最终使用者——业务人员，实际上跟 Kubernetes 核心定位之间存在明显的错位；而且现有的运维体系和系统，跟 Kubernetes 体系之间也存在巨大的鸿沟。

所以首先需要说明的是，本书面向的最主要受众是广大基础平台工程师。

实际上，与传统中间件从业务研发视角出发不同，云原生基础设施的革命是自底向上的。它始于谷歌 Borg/Omega 这样比“云计算”还要底层的容器基础设施构建理念，然后逐层向上对底层的计算、存储、网络进行了统一的抽象，这些抽象就是今天我们所熟知的 Pod、NetworkPolicy、Volume 等概念。出于基础设施与生俱来的高门槛和声明式应用管理理论被接纳的速度，直到 2019 年，社区对 Kubernetes 体系的认识才刚刚从“类 IaaS 基础设施”“资源管理与调度”，上升到“运维”这个维度。

所以，Kubernetes 的“复杂”是与生俱来的，这是一个专注于对底层基础设施能力进行统一抽象的“能力接入层”的价值所在。而作为基础平台工程师，你应该接受这种“复杂度”，并利用好这种“复杂度”背后各种精妙的设计，构建出真正面向用户的上层系统来服务自己的用户。

这也是为何本书会反复强调 Kubernetes 作为“标准化基础设施能力接入层”这个定位和理念，带着这样的核心思想去审视和研究 Kubernetes 中的各种功能，去讨论它的基础模型与核心设计。我们希望通过不断强调，能够让读者在这个复杂而庞大的项目中抓到主线，真正起到“授之以渔”的效果。

最后，希望你在学习完本书之后，能够理解所谓“声明式 API 和控制器模式”的本质是将底层基础设施能力和运维能力接入 Kubernetes 的一种手段。而这个手段达成的最终效果就是如今 Kubernetes 生态中数以千计的插件化能力，让你能够基于 Kubernetes 轻松构建出各种各样、面向用户的上层平台。

我们更加希望的是，你能够将本书内容“学以致用”，使用 Kubernetes 打造出下一代“以应用为中心”、高可扩展的云原生平台系统。我们希望这些平台的使用者真正能够以用户视角来描述与部署应用，而不是“强迫”自己成为“Kubernetes 专家”。

这时候，作为基础平台工程师，你可能就会更加理解“声明式 API”的真谛：把简单留给用户，把复杂留给自己。

致谢

本书的成书离不开国内云原生开源技术社区的大力支持，尤其是董殿宇、黄福临、欧阳龙坤、潘冬子四位优秀的社区志愿者，对本书的审稿、术语翻译、实践环节 Kubernetes 版本的验证等做出了非常巨大的贡献，在此表示最真挚的谢意！

目 录

第一部分 Kubernetes 基础

第二部分　Kubernetes 核心原理

第三部分 Kubernetes实践进阶

第一部分

Kubernetes 基础

第1章

背景回顾：云原生大事记

1.1 初出茅庐

如果我问你，现今最热门的服务器端技术是什么？想必你不假思索就能回答上来：当然是容器！可是，如果现在不是2021年而是2013年，你的回答还能这么斩钉截铁吗？

现在就让我们把时间拨回到8年前去看看吧。

2013年的后端技术领域，已经太久没有出现过令人兴奋的东西了。曾经被人们寄予厚望的云计算技术，已经从当初虚无缥缈的概念蜕变成了实实在在的虚拟机和账单。而相比于如日中天的AWS和盛极一时的OpenStack，以Cloud Foundry为代表的开源PaaS项目，却成了当时云计算技术中的一股清流。

当时，Cloud Foundry项目已经基本度过了最艰难的概念普及和用户教育阶段，吸引了百度、京东、华为、IBM等一大批国内外技术厂商，开启了以开源PaaS为核心构建平台层服务能力的变革。如果你有机会问问当时的云计算从业者，他们十有八九会告诉你：PaaS的时代就要来了！

这种说法其实一点儿也没错，如果不是后来一个叫Docker的开源项目突然冒出来的话。

事实上，当时还名叫dotCloud的Docker公司，也是这波PaaS热潮中的一份子。只不过相比于Heroku、Pivotal、Red Hat等PaaS弄潮儿，dotCloud公司实在是太微不足道了，而它的主打产品由于跟主流的Cloud Foundry社区脱节，长期以来无人问津。眼看就要被如火如荼的PaaS风潮抛弃，这时dotCloud公司却做出了这样一个决定：将自己的容器项目Docker开源。

显然，这个决定在当时根本没人在乎。

“容器”这个概念从来就不新鲜，也不是Docker公司发明的。即使在当时最热门的PaaS项目Cloud Foundry中，容器也只是其最底层、最没人关注的那一部分。说到这里，我就以当时的事实标准Cloud Foundry为例来解说PaaS技术。

PaaS项目被大家接纳的一个主要原因，就在于它提供了一种名为“应用托管”的能力。当时，虚拟机和云计算已经是比较普遍的技术和服务了，主流用户的普遍用法就是租一批 AWS 或者 OpenStack 的虚拟机，然后像以前管理物理服务器那样，用脚本或者手动的方式在这些机器上部署应用。

当然，在部署过程中难免会遇到云端虚拟机和本地环境不一致的问题，所以当时的云计算服务比的就是谁能更好地模拟本地服务器环境，提供更好的"上云"体验。而 PaaS 开源项目的出现就是当时这个问题的最佳解决方案。

举个例子，虚拟机创建好之后，运维人员只需在这些机器上部署一个 Cloud Foundry 项目，然后开发者只要执行一条命令就能把本地应用部署到云上，这条命令就是：

```
$ cf push _我的应用_
```

是不是很神奇？

事实上，像 Cloud Foundry 这样的 PaaS 项目，最核心的组件就是一套应用的打包和分发机制。Cloud Foundry 为每种主流编程语言都定义了一种打包格式，而 `cf push` 的作用，基本上等同于用户把应用的可执行文件和启动脚本打进一个压缩包内，上传到云上 Cloud Foundry 的存储中。接着，Cloud Foundry 会通过调度器选择一个可以运行这个应用的虚拟机，然后通知这个机器上的 Agent 下载应用压缩包并启动。

这时关键点来了，由于需要在一个虚拟机上启动多个来自不同用户的应用，Cloud Foundry 会调用操作系统的 Cgroups 和 Namespace 机制为每一个应用单独创建一个称为"沙盒"的隔离环境，然后在"沙盒"中启动这些应用进程。这样就实现了把多个用户的应用互不干涉地在虚拟机里批量地、自动地运行起来的目的。

这正是 PaaS 项目最核心的能力。这些 Cloud Foundry 用来运行应用的隔离环境，或者说"沙盒"，就是所谓的"容器"。

Docker 项目实际上跟 Cloud Foundry 的容器并没有太大不同，所以在它发布后不久，Cloud Foundry 的首席产品经理 James Bayer 就在社区里做了一次详细对比，告诉用户 Docker 实际上只是一个同样使用 Cgroups 和 Namespace 实现的"沙盒"而已，没有什么特别的"黑科技"，也不需要特别关注。

然而短短几个月，Docker 项目就迅速崛起了。它的崛起速度如此之快，以至于 Cloud Foundry 以及所有的 PaaS 社区还没来得及成为它的竞争对手，就直接被宣告出局。当时一位多年的 PaaS 从业者如此感慨道：这简直就是一场"降维打击"啊。

难道这一次，连闯荡多年的"老江湖"James Bayer 也看走眼了吗？

并没有。事实上，Docker 项目确实与 Cloud Foundry 的容器在大部分功能和实现原理上一样，可偏偏就是这剩下的一小部分不同的功能，成了 Docker 项目接下来"呼风唤雨"的不二法宝。

这个功能就是 Docker 镜像。

恐怕连 Docker 项目的作者 Solomon Hykes 自己当时都没料到，这个小小的创新，在短短几年内就迅速改变了整个云计算领域的发展历程。

如前所述，PaaS 之所以能够帮助用户大规模地部署应用到集群里，是因为它提供了一套应用打包的功能。可偏偏就是这个打包功能，成了 PaaS 日后不断被用户诟病的一个"软肋"。

出现这个问题的根本原因是，一旦用上 PaaS，用户就必须为每种语言、每种框架，甚至每个版本的应用维护一个打好的包。这个打包过程没有任何章法可循，更麻烦的是，明明在本地运行得好好的应用，却需要做很多修改和配置工作才能在 PaaS 里运行起来。而这些修改和配置并没有什么经验可以借鉴，基本上得靠不断试错，直到摸清了本地应用和远端 PaaS 匹配的"脾气"才能搞定。

结局就是，`cf push` 确实能一键部署了，但是为了实现这个一键部署，用户为每个应用打包的工作可谓一波三折，费尽心机。

而 Docker 镜像解决的恰恰就是打包这个根本性的问题。所谓 Docker 镜像，其实就是一个压缩包。但是这个压缩包里的内容，比 PaaS 的应用可执行文件+启停脚本的组合要丰富多了。实际上，大多数 Docker 镜像是直接由一个完整操作系统的所有文件和目录构成的，所以这个压缩包里的内容跟你本地开发和测试环境用的操作系统完全一样。

这就有意思了：假设你的应用在本地运行时，能看见的环境是 CentOS 7.2 操作系统的所有文件和目录，那么只要用 CentOS 7.2 的 ISO 做一个压缩包，再把你的应用可执行文件也压缩进去，那么无论在哪里解压这个压缩包，都可以得到与你本地测试时一样的环境。当然，你的应用也在里面！

这就是 Docker 镜像最厉害的地方：只要有这个压缩包在手，你就可以使用某种技术创建一个"沙盒"，在"沙盒"中解压这个压缩包，然后就可以运行你的程序了。

更重要的是，这个压缩包包含了完整的操作系统文件和目录，也就是包含了这个应用运行所需要的所有依赖，所以你可以先用这个压缩包在本地进行开发和测试，完成之后再上传到云端运行。

在此过程中，你完全不需要进行任何配置或者修改，因为这个压缩包赋予了你一种极其宝贵的能力：本地环境和云端环境高度一致！

这正是 Docker 镜像的精髓。

那么，有了 Docker 镜像这个利器，PaaS 里最核心的打包系统顿时就没了用武之地，最让用户头疼的打包过程中的麻烦也随之消失了。相比之下，在当今的互联网世界，Docker 镜像需要的操作系统文件和目录可谓唾手可得。

所以，你只需要提供下载好的操作系统文件与目录，然后使用它制作一个压缩包即可，这个命令就是：

```
$ docker build _我的镜像_
```

一旦镜像制作完成，用户就可以让 Docker 创建一个“沙盒”来解压这个镜像，然后在“沙盒”中运行自己的应用，这个命令就是：

```
$ docker run _我的镜像_
```

当然，`docker run` 创建的“沙盒”也是使用 Cgroups 和 Namespace 机制创建出来的隔离环境。后文会详细介绍该机制的实现原理。

所以，Docker 项目给 PaaS 世界带来的“降维打击”，其实是它提供了一种非常便利的打包机制。这种机制直接打包了应用程序运行所需要的整个操作系统，从而保证了本地环境和云端环境的高度一致，避免了用户通过“试错”来匹配不同运行环境之间差异的痛苦过程。

对于开发者来说，在终于体验到了生产力解放所带来的痛快之后，他们自然选择了用“脚”投票，直接宣告了 PaaS 时代的结束。

不过，虽然 Docker 项目解决了应用打包的难题，但如前所述，它并不能代替 PaaS 完成大规模部署应用的职责。

遗憾的是，考虑到 Docker 公司是一个与自己有潜在竞争关系的商业实体，再加上对 Docker 项目普及程度的误判，Cloud Foundry 并没有第一时间使用 Docker 作为核心依赖，去替换那套饱受诟病的打包流程。

反倒是一些机敏的创业公司纷纷在第一时间推出了 Docker 容器集群管理的开源项目（比如 Deis 和 Flynn），它们一般称自己为 CaaS（Container-as-a-Service），用来跟“过时”的 PaaS 划清界限。

在 2014 年底的 DockerCon 上，Docker 公司雄心勃勃地对外发布了自家研发的“Docker 原生”容器集群管理项目 Swarm，不仅将这波“CaaS”热推向了一个前所未有的高潮，更是寄托了整个 Docker 公司重新定义 PaaS 的宏伟愿望。

在 2014 年的这段巅峰岁月里，Docker 公司离自己的理想真的只有一步之遥。

小结

2013~2014 年，以 Cloud Foundry 为代表的 PaaS 项目逐渐完成了教育用户和开拓市场的艰巨任务，也正是在这个将概念逐渐落地的过程中，应用“打包”困难这个问题成了整个后端技术圈子的一个心病。

Docker 项目的出现则为这个根本性的问题提供了一个近乎完美的解决方案。这正是 Docker 项目刚刚开源不久就能够带领一家原本默默无闻的 PaaS 创业公司脱颖而出并迅速占领所有云计算领域头条的技术原因。

在成为了基础设施领域近 10 年难得一见的技术明星之后，dotCloud 公司在 2013 年底大胆改名为 Docker 公司。不过，这个在当时就颇具争议的改名举动成为了日后容器技术圈风云变幻的一个关键伏笔。

1.2　崭露头角

上一节讲到，伴随着 PaaS 概念的逐渐普及，以 Cloud Foundry 为代表的经典 PaaS 项目开始进入基础设施领域的视野，平台化和 PaaS 化成了这个生态中最重要的进化趋势。

就在对开源 PaaS 项目落地的不断尝试中，这个领域的从业者发现了 PaaS 中最为棘手也最亟待解决的一个问题：究竟如何打包应用？

遗憾的是，无论是 Cloud Foundry、OpenShift，还是 Clodify，面对这个问题都没能给出一个完美的答案，反而在竞争中走向了碎片化的歧途。

就在这时，一个并不引人瞩目的 PaaS 创业公司 dotCloud 选择了将自家的容器项目 Docker 开源。更出人意料的是，就是这样一个普通到不能再普通的技术，却开启了一个名为“Docker”的全新时代。

你可能会有疑问，Docker 项目的崛起是不是偶然呢？

事实上，这个以“鲸”为注册商标的技术创业公司，最重要的战略之一就是：坚持把开发者群体放在至高无上的位置。

相比于其他正在企业级市场里厮杀得头破血流的经典 PaaS 项目，Docker 项目的推广策略从一开始就呈现出一副“憨态可掬”的亲人姿态，把每一位后端技术人员（而不是他们的老板）作为主要的传播对象。

简洁的 UI，有趣的 demo，“1 分钟部署一个 WordPress 网站”“3 分钟部署一个 Nginx 集群”，这种同开发者之间与生俱来的亲近关系，使 Docker 项目迅速成为了全世界 Meetup 上最受欢迎的一颗新星。

在过去的很长一段时间里，相较于前端和互联网技术社区，服务器端技术社区一直是一个相对沉闷而小众的圈子。在这里，从事 Linux 内核开发的极客自带“不合群”的“光环”，后端开发者“啃”着多年不变的 TCP/IP 发着牢骚，运维人员更是天生注定的幕后英雄。

而 Docker 项目给后端开发者提供了走向聚光灯下的机会。就比如 Cgroups 和 Namespace 这种已经存在多年却很少被人们关心的特性，在 2014 年和 2015 年竟然频繁入选各大技术会议的分享议题，就因为听众想知道 Docker 这个东西到底是怎么一回事儿。

Docker 项目之所以能获得如此高的关注度，一方面是因为它解决了应用打包和发布这一困扰运维人员多年的技术难题；另一方面是因为它第一次把一个纯后端的技术概念，通过非常友好的设计和封装，交到了最广大的开发者群体手里。

在这种独特的氛围烘托下，你不需要精通 TCP/IP，也无须深谙 Linux 内核原理，哪怕你只是前端或者网站的 PHP 工程师，都会对如何把代码打包成一个随处可以运行的 Docker 镜像充满好奇和兴趣。

这种受众群体的变革，正是 Docker 这样一个后端开源项目取得巨大成功的关键。这也是经典 PaaS 项目想做却没有做好的一件事情：PaaS 的最终用户和受益者，一定是为这个 PaaS 编写应用的开发者；而在 Docker 项目开源之前，PaaS 与开发者之间的关系从未如此紧密过。

Docker 解决了应用打包这个根本性的问题，同开发者有着与生俱来的亲密关系，再加上 PaaS 概念已经深入人心的完美契机，都是让 Docker 这个技术上看似平淡无奇的项目一举走红的重要原因。

一时之间，“容器化”取代“PaaS 化”成为了基础设施领域最炙手可热的关键词，一个以“容器”为中心的全新的云计算市场正呼之欲出。而作为这个生态的一手缔造者，此时的 dotCloud 公司突然宣布将公司改名为“Docker”。

这个举动在当时颇受质疑。在大家的印象中，Docker 只是一个开源项目的名字。可是现在，这个单词却成了 Docker 公司的注册商标，任何人在商业活动中使用这个单词以及鲸的 logo，都会立刻受到法律警告。

对“Docker 公司这个举动到底葫芦里卖的什么药”这个问题，我们不妨后面再做解读，因为相较于这件“小事儿”，Docker 公司在 2014 年发布 Swarm 项目才是真正的“大事儿”。

那么，Docker 公司为什么一定要发布 Swarm 项目呢？

通过我对 Docker 项目崛起背后原因的分析，你应该能发现这样一个有意思的事实：虽然通过“容器”这个概念完成了对经典 PaaS 项目的“降维打击”，但是 Docker 项目和 Docker 公司兜兜转转了一年多，还是回到了 PaaS 项目原本深耕了多年的那个战场：如何让开发者把应用部署在我的项目上。

没错，Docker 项目从发布之初就全面发力，从技术、社区、商业、市场全方位争取到的开发者群体，实际上是为此后将整个生态吸引到自家 PaaS 上的一个铺垫。只不过那时，PaaS 的定义已经全然不是 Cloud Foundry 描述的那样，而是变成了一套以 Docker 容器为技术核心、以 Docker 镜像为打包标准的全新的“容器化”思路。

这正是 Docker 项目从一开始悉心运作“容器化”理念和经营整个 Docker 生态的主要目的。而 Swarm 项目正是接下来承接 Docker 公司所有这些努力的关键所在。

小结

本节着重介绍了 Docker 项目在短时间内迅速崛起的 3 个重要原因：

- Docker 镜像通过技术手段解决了 PaaS 的根本性问题；

- Docker 容器同开发者之间有着与生俱来的密切关系；
- PaaS 概念已经深入人心的完美契机。

1.3 群雄并起

上一节解读了 Docker 项目迅速走红的技术原因与非技术原因，也介绍了 Docker 公司开启平台化战略的野心。可是，Docker 公司为什么在 Docker 项目已经取得巨大成功之后，却执意要走回那条已经让无数先驱沉沙折戟的 PaaS 之路呢？

实际上，Docker 项目一日千里的发展势头一直伴随着公司管理层和股东们的阵阵担忧。他们心里明白，虽然 Docker 项目备受追捧，但用户最终要部署的还是他们的网站、服务、数据库，甚至是云计算业务。

这就意味着，只有那些能够为用户提供平台层能力的工具才会真正成为开发者关心和愿意付费的产品。而 Docker 项目这样一个只能用来创建和启停容器的小工具，最终只能充当这些平台项目的“幕后英雄”。

谈到 Docker 项目的定位问题，就不得不说说 Docker 公司的老朋友和老对手 CoreOS 了。

CoreOS 是一个基础设施领域的创业公司。它的核心产品是一个定制化的操作系统，用户可以按照分布式集群的方式管理所有安装了这个操作系统的节点。如此一来，用户在集群里部署和管理应用就像使用单机一样方便了。

Docker 项目发布后，CoreOS 公司很快就认识到可以把“容器”的概念无缝集成到自己的这套方案中，从而为用户提供更高层次的 PaaS 能力。所以，CoreOS 很早就成了 Docker 项目的贡献者，并在短时间内成为了 Docker 项目中第二重要的力量。

然而，这段短暂的“蜜月期”到 2014 年底就草草结束了。CoreOS 公司以强烈的措辞宣布与 Docker 公司停止合作，并直接推出了自己研制的 Rocket（后来更名为 rkt）容器。

这次决裂的根本原因正是源于 Docker 公司对 Docker 项目定位的不满足。而 Docker 公司解决这种不满足的方法，则是让 Docker 项目提供更多的平台层能力，即向 PaaS 项目进化。这显然与 CoreOS 公司的核心产品和战略发生了严重冲突。

也就是说，Docker 公司在 2014 年就已经定好了平台化的发展方向，并且绝对不会跟 CoreOS 在平台层面开展任何合作。这样看来，Docker 公司在 2014 年 12 月的 DockerCon 上发布 Swarm 的举动，也就一点儿都不突然了。

相较而言，CoreOS 是依托于一系列开源项目（比如 Container Linux 操作系统、Fleet 作业调度工具、systemd 进程管理和 rkt 容器）一层层搭建起来的平台产品，Swarm 项目则是以一个整体对外提供集群管理功能。Swarm 的最大亮点是它完全使用 Docker 项目原本的容器管理 API 来完成集群管理，比如：

单机 Docker 项目：

```
$ docker run "我的容器"
```

多机 Docker 项目：

```
$ docker run -H "我的Swarm集群API地址" "我的容器"
```

所以，在部署了 Swarm 的多机环境中，用户只需要使用原先的 Docker 指令创建一个容器，Swarm 就会拦截这个请求并处理，然后通过具体的调度算法找到一个合适的 Docker Daemon 运行起来。

这种操作方式简洁明了，了解过 Docker 命令行的开发者也很容易掌握。所以，这样一个“原生”的 Docker 容器集群管理项目一经发布，就受到了 Docker 用户群的热捧。相比之下，CoreOS 的解决方案就显得非常另类，更不用说用户还要去接受完全让人摸不着头脑、新造的容器项目 rkt 了。

当然，Swarm 项目只是 Docker 公司重新定义 PaaS 的关键一环而已。在 2014 年到 2015 年这段时期，Docker 项目的迅速走红催生了一个非常繁荣的 Docker 生态。在这个生态里，围绕 Docker 在各个层次进行集成和创新的项目层出不穷。

此时已经大红大紫到“不差钱”的 Docker 公司，开始及时借助这波浪潮通过并购来完善自己的平台层能力。其中最成功的案例莫过于收购 Fig 项目。

要知道，Fig 项目基本上是只靠两个人全职开发和维护的，可它当时在 GitHub 上是热度堪比 Docker 项目的明星。

Fig 项目之所以广受欢迎，是因为它首次提出了“容器编排”（container orchestration）的概念。其实，“编排”在云计算行业不算是新词，它主要是指用户通过某些工具或者配置来完成一组虚拟机以及关联资源的定义、配置、创建、删除等工作，然后由云计算平台按照指定逻辑来完成的过程。

在容器时代，“编排”显然就是对 Docker 容器的一系列定义、配置和创建动作的管理。而 Fig 的工作实际上非常简单：假如现在用户需要部署的是应用容器 A、数据库容器 B、负载均衡容器 C，那么 Fig 就允许用户把 A、B、C 这 3 个容器定义在一个配置文件中，并且可以指定它们之间的关联关系，比如容器 A 需要访问数据库容器 B。

接下来，你只需要执行一条非常简单的指令：

```
$ fig up
```

Fig 就会把这些容器的定义和配置交由 Docker API 按照访问逻辑依次创建，你的一系列容器就都启动了；而容器 A 与容器 B 之间的关联关系，也会通过 Docker 的 Link 功能写入 hosts 文件的方式进行配置。更重要的是，你还可以在 Fig 的配置文件里定义各种容器的副本个数等编排参数，再加上 Swarm 的集群管理能力，一个活脱脱的 PaaS 就呼之欲出了。

Fig 项目被收购后改名为 Compose，它成了 Docker 公司到目前为止第二大受欢迎的项目，直到今日依然被很多人使用。

在当时的容器生态里，还有很多令人眼前一亮的开源项目或公司。比如，专门负责处理容器网络的 SocketPlane 项目（后来被 Docker 公司收购）、专门负责处理容器存储的 Flocker 项目（后来被 EMC 公司收购）、专门给 Docker 集群做图形化管理界面和对外提供云服务的 Tutum 项目（后来被 Docker 公司收购），等等。

一时之间，整个后端和云计算领域的聪明才俊都汇集在了这头“鲸”的周围，为 Docker 生态的蓬勃发展献出了自己的智慧。

除了这个异常繁荣、围绕 Docker 项目和公司的生态，还有一股势力在当时可谓风头正劲，这就是老牌集群管理项目 Mesos 和它背后的创业公司 Mesosphere。

Mesos 作为 Berkeley 主导的大数据套件之一，是大数据火热时最受欢迎的资源管理项目，也是跟 Yarn 项目厮杀得难解难分的实力派选手。

不过，大数据所关注的计算密集型离线业务，其实并不像常规的 Web 服务那样适合用容器进行托管和扩容，对应用打包也没有强烈需求，所以 Hadoop、Spark 等项目到现在也没在容器技术上投下更大的赌注；但是对于 Mesos 来说，天生的两层调度机制让它非常容易从大数据领域抽身，转而支持受众更广的 PaaS 业务。

在这种思路的指导下，Mesosphere 公司发布了一个名为 Marathon 的项目，而这个项目很快就成为了 Docker Swarm 的有力竞争对手。

虽然不能提供像 Swarm 那样的原生 Docker API，但 Mesos 社区拥有一项独特的竞争力：超大规模集群的管理经验。

早在几年前，Mesos 就已经通过了万台节点的验证，2014 年之后又在 eBay 等大型互联网公司的生产环境中被广泛使用。而这次通过 Marathon 实现了诸如应用托管和负载均衡的 PaaS 功能之后，Mesos+Marathon 的组合实际上进化成了一个高度成熟的 PaaS 项目，同时还能很好地支持大数据业务。

所以，在这波容器化浪潮中，Mesosphere 公司不失时机地提出了一个名为“DC/OS”（数据中心操作系统）的口号和产品，旨在让用户能够像管理一台机器那样管理一个万级别的物理机集群，并且使用 Docker 容器在这个集群里自由地部署应用。而这对很多大型企业来说具有非同寻常的吸引力。

此时再审视当时的容器技术生态，就不难发现 CoreOS 公司竟然显得有些尴尬了。它的 rkt 容器完全打不开局面，Fleet 集群管理项目更是少有人问津，CoreOS 完全被 Docker 公司压制了。

处境同样不容乐观的似乎还有 Red Hat，作为 Docker 项目早期的重要贡献者，Red Hat 也是因为对 Docker 公司的平台化战略不满而愤然退出。但此时，它只剩下 OpenShift 这个跟 Cloud

Foundry 同时代的经典 PaaS 一张牌可以打，跟 Docker Swarm 和转型后的 Mesos 完全不在一条赛道上。

那么，事实果真如此吗？

2014 年注定是一个神奇的年份。就在这一年的 6 月，基础设施领域的翘楚谷歌公司突然发力，正式宣告了 Kubernetes 项目的诞生。这个项目不仅挽救了当时的 CoreOS 和 Red Hat，还如同当年 Docker 项目的横空出世一样，再一次改变了整个容器市场的格局。

小结

本节介绍了 Docker 公司平台化战略的来龙去脉，阐述了 Docker Swarm 项目发布的意义和它背后的设计思想，介绍了 Fig（后来的 Compose）项目如何成为了继 Docker 之后最受瞩目的新星。

同时回顾了 2014 年至 2015 年如火如荼的容器化浪潮里群雄并起的繁荣姿态。在这次生态大爆发中，Docker 公司和 Mesosphere 公司依托自身优势率先占据了有利位置。

但是，更强大的挑战者即将在不久后纷纷登场。

1.4 尘埃落定

上一节介绍了随着 Docker 公司一手打造出来的容器技术生态在云计算市场中站稳脚跟，围绕 Docker 项目进行的各个层次的集成与创新产品也如雨后春笋般出现在这个新兴市场中。而 Docker 公司不失时机地发布了 Docker Compose、Swarm 和 Machine “三件套”，在重新定义 PaaS 的方向上迈出了最关键的一步。

这段时间也正是 Docker 生态创业公司的春天，大量围绕 Docker 项目的网络、存储、监控、CI/CD，甚至 UI 项目纷纷出台，也涌现出了很多像 Rancher、Tutum 这样在开源与商业上均取得了巨大成功的创业公司。

2014 年至 2015 年，整个容器社区可谓热闹非凡。

但在这令人兴奋的繁荣背后浮现出了更多的担忧。其中最主要的负面情绪是对 Docker 公司商业化战略的种种顾虑。

事实上，很多从业者也看得明白，Docker 项目此时已经成为 Docker 公司一个商业产品。而开源只是 Docker 公司吸引开发者群体的一个重要手段。不过这么多年来，开源社区的商业化其实都是类似的思路，无非是高不高调、心不心急的问题罢了。

而真正令大多数人不满意的是，Docker 公司在 Docker 开源项目的发展上始终保持着绝对的权威和发言权，并在多个场合用实际行动挑战了其他玩家（比如 CoreOS、Red Hat，甚至谷歌和微软）的切身利益。

那么，此时大家的不满也就不再是在 GitHub 上发发牢骚这么简单了。

相信容器领域的很多老玩家听说过，Docker 项目刚刚兴起时，谷歌也开源了一个在内部使用了多年、经过生产环境验证的 Linux 容器：lmctfy（Let Me Container That For You）。

然而，面对 Docker 项目的强势崛起，这个对用户没那么友好的谷歌容器项目几乎毫无招架之力。所以，知难而退的谷歌公司向 Docker 公司表示了合作的愿望：关停这个项目，和 Docker 公司共同推进一个中立的**容器运行时**（container runtime）库作为 Docker 项目的核心依赖。

不过，Docker 公司并没有认同谷歌这个明显会削弱自己地位的提议，还在不久后独自发布了一个容器运行时库 Libcontainer。这次匆忙的、由一家主导并带有战略性考量的重构，成了 Libcontainer 被社区长期诟病代码可读性差、可维护性不强的一个重要原因。

至此，Docker 公司在容器运行时层面上的强硬态度，以及 Docker 项目在高速迭代中表现出来的不稳定和频繁变更的问题，开始让社区叫苦不迭。

这种情绪在 2015 年达到了一个小高潮，容器领域的其他几位玩家开始商议“切割”Docker 项目的话语权。而“切割”的手段也非常经典，那就是成立一个中立的基金会。

于是，2015 年 6 月 22 日，由 Docker 公司牵头，CoreOS、谷歌、Red Hat 等公司共同宣布，Docker 公司将 Libcontainer 捐出，并改名为 RunC 项目，交由一个完全中立的基金会管理，然后以 RunC 为依据，大家共同制定一套容器和镜像的标准和规范。

这套标准和规范就是 OCI（Open Container Initiative）。OCI 的提出意在将容器运行时和镜像的实现从 Docker 项目中完全剥离。这样做一方面可以改善 Docker 公司在容器技术上一家独大的现状，另一方面也为其他玩家不依赖 Docker 项目构建各自的平台层能力提供了可能。

不过，不难看出，OCI 的成立更多的是这些容器玩家出于自身利益进行干涉的一个妥协结果。所以，尽管 Docker 是 OCI 的发起者和创始成员，它却很少在 OCI 的技术推进和标准制定等事务上扮演关键角色，也没有动力去积极地推进这些所谓的标准。这也是迄今为止 OCI 组织效率持续低下的根本原因。

眼看着 OCI 并没能改变 Docker 公司在容器领域一家独大的现状，于是谷歌和 Red Hat 等公司把第二件武器摆上了台面。

Docker 之所以不担心 OCI 的威胁，原因就在于它的 Docker 项目是容器生态的事实标准，而它所维护的 Docker 社区也足够庞大。可是，一旦这场斗争被转移到容器之上的平台层，或者说 PaaS 层，Docker 公司的竞争优势便立刻捉襟见肘了。

在这个领域里，像谷歌和 Red Hat 这样的成熟公司，都拥有深厚的技术积累；而像 CoreOS 这样的创业公司，也拥有像 etcd 这样被广泛使用的开源基础设施项目。可是 Docker 公司呢？它只有一个 Swarm。

所以这次，谷歌、Red Hat 等开源基础设施领域玩家共同牵头成立了一个名为 CNCF（Cloud Native Computing Foundation）的基金会。这个基金会的目的其实很容易理解：以 Kubernetes 项目为基础，建立一个由开源基础设施领域厂商主导的、按照独立基金会方式运营的平台级社区，来对抗以 Docker 公司为核心的容器商业生态。

为了打造这样一条围绕 Kubernetes 项目的"护城河"，CNCF 社区需要至少确保两件事情：

- Kubernetes 项目必须能够在容器编排领域取得足够大的竞争优势；
- CNCF 社区必须以 Kubernetes 项目为核心，覆盖足够多的场景。

我们先来看看 CNCF 社区是如何解决 Kubernetes 项目在编排领域的竞争力的问题的。

在容器编排领域，Kubernetes 项目需要面对来自 Docker 公司和 Mesos 社区两个方向的压力。不难看出，Swarm 和 Mesos 实际上分别从不同的方向讲出了自己最擅长的故事：Swarm 擅长跟 Docker 生态的无缝集成，而 Mesos 擅长大规模集群的调度与管理。

这两个方向也是大多数人做容器集群管理项目时最容易想到的两个出发点。也正因为如此，Kubernetes 项目如果继续在这两个方向上做文章恐怕就不太明智了。所以这一次，Kubernetes 选择的应对方式是：Borg。

如果你看过 Kubernetes 项目早期的 GitHub Issue 和 Feature，就会发现它们大多来自 Borg 和 Omega 系统的内部特性，这些特性落到 Kubernetes 项目上，就是 Pod、sidecar 等功能和设计模式。

这就解释了为什么 Kubernetes 发布后，很多人"抱怨"其设计思想过于"超前"：Kubernetes 项目的基础特性并不是几个工程师突然"拍脑袋"想出来的，而是谷歌公司在容器化基础设施领域多年来实践经验的沉淀与升华。这正是 Kubernetes 项目能够从一开始就避免同 Swarm 和 Mesos 社区同质化的重要手段。

于是，CNCF 接下来的任务就是如何把这些先进的思想通过技术手段在开源社区落地，并培育出一个认同这些理念的生态。这时，Red Hat 发挥了重要作用。

当时，Kubernetes 团队规模很小，能够投入的工程能力也十分紧张，而这恰恰是 Red Hat 的长处。更难得的是，Red Hat 是世界上为数不多的、能真正理解开源社区运作和项目研发真谛的合作伙伴。

所以，Red Hat 与谷歌联盟的建立，不仅保证了 Red Hat 在 Kubernetes 项目上的影响力，也正式开启了容器编排领域"三国鼎立"的局面。

这时再重新审视容器生态的格局，就不难发现 Kubernetes 项目、Docker 公司和 Mesos 社区这三大玩家的关系已经发生了微妙的变化。

其中，Mesos 社区与容器技术的关系更像是"借势"，而不是该领域真正的参与者和领导者。而 Mesos 所属的 Apache 基金会一直以来运营方式都相对封闭，很少跟基金会之外的世界进行过多的交互和流动。"借势"的关系，加上封闭的社区形态，最终导致了 Mesos 社区虽然技术最为成熟，却在容器编排领域鲜有创新。

这也是为何谷歌公司很快就把注意力转向了动作更加激进的 Docker 公司。

有意思的是，Docker 公司对 Mesos 社区的看法，与本章前面的分析也是类似的。所以从一开始，Docker 公司就把应对 Kubernetes 项目的竞争摆在了首要位置：一方面，不断强调“Docker Native”的重要性；另一方面，与 Kubernetes 项目在多个场合进行了直接的碰撞。

不过，这次竞争的发展态势很快就超出了 Docker 公司的预期。

Kubernetes 项目并没有跟 Swarm 项目展开同质化的竞争，所以“Docker Native”的说辞并没有太大的杀伤力。相反，Kubernetes 项目让人耳目一新的设计理念和号召力，很快就构建出了一个与众不同的容器编排与管理的生态。

就这样，Kubernetes 项目在 GitHub 上的各项指标开始一骑绝尘，将 Swarm 项目远远地甩在了身后。

有了这个基础，CNCF 社区就可以放心地解决第二个问题了。

在已经囊括了容器监控事实标准的 Prometheus 项目之后，CNCF 社区迅速在成员项目中添加了 Fluentd、OpenTracing、CNI 等一系列容器生态的知名工具和项目。

在看到了 CNCF 社区对用户表现出来的巨大吸引力之后，大量的公司和创业团队也开始专门针对 CNCF 社区而非 Docker 公司制定推广策略。

面对这样的竞争态势，Docker 公司决定更进一步。在 2016 年，Docker 公司宣布了一个令所有人震惊的计划：放弃现有的 Swarm 项目，将容器编排和集群管理功能全部内置到 Docker 项目当中。

显然，Docker 公司意识到了 Swarm 项目目前唯一的竞争优势就是跟 Docker 项目的无缝集成。那么，如何让这种优势最大化呢？那就是把 Swarm 内置到 Docker 项目当中。

实际上，从工程角度来看，这种做法的风险很大。内置容器编排、集群管理和负载均衡能力，固然可以让 Docker 项目的边界直接扩大到一个完整的 PaaS 项目的范畴，但这种变更带来的技术复杂度和维护难度，从长远来看对 Docker 项目是不利的。

不过，在当时的大环境下，Docker 公司的选择恐怕也带有一丝孤注一掷的意味。

Kubernetes 的应对策略则是反其道而行之，开始在整个社区推行“民主化”架构，即从 API 到容器运行时的每一层，Kubernetes 项目都为开发者暴露了可以扩展的插件机制，鼓励用户通过代码的方式介入 Kubernetes 项目的每一个阶段。

Kubernetes 项目这个变革的效果立竿见影，很快在整个容器社区中催生出了大量基于 Kubernetes API 和扩展接口的二次创新工作，比如：

- 目前热度极高的微服务治理项目 Istio；

- 被广泛采用的有状态应用部署框架 Operator；
- 还有像 Rook 这样的开源创业项目，它通过 Kubernetes 的可扩展接口，把 Ceph 这样的重量级产品封装成了简单易用的容器存储插件。

就这样，在这种鼓励二次创新的整体氛围当中，Kubernetes 社区在 2016 年之后得到了空前的发展。更重要的是，不同于之前局限于“打包、发布”这样的 PaaS 化路线，容器社区的这一次繁荣是一次完全以 Kubernetes 项目为核心的“百花齐放”。

面对 Kubernetes 社区的崛起和壮大，Docker 公司也不得不面对自己豪赌失败的现实。但早前拒绝了微软的天价收购，Docker 公司实际上已经没有什么回旋的余地了，只能选择逐步放弃开源社区而专注于自己的商业化转型。

所以，从 2017 年开始，Docker 公司先是将 Docker 项目的容器运行时部分 Containerd 捐赠给 CNCF 社区，标志着 Docker 项目已经全面升级为一个 PaaS 平台；紧接着，Docker 公司宣布将 Docker 项目改名为 Moby，然后交给社区自行维护，而 Docker 公司的商业产品将占有 Docker 这个注册商标。

Docker 公司这些举措背后的含义非常明确：它将全面放弃在开源社区同 Kubernetes 生态的竞争，转而专注于自己的商业业务，并且通过将 Docker 项目改名为 Moby 的举动，将原本属于 Docker 社区的用户转化成了自己的客户。

2017 年 10 月，Docker 公司出人意料地宣布，将在自己的主打产品 Docker 企业版中内置 Kubernetes 项目，这标志着持续了近两年之久的“编排之争”至此落下帷幕。

2018 年 1 月 30 日，Red Hat 宣布斥资 2.5 亿美元收购 CoreOS。

2018 年 3 月 28 日，这一切纷争的“始作俑者”——Docker 公司的 CTO Solomon Hykes 宣布辞职。曾经纷纷扰扰的容器技术圈子，至此尘埃落定。

小结

容器技术圈子在短短几年里出现了很多变数，但很多事情其实也在情理之中。就像 Docker 这样一家创业公司，在通过开源社区的运作取得了巨大的成功之后，不得不面对来自整个云计算产业的竞争和围剿。而这个产业的垄断特性，对于 Docker 这样的技术型创业公司其实天生就不友好。

在这种局势下，接受微软的天价收购，在大多数人看来是一个非常明智和实际的选择。可是 Solomon Hykes 却多少有一些理想主义，既然不甘于“寄人篱下”，那他就必须带领 Docker 公司去对抗来自整个云计算产业的压力。

只不过，Docker 公司最后选择的对抗方式是将开源项目与商业产品紧密绑定，打造了一个极端封闭的技术生态。而这其实违背了 Docker 项目与开发者保持亲密关系的初衷。相比之下，

Kubernetes社区正是以一种更加温和的方式承接了Docker项目的未竟事业，即以开发者为核心，构建一个相对“民主”和开放的容器生态。

这也是为何说Kubernetes项目的成功其实是必然的。

现在，我们很难想象如果Docker公司最初选择了跟Kubernetes社区合作，如今的容器生态又将会是怎样的一番景象。不过可以肯定的是，Docker公司在过去几年里的风云变幻，以及Solomon Hykes的传奇经历，都已经在云计算的历史中留下了浓墨重彩的一笔。

第2章

容器技术基础

2.1 从进程开始说起

第1章详细梳理了“容器”技术的来龙去脉。通过这些内容，希望你能理解如下3个事实：

- 容器技术的兴起源于PaaS技术的普及；
- Docker公司发布的Docker项目具有里程碑式的意义；
- Docker项目通过“容器镜像”解决了应用打包这个根本性难题。

紧接着，我们详细介绍了容器技术圈在过去5年里的“风云变幻”。通过这部分内容，希望你能理解这样一个道理：

> 容器本身的价值非常有限，真正有价值的是“容器编排”。

也正因为如此，容器技术生态才爆发了一场关于“容器编排”的“战争”。而这次“战争”最终以Kubernetes项目和CNCF社区的胜利而告终。所以接下来，我会以Kubernetes项目为核心来详细介绍容器技术的各项实践与其中原理。

不过在此之前，还需要搞清楚一个更为基础的问题：

> 容器，到底是怎么一回事儿？

第1章提到，容器其实是一种沙盒技术。顾名思义，沙盒就是能够像一个集装箱一样把你的应用“装”起来的技术。这样，应用与应用之间就因为有了边界而不至于相互干扰；而被装进集装箱的应用，也可以被方便地搬来搬去，这不就是PaaS最理想的状态嘛。

不过，这两个能力说起来简单，但要用技术手段实现，可能大多数人就无从下手了。所以，我们就先来研究这个“边界”的实现手段。

假如现在你要写一个计算加法的小程序，这个程序需要的输入来自一个文件，计算完成后的结果则输出到另一个文件中。

由于计算机只认识0和1，因此无论这段代码是用哪种语言编写的，最后都需要通过某种方式翻译成二进制文件，才能在计算机操作系统中运行。

为了能够让这些代码正常运行，我们往往还要给它提供数据，比如我们这个加法程序所需要的输入文件。这些数据加上代码本身的二进制文件放在磁盘上，就是我们平常所说的一个"程序"，也叫代码的**可执行镜像**（executable image）。然后，我们就可以在计算机上运行这个"程序"了。

首先，操作系统从"程序"中发现输入数据保存在一个文件中，然后这些数据会被加载到内存中待命。同时，操作系统又读取到了计算加法的指令，这时，它就需要指示CPU完成加法操作。而CPU与内存协作进行加法计算，又会使用寄存器存放数值、内存堆栈保存执行的命令和变量。同时，计算机里还有被打开的文件，以及各种各样的I/O设备在不断的调用中修改自己的状态。

就这样，"程序"一旦被执行，它就从磁盘上的二进制文件变成了由计算机内存中的数据、寄存器里的值、堆栈中的指令、被打开的文件，以及各种设备的状态信息组成的一个集合。像这样一个程序运行起来之后的计算机执行环境的总和，就是下面要介绍的主角：进程。

所以，对于进程来说，它的静态表现就是程序，平常都安安静静地待在磁盘上；而一旦运行起来，它就变成了计算机里的数据和状态的总和，这就是它的动态表现。

而容器技术的核心功能，就是通过约束和修改进程的动态表现，为其创造一个"边界"。

对于Docker等大多数Linux容器来说，Cgroups技术是用来制造约束的主要手段，而Namespace技术是用来修改进程视图的主要方法。

你可能会觉得Cgroups和Namespace这两个概念很抽象，别担心，接下来动手实践一下，就很容易理解了。

假设你已经有一个在Linux操作系统上运行的Docker项目，比如我的环境是Ubuntu 16.04和Docker CE 18.05。

接下来首先创建一个容器：

```
$ docker run -it busybox /bin/sh
/ #
```

这个命令是Docker项目最重要的一个操作，即大名鼎鼎的`docker run`。

`-it`参数告诉了Docker项目在启动容器后，需要给我们分配一个文本输入/输出环境，即TTY，跟容器的标准输入相关联，这样我们就可以和这个Docker容器进行交互了。而`/bin/sh`就是我们要在Docker容器里运行的程序。

所以，上面这条指令翻译成人类的语言就是：请帮我启动一个容器，在容器里执行`/bin/sh`，并且给我分配一个命令行终端来跟这个容器交互。

这样，我的 Ubuntu 16.04 机器就变成了一个宿主机，而一个运行着/bin/sh 的容器就在这个宿主机里运行了。

对于上面的例子和原理，如果你已经玩过 Docker，想必不会感到陌生。此时，如果在容器里执行 ps 指令，就会发现一些更有趣的事情：

```
/ # ps
PID  USER   TIME COMMAND
  1 root    0:00 /bin/sh
  10 root   0:00 ps
```

可以看到，在 Docker 里最开始执行的/bin/sh 就是这个容器内部的第 1 号进程（PID=1），而这个容器里共有两个进程在运行。这就意味着，前面执行的/bin/sh 以及刚刚执行的 ps，已经被 Docker 隔离在了一个跟宿主机完全不同的世界当中。

这究竟是怎么做到的呢？

本来，每当我们在宿主机上运行了一个/bin/sh 程序，操作系统都会给它分配一个 PID（进程号），比如 PID=100。这个编号是进程的唯一标识，就像员工的工牌一样。所以可以把 PID=100 粗略地理解为这个/bin/sh 是公司的第 100 号员工，而第 1 号员工就自然是比尔·盖茨这样统领全局的人物。

现在，我们要通过 Docker 在一个容器当中运行这个/bin/sh 程序。这时，Docker 就会在这个第 100 号员工入职时给他施一个"障眼法"，让他永远看不到前面的其他 99 位员工，更看不到比尔·盖茨。这样，他就会误以为自己是公司的第 1 号员工。

这种机制其实就是对被隔离应用的进程空间动了手脚，使得这些进程只能"看到"重新计算过的 PID，比如 PID=1。可实际上，在宿主机的操作系统里，它还是原来的第 100 号进程。

这种技术就是 Linux 中的 Namespace 机制。Namespace 的使用方式也非常有意思：它其实只是 Linux 创建新进程的一个可选参数。我们知道，在 Linux 系统中创建进程的系统调用是 clone()，比如：

```
int pid = clone(main_function, stack_size, SIGCHLD, NULL);
```

这个系统调用就会为我们创建一个新的进程，并且返回它的 PID。

而当我们用 clone()系统调用创建一个新进程时，就可以在参数中指定 CLONE_NEWPID 参数，比如：

```
int pid = clone(main_function, stack_size, CLONE_NEWPID | SIGCHLD, NULL);
```

这时，新创建的这个进程将会"看到"一个全新的进程空间。在这个进程空间里，它的 PID 是 1。之所以说"看到"，是因为这只是一个"障眼法"，在宿主机真实的进程空间里，这个进程的 PID 还是真实的数值，比如 100。

当然，我们还可以多次执行上面的 clone()调用，这样就会创建多个 PID Namespace，而每个 Namespace 里的应用进程都会认为自己是当前容器里的第 1 号进程，它们既“看不到”宿主机里真正的进程空间，也“看不到”其他 PID Namespace 里的具体情况。

除了我们刚刚用到的 PID Namespace，Linux 操作系统还提供了 Mount、UTS、IPC、Network 和 User 这些 Namespace，用来对各种进程上下文施“障眼法”。比如，Mount Namespace 用于让被隔离进程只“看到”当前 Namespace 里的挂载点信息，Network Namespace 用于让被隔离进程“看到”当前 Namespace 里的网络设备和配置。

这就是 Linux 容器最基本的实现原理。

所以，Docker 容器这个听起来玄而又玄的概念，实际上是在创建容器进程时，指定了该进程所需要启用的一组 Namespace 参数。这样，容器就只能“看到”当前 Namespace 所限定的资源、文件、设备、状态或者配置。而对于宿主机以及其他不相关的程序，它就完全“看不到”了。

可见，容器其实是一种特殊的进程而已。

小结

谈到“为进程划分一个独立空间”的思想，自然会联想到虚拟机。图 2-1 对比了虚拟机和容器。

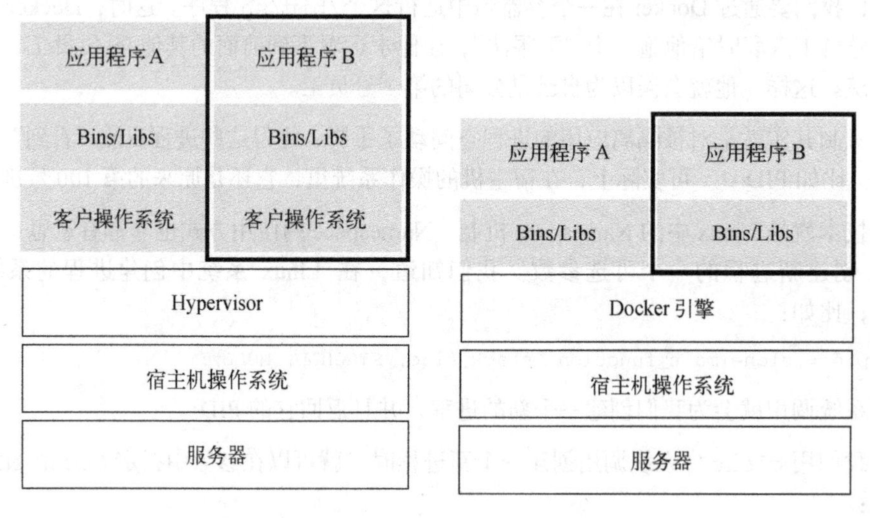

图 2-1　虚拟机和容器的对比图

图 2-1 的左边画出了虚拟机的工作原理。其中，名为 Hypervisor 的软件是虚拟机最主要的部分。它通过硬件虚拟化功能模拟出了运行一个操作系统所需要的各种硬件，比如 CPU、内存、I/O 设备等。然后，它在这些虚拟的硬件上安装了一个新的操作系统——**客户操作系统**（Guset OS）。

这样，用户的应用进程就可以在这个虚拟的机器中运行了，它能“看到”的自然也只有客户操作系统的文件和目录，以及这台机器里的虚拟设备。这就是为什么虚拟机也能起到将不同的应用进程相互隔离的作用。

图 2-1 的右边则用一个名为 Docker 引擎的软件替换了 Hypervisor。这也是很多人把 Docker 项目称为“轻量级”虚拟化技术的原因，实际上就是把虚拟机的概念套在了容器上。

可是这样的说法并不严谨。

在理解了 Namespace 的工作方式之后，你就会明白，和真实存在的虚拟机不同，在使用 Docker 时，并没有一个真正的“Docker 容器”在宿主机中运行。Docker 项目帮助用户启动的还是原来的应用进程，只不过在创建这些进程时，Docker 为它们加上了各种各样的 Namespace 参数。

这时，这些进程就会觉得自己是各自 PID Namespace 里的第 1 号进程，只能“看到”各自 Mount Namespace 里挂载的目录和文件，只能访问到各自 Network Namespace 里的网络设备，就仿佛在一个个“容器”里运行，与世隔绝。

不过，相信你此刻已经会心一笑：这些不过是“障眼法”罢了。

思考题

基于本节对容器本质的讲解，你觉得图 2-1 右侧关于容器的部分怎么画才更精确？

2.2 隔离与限制

上一节详细研究了 Linux 容器中用来实现“隔离”的技术手段：Namespace。通过这些讲解，你应该能够明白，Namespace 技术实际上修改了应用进程看待整个计算机“视图”的视野，即它的“视线”受到了操作系统的限制，只能“看到”某些指定内容。但对于宿主机来说，这些被“隔离”了的进程跟其他进程并没有太大区别。

说到这一点，相信你也能够知道上一节末留的第一个思考题的答案了：在之前虚拟机与容器技术的对比图里，不应该把 Docker 引擎或者任何容器管理工具放在跟 Hypervisor 相同的位置，因为它们并不像 Hypervisor 那样对应用进程的隔离环境负责，也不会创建任何实体的“容器”，真正对隔离环境负责的是宿主机操作系统本身。

所以，在这张对比图里，我们应该把 Docker 画在跟应用同级别并且靠边的位置，如图 2-2 所示。这意味着，用户在容器里运行的应用进程，跟宿主机上的其他进程一样，都由宿主机操作系统统一管理，只不过这些被隔离的进程拥有额外设置的 Namespace 参数。而 Docker 项目在这里扮演的角色，更多的是旁路式的辅助和管理工作。

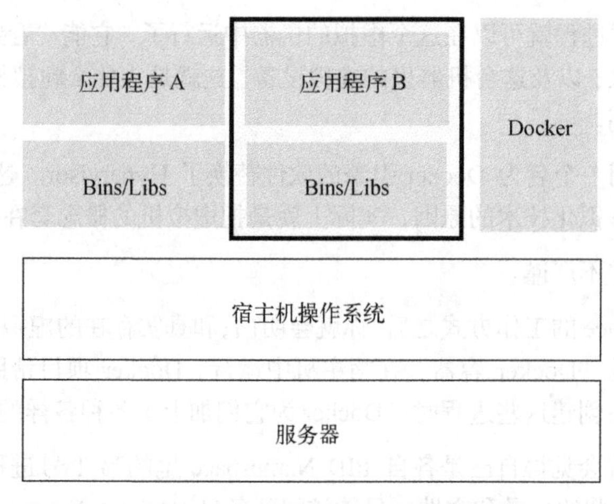

图 2-2 虚拟机与容器技术的对比图

后文讲解 Kubernetes 与容器运行时的时候会专门介绍，其实像 Docker 这样的角色甚至可以去掉。

这样的架构也解释了 Docker 项目比虚拟机更受欢迎的原因：使用虚拟化技术作为应用沙盒，就必须由 Hypervisor 来负责创建虚拟机，这个虚拟机是真实存在的，并且它里面必须运行一个完整的客户操作系统能执行用户的应用进程。这就不可避免地带来了额外的资源消耗和占用。

根据实验，一个运行着 CentOS 的 KVM 启动后，在不做优化的情况下，虚拟机自己就需要占用 100~200 MB 内存。此外，用户应用在虚拟机里运行，它对宿主机操作系统的调用就不可避免地要经过虚拟化软件的拦截和处理，这本身又是一层性能损耗，尤其是对计算资源、网络和磁盘 I/O 的损耗非常大。

相比之下，容器化后的用户应用依然是宿主机上的普通进程，这就意味着不存在因为虚拟化而产生的性能损耗；此外，使用 Namespace 作为隔离手段的容器并不需要单独的客户操作系统，这就使得容器额外的资源占用几乎可以忽略不计。

所以，“敏捷”和“高性能”是容器相较于虚拟机的最大优势，也是它能够在 PaaS 这种更细粒度的资源管理平台上大行其道的重要原因。

不过，有利就有弊，基于 Linux Namespace 的隔离机制相比于虚拟化技术也有很多不足之处，其中最主要的问题就是：隔离得不彻底。

首先，既然容器只是在宿主机上运行的一种特殊的进程，那么多个容器之间使用的就还是同一个宿主机的操作系统内核。

尽管可以在容器里通过 Mount Namespace 单独挂载其他版本的操作系统文件，比如 CentOS 或者 Ubuntu，但这并不能改变共享宿主机内核的事实。这意味着，如果要在 Windows 宿主机上运行 Linux 容器，或者在低版本的 Linux 宿主机上运行高版本的 Linux 容器，都是行不通的。

相比之下，拥有硬件虚拟化技术和独立客户操作系统的虚拟机就要方便得多了。最极端的例子是微软的云计算平台 Azure，它实际上就是在 Windows 服务器集群上运行的，但这并不妨碍你在上面创建出各种 Linux 虚拟机。

其次，在 Linux 内核中，有很多资源和对象是不能被 Namespace 化的，最典型的例子就是：时间。

这就意味着，如果你的容器中的程序使用 `settimeofday(2)` 系统调用修改了时间，那么整个宿主机的时间都会被随之修改，这显然不符合用户的预期。相比于在虚拟机里可以随便折腾的自由度，在容器里部署应用时，“什么能做，什么不能做”，就是用户必须考虑的问题。

此外，由于上述问题，尤其是共享宿主机内核的事实，容器向应用暴露的攻击面是相当大的，应用“越狱”的难度自然也比虚拟机低得多。

更为棘手的是，尽管在实践中我们确实可以使用 Seccomp 等技术，对容器内部发起的所有系统调用进行过滤和甄别来进行安全加固，但这种方法因为多了一层对系统调用的过滤，必然会拖累容器的性能。何况在默认情况下，谁也不知道到底该开启哪些系统调用，禁止哪些系统调用。

所以，在生产环境中，没人敢把在物理机上运行的 Linux 容器直接暴露到公网上。当然，后面会讲解基于虚拟化或者独立内核技术的容器实现，可以比较好地在隔离与性能之间达到平衡。

在理解了容器的“隔离”技术之后，下面研究容器的“限制”问题。

也许你会好奇，我们不是已经通过 Linux Namespace 创建了一个“容器”嘛，为何还需要对容器进行“限制”呢？下面还是以 PID Namespace 为例来解释这个问题。

虽然容器内的第 1 号进程在“障眼法”的干扰下只能“看到”容器里的情况，但是宿主机上，它作为第 100 号进程与其他所有进程之间依然是平等的竞争关系。这就意味着，虽然第 100 号进程表面上被隔离了起来，但是它所能够使用到的资源（比如 CPU、内存），可以随时被宿主机上的其他进程（或者其他容器）占用。当然，这个第 100 号进程自己也可能用光所有资源。这些情况显然都不是一个“沙盒”应该表现出来的合理行为。

而 Linux Cgroups（Linux control groups）就是 Linux 内核中用来为进程设置资源限制的一个重要功能。

有意思的是，谷歌的工程师在 2006 年开发出这项特性时，曾将它命名为“进程容器”（process container）。实际上，在谷歌内部，“容器”这个术语长期以来都用来形容被 Cgroups 限制过的进程组。后来谷歌的工程师说，他们的 KVM 也在 Borg 所管理的“容器”里运行，其实就是在 Cgroups“容器”当中运行。这和我们今天说的 Docker 容器有很大差别。

Linux Cgroups 最主要的作用就是限制一个进程组能够使用的资源上限，包括 CPU、内存、磁盘、网络带宽，等等。

此外，Cgroups 还能够对进程进行优先级设置、审计，以及将进程挂起和恢复等操作。本节会重点探讨它与容器关系最紧密的“限制”能力，并通过一组实践来带你认识 Cgroups。

在 Linux 中，Cgroups 向用户暴露出来的操作接口是文件系统，即它以文件和目录的方式组织在操作系统的/sys/fs/cgroup 路径下。在 Ubuntu 16.04 的机器里，可以用 mount 指令将其显示，这条命令是：

```
$ mount -t cgroup
cpuset on /sys/fs/cgroup/cpuset type cgroup (rw,nosuid,nodev,noexec,relatime,cpuset)
cpu on /sys/fs/cgroup/cpu type cgroup (rw,nosuid,nodev,noexec,relatime,cpu)
cpuacct on /sys/fs/cgroup/cpuacct type cgroup
(rw,nosuid,nodev,noexec,relatime,cpuacct)
blkio on /sys/fs/cgroup/blkio type cgroup (rw,nosuid,nodev,noexec,relatime,blkio)
memory on /sys/fs/cgroup/memory type cgroup (rw,nosuid,nodev,noexec,relatime,memory)
```

它的输出结果是一系列文件系统目录。如果你在自己的机器上没有看到这些目录，就需要挂载 Cgroups，具体做法可自行搜索。

可以看到，在/sys/fs/cgroup 下面有很多诸如 cpuset、cpu、memory 这样的子目录，也叫子系统。这些都是我这台机器当前可以被 Cgroups 限制的资源种类。而在子系统对应的资源种类下，你可以看到这类资源具体可以被限制的方法。比如，对 CPU 子系统来说，我们可以看到如下几个配置文件，这条指令是：

```
$ ls /sys/fs/cgroup/cpu
cgroup.clone_children cpu.cfs_period_us cpu.rt_period_us  cpu.shares
notify_on_release
cgroup.procs      cpu.cfs_quota_us  cpu.rt_runtime_us cpu.stat  tasks
```

如果熟悉 Linux CPU 管理，你就会注意到在它的输出里有 cfs_period 和 cfs_quota 这样的关键词。这两个参数需要组合使用，可用于限制进程在长度为 cfs_period 的一段时间内，只能被分配到总量为 cfs_quota 的 CPU 时间。

这样的配置文件如何使用呢？你需要在对应的子系统下面创建一个目录，比如，现在进入/sys/fs/cgroup/cpu 目录下：

```
root@ubuntu:/sys/fs/cgroup/cpu$ mkdir container
root@ubuntu:/sys/fs/cgroup/cpu$ ls container/
cgroup.clone_children cpu.cfs_period_us cpu.rt_period_us  cpu.shares
notify_on_release
cgroup.procs      cpu.cfs_quota_us  cpu.rt_runtime_us cpu.stat  tasks
```

这个目录称为一个“控制组”。你会发现，操作系统会在你新创建的 container 目录下，自动生成该子系统对应的资源限制文件。

现在，我们在后台执行这样一个脚本：

```
$ while : ; do : ; done &
[1] 226
```

显然，它执行了一个死循环，可以把计算机的 CPU 占满。它的输出显示该脚本在后台运行的 PID 是 226。

这样，我们可以用 top 指令来确认 CPU 是否被占满：

```
$ top
%Cpu0 : 100.0 us, 0.0 sy, 0.0 ni, 0.0 id, 0.0 wa, 0.0 hi, 0.0 si, 0.0 st
```

输出显示，CPU 的使用率已经到 100%了。

此时，可以通过查看 container 目录下的文件，看到 container 控制组里的 CPU quota 还没有任何限制（即–1），CPU period 则是默认的 100 ms（100 000 us）：

```
$ cat /sys/fs/cgroup/cpu/container/cpu.cfs_quota_us
-1
$ cat /sys/fs/cgroup/cpu/container/cpu.cfs_period_us
100000
```

接下来，我们可以通过修改这些文件的内容来设置限制。

比如，向 container 组里的 cfs_quota 文件写入 20 ms（20 000 us）：

```
$ echo 20000 > /sys/fs/cgroup/cpu/container/cpu.cfs_quota_us
```

结合前面的介绍，你应该能明白这个操作的含义。它意味着在每 100 ms 的时间里，被该控制组限制的进程只能使用 20 ms 的 CPU 时间，即该进程只能使用到 20%的 CPU 带宽。

接下来，我们把被限制的进程的 PID 写入 container 组里的 tasks 文件，上面的设置就会对该进程生效：

```
$ echo 226 > /sys/fs/cgroup/cpu/container/tasks
```

我们可以用 top 指令查看：

```
$ top
%Cpu0 : 20.3 us, 0.0 sy, 0.0 ni, 79.7 id, 0.0 wa, 0.0 hi, 0.0 si, 0.0 st
```

可以看到，计算机的 CPU 使用率立刻降到了 20%。

除 CPU 子系统外，Cgroups 的每一项子系统都有其独有的资源限制能力，比如：

- ❑ blkio，为块设备设定 I/O 限制，一般用于磁盘等设备；
- ❑ cpuset，为进程分配单独的 CPU 核和对应的内存节点；
- ❑ memory，为进程设定内存使用限制。

Linux Cgroups 的设计还是比较易用的。简单而言，它就是一个子系统目录加上一组资源限制文件的组合。而对于 Docker 等 Linux 容器项目来说，它们只需要在每个子系统下面为每个容器创建一个控制组（创建一个新目录），然后在启动容器进程之后，把这个进程的 PID 填写到对应控制组的 tasks 文件中即可。

至于在这些控制组下面的资源文件里填上什么值，就靠用户执行 docker run 时的参数指定了，比如这样一条命令：

```
$ docker run -it --cpu-period=100000 --cpu-quota=20000 ubuntu /bin/bash
```

在启动这个容器后，我们可以通过查看 Cgroups 文件系统下 CPU 子系统中“docker”这个控制组里的资源限制文件的内容来确认：

```
$ cat /sys/fs/cgroup/cpu/docker/5d5c9f67d/cpu.cfs_period_us
100000
$ cat /sys/fs/cgroup/cpu/docker/5d5c9f67d/cpu.cfs_quota_us
20000
```

这就意味着这个 Docker 容器只能使用 20%的 CPU 带宽。

小结

本节首先介绍了容器使用 Linux Namespace 作为隔离手段的优势和劣势，对比了 Linux 容器与虚拟机技术的不同，进一步明确了“容器只是一种特殊的进程”这个结论。

除了创建 Namespace，在后续关于容器网络的讲解中，我还会介绍其他一些 Namespace 的操作，比如看不见摸不着的 Linux Namespace 在计算机中到底如何表示、一个进程如何“加入”其他进程的 Namespace 当中，等等。

然后，本节详细介绍了容器在做好了隔离工作之后，如何通过 Linux Cgroups 限制资源，并通过一系列简单的实验模拟了 Docker 项目创建容器限制的过程。

读完本节内容，你现在应该能够理解，一个正在运行的 Docker 容器其实就是一个启用了多个 Linux Namespace 的应用进程，而这个进程能够使用的资源量受 Cgroups 配置的限制。

这也是容器技术中一个非常重要的概念：容器是一个“单进程”模型。

由于一个容器的本质就是一个进程，用户的应用进程实际上就是容器里 PID=1 的进程，也是其他后续创建的所有进程的父进程。这就意味着，在一个容器中，无法同时运行两个不同的应用，除非你能事先找到一个公共的 PID=1 的程序来充当两个不同应用的父进程，这也是为什么很多人会用 systemd 或者 supervisord 这样的软件来代替应用本身作为容器的启动进程。

不过，后面讲解容器设计模式时，我还会推荐其他更好的解决办法。这是因为容器本身的设计就是希望容器和应用能够同生命周期，这个概念对后续的容器编排非常重要。否则，一旦出现类似于“容器正常运行，但是里面的应用早已经停止了”的情况，编排系统处理起来就非常麻烦了。

另外，跟 Namespace 的情况类似，Cgroups 对资源的限制能力也有很多不完善之处，被提及最多的自然是/proc 文件系统的问题。

众所周知，Linux 下的/proc 目录存储的是记录当前内核运行状态的一系列特殊文件，用户可以通过访问这些文件查看系统以及当前正在运行的进程的信息，比如 CPU 使用情况、内存占用率等，这些文件也是 `top` 指令查看系统信息的主要数据来源。

但是，你如果在容器里执行 `top` 指令，就会发现它显示的信息居然是宿主机的 CPU 和内存数据，而非当前容器的数据。

造成这个问题的原因就是，/proc 文件系统并不知道用户通过 Cgroups 给这个容器做了怎样的资源限制，即/proc 文件系统不了解 Cgroups 限制的存在。

在生产环境中，必须修正这个问题，否则应用程序在容器里读取到的 CPU 核数、可用内存等信息都是宿主机上的数据，这会给应用的运行带来非常大的风险。这是在企业中容器化应用碰到的一个常见问题，也是容器相较于虚拟机另一个不尽如人意的地方。

2.3 深入理解容器镜像

前两节主要讲解了 Linux 容器最基础的两种技术：Namespace 和 Cgroups。希望你已经彻底理解了“容器的本质是一种特殊的进程”这个最重要的概念。

如前所述，Namespace 的作用是“隔离”，它让应用进程只能“看到”该 Namespace 内的“世界”；而 Cgroups 的作用是“限制”，它给这个“世界”围了一圈看不见的“墙”。如此一来，进程就真的被“装”在了一个与世隔绝的“房间”里，这些“房间”就是 PaaS 项目赖以生存的应用“沙盒”。

可是，还有一个问题不知道你有没有仔细思考过：这个“房间”虽然有了“墙”，但是如果容器进程低头一看，会是怎样一幅景象呢？换言之，容器里的进程“看到”的文件系统是怎样的呢？

可能你立刻就能想到，这应该是一个关于 Mount Namespace 的问题：容器里的应用进程理应“看到”一套完全独立的文件系统。这样它就可以在自己的容器目录（比如/tmp）下进行操作，而完全不会受宿主机以及其他容器的影响。

那么，真实情况是这样吗？

“左耳朵耗子”叔在多年前写的一篇关于 Docker 基础知识的博客里，曾介绍过一段小程序，它的作用是在创建子进程时开启指定的 Namespace。下面不妨使用它来验证刚刚提出的问题。

```
#define _GNU_SOURCE
#include <sys/mount.h>
#include <sys/types.h>
#include <sys/wait.h>
#include <stdio.h>
#include <sched.h>
#include <signal.h>
#include <unistd.h>

#define STACK_SIZE (1024 * 1024)
static char container_stack[STACK_SIZE];

char* const container_args[] = {
  "/bin/bash",
```

```
  NULL
};
int container_main(void* arg)
{
  printf("Container - inside the container!\n");
  execv(container_args[0], container_args);
  printf("Something's wrong!\n");
  return 1;
}

int main()
{
  printf("Parent - start a container!\n");
  int container_pid = clone(container_main, container_stack+STACK_SIZE, CLONE_NEWNS
| SIGCHLD , NULL);
  waitpid(container_pid, NULL, 0);
  printf("Parent - container stopped!\n");
  return 0;
}
```

这段代码的功能非常简单：在 main 函数里，我们通过 clone()系统调用创建了一个新的子进程 container_main，并且声明要为它启用 Mount Namespace（CLONE_NEWNS 标志）。而这个子进程执行的是一个“/bin/bash”程序，也就是一个 shell。所以这个 shell 就运行在了 Mount Namespace 的隔离环境中。

下面编译这个程序：

```
$ gcc -o ns ns.c
$ ./ns
Parent - start a container!
Container - inside the container!
```

这样，我们就进入了这个“容器”。可是，如果在“容器”里执行 ls 指令，就会发现一个有趣的现象：/tmp 目录下的内容跟宿主机的内容是一样的。

```
$ ls /tmp
# 你会看到宿主机的很多文件
```

也就是说，即使开启了 Mount Namespace，容器进程“看到”的文件系统也跟宿主机完全一样。这是怎么回事呢？

仔细思考一下，就会发现这其实不难理解：Mount Namespace 修改的是容器进程对文件系统“挂载点”的认知。但这也就意味着，只有在“挂载”这个操作发生之后，进程的视图才会改变；而在此之前，新创建的容器会直接继承宿主机的各个挂载点。

这时，你可能已经想到了一个解决办法：在创建新进程时，除了声明要启用 Mount Namespace，还可以告诉容器进程哪些目录需要重新挂载，比如这个/tmp 目录。于是，我们在容器进程执行前可以添加一步重新挂载/tmp 目录的操作：

```
int container_main(void* arg)
{
  printf("Container - inside the container!\n");
  // 如果你机器的根目录的挂载类型是shared，那必须先重新挂载根目录
  // mount("", "/", NULL, MS_PRIVATE, "");
  mount("none", "/tmp", "tmpfs", 0, "");
  execv(container_args[0], container_args);
  printf("Something's wrong!\n");
  return 1;
}
```

在修改后的代码里，我在容器进程启动之前加上了一条 `mount("none", "/tmp", "tmpfs", 0, "")`语句。这就告诉了容器以 tmpfs（内存盘）格式重新挂载/tmp 目录。

这段代码编译执行后的结果是什么呢？下面试验一下：

```
$ gcc -o ns ns.c
$ ./ns
Parent - start a container!
Container - inside the container!
$ ls /tmp
```

可以看到，/tmp 变成了一个空目录，这意味着重新挂载生效了。我们可以用 `mount -l` 检查：

```
$ mount -l | grep tmpfs
none on /tmp type tmpfs (rw,relatime)
```

可以看到，容器里的/tmp 目录是以 tmpfs 方式单独挂载的。

更重要的是，因为我们创建的新进程启用了 Mount Namespace，所以这次重新挂载的操作只在容器进程的 Mount Namespace 中有效。如果在宿主机上用 `mount -l` 来检查该挂载，就会发现它是不存在的：

```
# 在宿主机上
$ mount -l | grep tmpfs
```

这就是 Mount Namespace 跟其他 Namespace 的使用略有不同的地方：它对容器进程视图的改变一定要伴随着挂载操作才能生效。

可是，作为普通用户，我们希望每当创建一个新容器时，容器进程"看到"的文件系统就是一个独立的隔离环境，而不是继承自宿主机的文件系统。这要如何实现呢？

不难想到，我们可以在容器进程启动之前重新挂载它的整个根目录"/"。而由于 Mount Namespace 的存在，这个挂载对宿主机不可见，因此容器进程可以在里面随便折腾。

在 Linux 操作系统里，有一个名为 `chroot` 的命令可以帮你在 shell 中方便地完成这项工作。顾名思义，它的作用就是帮你"change root file system"，即改变进程的根目录到指定位置。

它的用法也非常简单。假设有一个$HOME/test 目录，你想把它作为一个/bin/bash 进程的根目录。

首先，创建一个test目录和几个lib文件夹：

```
$ mkdir -p $HOME/test
$ mkdir -p $HOME/test/{bin,lib64,lib}
$ cd $T
```

然后，把bash命令复制到test目录对应的bin路径下：

```
$ cp -v /bin/{bash,ls} $HOME/test/bin
```

接下来，把bash命令需要的所有so文件也复制到test目录对应的lib路径下。so文件可以用ldd命令找到：

```
$ T=$HOME/test
$ list="$(ldd /bin/ls | egrep -o '/lib.*\.[0-9]')"
$ for i in $list; do cp -v "$i" "${T}${i}"; done
```

最后，执行chroot命令，告诉操作系统我们将使用$HOME/test目录作为/bin/bash进程的根目录：

```
$ chroot $HOME/test /bin/bash
```

此时，如果执行ls /，就会看到它返回的都是$HOME/test目录下的内容，而不是宿主机的内容。更重要的是，被chroot的进程并不会感受到自己的根目录已经被“修改”成了$HOME/test。

这种视图被修改的原理，是否跟之前介绍的Linux Namespace很类似呢？

没错！实际上，Mount Namespace正是基于对chroot的不断改良才被发明出来的，它也是Linux操作系统里第一个Namespace。

当然，为了能让容器的这个根目录看起来更“真实”，我们一般会在这个容器的根目录下挂载一个完整操作系统的文件系统，比如Ubuntu 16.04的ISO。这样，在容器启动之后，我们在容器里通过执行ls /查看根目录下的内容，就是Ubuntu 16.04的所有目录和文件。

这个挂载在容器根目录上用来为容器进程提供隔离后执行环境的文件系统，就是所谓的“容器镜像”。它还有一个更专业的名字：rootfs（根文件系统）。

所以，一个最常见的rootfs，或者说容器镜像，会包括如下所示的一些目录和文件，比如/bin、/etc、/proc等：

```
$ ls /
bin dev etc home lib lib64 mnt opt proc root run sbin sys tmp usr var
```

而你进入容器之后执行的/bin/bash，就是/bin目录下的可执行文件，与宿主机的/bin/bash完全不同。

现在，你应该可以理解，Docker项目最核心的原理实际上就是为待创建的用户进程：

- ❑ 启用Linux Namespace配置；
- ❑ 设置指定的Cgroups参数；

❑ 切换进程的根目录（change root）。

这样，一个完整的容器就诞生了。

不过，Docker 项目在最后一步的切换上会优先使用 `pivot_root` 系统调用；如果系统不支持，才会使用 `chroot`。这两个系统调用虽然功能类似，但也有细微区别，这部分知识就由你自行探索了。

另外，需要明确的是，rootfs 只是一个操作系统所包含的文件、配置和目录，并不包括操作系统内核。在 Linux 操作系统中，这两部分是分开存放的，操作系统只有在开机启动时才会加载指定版本的内核镜像。所以，rootfs 只包括操作系统的“躯壳”，并不包括操作系统的“灵魂”。

那么，对于容器来说，这个操作系统的“灵魂”在哪里呢？实际上，同一台机器上的所有容器都共享宿主机操作系统的内核。这就意味着，如果你的应用程序需要配置内核参数、加载额外的内核模块，以及跟内核进行直接交互，就需要注意了：这些操作和依赖的对象都是宿主机操作系统的内核，它对于该机器上的所有容器来说是一个“全局变量”，牵一发而动全身。

这也是容器相比于虚拟机的主要缺陷之一：毕竟后者不仅有模拟出来的硬件机器充当沙盒，而且每个沙盒里还运行着一个完整的客户操作系统供应用随便折腾。

不过，正是由于 rootfs 的存在，容器才有了一个被反复强调至今的重要特性：一致性。

什么是容器的“一致性”呢？第 1 章曾提到：由于云端与本地服务器环境不同，因此应用的打包过程一直是使用 PaaS 时最麻烦的一个步骤。而有了容器之后，确切地说，有了容器镜像（rootfs）之后，这个问题就被非常优雅地解决了。由于 rootfs 里打包的不只是应用，而是整个操作系统的文件和目录，这就意味着，应用以及它运行所需要的所有依赖都被封装在了一起。

事实上，对于大多数开发者而言，他们对应用依赖的理解一直局限在编程语言层面，比如 Golang 的 Godeps.json。但实际上，一个一直以来容易被忽视的事实是，对于一个应用来说，操作系统本身才是它运行所需要的最完整的“依赖库”。

有了容器镜像“打包操作系统”的能力，这个最基础的依赖环境终于变成了应用沙盒的一部分。这就赋予了容器所谓的一致性：无论在本地、云端，还是在任何地方的一台机器上，用户只需解压打包好的容器镜像，这个应用运行所需的完整的执行环境就能重现。这种下沉到操作系统级别的运行环境一致性，填平了应用在本地开发和远端执行环境之间难以逾越的鸿沟。

不过，这时你可能已经发现了另一个非常棘手的问题：难道每开发一个应用或者升级现有应用，都要重复制作一次 rootfs 吗？比如，用 Ubuntu 操作系统的 ISO 做了一个 rootfs，并安装了 Java 环境，用来部署我的 Java 应用，那么，我的同事在发布他的 Java 应用时，显然希望能够直接使用我安装过 Java 环境的 rootfs，而不是重复这个流程。

一种比较直观的解决办法是，我在制作 rootfs 时，每做一步“有意义”的操作，就保存一个 rootfs，这样我的同事就可以按需求使用 rootfs 了。但是，这个解决办法不具推广性。因为一旦你的同事修改了这个 rootfs，新旧两个 rootfs 之间就没有任何关系了。这会导致极度的碎片化。

那么，既然这些修改都基于一个旧的 rootfs，我们能否以增量的方式去做这些修改呢？这样，所有人都只需要维护相对于 base rootfs 修改的增量内容，而不是每次修改都制造一个“fork”。

当然可以。这也正是为何 Docker 公司在实现 Docker 镜像时并没有沿用以前制作 rootfs 的流程，而是做了一点儿小小的创新：Docker 在镜像的设计中引入了**层**（layer）的概念。也就是说，用户制作镜像的每一步操作都会生成一个层，也就是一个增量 rootfs。

当然，这个想法不是凭空臆造出来的，而是用到了一种叫作 UnionFS（union file system，联合文件系统）的能力。它最主要的功能是将不同位置的目录**联合挂载**（union mount）到同一个目录下。比如，有两个目录 A 和 B，它们分别有两个文件：

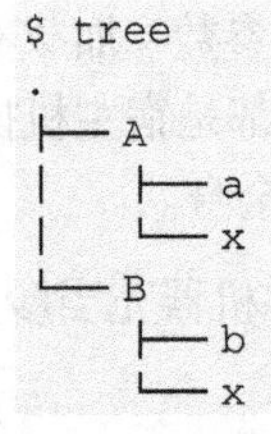

```
$ tree
.
├── A
│   ├── a
│   └── x
└── B
    ├── b
    └── x
```

通过联合挂载的方式将这两个目录挂载到一个公共的目录 C 上：

```
$ mkdir C
$ mount -t aufs -o dirs=./A:./B none ./C
```

此时查看目录 C 的内容，就能看到目录 A 和目录 B 下的文件被合并到了一起：

```
$ tree ./C
./C
├── a
├── b
└── x
```

可以看到，在这个合并后的目录 C 里，有 a、b、x 这 3 个文件，并且 x 文件只有一份。这就是“合并”的含义。此外，如果你在目录 C 里对 a、b、x 文件做修改，这些修改也会在对应的目录 A、B 中生效。

那么，在 Docker 项目中是如何使用这种 UnionFS 的呢？我的环境是 Ubuntu 16.04 和 Docker CE 18.05，这对组合默认使用 AuFS 这个 UnionFS 的实现。你可以通过 `docker info` 命令查看这项信息。

AuFS 的全称是 Another UnionFS，后更名为 Alternative UnionFS，再后来干脆改名为 Advance UnionFS，从这些名字中你应该能看出这样两个事实：

- 它是对 Linux 原生 UnionFS 的重写和改进；
- 它的作者似乎怨气不小。我猜是 Linus Torvalds（Linux 之父）一直不让 AuFS 进入 Linux 内核主干的缘故，所以我们只能在 Ubuntu 和 Debian 这些发行版上使用它。

对于 AuFS 来说，它最关键的目录结构是在/var/lib/docker 路径下的 diff 目录：

```
/var/lib/docker/aufs/diff/<layer_id>
```

下面举例说明这个目录的作用。

我们启动一个容器：

```
$ docker run -d ubuntu:latest sleep 3600
```

此时，Docker 就会从 Docker Hub 上拉取一个 Ubuntu 镜像到本地。

这个所谓的"镜像"，实际上就是一个 Ubuntu 操作系统的 rootfs，它的内容是 Ubuntu 操作系统的所有文件和目录。不过，与之前介绍的 rootfs 稍微不同的是，Docker 镜像使用的 rootfs 往往由多个"层"组成：

```
$ docker image inspect ubuntu:latest
...
     "RootFS": {
      "Type": "layers",
      "Layers": [
        "sha256:f49017d4d5ce9c0f544c...",
        "sha256:8f2b771487e9d6354080...",
        "sha256:ccd4d61916aaa2159429...",
        "sha256:c01d74f99de40e097c73...",
        "sha256:268a067217b5fe78e000..."
      ]
    }
```

可以看到，这个 Ubuntu 镜像实际上由 5 个层组成。这 5 个层就是 5 个增量 rootfs，每一层都是 Ubuntu 操作系统文件与目录的一部分；而在使用镜像时，Docker 会把这些增量联合挂载在一个统一的挂载点上（等价于前面例子中的"/C"目录）。

这个挂载点就是`/var/lib/docker/aufs/mnt/<ID>`，比如：

```
/var/lib/docker/aufs/mnt/6e3be5d2ecccae7cc0fcfa2a2f5c89dc21ee30e166be823ceaeba15dc
e645b3e
```

不出意外，这个目录里正是一个完整的 Ubuntu 操作系统：

```
$ ls
/var/lib/docker/aufs/mnt/6e3be5d2ecccae7cc0fcfa2a2f5c89dc21ee30e166be823ceaeba15dc
e645b3e
bin boot dev etc home lib lib64 media mnt opt proc root run sbin srv sys tmp usr var
```

那么，前面提到的 5 个镜像层是如何被联合挂载成这样一个完整的 Ubuntu 文件系统的呢？

这些信息记录在 AuFS 的系统目录/sys/fs/aufs 下面。

首先，通过查看 AuFS 的挂载信息可以找到这个目录对应的 AuFS 的内部 ID（`si`）：

```
$ cat /proc/mounts| grep aufs
none /var/lib/docker/aufs/mnt/6e3be5d2ecccae7cc0fc... aufs
rw,relatime,si=972c6d361e6b32ba,dio,dirperm1 0 0
```

即 si=972c6d361e6b32ba。

然后，使用这个 ID 就可以在/sys/fs/aufs 下查看被联合挂载在一起的各个层的信息：

```
$ cat /sys/fs/aufs/si_972c6d361e6b32ba/br[0-9]*
/var/lib/docker/aufs/diff/6e3be5d2ecccae7cc...=rw
/var/lib/docker/aufs/diff/6e3be5d2ecccae7cc...-init=ro+wh
/var/lib/docker/aufs/diff/32e8e20064858c0f2...=ro+wh
/var/lib/docker/aufs/diff/2b8858809bce62e62...=ro+wh
/var/lib/docker/aufs/diff/20707dce8efc0d267...=ro+wh
/var/lib/docker/aufs/diff/72b0744e06247c7d0...=ro+wh
/var/lib/docker/aufs/diff/a524a729adadedb90...=ro+wh
```

从这些信息中可以看到，镜像的层都放置在/var/lib/docker/aufs/diff 目录下，然后被联合挂载在/var/lib/docker/aufs/mnt 中。

而且，从这个结构可以看出，这个容器的 rootfs 由如图 2-3 所示的 3 部分组成。

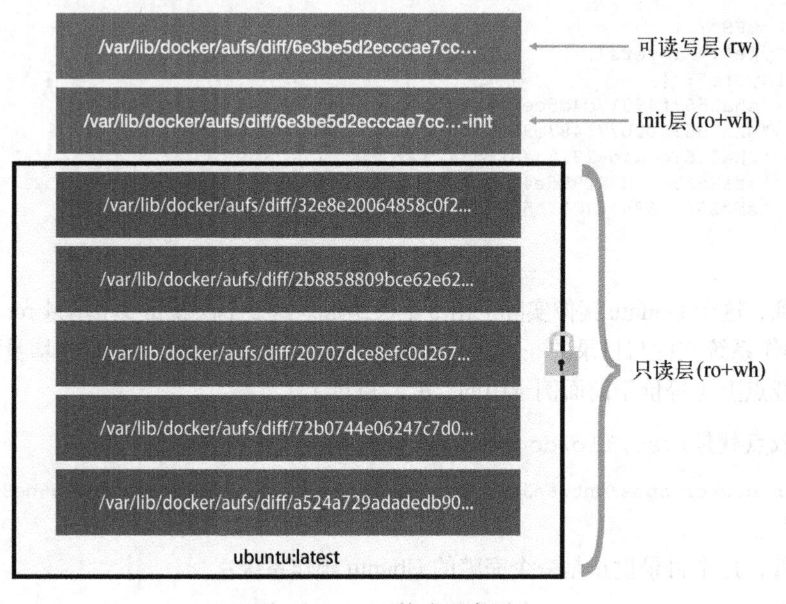

图 2-3　rootfs 构成示意图

1. 只读层

只读层是这个容器的 rootfs 最下面的 5 层，对应的正是 ubuntu:latest 镜像的 5 层。可以看到，它们的挂载方式都是只读的（ro+wh，即 readonly+whiteout，至于什么是 whiteout，稍后会介绍）。

可以分别查看这些层的内容：

```
$ ls /var/lib/docker/aufs/diff/72b0744e06247c7d0...
etc sbin usr var
$ ls /var/lib/docker/aufs/diff/32e8e20064858c0f2...
run
```

```
$ ls /var/lib/docker/aufs/diff/a524a729adadedb900...
bin boot dev etc home lib lib64 media mnt opt proc root run sbin srv sys tmp usr var
```

可以看到，这些层都以增量的方式分别包含了 Ubuntu 操作系统的一部分。

2. 可读写层

可读写层是这个容器的 rootfs 最上面的一层（`6e3be5d2ecccae7cc`），它的挂载方式为 rw，即 read write。在写入文件之前，这个目录是空的。而一旦在容器里进行了写操作，你修改产生的内容就会以增量的方式出现在该层中。

可是，你有没有想到这样一个问题：如果我现在要做的是删除只读层里的一个文件呢？为了实现这样的删除操作，AuFS 会在可读写层创建一个 whiteout 文件，把只读层里的文件“遮挡”起来。

比如，你要删除只读层里一个名为 foo 的文件，那么这个删除操作实际上是在可读写层创建了一个名为.wh.foo 的文件。这样，当这两个层被联合挂载之后，foo 文件就会被.wh.foo 文件“遮挡”，从而“消失”。这个功能就是 ro+wh 的挂载方式，即只读+whiteout。我们一般把 whiteout 形象地翻译为“白障”。

所以，最上面这个可读写层就是专门用来存放你修改 rootfs 后产生的增量的，无论是增、删、改，都发生在这里。而当我们使用完了这个修改过的容器之后，还可以使用 `docker commit` 和 `push` 指令保存这个修改过的可读写层，并上传到 Docker Hub 上供他人使用；与此同时，原先的只读层里的内容不会有任何变化。这就是增量 rootfs 的好处。

3. Init 层

Init 层是一个以`-init` 结尾的层，夹在只读层和可读写层之间。Init 层是 Docker 项目单独生成的一个内部层，专门用来存放/etc/hosts、/etc/resolv.conf 等信息。

需要这样一层的原因是，这些文件本来属于只读的 Ubuntu 镜像的一部分，但是用户往往需要在启动容器时写入一些指定的值（比如 `hostname`），所以需要在可读写层修改它们。可是，这些修改往往只对当前的容器有效，我们并不希望执行 `docker commit` 时把这些信息连同可读写层一起提交。所以，Docker 做法是在修改了这些文件之后以一个单独的层挂载出来。而用户执行 `docker commit` 只会提交可读写层，因此不包含这些内容。

最终，这 7 个层都被联合挂载到/var/lib/docker/aufs/mnt 目录下，表现为一个完整的 Ubuntu 操作系统供容器使用。

小结

本节重点介绍了 Linux 容器文件系统的实现方式。这种机制正是我们经常提到的容器镜像，也称 rootfs。它只是一个操作系统的所有文件和目录，并不包含内核，最多几百兆字节。相比之下，传统虚拟机的镜像大多是一个磁盘的“快照”，磁盘有多大，镜像就至少有多大。

结合使用 Mount Namespace 和 rootfs，容器就能为进程构建出一个完善的文件系统隔离环境。当然，这个功能的实现还必须感谢 `chroot` 和 `pivot_root` 这两个系统调用切换进程根目录的能力。

在 rootfs 的基础上，Docker 公司创新性地提出了使用多个增量 rootfs 联合挂载一个完整 rootfs 的方案，这就是容器镜像中"层"的概念。

通过"分层镜像"的设计，以 Docker 镜像为核心，来自不同公司、不同团队的技术人员被紧密地联系在了一起。而且，由于容器镜像的操作是增量式的，这样每次镜像拉取、推送的内容，比原本多个完整的操作系统要小得多；而共享层的存在，使得所有这些容器镜像需要的总空间也比每个镜像的总和要小。这样就使得基于容器镜像的团队协作，要比基于动则几个吉字节的虚拟机磁盘镜像的协作要敏捷得多。

更重要的是，这个镜像一经发布，那么你在全世界任何地方下载这个镜像，得到的内容都完全一致，可以完全复现这个镜像制作者当初的完整环境。这就是容器技术"强一致性"的重要体现。

这种价值正是支撑 Docker 公司在 2014~2016 年迅猛发展的核心动力。容器镜像的发明，不仅打通了"开发–测试–部署"流程的每一个环节，更重要的是，容器镜像将会成为未来软件的主流发布方式。

思考题

既然容器的 rootfs（比如 Ubuntu 镜像）是以只读方式挂载的，那么如何在容器里修改 Ubuntu 镜像的内容呢？（提示：Copy-on-Write）

2.4　重新认识 Linux 容器

前面几节分别从 Linux Namespace 的隔离能力、Linux Cgroups 的限制能力，以及基于 rootfs 的文件系统这 3 个角度，详细剖析了 Linux 容器[①]的核心实现原理。

本节将通过一个实际案例对前面的容器技术基础做深入总结和扩展，帮助你更透彻地理解 Linux 容器的本质。

在开始实践之前，希望你能准备一台 Linux 机器并安装 Docker。具体流程不再赘述。

这一次要用 Docker 部署一个用 Python 编写的 Web 应用。该应用的代码部分（app.py）非常简单：

```
from flask import Flask
import socket
```

① 之所以要强调 Linux 容器，是因为 Docker on Mac 以及 Windows Docker（Hyper-V 实现）等实际上是基于虚拟化技术实现的，跟本书着重介绍的 Linux 容器完全不同。

```
import os

app = Flask(__name__)

@app.route('/')
def hello():
    html = "<h3>Hello {name}!</h3>" \
           "<b>Hostname:</b> {hostname}<br/>"
    return html.format(name=os.getenv("NAME", "world"),
hostname=socket.gethostname())

if __name__ == "__main__":
    app.run(host='0.0.0.0', port=80)
```

在这段代码中，我们使用 Flask 框架启动了一个 Web 服务器，它唯一的功能是：如果当前环境中有 NAME 这个环境变量，就把它打印在“Hello”后，否则打印“Hello world”，最后打印出当前环境的 hostname。

该应用的依赖则被定义在了同目录下的 requirements.txt 文件里，内容如下所示：

```
$ cat requirements.txt
Flask
```

将这样一个应用容器化的第一步是制作容器镜像。

不过，相较于之前介绍的制作 rootfs 的过程，Docker 提供了一种更便捷的方式：Dockerfile。

```
# 使用官方提供的 Python 开发镜像作为基础镜像
FROM python:2.7-slim

# 将工作目录切换为/app
WORKDIR /app

# 将当前目录下的所有内容复制到/app 下
ADD . /app

# 使用 pip 命令安装这个应用所需要的依赖
RUN pip install --trusted-host pypi.python.org -r requirements.txt

# 允许外界访问容器的 80 端口
EXPOSE 80

# 设置环境变量
ENV NAME World

# 设置容器进程为：python app.py，即这个 Python 应用的启动命令
CMD ["python", "app.py"]
```

从这个文件的内容中可以看到，Dockerfile 的设计思想是使用一些标准的**原语**（大写、高亮的词语）描述所要构建的 Docker 镜像，并且这些原语都是按顺序处理的。

比如，FROM 原语指定了“python:2.7-slim”这个官方维护的基础镜像，从而免去了安装 Python

等语言环境的操作。否则，这一段就得写成：

```
FROM ubuntu:latest
RUN apt-get update -yRUN apt-get install -y python-pip python-dev build-essential
...
```

RUN 原语表示在容器里执行 shell 命令。WORKDIR 的意思是在这一句之后，Dockerfile 后面的操作都以这一句指定的/app 目录作为当前目录。

最后的 CMD 的意思是 Dockerfile 指定 python app.py 为该容器的进程。这里 app.py 的实际路径是/app/app.py，所以，CMD ["python", "app.py"]等价于 docker run <image> python app.py。

另外，在使用 Dockerfile 时，你可能还会看到一个叫作 ENTRYPOINT 的原语。实际上，它和 CMD 都是 Docker 容器进程启动所必需的参数，完整的执行格式是：ENTRYPOINT CMD。

但是，Docker 默认提供一个隐含的 ENTRYPOINT，即/bin/sh -c。所以，在不指定 ENTRYPOINT 时，比如在这个例子中，实际上在容器里运行的完整进程是/bin/sh -c "python app.py"，即 CMD 的内容就是 ENTRYPOINT 的参数。

基于以上原因，后文会统一称 Docker 容器的启动进程为 ENTRYPOINT，而不是 CMD。

需要注意的是，Dockerfile 里的原语并不都是指对容器内部的操作。比如 ADD 指的是把当前目录（Dockerfile 所在的目录）里的文件复制到指定容器内的目录中。

读懂这个 Dockerfile 之后，再把上述内容保存到当前目录里一个名为"Dockerfile"的文件中：

```
$ ls
Dockerfile        app.py                 requirements.txt
```

接下来，就可以让 Docker 制作这个镜像了。在当前目录执行：

```
$ docker build -t helloworld .
```

其中，-t 的作用是给该镜像加一个 Tag，即起一个好听的名字。docker build 会自动加载当前目录下的 Dockerfile 文件，然后依次执行文件中的原语。此过程实际上等同于 Docker 使用基础镜像启动了一个容器，然后在容器中依次执行 Dockerfile 中的原语。

需要注意的是，Dockerfile 中的每个原语执行后，都会生成一个对应的镜像层。即使原语本身并没有明显修改文件的操作（比如 ENV 原语），它对应的层也会存在。只不过在外界看来，该层是空的。

docker build 操作完成后，可以通过 docker images 命令查看结果：

```
$ docker image ls

REPOSITORY          TAG                  IMAGE ID
helloworld          latest               653287cdf998
```

通过这个镜像 ID，你就可以使用上一节讲过的方法查看这些新增的层在 AuFS 路径下对应的文件和目录了。

接下来，使用这个镜像通过 docker run 命令启动容器：

```
$ docker run -p 4000:80 helloworld
```

在这一句命令中，镜像名 helloworld 后面什么都不用写，因为在 Dockerfile 中已经指定了 CMD；否则，就得在后面加上进程的启动命令：

```
$ docker run -p 4000:80 helloworld python app.py
```

容器启动之后，可以使用 docker ps 命令查看：

```
$ docker ps
CONTAINER ID        IMAGE               COMMAND             CREATED
4ddf4638572d        helloworld          "python app.py"     10 seconds ago
```

同时，我已经通过-p 4000:80 告诉了 Docker，请把容器内的 80 端口映射在宿主机的 4000 端口上。

这样做的目的是，只要访问宿主机的 4000 端口，就能看到容器里应用返回的结果：

```
$ curl http://localhost:4000
<h3>Hello World!</h3><b>Hostname:</b> 4ddf4638572d<br/>
```

否则，就得先用 docker inspect 命令查看容器的 IP 地址，然后访问 http://<容器 IP 地址>:80 才可以看到容器内应用的返回。

至此，我已经使用容器完成了一个应用的开发与测试。如果现在想把该容器的镜像上传到 DockerHub 上分享，要怎么做呢？

为了能够上传镜像，首先需要注册一个 Docker Hub 账号，然后使用 docker login 命令登录。

接下来，用 docker tag 命令给容器镜像起一个完整的名字：

```
$ docker tag helloworld geektime/helloworld:v1
```

其中，geektime 是我在 Docker Hub 上的用户名，它的“学名”叫镜像仓库（image repository），/后面的 helloworld 是这个镜像的名字，而 v1 是我给这个镜像分配的版本号。

注意，你在做实验时，请将“geektime”替换成自己的 Docker Hub 账户名称，比如 zhangsan/helloworld:v1。

然后，执行 docker push：

```
$ docker push geektime/helloworld:v1
```

这样，就可以把该镜像上传到 Docker Hub 上了。

此外，还可以使用 docker commit 指令把一个正在运行的容器直接提交为一个镜像。一般说来，需要这么操作的原因是：该容器运行起来后，我又在里面执行了一些操作，并且要把操作结果保存到镜像里。比如：

```
$ docker exec -it 4ddf4638572d /bin/sh
# 在容器内部新建了一个文件
root@4ddf4638572d:/app# touch test.txt
root@4ddf4638572d:/app# exit

# 将这个新建的文件提交到镜像中保存
$ docker commit 4ddf4638572d geektime/helloworld:v2
```

这里，我使用了 docker exec 命令进入容器。在了解了 Linux Namespace 的隔离机制后，自然会引出一个问题：docker exec 是如何做到进入容器的呢？

实际上，Linux Namespace 创建的隔离空间虽然看不见，摸不着，但一个进程的 Namespace 信息在宿主机上是确实存在的，并且以文件的形式存在。

比如，通过如下指令可以看到当前正在运行的 Docker 容器的 PID 是 25686：

```
$ docker inspect --format '{{ .State.Pid }}'  4ddf4638572d
25686
```

此时，可以通过查看宿主机的 proc 文件，看到这个 25686 进程的所有 Namespace 对应的文件：

```
$ ls -l  /proc/25686/ns
total 0
lrwxrwxrwx 1 root root 0 Aug 13 14:05 cgroup -> cgroup:[4026531835]
lrwxrwxrwx 1 root root 0 Aug 13 14:05 ipc -> ipc:[4026532278]
lrwxrwxrwx 1 root root 0 Aug 13 14:05 mnt -> mnt:[4026532276]
lrwxrwxrwx 1 root root 0 Aug 13 14:05 net -> net:[4026532281]
lrwxrwxrwx 1 root root 0 Aug 13 14:05 pid -> pid:[4026532279]
lrwxrwxrwx 1 root root 0 Aug 13 14:05 pid_for_children -> pid:[4026532279]
lrwxrwxrwx 1 root root 0 Aug 13 14:05 user -> user:[4026531837]
lrwxrwxrwx 1 root root 0 Aug 13 14:05 uts -> uts:[4026532277]
```

可以看到，一个进程的每种 Linux Namespace 都在它对应的 /proc/[进程号]/ns 下有一个对应的虚拟文件，并且链接到一个真实的 Namespace 文件上。

有了这样一个可以"hold"所有 Linux Namespace 的文件，我们就可以对 Namespace 做一些有意义的事情了，比如加入一个已经存在的 Namespace 当中。

这就意味着，一个进程可以选择加入进程已有的某个 Namespace 当中，从而"进入"该进程所在容器，这正是 docker exec 的实现原理。

而该操作所依赖的是一个名为 setns() 的 Linux 系统调用。它的调用方法可以用如下一段程序来说明：

```
#define _GNU_SOURCE
#include <fcntl.h>
#include <sched.h>
```

```
#include <unistd.h>
#include <stdlib.h>
#include <stdio.h>

#define errExit(msg) do { perror(msg); exit(EXIT_FAILURE);} while (0)

int main(int argc, char *argv[]) {
    int fd;

    fd = open(argv[1], O_RDONLY);
    if (setns(fd, 0) == -1) {
        errExit("setns");
    }
    execvp(argv[2], &argv[2]);
    errExit("execvp");
}
```

这段代码的功能非常简单：它一共接收两个参数，第一个参数是 argv[1]，即当前进程要加入的 Namespace 文件的路径，比如/proc/25686/ns/net；第二个参数则是你要在该Namespace里运行的进程，比如/bin/bash。

这段代码的核心操作是通过open()系统调用打开指定的Namespace文件，并把该文件的描述符 fd 交给 setns()使用。在 setns()执行后，当前进程就加入这个文件对应的 Linux Namespace当中了。

下面编译执行该程序，加入容器进程（PID=25686）的 Network Namespace 中：

```
$ gcc -o set_ns set_ns.c
$ ./set_ns /proc/25686/ns/net /bin/bash
$ ifconfig
eth0      Link encap:Ethernet  HWaddr 02:42:ac:11:00:02
          inet addr:172.17.0.2  Bcast:0.0.0.0  Mask:255.255.0.0
          inet6 addr: fe80::42:acff:fe11:2/64 Scope:Link
          UP BROADCAST RUNNING MULTICAST  MTU:1500  Metric:1
          RX packets:12 errors:0 dropped:0 overruns:0 frame:0
          TX packets:10 errors:0 dropped:0 overruns:0 carrier:0
          collisions:0 txqueuelen:0
          RX bytes:976 (976.0 B)  TX bytes:796 (796.0 B)

lo        Link encap:Local Loopback
          inet addr:127.0.0.1  Mask:255.0.0.0
          inet6 addr: ::1/128 Scope:Host
          UP LOOPBACK RUNNING  MTU:65536  Metric:1
          RX packets:0 errors:0 dropped:0 overruns:0 frame:0
          TX packets:0 errors:0 dropped:0 overruns:0 carrier:0
          collisions:0 txqueuelen:1000
          RX bytes:0 (0.0 B)  TX bytes:0 (0.0 B)
```

如上所示，当我们执行 ifconfig 命令查看网络设备时，会发现能看到的网卡“变少”了：只有两个，而我的宿主机至少有 4 个网卡。这是怎么回事？

实际上，在 setns()之后我看到的这两个网卡，正是前面启动的 Docker 容器里的网卡。也就是说，新创建的这个/bin/bash 进程，由于加入了该容器进程（PID=25686）的 Network Namepace 中，因此它看到的网络设备与该容器里是一样的，即/bin/bash 进程的网络设备视图也被修改了。

一旦一个进程加入另一个 Namespace 当中，在宿主机的 Namespace 文件上也会有所体现。

在宿主机上，可以用 ps 指令找到这个 set_ns 程序执行的/bin/bash 进程，其真实的 PID 是 28499：

```
# 在宿主机上
ps aux | grep /bin/bash
root      28499  0.0  0.0  19944  3612 pts/0    S    14:15   0:00 /bin/bash
```

这时，如果按照前面介绍的方法查看这个 PID=28499 的进程的 Namespace，就会发现这样一个事实：

```
$ ls -l /proc/28499/ns/net
lrwxrwxrwx 1 root root 0 Aug 13 14:18 /proc/28499/ns/net -> net:[4026532281]

$ ls -l  /proc/25686/ns/net
lrwxrwxrwx 1 root root 0 Aug 13 14:05 /proc/25686/ns/net -> net:[4026532281]
```

在/proc/[PID]/ns/net 目录下，这个 PID=28499 的进程与前面的 Docker 容器进程（PID=25686）指向的 Network Namespace 文件完全相同。这说明这两个进程共享了这个名为 net:[4026532281]的 Network Namespace。

此外，Docker 还专门提供了一个参数-net，可以让你启动一个容器并“加入”另一个容器的 Network Namespace 中，比如：

```
$ docker run -it --net container:4ddf4638572d busybox ifconfig
```

这样，我们新启动的这个容器就会直接加入 ID=4ddf4638572d 的容器，即前面创建的 Python 应用容器（PID=25686）的 Network Namespace 中。所以，这里 ifconfig 返回的网卡信息跟前面那个小程序返回的结果一模一样，你可以尝试一下。

而如果指定--net=host，就意味着该容器不会为进程启用 Network Namespace。即该容器拆除了 Network Namespace 的“隔离墙”，所以，它会和宿主机上的其他普通进程一样，直接共享宿主机的网络栈。这就为容器直接操作和使用宿主机网络提供了一个渠道。

转了一大圈，终于详细解读了 docker exec 这个操作背后 Linux Namespace 更具体的工作原理。这种通过操作系统进程相关知识逐步剖析 Docker 容器的方法，是理解容器的一个关键思路，请务必掌握。

下面回到前面提交镜像的操作 docker commit 上来。

docker commit 实际上就是在容器运行起来后，把最上层的可读写层加上原先容器镜像的只读层，打包成了一个新镜像。当然，下面这些只读层在宿主机上是共享的，不会占用额外的空间。

由于使用了 UnionFS，因此你在容器里对镜像 rootfs 所做的任何修改，都会被操作系统先复制到这个可读写层，然后再修改。这就是所谓的 Copy-on-Write。

如前所述，Init 层的存在就是为了避免你执行 `docker commit` 时，把 Docker 自己对/etc/hosts 等文件做的修改也一起提交。

有了新镜像，我们就可以把它推送到 Docker Hub 上了：

```
$ docker push geektime/helloworld:v2
```

你可能还会有这样的疑问：我在企业内部能否也搭建一个跟 Docker Hub 类似的镜像上传系统呢？

当然可以，这个统一存放镜像的系统就叫作 Docker Registry。若有兴趣，可以查看 Docker 的官方文档以及 VMware 的 Harbor 项目。

最后，讲解 Docker 项目的另一个重要内容：Volume（数据卷）。

前面介绍过，容器技术使用了 rootfs 机制和 Mount Namespace，构建出了和宿主机完全隔离的文件系统环境。这时就需要考虑两个问题。

- ❑ 宿主机如何获取容器里进程新建的文件？
- ❑ 容器里的进程怎么才能访问到宿主机上的文件和目录？

这正是 Docker Volume 要解决的问题。Volume 机制允许你将宿主机上指定的目录或者文件挂载到容器中进行读取和修改。

Docker 项目支持两种 Volume 声明方式，可以把宿主机目录挂载进容器的/test 目录：

```
$ docker run -v /test ...
$ docker run -v /home:/test ...
```

这两种声明方式的本质相同：都是把一个宿主机的目录挂载进容器的/test 目录。

只不过，在第一种情况下，由于你没有显式声明宿主机目录，因此 Docker 默认在宿主机上创建一个临时目录/var/lib/docker/volumes/[VOLUME_ID]/_data，然后把它挂载到容器的/test 目录上。而在第二种情况下，Docker 直接把宿主机的/home 目录挂载到了容器的/test 目录上。

那么，Docker 是如何做到把一个宿主机上的目录或者文件挂载到容器中去的呢？难道又是 Mount Namespace 的“黑科技”吗？

实际上不需要这么麻烦。上一节介绍过，当容器进程被创建之后，尽管开启了 Mount Namespace，但是在它执行 `chroot`（或者 `pivot_root`）之前，容器进程一直可以“看到”宿主机上的整个文件系统。

宿主机上的文件系统自然也包括我们要使用的容器镜像。这个镜像的各个层保存在/var/lib/docker/aufs/diff 目录下，在容器进程启动后，它们会被联合挂载在/var/lib/docker/aufs/mnt/目录中，这样容器所需的 rootfs 就准备好了。

所以，我们只需要在 rootfs 准备好之后，在执行 chroot 之前，把 Volume 指定的宿主机目录（比如/home 目录）挂载到指定的容器目录（比如/test 目录）在宿主机上对应的目录（/var/lib/docker/aufs/mnt/[可读写层 ID]/test）上，这个 Volume 的挂载工作就完成了。

更重要的是，由于执行这个挂载操作时“容器进程”已经创建了，也就意味着此时 Mount Namespace 已经开启了，因此这个挂载事件只在该容器里可见。在宿主机上看不到容器内部的这个挂载点，这就避免了 Volume 打破容器的隔离性。

注意，这里提到的“容器进程”是 Docker 创建的一个容器初始化进程（dockerinit），而不是应用进程（ENTRYPOINT+CMD）。dockerinit 会负责完成根目录的准备、挂载设备和目录、配置 hostname 等一系列需要在容器内进行的初始化操作。最后，它通过 execv() 系统调用让应用进程取代自己成为容器里 PID=1 的进程。

这里要用到的挂载技术就是 Linux 的**绑定挂载**（bind mount）机制。它的主要作用是，允许你将一个目录或者文件而不是整个设备挂载到指定目录上。并且，这时你在该挂载点上进行的任何操作，只是发生在被挂载的目录或者文件上，而原挂载点的内容会被隐藏起来且不受影响。

其实，如果你了解 Linux 内核，就会明白，绑定挂载实际上是一个 inode 替换的过程。在 Linux 操作系统中，可以把 inode 理解为存放文件内容的“对象”，而 dentry（目录项）就是访问这个 inode 所使用的“指针”，见图 2-4。

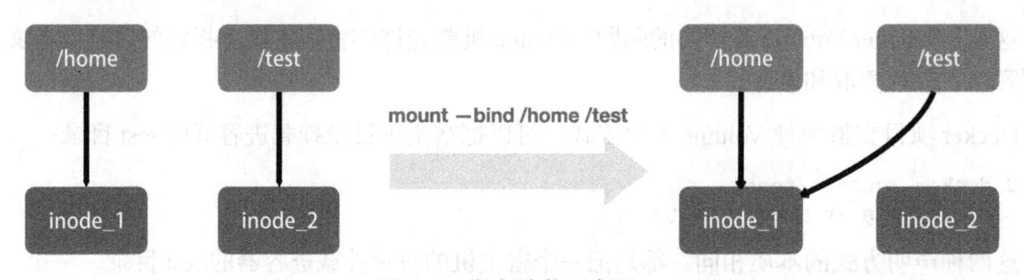

图 2-4　绑定挂载示意图

如图 2-4 所示，mount --bind /home /test 会将/home 挂载到/test 上。这其实相当于将/test 的 dentry 重定向到了/home 的 inode。这样当我们修改/test 目录时，实际上修改的是/home 目录的 inode。因此，一旦执行 umount 命令，/test 目录原先的内容就会恢复，因为修改实际发生在/home 目录里。

所以，在一个正确的时机进行一次绑定挂载，Docker 就可以成功地将宿主机上的目录或文件不动声色地挂载到容器中。

这样，进程在容器里对这个/test 目录进行的所有操作，都实际发生在宿主机的对应目录（比如/home，或者/var/lib/docker/volumes/[VOLUME_ID]/_data）里，而不会影响容器镜像的内容。

那么，既然这个/test 目录里的内容挂载在容器 rootfs 的可读写层，那它会不会被 docker commit 提交呢？

不会的。其实前面提到过原因。容器的镜像操作，比如 docker commit，都发生在宿主机空间。而由于 Mount Namespace 的隔离作用，宿主机并不知道该绑定挂载的存在。所以，在宿主机看来，容器中可读写层的/test 目录（/var/lib/docker/aufs/mnt/[可读写层 ID]/test）始终为空。

不过，由于 Docker 一开始还是要创建/test 这个目录作为挂载点，因此执行了 docker commit 之后，你会发现新产生的镜像里会多出一个空的/test 目录。毕竟，新建目录操作不是挂载操作，Mount Namespace 对它起不到“障眼法”的作用。

结合以上讲解，下面验证一下。

首先，启动一个 helloworld 容器，给它声明一个 Volume，挂载在容器里的/test 目录上：

```
$ docker run -d -v /test helloworld
cf53b766fa6f
```

容器启动后，查看这个 Volume 的 ID：

```
$ docker volume ls
DRIVER              VOLUME NAME
local               cb1c2f7221fa9b0971cc35f68aa1034824755ac44a034c0c0a1dd318838d3a6d
```

然后，使用此 ID 可以找到它在 Docker 工作目录下的 volumes 路径：

```
$ ls /var/lib/docker/volumes/cb1c2f7221fa/_data/
```

这个_data 文件夹就是这个容器的 Volume 在宿主机上对应的临时目录。

接下来在容器的 Volume 里添加一个文件 text.txt：

```
$ docker exec -it cf53b766fa6f /bin/sh
cd test/
touch text.txt
```

这时再回到宿主机，就会发现 text.txt 已经出现在了宿主机上对应的临时目录里：

```
$ ls /var/lib/docker/volumes/cb1c2f7221fa/_data/
text.txt
```

可是，如果在宿主机上查看该容器的可读写层，虽然可以看到这个/test 目录，但是内容是空的（前面介绍过如何找到这个 AuFS 文件系统的路径）：

```
$ ls /var/lib/docker/aufs/mnt/6780d0778b8a/test
```

由此可以确认，容器 Volume 里的信息并不会被 docker commit 提交，但这个挂载点目录/test 会出现在新的镜像当中。

以上就是 Docker Volume 的核心原理。

小结

本节以一个非常经典的 Python 应用作为案例，讲解了 Docke 容器的主要使用场景。熟悉了这些操作，你就基本上掌握了 Docker 容器的核心功能。

更重要的是，本节运用 Linux Namespace、Cgroups 以及 rootfs 的知识，对容器进行了一次庖丁解牛式的解读。最后的 Docker 容器实际上如图 2-5 所示。

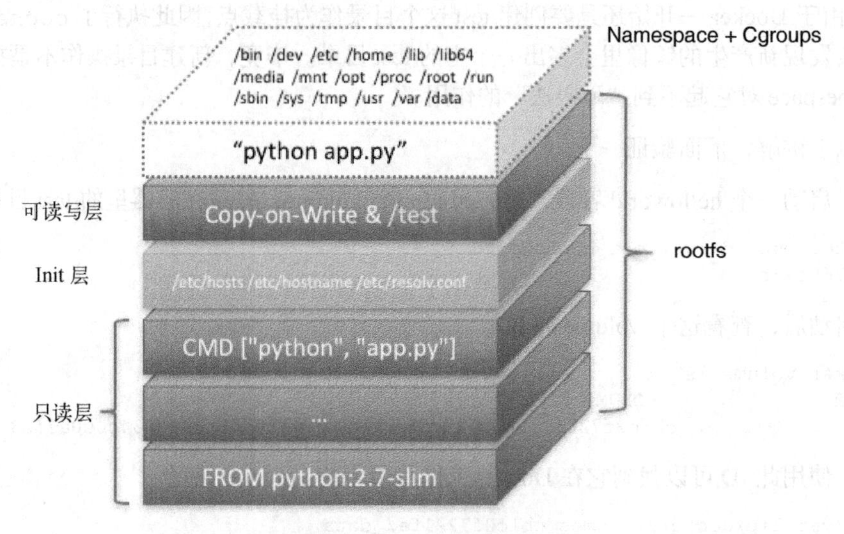

图 2-5　Docker 容器示意图

这个容器进程“python app.py”在由 Linux Namespace 和 Cgroups 构成的隔离环境中运行；而它运行所需要的各种文件，比如 python、app.py 以及整个操作系统文件，由多个联合挂载在一起的 rootfs 层提供。

这些 rootfs 层的最下层是来自 Docker 镜像的只读层。在只读层之上是 Docker 自己添加的 Init 层，用来存放被临时修改过的/etc/hosts 等文件。rootfs 的最上层是一个可读写层，它以 Copy-on-Write 的方式存放任何对只读层的修改，容器声明的 Volume 的挂载点也出现在该层。

通过以上剖析，对于曾经“神秘莫测”的容器技术，你是否感觉清晰很多了呢？

第 3 章

Kubernetes 设计与架构

3.1 Kubernetes 核心设计与架构

前面以 Docker 项目为例，剖析了 Linux 容器的具体实现方式。通过这些讲解，你应该能够明白：容器实际上是由 Linux Namespace、Linux Cgroups 和 rootfs 这 3 种技术构建出来的进程的隔离环境。

不难看出，一个正在运行的 Linux 容器，其实可以被“一分为二”地看待：

(1) 一组联合挂载在/var/lib/docker/aufs/mnt 上的 rootfs，这一部分称为**容器镜像**（container image），是容器的静态视图；

(2) 一个由 Namespace+Cgroups 构成的隔离环境，这一部分称为**容器运行时**（container runtime），是容器的动态视图。

作为开发者，我并不关心容器运行时的差异。因为在整个“开发—测试—发布”的流程中，真正承载容器信息进行传递的，是容器镜像，而非容器运行时。

这个重要假设，正是容器技术圈在 Docker 项目成功后不久，就迅速走向容器编排这个“上层建筑”的主要原因：作为一家云服务提供商或者基础设施提供商，我只要能够将用户提交的 Docker 镜像以容器的方式运行起来，就能成为这张非常热闹的容器生态图上的一个承载点，从而将整个容器技术栈上的价值沉淀在我的节点上。

更重要的是，只要从我这个承载点向 Docker 镜像制作者和使用者方向回溯，整条路径上的各个服务节点，比如 CI/CD、监控、安全、网络、存储等，都有可以发挥和盈利的空间。这正是所有云计算提供商如此热衷于容器技术的重要原因：通过容器镜像，他们可以和潜在用户（开发者）直接关联起来。

从一位开发者和单一的容器镜像，到无数开发者和庞大的容器集群，容器技术实现了从“容器”到“容器云”的飞跃，标志着它真正得到了市场和生态的认可。

容器从开发者手里的一个小工具，一跃成为了云计算领域的绝对主角；而能够定义容器组织和管理规范的容器编排技术，则当仁不让地坐上了容器技术领域的“头把交椅”。其中最具代表性的容器编排工具，当属 Docker 公司的 Compose+Swarm 组合，以及谷歌公司共同主导的 Kubernetes 项目。

第 1 章介绍容器技术发展历史时，对这两个开源项目做了详细的剖析和评述。本节就专注于本书的主角 Kubernetes 项目，谈一谈它的核心设计与架构。

跟很多基础设施领域先有工程实践、后有方法论的发展路线不同，Kubernetes 项目的理论基础要比工程实践走得靠前得多，这当然要归功于谷歌公司在 2015 年 4 月发布的 Borg 论文。

Borg 系统一直以来都被誉为谷歌公司内部最强大的“秘密武器”。虽然略显夸张，但这个说法倒不算是吹牛。这是因为相比于 Spanner、BigTable 等相对上层的项目，Borg 的责任是承载谷歌公司整个基础设施的核心依赖。在谷歌公司已经公开发表的基础设施体系论文中，Borg 项目当仁不让地位居整个基础设施技术栈的最底层（见图 3-1）。

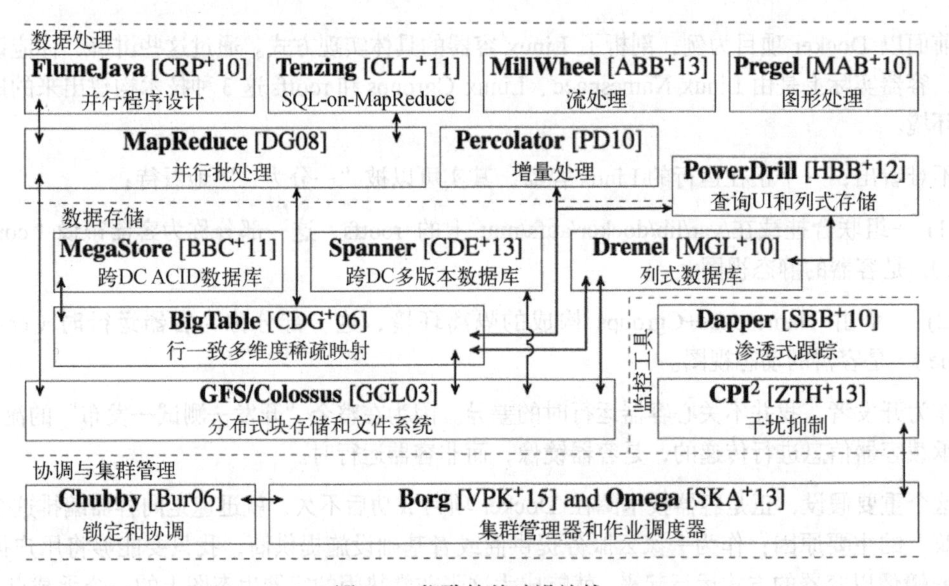

图 3-1　谷歌的基础设施栈

图 3-1 来自谷歌 Omega 论文第一作者的博士毕业论文①。它描绘了当时谷歌已经公开发表的整个基础设施栈。在这张图中，你既能看到 MapReduce、BigTable 等知名项目，也能看到 Borg 和它的继任者 Omega 位于整个技术栈的最底层。

正是由于这样的定位，Borg 可以说是谷歌最不可能开源的一个项目。而得益于 Docker 项目和容器技术的风靡，它最终以另一种方式与开源社区见面，这种方式就是 Kubernetes 项目。

所以，相比于“小打小闹”的 Docker 公司和“旧瓶装新酒”的 Mesos 社区，Kubernetes 项目

① Malte Schwarzkopf. Operating system support for warehouse-scale computing, 2015.

从一开始就比较幸运地站在了他人难以企及的高度：在它的成长阶段，这个项目每一个核心特性的提出，几乎都脱胎于 Borg/Omega 系统的设计与经验。更重要的是，这些特性在开源社区落地的过程中，又在整个社区的合力之下得到了极大的改进，修复了遗留在 Borg 体系中的很多缺陷和问题。

所以，尽管在发布之初被批评是“曲高和寡”，但 Kubernetes 项目在 Borg 体系的指导下，逐步展现出了其独有的先进性与完备性，而这些特质才是一个基础设施领域开源项目赖以生存的核心价值。

为了更好地理解这两种特质，不妨从 Kubernetes 项目的设计与架构说起。

首先，请思考这样一个问题：Kubernetes 项目主要解决的问题是什么？编排？调度？容器云？还是集群管理？

实际上，这个问题可能你很难立即给出答案。但至少作为用户来说，我们希望 Kubernetes 项目带来的体验是确定的：现在我有了应用的容器镜像，请帮我在一个给定的集群上运行这个应用。我还希望 Kubernetes 能给我提供路由网关、水平扩展、监控、备份、灾难恢复等一系列运维能力。

等等，这些功能听起来好像有些耳熟，这不正是经典 PaaS（比如 Cloud Foundry）项目的能力吗？而且，有了 Docker 之后，我根本不需要什么 Kubernetes、PaaS，只要使用 Docker 公司的 Compose+Swarm 项目，就完全可以很方便地自己做出这些功能！所以，如果 Kubernetes 项目只是停留在拉取用户镜像、运行容器，以及提供应用运维功能的话，那么别说跟“原生”的 Docker Swarm 项目竞争了，哪怕跟经典的 PaaS 项目相比，也难有优势可言。

实际上，在定义核心功能的过程中，Kubernetes 项目正是依托 Borg 项目的理论优势，才在短短几个月内迅速站稳脚跟，进而确定了一个如图 3-2 所示的全局架构。

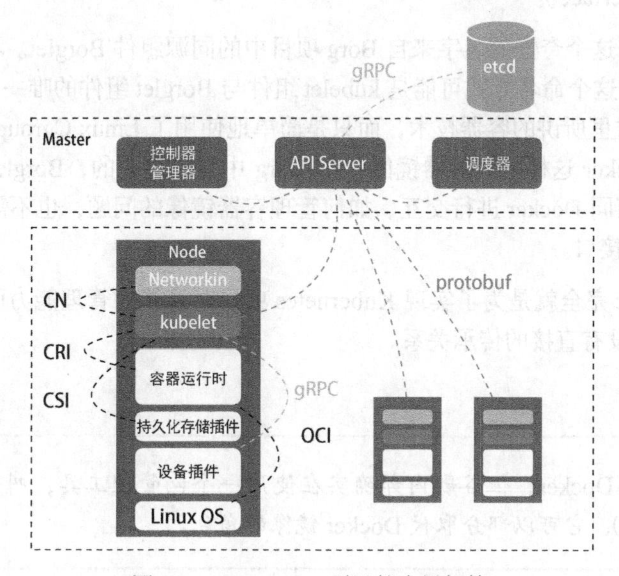

图 3-2 Kubernetes 项目的全局架构

从这个架构中我们可以看到，Kubernetes 项目的架构跟它的原型项目 Borg 非常类似，都由 Master 和 Node 两种节点组成，而这两种角色分别对应控制节点和计算节点。其中，控制节点，即 Master 节点，由 3 个紧密协作的独立组件组合而成，分别是负责 API 服务的 kube-apiserver、负责调度的 kube-scheduler，以及负责容器编排的 kube-controller-manager。整个集群的持久化数据，则由 kube-apiserver 处理后保存在 etcd 中。

计算节点上最核心的部分，是一个名为 kubelet 的组件。在 Kubernetes 项目中，kubelet 主要负责同容器运行时（比如 Docker 项目）交互。而这种交互所依赖的是一个称作 CRI（container runtime interface）的远程调用接口，该接口定义了容器运行时的各项核心操作，比如启动一个容器需要的所有参数。

这也是为何 Kubernetes 项目并不关心你部署的是什么容器运行时、使用了什么技术实现，只要你的容器运行时能够运行标准的容器镜像，它就可以通过实现 CRI 接入 Kubernetes 项目。而具体的容器运行时，比如 Docker 项目，则一般通过 OCI 这个容器运行时规范同底层的 Linux 操作系统进行交互，即把 CRI 请求翻译成对 Linux 操作系统的调用（操作 Linux Namespace 和 Cgroups 等）。

此外，kubelet 还通过 gRPC 协议同一个叫作 Device Plugin 的插件进行交互。这个插件，是 Kubernetes 项目用来管理 GPU 等宿主机物理设备的主要组件，也是基于 Kubernetes 项目进行机器学习训练、高性能作业支持等工作必须关注的功能。

kubelet 的另一个重要功能，则是调用网络插件和存储插件为容器配置网络和持久化存储。这两个插件与 kubelet 进行交互的接口，分别是 CNI（container networking interface）和 CSI（container storage interface）。

实际上，kubelet 这个奇怪的名字来自 Borg 项目中的同源组件 Borglet。不过，如果你浏览过 Borg 论文，就会发现这个命名方式可能是 kubelet 组件与 Borglet 组件的唯一相似之处。这是因为 Borg 项目并不支持这里所讲的容器技术，而只是简单地使用了 Linux Cgroups 对进程进行限制。这就意味着，像 Docker 这样的“容器镜像”在 Borg 中是不存在的，Borglet 组件自然不需要像 kubelet 这样考虑如何同 Docker 进行交互、如何管理容器镜像的问题，也不需要支持 CRI、CNI、CSI 等诸多容器技术接口。

可以说，kubelet 完全就是为了实现 Kubernetes 项目对容器的管理能力而重新实现的一个组件，与 Borg 之间并没有直接的传承关系。

说明

虽然不使用 Docker，但谷歌内部确实在使用一个包管理工具，叫作 MPM（Midas Package Manager），它可以部分取代 Docker 镜像的角色。

那么，Borg对于Kubernetes项目的指导作用又体现在哪里呢？

答案是，Master节点。虽然在Master节点的实现细节上，Borg项目与Kubernetes项目不尽相同，但它们的出发点高度一致，即如何编排、管理、调度用户提交的作业。所以，Borg项目完全可以把Docker镜像看作一种新的应用打包方式。这样，Borg团队过去在大规模作业管理与编排上的经验就可以直接“套用”在Kubernetes项目上了。

这些经验最主要的表现就是，从一开始，Kubernetes项目就没有像同时期的各种容器云项目那样，直接把Docker作为整个架构的核心来实现一个PaaS，而是仅仅把Docker作为最底层的一种容器运行时实现。

Kubernetes项目要着重解决的问题，则来自Borg的研究人员在论文中提到的一个非常重要的观点：

> 在大规模集群中的各种任务之间运行，实际上存在各种各样的关系。这些关系的处理才是作业编排和管理系统最困难的地方。

这个观点，正是Kubernetes的核心能力和项目定位的关键所在，下一节会详细介绍。

3.2 Kubernetes核心能力与项目定位

上一节讲解了Kubernetes的设计与架构，并以此为基础引出了Kubernetes项目的核心能力是要解决一个比PaaS更加基础的问题：

> 在大规模集群中的各种任务之间运行，实际上存在各种各样的关系。处理这些关系才是作业编排和管理系统最困难的地方。

其实，这种任务与任务之间的关系，在日常的各种技术场景中随处可见。比如，一个Web应用与数据库之间的访问关系，一个负载均衡器和它的后端服务之间的代理关系，一个门户应用与授权组件之间的调用关系。此外，同属于一个服务单位的不同功能之间，也完全可能存在这样的关系。比如，一个Web应用与日志搜集组件之间的文件交换关系。

在容器技术普及之前，传统虚拟机环境处理这种关系的方法都是比较“粗粒度”的。你经常会发现很多功能不相关的应用被一股脑儿地部署在同一台虚拟机中，只是因为它们之间偶尔会互相发起几个HTTP请求。更常见的情况是，一个应用被部署在虚拟机里之后，你还得手动维护很多跟它协作的守护进程（Daemon），用来处理它的日志搜集、灾难恢复、数据备份等辅助工作。

但容器技术出现以后，就不难发现，在“功能单位”的划分上，容器有着独一无二的“细粒度”优势，毕竟容器本质上只是一个进程而已。也就是说，只要你愿意，那些原先挤在同一台虚拟机里的各个应用、组件、守护进程，都可以被分别做成镜像，然后在一个个专属的容器中运行。它们之间互不干涉，拥有各自的资源配额，可以被调度在整个集群里的任何一台机器上。而这正是PaaS系统最理想的工作状态，也是所谓的“微服务”思想得以落地的先决条件。

当然，如果只做到“封装微服务，调度单容器”这一层次，Docker Swarm项目已经绰绰有余了。如果再加上Compose项目，你甚至还具备了处理一些简单依赖关系的能力，比如一个Web容器和它要访问的数据库DB容器。

在Compose项目中，你可以为这样的两个容器定义一个“link”，而Docker项目会负责维护这个“link”关系。具体做法是：Docker会在Web容器中将DB容器的IP地址、端口等信息以环境变量的方式注入，供应用进程使用，比如：

```
DB_NAME=/web/db
DB_PORT=tcp://172.17.0.5:5432
DB_PORT_5432_TCP=tcp://172.17.0.5:5432
DB_PORT_5432_TCP_PROTO=tcp
DB_PORT_5432_TCP_PORT=5432
DB_PORT_5432_TCP_ADDR=172.17.0.5
```

当DB容器发生变化时（比如镜像更新、迁移到其他宿主机上等），这些环境变量的值会由Docker项目自动更新。这就是平台项目自动处理容器间关系的典型例子。

可是，如果我们现在的需求是，希望这个项目能够处理前面提到的所有类型的关系，甚至还要能够支持未来可能出现的更多种类的关系呢？这时，“link”这种针对单个案例设计的解决方案就太过简单了。如果你做过架构方面的工作，就会深有感触：一旦要追求项目的普适性，就一定要从顶层开始做好设计。

Kubernetes项目最主要的设计思想就是，以统一的方式抽象底层基础设施能力（比如计算、存储、网络），定义任务编排的各种关系（比如亲密关系、访问关系、代理关系），将这些抽象以声明式API的方式对外暴露，从而允许平台构建者基于这些抽象进一步构建自己的PaaS乃至任何上层平台。

所以，Kubernetes的本质是“平台的平台”，即一个用来帮助用户构建上层平台的基础平台。Kubernetes中的所有抽象和设计，都是为了更好地实现这个“使能平台构建者”的目标。对于底层基础设施能力的抽象，想必已经不用多解释了。这里单独解释Kubernetes是如何定义任务编排的各种关系的。

首先，Kubernetes项目对容器间的访问进行了抽象和分类，它总结出了一类常见的紧密交互的关系，即这些任务之间需要非常频繁地交互和访问，或者它们会直接通过本地文件交换信息。

在常规环境中，这些应用往往会被直接部署在同一台机器上，通过localhost进行通信，通过本地磁盘目录交换文件。而在Kubernetes项目中，这些容器会被划分为一个Pod，Pod里的容器共享同一个Network Namespace、同一组Volume，从而实现高效交换信息。

Pod是Kubernetes项目中最基础的一个对象，源自于谷歌Borg论文中一个名叫Alloc的设计。后文会进一步阐述Pod。

对于其他更常见的需求，比如 Web 应用与数据库之间的访问关系，Kubernetes 项目提供了一种叫作“Service”的服务。像这样的两个应用，往往故意不部署在同一台机器上，这样即使 Web 应用所在的机器宕机了，数据库也完全不受影响。可是，我们知道，对于一个容器来说，它的 IP 地址等信息不是固定的，那么 Web 应用如何找到数据库容器的 Pod 呢？

Kubernetes 项目的做法是给 Pod 绑定一个 Service 服务，而 Service 服务声明的 IP 地址等信息是固定不变的。这个 Service 服务的主要作用就是作为 Pod 的代理入口（Portal），从而代替 Pod 对外暴露一个固定的网络地址。这样，对于 Web 应用的 Pod 来说，它需要关心的就是数据库 Pod 的 Service 信息。不难想象，Service 后端真正代理的 Pod 的 IP 地址、端口等信息的自动更新、维护，则是 Kubernetes 项目的职责。

像这样，围绕容器和 Pod 不断向真实的技术场景扩展，就能绘制出一幅如图 3-3 所示的 Kubernetes 项目核心功能的“全景图”。

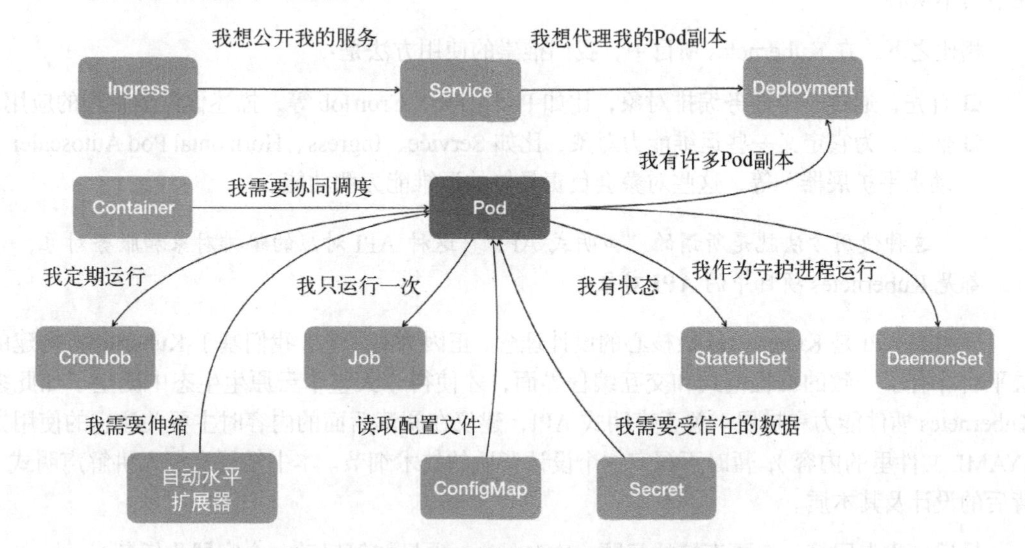

图 3-3 Kubernetes 项目核心功能“全景图”

按照图 3-3 中的线索，我们从容器这个最基础的概念出发，首先遇到了容器间紧密协作关系的难题，于是扩展到了 Pod；有了 Pod 之后，我们希望能一次启动多个应用的实例，这样就需要 Deployment 这个 Pod 的多实例管理器；而有了这样一组相同的 Pod 后，我们又需要通过固定的 IP 地址和端口以负载均衡的方式访问它，于是就有了 Service。

可是，如果现在两个不同 Pod 之间不仅有访问关系，还要求在发起时加上授权信息，最典型的例子就是 Web 应用访问数据库时需要 Credential（数据库的用户名和密码）信息，那么在 Kubernetes 中如何处理这样的关系呢？

Kubernetes 项目提供了一种叫作 Secret 的对象，它其实是保存在 etcd 里的键值对数据。这样，你把 Credential 信息以 Secret 的方式存在 etcd 里，Kubernetes 就会在你指定的 Pod（比如 Web 应用的 Pod）启动时，自动把 Secret 里的数据以 Volume 的方式挂载到容器里。这样这个 Web 应用就可以访问数据库了。

除了应用与应用之间的关系，应用运行的形态是影响"如何容器化这个应用"的第二个重要因素。

为此，Kubernetes 定义了新的、基于 Pod 改进后的对象。比如 Job，用来描述一次性运行的 Pod（比如大数据任务）；再比如 DaemonSet，用来描述每个宿主机上必须且只能运行一个副本的守护进程服务；又比如 CronJob，用来描述定时任务等。如此种种，正是 Kubernetes 项目定义容器间关系和形态的主要方法。

可以看到，Kubernetes 项目并没有像其他项目那样，为每一个管理功能创建一条指令，然后在项目中实现其中的逻辑。这种做法的确可以解决当前的问题，但是在更多的问题出现之后，往往会力不从心。

相比之下，在 Kubernetes 项目中，我们推崇的使用方法是：

- 首先，通过一个任务编排对象，比如 Pod、Job、CronJob 等，描述你试图管理的应用；
- 然后，为它定义一些运维能力对象，比如 Service、Ingress、Horizontal Pod Autoscaler（自动水平扩展器）等，这些对象会负责具体的运维能力侧功能。

> 这种使用方法就是所谓的"声明式 API"。这种 API 对应的编排对象和服务对象，都是 Kubernetes 项目中的 **API 对象**。

声明式 API 是 Kubernetes 最核心的设计理念，正因为有了它，我们基于 Kubernetes 构建的上层平台才有了一致的编程范式和交互编程界面，才使得今天整个云原生生态中诞生了如此多的 Kubernetes 插件能力和扩展。关于声明式 API，建议在阅读后面的内容时主要关注它的使用方法（YAML 文件里的内容），暂时不深究这个设计背后的技术细节。本书结尾会深入讲解声明式 API 背后的设计及其本质。

最后，我来回答一个更直接的问题：Kubernetes 项目如何启动一个容器化任务？

比如，我现在已经制作好了一个 Nginx 容器镜像，希望平台帮我启动该镜像。并且，我要求平台帮我运行两个完全相同的 Nginx 副本，以负载均衡的方式共同对外提供服务。

如果是自己动手做的话，可能需要启动两台虚拟机，分别安装两个 Nginx，然后使用 keepalived 为这两台虚拟机做一个虚拟 IP。而如果使用 Kubernetes 项目呢？你需要做的是编写如下所示的 YAML 文件（比如名叫 nginx-deployment.yaml）：

```
apiVersion: apps/v1
kind: Deployment
metadata:
  name: nginx-deployment
  labels:
    app: nginx
```

```
spec:
  replicas: 2
  selector:
    matchLabels:
      app: nginx
  template:
    metadata:
      labels:
        app: nginx
    spec:
      containers:
      - name: nginx
        image: nginx:1.7.9
        ports:
        - containerPort: 80
```

在上面这个 YAML 文件中，我们定义了一个 Deployment 对象，它的主体部分（spec.template 部分）是一个使用 Nginx 镜像的 Pod，而这个 Pod 的副本数是 2（replicas=2）。

然后执行：

```
$ kubectl create -f nginx-deployment.yaml
```

这样两个完全相同的 Nginx 容器副本就启动了。

不过，这么看来，做同样一件事情，Kubernetes 用户要做的工作也不少嘛。

别急，在后续的讲解中，我会陆续介绍 Kubernetes 项目这种声明式 API 的种种好处，以及基于它实现的强大的编排能力。敬请拭目以待。

小结

本章首先回顾了容器的核心知识，说明了容器其实可以分为两个部分：容器运行时和容器镜像。然后重点介绍了 Kubernetes 项目的架构，详细讲解了它如何使用声明式 API 来描述容器化业务和容器间关系的设计思想，以及基于这个设计所提供的核心功能。

实际上，过去很多集群管理项目（比如 Yarn、Mesos 以及 Swarm）所擅长的，是把一个容器按照某种规则放置在某个最佳节点上运行。这种功能称为“调度”。而 Kubernetes 项目所擅长的，是按照用户的意愿和整个系统的规则，完全自动化地处理好容器之间的各种关系。这种功能，就是我们经常听到的一个概念：编排。

更重要的是，Kubernetes 项目不只是简单地提供编排能力，它的本质是一系列具有普遍意义的、以声明式 API 驱动的容器化作业编排思想和最佳实践。正是这样一个非常基础的设计与定位，使得该项目逐步发展成了今天这样一个广受欢迎的、用来构建各种上层平台的“平台之母”。

关于这一点，相信通过后续的介绍，你会体会得越来越深。

第4章

Kubernetes 集群搭建与配置

4.1 Kubernetes 部署利器：kubeadm

前面的章节阐述了这样一个思想：要想真正发挥容器技术的实力，就不能局限于对 Linux 容器本身的钻研和使用。这些知识更适合作为技术储备，以便在需要时帮你更快地定位并解决问题。而更深入地学习容器技术的关键在于，如何使用这些技术来“容器化”你的应用。

比如，我们的应用既可能是 Java Web 和 MySQL 这样的组合，也可能是 Cassandra 这样的分布式系统。而要使用容器把后者运行起来，单单通过 Docker 运行一个 Cassandra 镜像是远远不够的。

把 Cassandra 应用容器化的关键，在于如何处理好这些 Cassandra 容器之间的编排关系。比如，哪些 Cassandra 容器是主，哪些是从？主从容器如何区分？它们之间如何进行自动发现和通信？Cassandra 容器的持久化数据又如何保持，等等。

这也是本书反复强调 Kubernetes 项目的主要原因：这个项目体现出来的容器化表达能力具有独有的先进性和完备性。这使得它不仅能运行 Java Web 与 MySQL 这样的常规组合，还能够处理 Cassandra 容器集群等复杂编排问题。所以，对这种编排能力的剖析、解读和最佳实践，将是本书最重要的一部分内容。

不过，万事开头难。作为一个典型的分布式项目，Kubernetes 的部署一直是挡在初学者面前的一头“拦路虎”。尤其是在 Kubernetes 项目发布初期，它的部署完全要依靠一堆由社区维护的脚本。

其实，Kubernetes 作为一个 Golang 项目，已经免去了很多类似于 Python 项目要安装语言级别依赖的麻烦。但是，除了将各个组件编译成二进制文件，用户还要负责为这些二进制文件编写对应的配置文件、配置自启动脚本，以及为 kube-apiserver 配置授权文件等诸多运维工作。

目前，各大云厂商最常用的部署方法，是使用 SaltStack、Ansible 等运维工具自动化地执行这些步骤。但即使这样，这个部署过程依然非常烦琐。这是因为 SaltStack 这类专业运维工具本身的学习成本，可能比 Kubernetes 项目的还要高。

难道Kubernetes项目就没有简单的部署方法了吗？这个问题在Kubernetes社区一直没有得到足够重视。直到2017年，在志愿者的推动下，一个独立的部署工具才终于诞生，名叫 kubeadm。这个项目的目标就是要让用户能够通过如下两条指令部署一个 Kubernetes 集群：

```
# 创建一个Master节点
$ kubeadm init

# 将一个Node节点加入当前集群
$ kubeadm join <Master节点的IP和端口>
```

是不是非常方便！不过，你可能也会有所顾虑：Kubernetes的功能那么多，这样一键部署出来的集群，能用于生产环境吗？为了回答这个问题，请容我首先介绍kubeadm的工作原理。

4.1.1 kubeadm 的工作原理

第3章详细介绍了Kubernetes的架构及其组件。在部署时，它的每个组件都是一个需要被执行的、单独的二进制文件。所以不难想象，SaltStack这样的运维工具或者由社区维护的脚本功能，就是要把这些二进制文件传输到指定机器中，然后编写控制脚本来启停这些组件。

不过，在理解了容器技术之后，你可能萌生出了这样一个想法：为什么不用容器部署 Kubernetes 呢？这样，只要给每个 Kubernetes 组件做一个容器镜像，然后在每台宿主机上用 `docker run` 指令启动这些组件容器，部署不就完成了吗？

事实上，在 Kubernetes 早期的部署脚本里，确实有一个脚本就是用 Docker 部署 Kubernetes 项目的。这个脚本相比于 SaltStack 等的部署方式，也的确简单了不少。但是，这样做会带来一个很麻烦的问题——如何容器化 kubelet。

前面提到 kubelet 是 Kubernetes 项目用来操作 Docker 等容器运行时的核心组件。可是，除了跟容器运行时打交道，kubelet 在配置容器网络、管理容器 Volume 时，都需要直接操作宿主机。而如果现在 kubelet 本身就在一个容器里运行，那么直接操作宿主机就会变得很麻烦。对于网络配置来说还好，kubelet 容器可以通过不开启 Network Namespace（Docker 的 host network 模式）的方式，直接共享宿主机的网络栈。可是，要让 kubelet 隔着容器的 Mount Namespace 和文件系统操作宿主机的文件系统，就有点儿困难了。

举个例子，如果用户想使用 NFS 做容器的 PV（Persistent Volume，持久化数据卷），那么 kubelet 就需要在容器进行绑定挂载前，在宿主机的指定目录上先挂载 NFS 的远程目录。此时问题就出现了。由于现在 kubelet 是在容器里运行的，这就意味着它要执行的这个 `mount -F nfs` 命令，被隔离在了一个单独的 Mount Namespace 中。也就是说，kubelet 进行的挂载操作不能被“传播”到宿主机上。

对于这个问题，有人说可以使用 `setns()` 系统调用，在宿主机的 Mount Namespace 中执行这些挂载操作；也有人说应该让 Docker 支持一个 `--mnt=host` 的参数。到目前为止，在容器里运行 kubelet 依然没有非常稳妥的解决办法。当然，在测试环境中或者 CI/CD 流程中，全部用容器运行 Kubernetes 倒也问题不大，可以使用社区中的 KIND（Kubernetes IN Docker）项目来实现。但在生产环境中，考虑到前面提到的容器环境与 kubelet 的协作，以及运维难度和稳定性的问题，不推荐用容器部署 kubelet。

因此，kubeadm 选择了一种妥协方案：直接在宿主机上运行 kubelet，然后使用容器部署其他 Kubernetes 组件。

所以，使用 kubeadm 的第一步，是在机器上手动安装 kubeadm、kubelet 和 kubectl 这 3 个二进制文件。当然，kubeadm 的作者已经为各个发行版的 Linux 准备好了安装包，所以只需要执行以下命令即可：

```
$ apt-get install kubeadm
```

接下来，就可以使用 `kubeadm init` 部署 Master 节点了。

4.1.2　kubeadm init 的工作流程

在执行 `kubeadm init` 指令后，kubeadm 首先要做一系列检查工作，以确定这台机器可以用来部署 Kubernetes。这一步检查称为 Preflight Checks，它可以为你省掉很多后续的麻烦。

其实，Preflight Checks 包括了很多方面，比如：

- Linux 内核的版本是否必须是 3.10 以上？
- Linux Cgroups 模块是否可用？
- 机器的 hostname 是否标准？在 Kubernetes 项目里，机器的名字以及一切存储在 etcd 中的 API 对象，都必须使用标准的 DNS 命名（RFC 1123）。
- 用户安装的 kubeadm 和 kubelet 的版本是否匹配？
- 机器上是否已经安装了 Kubernetes 的二进制文件？
- Kubernetes 的工作端口 10250/10251/10252 是否已被占用？
- `ip`、`mount` 等 Linux 指令是否存在？
- Docker 是否已经安装？

……

在通过了 Preflight Checks 之后，kubeadm 就会生成 Kubernetes 对外提供服务所需的各种证书和对应目录。

Kubernetes 对外提供服务时，除非专门开启“非安全模式”，否则都要通过 HTTPS 才能访问 kube-apiserver。这就需要为 Kubernetes 集群配置好证书文件。kubeadm 为 Kubernetes 项目生成的证书文件都放在 Master 节点的/etc/kubernetes/pki 目录下。在该目录下，最主要的证书文件是 ca.crt 和对应的私钥 ca.key。

此外，用户使用 `kubectl` 获取容器日志等 streaming 操作时，需要通过 kube-apiserver 向 kubelet 发起请求，这个连接也必须是安全的。kubeadm 为这一步生成的是 apiserver-kubelet-client.crt 文件，对应的私钥是 apiserver-kubelet-client.key。

除此之外，Kubernetes 集群中还有 Aggregate API Server 等特性，也需要用到专门的证书，这里就不一一列举了。需要指出的是，可以选择不让 kubeadm 为你生成这些证书，而是将现有证书复制到如下证书的目录里：

```
/etc/kubernetes/pki/ca.{crt,key}
```

这样，kubeadm 就会跳过证书生成的步骤，把它完全交给用户处理。

证书生成后，kubeadm 接下来会为其他组件生成访问 kube-apiserver 所需的配置文件。这些文件的路径是：/etc/kubernetes/xxx.conf。

```
ls /etc/kubernetes/
admin.conf  controller-manager.conf  kubelet.conf  scheduler.conf
```

这些文件里记录的是当前这个 Master 节点的服务器地址、监听端口、证书目录等信息。这样，对应的客户端（比如 scheduler、kubelet 等）可以直接加载相应的文件，使用其中的信息与 kube-apiserver 建立安全连接。

接下来，kubeadm 会为 Master 组件生成 Pod 配置文件。前面介绍过 Kubernetes 有 3 个 Master 组件：kube-apiserver、kube-controller-manager 和 kube-scheduler，而它们都会通过 Pod 的方式被部署。

你可能会有疑问：此时 Kubernetes 集群尚不存在，难道 kubeadm 会直接执行 `docker run` 来启动这些容器吗？

当然不是。Kubernetes 中有一种特殊的容器启动方法，叫作"Static Pod"。它允许你把要部署的 Pod 的 YAML 文件放在一个指定的目录中。这样，当这台机器上的 kubelet 启动时，它会自动检查该目录，加载所有 Pod YAML 文件并在这台机器上启动它们。从这一点也可以看出，kubelet 在 Kubernetes 项目中的地位非常高，在设计上它就是一个完全独立的组件，而其他 Master 组件更像是辅助性的系统容器。

在 kubeadm 中，Master 组件的 YAML 文件会被生成在/etc/kubernetes/manifests 路径下。比如，kube-apiserver.yaml：

```
apiVersion: v1
kind: Pod
metadata:
  annotations:
    scheduler.alpha.kubernetes.io/critical-pod: ""
  creationTimestamp: null
  labels:
    component: kube-apiserver
    tier: control-plane
  name: kube-apiserver
  namespace: kube-system
spec:
```

```
  containers:
  - command:
    - kube-apiserver
    - --authorization-mode=Node,RBAC
    - --runtime-config=api/all=true
    - --advertise-address=10.168.0.2
    ...
    - --tls-cert-file=/etc/kubernetes/pki/apiserver.crt
    - --tls-private-key-file=/etc/kubernetes/pki/apiserver.key
    image: k8s.gcr.io/kube-apiserver-amd64:v1.18.8
    imagePullPolicy: IfNotPresent
    livenessProbe:
      ...
    name: kube-apiserver
    resources:
      requests:
        cpu: 250m
    volumeMounts:
    - mountPath: /usr/share/ca-certificates
      name: usr-share-ca-certificates
      readOnly: true
      ...
  hostNetwork: true
  priorityClassName: system-cluster-critical
  volumes:
  - hostPath:
      path: /etc/ca-certificates
      type: DirectoryOrCreate
    name: etc-ca-certificates
  ...
```

关于 Pod 的 YAML 文件怎么写、里面的字段如何解读，后面会专门介绍。这里只需关注以下几项信息。

(1) 这个 Pod 里只定义了一个容器，它使用的镜像是：k8s.gcr.io/kube-apiserver-amd64:v1.18.8。这是由 Kubernetes 官方维护的一个组件镜像。

(2) 这个容器的启动命令是`kube-apiserver --authorization-mode=Node,RBAC ...`，一句非常长的命令。其实，它就是容器里 kube-apiserver 这个二进制文件再加上指定的配置参数而已。

(3) 如果要修改一个已有集群的 kube-apiserver 的配置，需要修改这个 YAML 文件。

(4) 这些组件的参数也可以在部署时指定，稍后介绍。

完成这一步后，kubeadm 还会生成一个 etcd 的 Pod YAML 文件，用来通过同样的 Static Pod 的方式启动 etcd。所以，最后 Master 组件的 Pod YAML 文件如下所示：

```
$ ls /etc/kubernetes/manifests/
etcd.yaml  kube-apiserver.yaml  kube-controller-manager.yaml  kube-scheduler.yaml
```

而一旦这些 YAML 文件出现在被 kubelet 监视的/etc/kubernetes/manifests 目录下，kubelet 就

会自动创建这些 YAML 文件中定义的 Pod，即 Master 组件的容器。Master 容器启动后，kubeadm 会通过检查 localhost:6443/healthz 这个 Master 组件的健康来检查 URL，等待 Master 组件完全运行起来。

然后，kubeadm 就会为集群生成一个 bootstrap token。之后只要持有这个 token，任何安装了 kubelet 和 kubadm 的节点都可以通过 `kubeadm join` 加入这个集群。这个 token 的值和使用方法，会在 `kubeadm init` 执行结束后被打印出来。

在 token 生成之后，kubeadm 会将 ca.crt 等 Master 节点的重要信息，通过 ConfigMap 的方式保存在 etcd 当中，供后续部署 Node 节点使用。这个 ConfigMap 的名字是 cluster-info。

`kubeadm init` 的最后一步是安装默认插件。Kubernetes 默认必须安装 kube-proxy 和 DNS 这两个插件。它们分别用来提供整个集群的服务发现和 DNS 功能。其实，这两个插件也只是两个容器镜像而已，所以 kubeadm 只要用 Kubernetes 客户端创建两个 Pod 就可以了。

4.1.3 `kubeadm join` 的工作流程

这个流程其实非常简单，`kubeadm init` 生成 bootstrap token 之后，就可以在任意一台安装了 kubelet 和 kubeadm 的机器上执行 `kubeadm join` 了。

可是，为什么执行 `kubeadm join` 需要这样一个 token 呢？这是因为任何一台机器想要成为 Kubernetes 集群中的一个节点，就必须在集群的 kube-apiserver 上注册。可是，要想跟 apiserver 打交道，这台机器就必须获取相应的证书文件（CA 文件）。可是，为了能够一键安装，自然不能让用户去 Master 节点上手动复制这些文件。所以，kubeadm 至少需要发起一次“非安全模式”的访问到 kube-apiserver，从而拿到保存在 ConfigMap 中的 cluster-info（它保存了 API Server 的授权信息）。而在此过程中，bootstrap token 扮演了安全验证的角色。

只要有了 cluster-info 中的 kube-apiserver 的地址、端口、证书，kubelet 就可以以“安全模式”连接到 apiserver 上，这样一个新节点就部署完成了。接下来，只要在其他节点上重复执行这条指令就可以了。

4.1.4 配置 kubeadm 的部署参数

前面讲解了 kubeadm 部署 Kubernetes 集群最关键的两个步骤：`kubeadm init` 和 `kubeadm join`。相信你会有这样的疑问：kubeadm 确实简单易用，可是如何自定义集群组件参数呢？比如，要指定 kube-apiserver 的启动参数，该怎么办？

当你在使用 `kubeadm init` 部署 Master 节点时，强烈推荐使用下面这条指令：

```
$ kubeadm init --config kubeadm.yaml
```

这样，你就可以给 kubeadm 提供一个 YAML 文件（比如 kubeadm.yaml），它的内容如下所示

（仅列举了主要部分）：

```
apiVersion: kubeadm.k8s.io/v1beta2
kind: InitConfiguration
localAPIEndpoint:
  advertiseAddress: "192.168.0.102"
  bindPort: 6443
...
---
apiVersion: kubeadm.k8s.io/v1beta2
kind: ClusterConfiguration
kubernetesVersion: "v1.18.8"
clusterName: "example-cluster"
certificatesDir: "/etc/kubernetes/pki"
etcd:
  local:
    imageRepository: "k8s.gcr.io"
    imageTag: "3.4.3"
    dataDir: "/var/lib/etcd"
...
networking:
  serviceSubnet: "10.96.0.0/12"
  podSubnet: "10.244.0.0/16"
  dnsDomain: "cluster.local"
---
apiVersion: kubelet.config.k8s.io/v1beta1
kind: KubeletConfiguration
# kubelet 的具体选项
---
apiVersion: kubeproxy.config.k8s.io/v1alpha1
kind: KubeProxyConfiguration
# kube-proxy 的具体选项
```

通过制定这样一个部署参数配置文件，就可以很方便地在这个文件里填写各种自定义的部署参数了。比如，要指定 kube-apiserver 的参数，只需要在这个文件里加上这样一段信息：

```
apiVersion: kubeadm.k8s.io/v1beta2
kind: ClusterConfiguration
kubernetesVersion: v1.18.8
apiServer:
  extraArgs:
    advertise-address: 192.168.0.103
    anonymous-auth: "false"
    enable-admission-plugins: AlwaysPullImages,DefaultStorageClass
    audit-log-path: /home/johndoe/audit.log
```

然后，kubeadm 就会使用上面这些信息替换/etc/kubernetes/manifests/kube-apiserver.yaml 里 `command` 字段里的参数。

这个 YAML 文件提供的可配置项远不止这些。比如，你还可以修改 kubelet 和 kube-proxy 的配置，修改 Kubernetes 使用的基础镜像的 URL，指定自己的证书文件，指定特殊的容器运行时等。这些配置项，就留给你在后续实践中自行探索了。

小结

本节重点介绍了 kubeadm 这个部署工具的工作原理和使用方法。下一节会使用它一步步地部署一个完整的 Kubernetes 集群。

如前所述，kubeadm 的设计非常简洁，而且它在实现每一步部署功能时，都在最大程度地复用 Kubernetes 的已有功能，因此我们在使用 kubeadm 部署 Kubernetes 项目时，非常有“原生”的感觉，一点儿都不会感到突兀。而 kubeadm 的源代码，直接就在 kubernetes/cmd/kubeadm 目录下，是 Kubernetes 项目的一部分。其中，app/phases 文件夹下的代码，对应的就是本节详细介绍的每一个具体步骤。

看到这里，你可能会猜想，kubeadm 的作者一定是谷歌公司的某位“大牛”吧。实际上，kubeadm 几乎完全是一位高中生的作品。他叫 Lucas Käldström，芬兰人。kubeadm 是他 17 岁时用业余时间完成的一个社区项目。

开源社区的魅力也在于此：一个成功的开源项目总能够吸引全世界的顶尖贡献者参与其中。尽管参与者的总体水平参差不齐，而且频繁的开源活动显得杂乱无章、难以管控，但一个有足够热度的社区最终的收敛方向，一定是代码越来越完善、bug 越来越少、功能越来越强大。

最后，我回答一下本节开头提到的问题：kubeadm 能够用于生产环境吗？

答案是可以的。在 Kubernetes v1.14 发布后，kubeadm 项目已经正式宣布 GA（general availability，生产可用）了。

本书之后的讲解都会基于 kubeadm 展开，原因如下。

- 一方面，作为 Kubernetes 项目的原生部署工具，kubeadm 对 Kubernetes 项目特性的使用和集成，确实比其他项目“技高一筹”，非常值得我们学习和借鉴。
- 另一方面，kubeadm 的部署方法不会涉及太多运维工作，也不需要我们额外学习复杂的部署工具。而它部署的 Kubernetes 集群，跟完全使用二进制文件搭建起来的集群几乎没有任何区别。

因此，使用 kubeadm 去部署一个 Kubernetes 集群，对于你理解 Kubernetes 组件的工作方式和架构，再好不过了。

4.2 从 0 到 1：搭建一个完整的 Kubernetes 集群

上一节介绍了 kubeadm 这个 Kubernetes 半官方管理工具的工作原理。既然 kubeadm 的初衷是让 Kubernetes 集群的部署不再棘手，那么接下来我们就使用它部署一个完整的 Kubernetes 集群吧。

说明

这里所说的“完整”，指的是这个集群具备 Kubernetes 项目在 GitHub 上已经发布的所有功能，并能够模拟生产环境的所有使用需求。但并不代表这个集群是生产级别可用的，类似于高可用、授权、多租户、灾难备份等生产级别集群的功能暂不在本节的讨论范围内。

目前，kubeadm 的高可用部署已经有了第一个发布。但是，这个特性还没有 GA，所以包括了大量手动工作，跟我们所期待的一键部署还有一定距离。

这次部署不会依赖任何公有云或私有云，而会完全在 Bare-metal 环境中完成。这样的部署经验更具普适性。在后续的讲解中，如非特别强调，都会以本节搭建的这个集群为基础。

首先来做准备工作。准备机器最直接的办法，自然是到公有云上申请几台虚拟机。当然，如果条件允许，用几台本地物理服务器来组建集群再好不过了。这些机器只要满足以下条件即可：

(1) 满足安装 Docker 项目所需的要求，比如 64 位的 Linux 操作系统、3.10 及以上的内核版本；

(2) x86 或者 ARM 架构均可；

(3) 机器之间网络互通，这是将来容器之间网络互通的前提；

(4) 有外网访问权限，因为需要拉取镜像；

(5) 能够访问 gcr.io、quay.io 这两个 docker registry，因为有小部分镜像需要从这里拉取；

(6) 单机可用资源建议 2 核 CPU、8 GB 内存或以上，再小的话问题也不大，但是能调度的 Pod 数量就比较有限了；

(7) 30 GB 或以上的可用磁盘空间，这主要是留给 Docker 镜像和日志文件用的。

在本次部署中，我准备的机器配置如下：

(1) 2 核 CPU、7.5 GB 内存；

(2) 30 GB 磁盘；

(3) Ubuntu 16.04；

(4) 内网互通；

(5) 外网访问权限不受限制。

在开始部署前，不妨先花几分钟时间回忆一下 Kubernetes 的架构。

我们的实践目标如下：

(1) 在所有节点上安装 Docker 和 kubeadm；

(2) 部署 Kubernetes Master；

(3) 部署容器网络插件；

(4) 部署 Kubernetes Worker；

(5) 部署 Dashboard 可视化插件；

(6) 部署容器存储插件。

好了，就此开始这次集群部署之旅吧！

1. 第一步：安装 kubeadm 和 Docker

上一节介绍过 kubeadm 的基础用法。它的一键安装非常方便，我们只需要添加 kubeadm 的源，然后直接使用 apt-get 安装即可，具体流程如下所示：

说明

为了方便讲解，我后续都会直接在 root 用户下进行操作。

```
$ curl -s https://packages.cloud.google.com/apt/doc/apt-key.gpg | apt-key add -
$ cat <<EOF > /etc/apt/sources.list.d/kubernetes.list
deb http://apt.kubernetes.io/ kubernetes-xenial main
EOF
$ apt-get update
$ apt-get install -y docker.io kubeadm
```

在上述安装 kubeadm 的过程中，会自动安装 kubeadm、kubelet、kubectl 和 kubernetes-cni 这几个二进制文件。

另外，这里直接使用 Ubuntu 的 docker.io 的安装源，因为 Docker 公司每次发布的最新 Docker CE（社区版）产品往往没有经过 Kubernetes 项目的验证，所以兼容性方面可能会有问题。

2. 第二步：部署 Kubernetes 的 Master 节点

上一节介绍过 kubeadm 可以一键部署 Master 节点。不过，这里既然要部署一个“完整”的 Kubernetes 集群，不妨增加一点儿难度：通过配置文件来开启一些实验性功能。所以，这里编写了一个给 kubeadm 用的 YAML 文件（名叫 kubeadm.yaml）：

```
apiVersion: kubeadm.k8s.io/v1beta2
kind: InitConfiguration
nodeRegistration:
  kubeletExtraArgs:
    cgroup-driver: "systemd"
---
apiVersion: kubeadm.k8s.io/v1beta2
kind: ClusterConfiguration
kubernetesVersion: "v1.18.8"
clusterName: "example-cluster"
controllerManager:
```

```
  extraArgs:
    horizontal-pod-autoscaler-sync-period: "10s"
    node-monitor-grace-period: "10s"
apiServer:
 extraArgs:
   runtime-config: "api/all=true"
```

在这个配置中，我给 kube-controller-manager 设置了：

```
horizontal-pod-autoscaler-use-rest-clients: "true"
```

这意味着，将来部署的 kube-controller-manager 能够使用 Custom Metrics（自定义监控指标）进行自动水平扩展。这会是后面的重点内容。

其中 `stable-1.18` 就是 kubeadm 帮我们部署的 Kubernetes 版本号，即 Kubernetes release 1.18 最新的稳定版。在我的环境中，它是 v1.18.8。你也可以直接指定这个版本，比如 `kubernetesVersion: "v1.18.8"`。

然后，只需要执行一条指令：

```
$ kubeadm init --config kubeadm.yaml
```

就可以完成 Kubernetes Master 的部署了，这个过程只需要几分钟。部署完成后，kubeadm 会生成一行指令：

```
kubeadm join 10.168.0.2:6443 --token 00bwbx.uvnaa2ewjflwu1ry
--discovery-token-ca-cert-hash
sha256:00eb62a2a6020f94132e3fe1ab721349bbcd3e9b94da9654cfe15f2985ebd711
```

这个 `kubeadm join` 命令，就是用来给这个 Master 节点添加更多 Worker 节点（工作节点）的。稍后部署 Worker 节点时会用到它，所以应当记下这条命令。

此外，kubeadm 还会提示我们第一次使用 Kubernetes 集群所需要的配置命令：

```
mkdir -p $HOME/.kube
sudo cp -i /etc/kubernetes/admin.conf $HOME/.kube/config
sudo chown $(id -u):$(id -g) $HOME/.kube/config
```

需要这些配置命令的原因是，Kubernetes 集群默认需要以加密方式访问。所以，这几条命令就是将刚刚部署生成的 Kubernetes 集群的安全配置文件，保存到当前用户的.kube 目录下，`kubectl` 默认会使用这个目录下的授权信息访问 Kubernetes 集群。

否则，每次都需要通过 `export KUBECONFIG` 环境变量告诉 `kubectl` 这个安全配置文件的位置。

现在，就可以使用 `kubectl get` 命令来查看当前唯一节点的状态了：

```
$ kubectl get nodes

NAME     STATUS    ROLES    AGE   VERSION
master   NotReady  master   118s  v1.18.8
```

可以看到，在这个 get 指令输出的结果里，Master 节点的状态是 NotReady，这是为什么呢？

在调试 Kubernetes 集群时，最重要的手段就是用 kubectl describe 来查看该节点对象的详细信息、状态和事件，下面来试一下：

```
$ kubectl describe node master

...
Conditions:
...

Ready   False ... KubeletNotReady  runtime network not ready: NetworkReady=false
reason:NetworkPluginNotReady message:docker: network plugin is not ready: cni config
uninitialized
```

kubectl describe 指令的输出显示，出现 NodeNotReady 的原因是我们尚未部署任何网络插件。

另外，我们还可以通过 kubectl 检查该节点上各个系统 Pod 的状态，其中 kube-system 是 Kubernetes 项目预留的系统 Pod 的工作空间（Namespace，注意，它不是 Linux Namespace，而是 Kubernetes 划分不同工作空间的单位）：

```
$ kubectl get pods -n kube-system

NAME                               READY   STATUS    RESTARTS   AGE
coredns-66bff467f8-d4j47           0/1     Pending   0          3m51s
coredns-66bff467f8-ntcb4           0/1     Pending   0          3m51s
etcd-master                        1/1     Running   0          3m53s
kube-apiserver-master              1/1     Running   0          3m53s
kube-controller-manager-master     1/1     Running   0          3m53s
kube-proxy-68cm6                   1/1     Running   0          3m51s
kube-scheduler-master              1/1     Running   0          3m53s
```

可以看到，CoreDNS、kube-controller-manager 等依赖网络的 Pod 都处于 Pending 状态，即调度失败。这是符合预期的，因为这个 Master 节点的网络尚未就绪。

3. 第三步：部署网络插件

在 Kubernetes 项目"一切皆容器"设计理念的指导下，部署网络插件非常简单，只需要执行一条 kubectl apply 指令。以 Weave 为例：

```
$ kubectl apply -f "https://cloud.weave.works/k8s/net?k8s-version=$(kubectl version
| base64 | tr -d '\n')"
```

部署完成后，可以通过 kubectl get 重新检查 Pod 的状态：

```
$ kubectl get pods -n kube-system

NAME                               READY   STATUS    RESTARTS   AGE
coredns-66bff467f8-d4j47           1/1     Running   0          39m
coredns-66bff467f8-ntcb4           1/1     Running   0          39m
etcd-master                        1/1     Running   0          39m
```

```
kube-apiserver-master              1/1     Running   0          39m
kube-controller-manager-master     1/1     Running   0          39m
kube-proxy-68cm6                   1/1     Running   0          39m
kube-scheduler-master              1/1     Running   0          39m
weave-net-5fm6g                    2/2     Running   0          65s
```

可以看到，所有的系统Pod都成功启动了，而刚刚部署的Weave网络插件在`kube-system`下面新建了一个名叫`weave-net-5fm6g`的Pod。一般来说，这些Pod就是容器网络插件在每个节点上的控制组件。

Kubernetes支持容器网络插件，使用的是一个名叫CNI的通用接口，它也是当前容器网络的事实标准，市面上所有的容器网络开源项目都可以通过CNI接入Kubernetes，比如Flannel、Calico、Canal、Romana等，它们的部署方式也都是类似的“一键部署”。关于这些开源项目的实现细节和差异，后续的网络部分会详细介绍。

至此，Kubernetes的Master节点就部署完成了。如果你只需要一个单节点的Kubernetes，现在就可以使用了。不过，在默认情况下，Kubernetes的Master节点是不能运行用户Pod的，所以还需要额外进行一个小操作，稍后会介绍。

4. 第四步：部署Kubernetes的Worker节点

Kubernetes的Worker节点跟Master节点几乎相同，它们都运行一个kubelet组件。唯一的区别是，在`kubeadm init`的过程中，当kubelet启动后，Master节点上还会自动运行kube-apiserver、kube-scheduler、kube-controller-manger这3个系统Pod。

所以，相比之下，部署Worker节点反而是最简单的，仅需以下两步。

(1) 在所有Worker节点上执行“安装kubeadm和Docker”的所有步骤。

(2) 执行部署Master节点时生成的`kubeadm join`指令：

```
$ kubeadm join 10.168.0.2:6443 --token 00bwbx.uvnaa2ewjflwu1ry
--discovery-token-ca-cert-hash
sha256:00eb62a2a6020f94132e3fe1ab721349bbcd3e9b94da9654cfe15f2985ebd711
```

5. 第五步：通过Taint/Toleration调整Master执行Pod的策略

如前所述，默认情况下Master节点是不允许运行用户Pod的。而Kubernetes做到了这一点，依靠的是它的Taint/Toleration机制。

原理非常简单：一旦某个节点被加上了一个Taint，即“染上污点”，那么所有Pod都不能在该节点上运行，因为Kubernetes的Pod都有“洁癖”。除非有个别Pod声明自己能“容忍”这个“污点”，即声明了Toleration，它才可以在该节点上运行。其中，为节点加上“污点”的命令是：

```
$ kubectl taint nodes node1 foo=bar:NoSchedule
```

这时，该node1节点上就会增加一个键值对格式的Taint，即`foo=bar:NoSchedule`。其中值里面的`NoSchedule`意味着这个Taint只会在调度新Pod时产生作用，而不会影响node1上已经在运行的 Pod，哪怕它们没有声明 Toleration。

那么 Pod 如何声明 Toleration 呢？只要在 Pod 的.yaml 文件中的 spec 部分加入 tolerations 字段即可：

```
apiVersion: v1
kind: Pod
...
spec:
  tolerations:
  - key: "foo"
    operator: "Equal"
    value: "bar"
    effect: "NoSchedule"
```

Toleration 的含义是，该 Pod 能“容忍”所有键值对为 foo=bar 的 Taint（operator: "Equal"，“等于”操作）。

回到已经搭建的集群上。这时，如果通过 kubectl describe 检查 Master 节点的 Taint 字段：

```
$ kubectl describe node master

Name:               master
Roles:              master
Taints:             node-role.kubernetes.io/master:NoSchedule
```

就可以看到，Master 节点默认被加上了 node-role.kubernetes.io/master:NoSchedule 这样一个“污点”，其中“键”是 node-role.kubernetes.io/master，而没有提供“值”。

此时，就需要像下面这样用 Exists 操作符（operator: "Exists"，“存在”即可）来说明，该 Pod 能够容忍所有以 foo 为键的 Taint，才能在该 Master 节点上运行这个 Pod：

```
apiVersion: v1
kind: Pod
...
spec:
  tolerations:
  - key: "foo"
    operator: "Exists"
    effect: "NoSchedule"
```

当然，如果就是想要一个单节点的 Kubernetes，删除这个 Taint 才是正确的选择：

```
$ kubectl taint nodes --all node-role.kubernetes.io/master-
```

如上所示，我们在 node-role.kubernetes.io/master 这个键后面加上了一个短横线-，这个格式意味着移除所有以 node-role.kubernetes.io/master 为键的 Taint。

至此，一个基本完整的 Kubernetes 集群就部署完毕了。是不是很简单呢？

有了 kubeadm 这样的原生管理工具，Kubernetes 的部署就大大简化了。更重要的是，像证书、授权、各个组件的配置等部署中最麻烦的操作，kubeadm 都已经帮你完成了。

接下来，我们再在这个 Kubernetes 集群上安装其他一些辅助插件，比如 Dashboard 和存储插件。

6. 部署 Dashboard 可视化插件

Kubernetes 社区中有一个很受欢迎的 Dashboard 项目，它可以给用户提供一个可视化的 Web 界面来查看当前集群的各种信息。毫不意外，它的部署也相当简单：

```
$ kubectl apply -f
https://raw.githubusercontent.com/kubernetes/dashboard/v2.0.4/aio/deploy/recommend
ed.yaml
```

部署完成之后，我们就可以查看 Dashboard 对应的 Pod 的状态了：

```
$ kubectl get pods -n kubernetes-dashboard

NAME                                         READY   STATUS    RESTARTS   AGE
dashboard-metrics-scraper-6b4884c9d5-rdv6n   1/1     Running   0          16s
kubernetes-dashboard-7d8574ffd9-rcxs7        1/1     Running   0          16s
```

需要注意的是，Dashboard 是一个 Web Server，很多人经常会在自己的公有云上无意地暴露 Dashboard 的端口，从而造成安全隐患。所以，1.7 版本之后的 Dashboard 项目部署完成后，默认只能通过 Proxy 的方式在本地访问。具体操作可以查看 Dashboard 项目的官方文档。

如果你想从集群外访问这个 Dashboard 的话，就需要用到 Ingress，之后会专门介绍这部分内容。

7. 部署容器存储插件

接下来，我们完成这个 Kubernetes 集群的最后一块拼图：容器持久化存储。

前面介绍容器原理时已经提到，很多时候我们需要用 Volume 把外面宿主机上的目录或者文件挂载到容器的 Mount Namespace 中，从而实现容器和宿主机共享这些目录或者文件。容器里的应用也就可以在这些 Volume 中新建和写入文件。

可是，如果你在某台机器上启动了一个容器，显然无法看到其他机器上的容器在它们的 Volume 里写入的文件。这是容器最典型的特征之一：无状态。

而容器的持久化存储，就是保存容器存储状态的重要手段。存储插件会在容器里挂载一个基于网络或者其他机制的远程 Volume，这使得在容器里创建的文件，实际上保存在远程存储服务器上，或者以分布式的方式保存在多个节点上，而与当前宿主机没有任何绑定关系。这样，无论你在其他哪台宿主机上启动新的容器，都可以请求挂载指定的持久化存储卷，从而访问 Volume 里保存的内容。这就是“持久化”的含义。

由于 Kubernetes 本身的松耦合设计，绝大多数存储项目，比如 Ceph、GlusterFS、NFS 等，都可以为 Kubernetes 提供持久化存储能力。在这次的部署实战中，我选择部署一个很重要的Kubernetes存储插件项目：Rook。

Rook项目是一个基于Ceph的Kubernetes存储插件（它后期增加了对更多存储实现的支持）。不过，不同于对Ceph的简单封装，Rook在实现中加入了水平扩展、迁移、灾难备份、监控等大量的企业级功能，使得该项目变成了一个完整的、生产级别可用的容器存储插件。

得益于容器化技术，仅用三条指令，Rook即可完成复杂的Ceph存储后端部署：

```
$ kubectl apply -f
https://raw.githubusercontent.com/rook/rook/master/cluster/examples/kubernetes/
ceph/common.yaml

$ kubectl apply -f https://raw.githubusercontent.com/rook/rook/master/cluster/
examples/kubernetes/ceph/operator.yaml

$ kubectl apply -f
https://raw.githubusercontent.com/rook/rook/master/cluster/examples/kubernetes/
ceph/cluster.yaml
```

在部署完成后，可以看到Rook项目会将自己的Pod放置在由它自己管理的Namespace当中：

```
$ kubectl get pods -n rook-ceph

NAME                                               READY   STATUS      RESTARTS   AGE
csi-cephfsplugin-gcv4s                             3/3     Running     0          10m
csi-cephfsplugin-j5vgk                             3/3     Running     0          10m
csi-cephfsplugin-provisioner-598854d87f-5md42      6/6     Running     0          10m
csi-cephfsplugin-provisioner-598854d87f-cwqf7      6/6     Running     0          10m
csi-cephfsplugin-spbzj                             3/3     Running     0          25m
csi-rbdplugin-4tfg2                                3/3     Running     0          10m
csi-rbdplugin-hf6d6                                3/3     Running     0          10m
csi-rbdplugin-provisioner-dbc67ffdc-kxkjm          6/6     Running     0          10m
csi-rbdplugin-provisioner-dbc67ffdc-vjd8c          6/6     Running     0          10m
csi-rbdplugin-sxv7s                                3/3     Running     0          25m
rook-ceph-crashcollector-node-1-59b6474f78-g2z8p   1/1     Running     0          2m33s
rook-ceph-crashcollector-node-2-64bd459f97-j1mqw   1/1     Running     0          2m6s
rook-ceph-crashcollector-node-3-656994b5cd-88dw4   1/1     Running     0          102s
rook-ceph-mgr-a-bd5c4f5b9-hv48j                    1/1     Running     0          102s
rook-ceph-mon-a-689b8697f5-rx5f5                   1/1     Running     0          2m15s
rook-ceph-mon-b-558b99f4db-268hq                   1/1     Running     0          2m6s
rook-ceph-mon-c-6dfdbdc777-49blv                   1/1     Running     0          115s
rook-ceph-operator-db86d47f5-2hq94                 1/1     Running     0          10m
rook-ceph-osd-prepare-node-1-sb8mt                 0/1     Completed   0          101s
rook-ceph-osd-prepare-node-2-sgrw5                 0/1     Completed   0          101s
rook-ceph-osd-prepare-node-3-k8z7b                 0/1     Completed   0          101s
rook-discover-nmrpl                                1/1     Running     0          10m
rook-discover-p8g7c                                1/1     Running     0          10m
rook-discover-t9d7t                                1/1     Running     0          25m
```

这样，一个基于Rook的持久化存储集群就以容器的方式运行起来了，而接下来在Kubernetes项目上创建的所有Pod就能够通过PV（Persistent Volume）和PVC（Persistent Volume Claim）的方式，在容器里挂载由 Ceph 提供的 Volume 了。而 Rook 项目会负责这些 Volume 的生命周期管理、灾难备份等运维工作。关于这些容器持久化存储的知识，之后会专门讲解。

这时候，你可能会有疑问：为何要选择 Rook 项目？

原因是这个项目很有前途。如果你研究 Rook 项目的实现，就会发现它巧妙地借助了 Kubernetes 提供的编排能力，合理地使用了很多诸如 Operator、CRD 等重要的扩展特性（之后会逐一讲解这些特性），因此 Rook 项目成功地成为目前社区中基于 Kubernetes API 构建的最完善也最成熟的容器存储插件。这样的发展路线很快就会得到整个社区的推崇。

说明

其实，在很多时候，所谓“云原生”就是“Kubernetes 原生”的意思。而像 Rook、Istio 这样的项目，正是贯彻这个思路的典范。在后面讲解了声明式 API 之后，相信你会对这些项目的设计思想有更深刻的体会。

小结

本节完全从零开始，在 Bare-metal 环境中使用 kubeadm 工具部署了一个完整的 Kubernetes 集群。这个集群有一个 Master 节点和多个 Worker 节点；使用 Weave 作为容器网络插件；使用 Rook 作为容器持久化存储插件；使用 Dashboard 插件提供了可视化的 Web 界面。

这个集群将会是后续讲解所依赖的集群环境，并且之后会给它安装更多插件，添加更多新能力。

另外，这个集群的部署过程并不像传说中那么烦琐，这主要得益于：

(1) kubeadm 项目大大简化了部署 Kubernetes 的准备工作，尤其是配置文件、证书、二进制文件的准备和制作，以及集群版本管理等操作，都被 kubeadm 接管了；

(2) Kubernetes 本身“一切皆容器”的设计思想，加上良好的可扩展机制，使得插件的部署非常简便。

上述思想也是开发和使用 Kubernetes 的重要指导思想，即基于 Kubernetes 开展工作时，一定要优先考虑以下两个问题：

(1) 我的工作是不是可以容器化？

(2) 我的工作是不是可以借助 Kubernetes API 和可扩展机制来完成？

而一旦这项工作能够基于 Kubernetes 实现容器化，就很有可能像上面的部署过程一样，大幅简化原本复杂的运维工作。对于时间宝贵的技术人员来说，这个变化的重要性不言而喻。

4.3 第一个 Kubernetes 应用

上一节部署了一个完整的 Kubernetes 集群。这个集群虽然离生产环境的要求还有一定差距（比如没有一键高可用部署），但也可以当作一个准生产级别的 Kubernetes 集群了。

本节从一位应用开发人员的角色出发，使用这个 Kubernetes 集群发布第一个云原生应用。希望你能够对 Kubernetes 项目的使用方法产生感性的认识。

在开始实践之前，首先需要了解 Kubernetes 中与开发人员关系最为密切的几个概念。

首先，云原生化应用的基础是“容器化”。这是解耦应用运行时与运行环境的重要手段。因此作为应用开发人员，你首先要做的是制作容器的镜像（见第 2 章）。

然后，有了容器镜像之后，就相当于拥有了云原生时代的“软件部署包”。接下来，需要把这个部署包以 Kubernetes 项目能够“认识”的方式“安装”上去。

那么，什么才是 Kubernetes 项目能够“认识”的方式呢？这就是使用 Kubernetes 的必备技能：编写应用配置文件。这些配置文件可以是 YAML 或者 JSON 格式的。为方便阅读和理解，后面的讲解会统一使用 YAML 文件来指代它们。

Kubernetes 跟 Docker 等很多项目最大的不同是，它不推荐你使用命令行的方式直接运行容器（虽然 Kubernetes 项目也支持这种方式，比如 kubectl run），而是希望你用 YAML 文件的方式，即把容器的定义、参数、配置统统记录在一个 YAML 文件中，然后用这样一句指令把它运行起来：

```
$ kubectl create -f _我的配置文件_
```

这么做最直接的好处就是，会有一个文件记录下 Kubernetes 到底运行了什么。示例如下：

```
apiVersion: apps/v1
kind: Deployment
metadata:
  name: nginx-deployment
spec:
  selector:
    matchLabels:
      app: nginx
  replicas: 2
  template:
    metadata:
      labels:
        app: nginx
    spec:
      containers:
      - name: nginx
        image: nginx:1.7.9
        ports:
        - containerPort: 80
```

像这样的一个 YAML 文件，对应到 Kubernetes 中就是一个 API 对象。当你为这个对象的各个字段填好值并提交给 Kubernetes 之后，Kubernetes 就会创建出这些对象所定义的容器或者其他类型的 API 资源。

可以看到，这个 YAML 文件中的 `kind` 字段指定了这个 API 对象的类型，是一个 Deployment。

所谓 Deployment，是一个定义多副本应用（多个副本 Pod）的对象，第 3 章简单提到过它的用法。此外，Deployment 还负责在 Pod 定义发生变化时对每个副本进行滚动更新。在上面这个 YAML 文件中，我给它定义的 Pod 副本个数（spec.replicas）是 2。

那这些 Pod 具体长什么样子呢？为此，我们定义了一个 Pod 模版（spec.template），这个模版描述了我想要创建的 Pod 的细节。在上面的例子里，这个 Pod 里只有一个容器，这个容器的镜像（spec.containers.image）是 `nginx:1.7.9`，这个容器的监听端口（`containerPort`）是 80。

关于 Pod 的设计和用法，3.2 节已简单介绍过。这里只需要记住这样一句话：

> Pod 就是 Kubernetes 世界里的"应用运行单元"，而一个应用运行单元可以由多个容器组成。

需要注意的是，像这样使用一种 API 对象（Deployment）管理另一种 API 对象（Pod）的方法，在 Kubernetes 中叫作"控制器模式"（controller pattern）。在我们的例子中，Deployment 扮演的正是 Pod 的控制器的角色。关于 Pod 和控制器模式的更多细节，第 5 章会进一步讲解。

你可能还注意到了，这样的每一个 API 对象都有一个叫作 Metadata 的字段，这个字段就是 API 对象的"标识"，即元数据，它也是我们从 Kubernetes 里找到这个对象的主要依据。其中用到的最主要的字段是 Labels。

顾名思义，Labels 就是一组键值对格式的标签。而像 Deployment 这样的控制器对象，就可以通过这个 Labels 字段从 Kubernetes 中过滤出它所关心的被控制对象。

比如，在上面这个 YAML 文件中，Deployment 会把所有正在运行的、携带 `app: nginx` 标签的 Pod 识别为被管理的对象，并确保这些 Pod 的总数严格等于 2。而这个过滤规则的定义，是在 Deployment 的 `spec.selector.matchLabels` 字段。我们一般称之为 Label Selector。

另外，在 Metadata 中，还有一个与 Labels 格式、层级完全相同的字段，叫作 Annotations，它专门用来携带键值对格式的**内部信息**。所谓内部信息，指的是对这些信息感兴趣的是 Kubernetes 组件，而不是用户。所以大多数 Annotations 是在 Kubernetes 运行过程中被自动加在这个 API 对象上的。

一个 Kubernetes 的 API 对象的定义，大多可以分为 Metadata 和 Spec 两个部分。前者存放的是这个对象的元数据，对所有 API 对象来说，这部分的字段和格式基本相同；而后者存放的是属于这个对象独有的定义，用来描述它所要表达的功能。

在了解了上述 Kubernetes 配置文件的基本知识之后，现在就可以把这个 YAML 文件描述的软件运行起来。如前所述，可以使用 kubectl create 指令完成这个操作：

```
$ kubectl create -f nginx-deployment.yaml
```

然后，通过 kubectl get 命令检查这个 YAML 运行起来的状态是否与我们预期的一致：

```
$ kubectl get pods -l app=nginx
NAME                                READY     STATUS    RESTARTS   AGE
nginx-deployment-67594d6bf6-9gdvr   1/1       Running   0          10m
nginx-deployment-67594d6bf6-v6j7w   1/1       Running   0          10m
```

kubectl get 指令的作用就是从 Kubernetes 中获取指定的 API 对象。可以看到，这里还加上了一个-l 参数，即获取所有匹配 app=nginx 标签的 Pod。需要注意的是，在命令行中，所有键值对格式的参数都使用=而非:表示。

这条指令的返回结果显示，现在有两个 Pod 处于 Running 状态，也就意味着这个 Deployment 所管理的 Pod 都处于预期的状态。

此外，还可以使用 kubectl describe 命令查看一个 API 对象的细节，比如：

```
$ kubectl describe pod nginx-deployment-67594d6bf6-9gdvr
Name:               nginx-deployment-67594d6bf6-9gdvr
Namespace:          default
Priority:           0
PriorityClassName:  <none>
Node:               node-1/10.168.0.3
Start Time:         Sun, 13 Sep 2020 18:48:42 +0000
Labels:             app=nginx
                    pod-template-hash=2315082692
Annotations:        <none>
Status:             Running
IP:                 10.32.0.23
Controlled By:      ReplicaSet/nginx-deployment-67594d6bf6
...
Events:

  Type    Reason     Age    From               Message

  ----    ------     ----   ----               -------

  Normal  Scheduled  1m     default-scheduler  Successfully assigned default/
nginx-deployment-67594d6bf6-9gdvr to node-1
  Normal  Pulling    25s    kubelet, node-1    pulling image "nginx:1.7.9"
  Normal  Pulled     17s    kubelet, node-1    Successfully pulled image
"nginx:1.7.9"
  Normal  Created    17s    kubelet, node-1    Created container
  Normal  Started    17s    kubelet, node-1    Started container
```

在 kubectl describe 命令返回的结果中，可以清楚地看到这个 Pod 的详细信息，比如它的 IP 地址等。其中有一个部分值得特别关注，它就是 Events。

在 Kubernetes 执行的过程中，对 API 对象的所有重要操作都会被记录在这个对象的 Events

里，并且显示在 kubectl describe 指令返回的结果中。比如，对于这个 Pod，我们可以看到它被创建之后，被调度器调度（Successfully assigned）到了 node-1，拉取了指定的镜像（pulling image），然后启动了 Pod 里定义的容器（Started container）。所以，这个部分正是将来进行调试的重要依据。如果出现异常，一定要第一时间查看这些 Events，往往可以看到非常详细的错误信息。

接下来，如果要升级这个 Nginx 服务，把它的镜像版本从 1.7.9 升级到 1.8，要怎么做呢？很简单，只要修改这个 YAML 文件即可：

```
...
  spec:
    containers:
    - name: nginx
      image: nginx:1.8 # 这里从 1.7.9 修改为 1.8
      ports:
      - containerPort: 80
```

可是，这个修改目前只发生在本地，如何让这个更新在 Kubernetes 里也生效呢？可以使用 kubectl replace 指令来完成这个更新：

```
$ kubectl replace -f nginx-deployment.yaml
```

不过从本节开始，乃至在全书中，都推荐你使用 kubectl apply 命令来统一进行 Kubernetes 对象的创建和更新操作，具体做法如下所示：

```
$ kubectl apply -f nginx-deployment.yaml

# 修改 nginx-deployment.yaml 的内容

$ kubectl apply -f nginx-deployment.yaml
```

这样的操作方法是 Kubernetes 声明式 API 所推荐的用法。也就是说，作为用户，你不必关心当前的操作是创建还是更新，你执行的命令始终是 kubectl apply，这个 YAML 文件描述的就是你这个应用的期望状态，或者说终态（最终状态）。而当这个文件发生变化后，Kubernetes 会根据具体的变化内容自动进行处理，将整个系统的状态向你所定义的终态“逐步逼近”，最终重新“达成一致”。

这个流程的好处是有助于开发人员和运维人员围绕可以版本化管理的 YAML 文件，而不是“行踪不定”的命令行进行协作，从而大大降低沟通成本。这种面向终态的分布式系统设计原则，就被称为“声明式 API”。

举个例子，一位开发人员开发了一个应用，制作好了容器镜像。那么他就可以在应用的发布目录里附带一个 Deployment 的 YAML 文件。而运维人员拿到这个应用的发布目录后，就可以直接用这个 YAML 文件执行 kubectl apply 操作把它运行起来。

这时候，如果开发人员修改了应用，生成了新的发布内容，那么这个 YAML 文件也需要修改，并且成为这次变更的一部分。接下来，运维人员可以使用 git diff 命令查看这个 YAML 文件本身的变化，然后继续用 kubectl apply 命令更新这个应用。

所以，如果通过容器镜像能够保证应用本身在开发环境与部署环境中的一致性的话，那么现在 Kubernetes 项目通过 YAML 文件就保证了应用的“部署配置”在开发环境与部署环境中的一致性。而当应用本身发生变化时，开发人员和运维人员可以依靠容器镜像来进行同步；当应用部署参数发生变化时，这些 YAML 文件就是他们相互沟通和信任的媒介。

以上就是 Kubernetes 创建应用的最基本操作。接下来，我们再在这个 Deployment 中尝试声明一个 Volume。

在 Kubernetes 中，Volume 属于 Pod 对象的一部分。所以，我们需要修改这个 YAML 文件里的 template.spec 字段，如下所示：

```
apiVersion: apps/v1
kind: Deployment
metadata:
  name: nginx-deployment
spec:
  selector:
    matchLabels:
      app: nginx
  replicas: 2
  template:
    metadata:
      labels:
        app: nginx
    spec:
      containers:
      - name: nginx
        image: nginx:1.8
        ports:
        - containerPort: 80
        volumeMounts:
        - mountPath: "/usr/share/nginx/html"
          name: nginx-vol
      volumes:
      - name: nginx-vol
        emptyDir: {}
```

可以看到，我们在 Deployment 的 Pod 模板部分添加了一个 volumes 字段，定义了这个 Pod 声明的所有 Volume。它的名字叫作 nginx-vol，类型是 emptyDir。

那什么是 emptyDir 类型呢？它其实等同于之前讲过的 Docker 的隐式 Volume 参数，即不显式声明宿主机目录的 Volume。所以，Kubernetes 也会在宿主机上创建一个临时目录，这个目录将来会被绑定挂载到容器所声明的 Volume 目录上。

说明

不难看出，Kubernetes 的 emptyDir 类型只是把 Kubernetes 创建的临时目录作为 Volume 的宿主机目录，交给了 Docker。这么做的原因是，Kubernetes 不想依赖 Docker 自己创建的那个 _data 目录。

Pod 中的容器使用 volumeMounts 字段来声明自己要挂载哪个 Volume，并通过 mountPath 字段来定义容器内的 Volume 目录，比如/usr/share/nginx/html。

当然，Kubernetes 也提供了显式的 Volume 定义，它叫作 hostPath。比如下面这个 YAML 文件：

```
...
    volumes:
      - name: nginx-vol
        hostPath:
          path: /var/data
```

这样，容器 Volume 挂载的宿主机目录就变成了/var/data。

在完成上述修改后，我们还是使用 kubectl apply 指令更新这个 Deployment:

```
$ kubectl apply -f nginx-deployment.yaml
```

接下来，可以通过 kubectl get 指令查看两个 Pod 被逐一更新的过程：

```
$ kubectl get pods
NAME                                READY     STATUS              RESTARTS    AGE
nginx-deployment-5c678cfb6d-v5dlh   0/1       ContainerCreating   0           4s
nginx-deployment-67594d6bf6-9gdvr   1/1       Running             0           10m
nginx-deployment-67594d6bf6-v6j7w   1/1       Running             0           10m
$ kubectl get pods
NAME                                READY     STATUS    RESTARTS    AGE
nginx-deployment-5c678cfb6d-lg9lw   1/1       Running   0           8s
nginx-deployment-5c678cfb6d-v5dlh   1/1       Running   0           19s
```

返回结果显示，新旧两个 Pod 被交替创建、删除，最后剩下的就是新版本的 Pod。之后会详细讲解这个滚动更新过程。

然后，可以使用 kubectl describe 查看最新的 Pod，就会发现 Volume 的信息已经出现在 Container 描述部分了：

```
...
Containers:
  nginx:
    Container ID:
docker://07b4f89248791c2aa47787e3da3cc94b48576cd173018356a6ec8db2b6041343
    Image:          nginx:1.8
    ...
```

```
    Environment:    <none>
    Mounts:
      /usr/share/nginx/html from nginx-vol (rw)
...
Volumes:
  nginx-vol:
    Type:    EmptyDir (a temporary directory that shares a pod's lifetime)
```

说明

作为一个完整的容器化平台项目，Kubernetes 提供的 Volume 类型远不止这些，第 6 章将详细介绍。

最后，还可以使用 `kubectl exec` 指令进入这个 Pod 当中（容器的 Namespace 中）查看这个 Volume 目录：

```
$ kubectl exec -it nginx-deployment-5c678cfb6d-lg9lw -- /bin/bash
# ls /usr/share/nginx/html
```

此外，若要从 Kubernetes 集群中删除这个 Nginx Deployment，直接执行以下命令即可：

```
$ kubectl delete -f nginx-deployment.yaml
```

小结

本节通过一个案例带你近距离体验了 Kubernetes 的基础方法。

可以看到，Kubernetes 推荐的使用方式是用一个 YAML 文件来描述你要部署的 API 对象；然后统一使用 `kubectl apply` 命令完成对这个对象的创建和更新操作。

Kubernetes 里“最小”的 API 对象是 Pod。Pod 可以等价为一个应用，所以 Pod 可以由多个紧密协作的容器组成。

在 Kubernetes 中，通过一种 API 对象来管理另一种 API 对象很常见，比如 Deployment 之于 Pod；而因为 Pod 是“最小”的对象，所以它往往是被其他对象控制的。这种组合方式正是 Kubernetes 进行容器编排的重要模式。

像这样的 Kubernetes API 对象，往往由 Metadata 和 Spec 两部分组成，其中 Metadata 里的 Labels 字段是 Kubernetes 过滤对象的主要手段。在这些字段中，容器想要使用的 Volume 正是 Pod 的 Spec 字段的一部分。而 Pod 里的每个容器，则需要显式声明自己要挂载哪个 Volume。

上面这些基于 YAML 文件的容器管理方式，跟 Docker、Mesos 的使用习惯都不同，而从 `docker run` 这样的命令行操作，向 `kubectl apply` YAML 文件这样的声明式 API 的转变，是每一位云原生技术学习者必须跨过的第一道门槛。

所以，如果你想要快速熟悉Kubernetes，请按照下面的流程进行练习：

- 首先，在本地通过Docker测试代码，制作镜像；
- 然后，选择合适的Kubernetes API对象，编写对应YAML文件（比如Pod、Deployment）；
- 最后，在Kubernetes上部署这个YAML文件。

更重要的是，在把应用部署到Kubernetes之后，接下来的所有操作，要么通过 `kubectl` 来执行，要么通过修改YAML文件来实现，尽量不要再碰Docker命令行了。

第二部分

Kubernetes 核心原理

- ❑ 第 5 章　Kubernetes 编排原理
- ❑ 第 6 章　Kubernetes 存储原理
- ❑ 第 7 章　Kubernetes 网络原理
- ❑ 第 8 章　Kubernetes 调度与资源管理
- ❑ 第 9 章　容器运行时
- ❑ 第 10 章　Kubernetes 监控与日志

第 5 章

Kubernetes 编排原理

5.1 为什么我们需要 Pod

上一章详细介绍了在 Kubernetes 中部署一个应用的过程，提到了这样一个知识点：Pod 是 Kubernetes 项目中最小的 API 对象。更专业的表述是：Pod 是 Kubernetes 项目的原子调度单位。

不过，相信你在学习和使用 Kubernetes 项目的过程中，不止一次地想要问这样一个问题：为什么我们需要 Pod?

是啊，前面花了很多篇幅解读 Linux 容器的原理、分析 Docker 容器的本质，终于，"Namespace 做隔离，Cgroups 做限制，rootfs 做文件系统"这样的"三句箴言"可以朗朗上口了，为什么 Kubernetes 项目又突然搞出一个 Pod 来呢?

要回答这个问题，先回忆一下本书反复强调过的一个问题：容器的本质是什么?

现在你应该可以不假思索地回答出来：容器的本质是进程。

没错。容器就是未来云计算系统中的进程，容器镜像就是这个系统里的.exe 安装包。那么 Kubernetes 呢?

你应该也能立刻回答上来：Kubernetes 就是操作系统!

非常正确。

现在，我们登录一台 Linux 机器并执行如下命令：

```
$ pstree -g
```

这条命令的作用是展示当前系统中正在运行的进程的树状结构。它的返回结果如下所示：

```
systemd(1)-+-accounts-daemon(1984)-+-{gdbus}(1984)
           |                       `-{gmain}(1984)
           |-acpid(2044)
          ...
           |-lxcfs(1936)-+-{lxcfs}(1936)
```

```
        |            `-{lxcfs}(1936)
        |-mdadm(2135)
        |-ntpd(2358)
        |-polkitd(2128)-+-{gdbus}(2128)
        |               `-{gmain}(2128)
        |-rsyslogd(1632)-+-{in:imklog}(1632)
        |                |-{in:imuxsock) S 1(1632)
        |                `-{rs:main Q:Reg}(1632)
        |-snapd(1942)-+-{snapd}(1942)
        |             |-{snapd}(1942)
        |             |-{snapd}(1942)
        |             |-{snapd}(1942)
        |             |-{snapd}(1942)
```

不难发现，在一个真正的操作系统里，进程并不是“孤苦伶仃”地运行的，而是以进程组的方式“有原则”地组织在一起。比如，这里有一个叫作 rsyslogd 的程序，它负责的是 Linux 操作系统中的日志处理。可以看到，rsyslogd 的主程序 main 和它要用到的内核日志模块 imklog 等，同属于 1632 进程组。这些进程相互协作，共同履行 rsyslogd 程序的职责。

说明

注意，这里提到的“进程”，比如 rsyslogd 对应的 imklog、imuxsock 和 main，从严格意义上来说其实是 Linux 操作系统语境下的“线程”。这些线程，或者说轻量级进程之间，可以共享文件、信号、数据内存甚至部分代码，从而紧密协作共同履行一个程序的职责。同理，这里提到的“进程组”对应的是 Linux 操作系统语境下的“线程组”。这种命名关系与实际情况的不一致是 Linux 发展历史中的一个遗留问题。如果对这个话题感兴趣，可以阅读杨沙洲写的技术文章《Linux 线程实现机制分析》。接下来，我继续使用“进程”和“进程组”来进行讲解。

Kubernetes 项目所做的，其实就是将“进程组”的概念映射到容器技术中，并使其成为这个云计算“操作系统”里的“一等公民”。

前面介绍 Kubernetes 和 Borg 的关系时曾提到过这么做的原因：在 Borg 项目的开发和实践过程中，谷歌公司的工程师发现，他们部署的应用往往存在着类似于“进程和进程组”的关系。更具体地说，就是这些应用之间有着密切的协作关系，它们必须部署在同一台机器上。而如果事先没有“组”的概念，这样的运维关系就会很难处理。

还是以前面的 rsyslogd 为例。已知 rsyslogd 由 3 个进程组成：一个 imklog 模块、一个 imuxsock 模块、一个 rsyslogd 自己的 main 函数主进程。这 3 个进程一定要在同一台机器上运行，否则它们之间基于 Socket 的通信和文件交换都会出问题。

现在，我要把 rsyslogd 这个应用容器化。由于受限于容器的“单进程模型”，因此这 3 个模块必须分别制作成 3 个容器。而在这 3 个容器运行的时候，它们设置的内存配额都是 1 GB。

再次强调：容器的“单进程模型”并不是指容器里只能运行“一个”进程，而是指容器无法管理多个进程。这是因为容器里 PID=1 的进程就是应用本身，其他进程都是这个 PID=1 进程的子进程。可是，用户编写的应用并不像正常操作系统里的 init 进程或者 systemd 那样拥有进程管理的功能。比如，你的应用是一个 Java Web 程序（PID=1），然后你执行 `docker exec` 在后台启动了一个 Nginx 进程（PID=3）。可是，当这个 Nginx 进程异常退出时，你该怎么知道呢？这个进程退出后的垃圾收集工作又该由谁去做呢？

假设我们的 Kubernetes 集群上有两个节点：node-1 上有 3 GB 可用内存，node-2 上有 2.5 GB 可用内存。

这时，假设我要用 Docker Swarm 来运行这个 rsyslogd 程序。为了让这 3 个容器在同一台机器上运行，就必须在另外两个容器上设置一个 `affinity=main`（与 main 容器有亲密性）的约束，即它们必须和 main 容器在同一台机器上运行。

然后，按顺序执行：`docker run main`、`docker run imklog` 和 `docker run imuxsock`，创建这 3 个容器。

这样，这 3 个容器都会进入 Swarm 的待调度队列。然后，main 容器和 imklog 容器先后出队并被调度到了 node-2 上（这种情况是完全有可能的）。

可是，当 imuxsock 容器出队开始被调度时，Swarm 就有点“懵”了：node-2 上的可用资源只有 0.5 GB 了，不足以运行 imuxsock 容器；可是，根据 `affinity=main` 的约束，imuxsock 容器又只能在 node-2 上运行。

这就是一个典型的**成组调度**（gang scheduling）没有被妥善处理的例子。

在工业界和学术界，关于这个问题的讨论可谓旷日持久，也产生了很多可选的解决方案。

比如，Mesos 中就有一个**资源囤积**（resource hoarding）的机制，在所有设置了 Affinity 约束的任务都到达时，才开始对它们统一进行调度。而谷歌 Omega 论文则提出了使用乐观调度处理冲突的方法：先不管这些冲突，而是通过精心设计的回滚机制在冲突发生之后解决问题。

可是这些方法都谈不上完美。资源囤积带来了不可避免的调度效率损失和死锁的可能性；而乐观调度的复杂程度，也不是常规技术团队所能驾驭的。

但是，在 Kubernetes 项目中，这样的问题就迎刃而解了：Pod 是 Kubernetes 里的原子调度单位。这就意味着，Kubernetes 项目的调度器是统一按照 Pod 而非容器的资源需求进行计算的。

所以，像 imklog、imuxsock 和 main 函数主进程这样的 3 个容器，正是一个典型的由 3 个容器组成的 Pod。Kubernetes 项目在调度时，自然会选择可用内存等于 3 GB 的 node-1 进行绑定，而根本不会考虑 node-2。

可以把容器间的这种紧密协作称为“超亲密关系”。这些具有“超亲密关系”的容器的典型特征包括但不限于：互相之间会发生直接的文件交换、使用 localhost 或者 Socket 文件进行本地通信、会发生非常频繁的远程调用、需要共享某些 Linux Namespace（比如一个容器要加入另一个容器的 Network Namespace），等等。

这也就意味着，并不是所有“有关系”的容器都属于同一个 Pod。比如，PHP 应用容器和 MySQL 虽然会发生访问关系，但并没有必要，也不应该部署在同一台机器上，它们更适合做成两个 Pod。

不过，此时你可能会有第二个问题。

对于初学者来说，一般是先学会了用 Docker 这种单容器的工具，然后才会开始接触 Pod。如果 Pod 的设计只是出于调度上的考虑，那么 Kubernetes 项目似乎完全没有必要把 Pod 作为“一等公民”，这不是故意抬高用户的学习门槛吗？

没错，如果只是处理“超亲密关系”这样的调度问题，有 Borg 和 Omega 论文珠玉在前，Kubernetes 项目肯定可以在调度器层面将其解决。

不过，Pod 在 Kubernetes 项目里还有更重要的意义，那就是**容器设计模式**。

为了让你理解这一层含义，要先介绍 Pod 的实现原理。

关于 Pod 最重要的一个事实是：它只是一个逻辑概念。也就是说，Kubernetes 真正处理的，还是宿主机操作系统上 Linux 容器的 Namespace 和 Cgroups，并不存在所谓的 Pod 的边界或者隔离环境。

那么，Pod 又是怎么被“创建”出来的呢？

答案是：Pod 其实是一组共享了某些资源的容器。

具体地说，Pod 里的所有容器都共享一个 Network Namespace，并且可以声明共享同一个 Volume。

如此看来，一个有 A、B 两个容器的 Pod，不就等同于一个容器（容器 A）共享另外一个容器（容器 B）的网络和 Volume 的做法吗？

这好像通过 `docker run --net --volumes-from` 这样的命令就能实现嘛，比如：

```
$ docker run --net=B --volumes-from=B --name=A image-A ...
```

但是，你是否考虑过，如果真这样做的话，容器 B 就必须比容器 A 先启动，这样一个 Pod 里的多个容器就不是对等关系，而是拓扑关系了。

所以，在 Kubernetes 项目里，Pod 的实现需要使用一个中间容器，这个容器叫作 Infra 容器。在这个 Pod 中，Infra 容器永远是第一个被创建的容器，用户定义的其他容器则通过 Join Network Namespace 的方式与 Infra 容器关联在一起。图 5-1 展示了这样的组织关系。

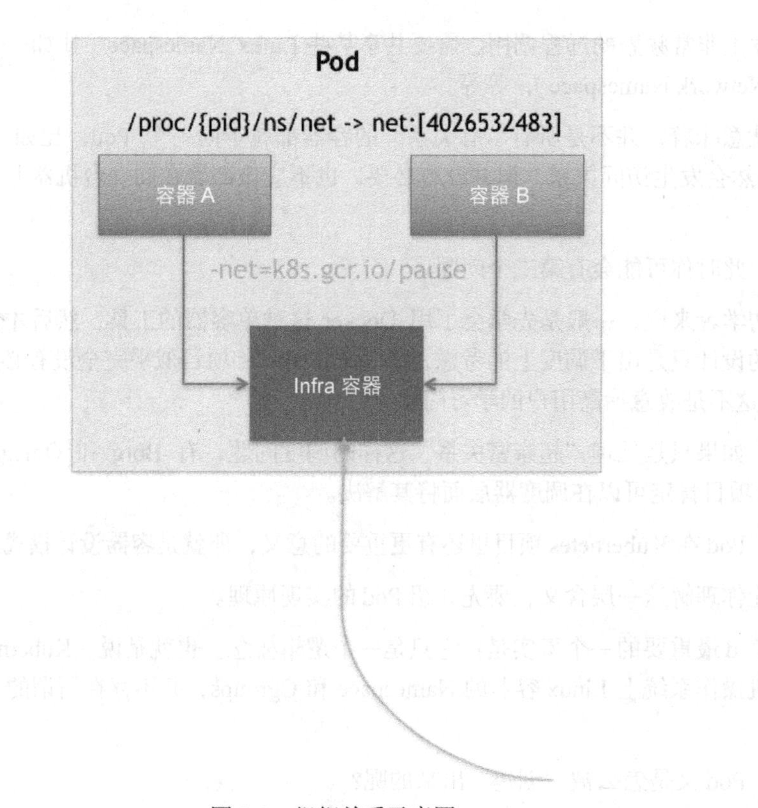

图 5-1　组织关系示意图

如图 5-1 所示，这个 Pod 里有两个用户容器 A 和容器 B，还有一个 Infra 容器。很容易理解，在 Kubernetes 项目里，Infra 容器一定要占用极少的资源，所以它使用的是一个非常特殊的镜像，叫作 k8s.gcr.io/pause。这个镜像是一个用汇编语言编写的、永远处于“暂停”状态的容器，解压后的大小也只有 100~200 KB。

在 Infra 容器“hold”Network Namespace 后，用户容器就可以加入 Infra 容器的 Network Namespace 中了。所以，如果你查看这些容器在宿主机上的 Namespace 文件（前面介绍过这个 Namespace 文件的路径），它们指向的值一定是完全一样的。

这也意味着，对于 Pod 里的容器 A 和容器 B 来说：

- 它们可以直接使用 localhost 进行通信；
- 它们“看到”的网络设备跟 Infra 容器“看到”的完全一样；
- 一个 Pod 只有一个 IP 地址，也就是这个 Pod 的 Network Namespace 对应的 IP 地址；
- 当然，其他所有网络资源都是一个 Pod 一份，并且被该 Pod 中的所有容器共享；
- Pod 的生命周期只跟 Infra 容器一致，而与容器 A 和容器 B 无关。

而对于同一个 Pod 里的所有用户容器来说，它们的进出流量也可以认为都是通过 Infra 容器完成的。这一点很重要，因为将来如果你要为 Kubernetes 开发一个网络插件，应该重点考虑如何配置这个 Pod 的 Network Namespace，而不是每一个用户容器如何使用你的网络配置，这是没有意义的。

这就意味着，如果你的网络插件需要在容器里安装某些包或者配置才能完成，是不可取的：Infra 容器镜像的 rootfs 里几乎什么都没有，无法随意发挥。当然，这也意味着你的网络插件完全不必关心用户容器的启动与否，而只需要关注如何配置 Pod，也就是 Infra 容器的 Network Namespace 即可。

有了这个设计之后，共享 Volume 就简单多了：Kubernetes 项目只要把所有 Volume 的定义都设计在 Pod 层级即可。

这样，一个 Volume 对应的宿主机目录对于 Pod 来说就只有一个，Pod 里的容器只要声明挂载这个 Volume，就一定可以共享这个 Volume 对应的宿主机目录。示例如下：

```
apiVersion: v1
kind: Pod
metadata:
  name: two-containers
spec:
  restartPolicy: Never
  volumes:
  - name: shared-data
    hostPath:
      path: /data
  containers:
  - name: nginx-container
    image: nginx
    volumeMounts:
    - name: shared-data
      mountPath: /usr/share/nginx/html
  - name: debian-container
    image: debian
    volumeMounts:
    - name: shared-data
      mountPath: /pod-data
    command: ["/bin/sh"]
    args: ["-c", "echo Hello from the debian container > /pod-data/index.html"]
```

在这个例子中，debian-container 和 nginx-container 都声明挂载了 shared-data 这个 Volume。而 shared-data 是 hostPath 类型，所以它在宿主机上的对应目录就是 /data。而这个目录其实被同时绑定挂载进了上述两个容器中。

这就是 nginx-container 可以从它的/usr/share/nginx/html 目录中读取到 debian-container 生成的 index.html 文件的原因。

理解了 Pod 的实现原理后，再来讨论“容器设计模式”就容易多了。

Pod 这种“超亲密关系”容器的设计思想，实际上就是希望，当用户想在一个容器里运行多个功能无关的应用时，应该优先考虑它们是否更应该被描述成一个 Pod 里的多个容器。

为了能够掌握这种思考方式，你应该尽量尝试使用它来描述一些用单个容器难以解决的问题。例如，最典型的例子就是 WAR 包与 Web 服务器，以及容器的日志收集。

1. WAR 包与 Web 服务器

现在有一个 Java Web 应用的 WAR 包，它需要放在 Tomcat 的 webapps 目录下运行。假如只能用 Docker 来做这件事，那该如何处理这个组合关系呢？

- 一种方法是，把 WAR 包直接放在 Tomcat 镜像的 webapps 目录下，做成一个新的镜像运行起来。可是，这时如果要更新 WAR 包的内容，或者要升级 Tomcat 镜像，就需要重新制作一个新的发布镜像，非常麻烦。
- 另一种方法是，压根儿不管 WAR 包，永远只发布一个 Tomcat 容器。不过，这个容器的 webapps 目录必须声明一个 `hostPath` 类型的 Volume，从而把宿主机上的 WAR 包挂载进 Tomcat 容器中运行起来。不过，这样你就必须解决一个问题——如何让每台宿主机都预先准备好这个存储有 WAR 包的目录呢？这样看来，你只能独立维护一个分布式存储系统了。

实际上，有了 Pod 之后，这样的问题很容易解决。我们可以把 WAR 包和 Tomcat 分别做成镜像，然后把它们作为一个 Pod 里的两个容器“组合”在一起。这个 Pod 的配置文件如下所示：

```
apiVersion: v1
kind: Pod
metadata:
  name: javaweb-2
spec:
  initContainers:
  - image: geektime/sample:v2
    name: war
    command: ["cp", "/sample.war", "/app"]
    volumeMounts:
    - mountPath: /app
      name: app-volume
  containers:
  - image: geektime/tomcat:7.0
    name: tomcat
    command: ["sh","-c","/root/apache-tomcat-7.0.42-v2/bin/start.sh"]
    volumeMounts:
    - mountPath: /root/apache-tomcat-7.0.42-v2/webapps
      name: app-volume
    ports:
    - containerPort: 8080
      hostPort: 8001
  volumes:
  - name: app-volume
    emptyDir: {}
```

在这个 Pod 中我们定义了两个容器，第一个容器使用的镜像是 geektime/sample:v2，这个镜像里只有一个 WAR 包（sample.war），放在根目录下；第二个容器使用的则是一个标准的 Tomcat 镜像。

不过，你可能已经注意到了，WAR 包容器的类型不再是一个普通容器，而是一个 Init Container 类型的容器。

在 Pod 中，所有 Init Container 定义的容器，都会比 spec.containers 定义的用户容器先启动。并且，Init Container 容器会按顺序逐一启动，而直到它们都启动并且退出了，用户容器才会启动。

所以，在这个 Init Container 类型的 WAR 包容器启动后，我执行了一句 `cp /sample.war /app`，把应用的 WAR 包复制到/app 目录下，然后退出。

而后这个/app 目录就挂载了一个名叫 `app-volume` 的 Volume。

接下来就很关键了。Tomcat 容器同样声明了挂载 `app-volume` 到自己的 webapps 目录下。

所以，等 Tomcat 容器启动时，它的 webapps 目录下就一定会存在 sample.war 文件：这个文件正是 WAR 包容器启动时复制到这个 Volume 里面的，而这个 Volume 是被这两个容器共享的。

这样我们就用一种“组合”的方式解决了 WAR 包与 Tomcat 容器之间耦合关系的问题。

实际上，这个所谓的“组合”操作，正是容器设计模式里最常用的一种模式，称为 sidecar。顾名思义，sidecar 指的是我们可以在一个 Pod 中启动一个辅助容器，来完成一些独立于主进程（主容器）的工作。

比如，在这个应用 Pod 中，Tomcat 容器是我们要使用的主容器，而 WAR 包容器的存在只是为了给它提供一个 WAR 包而已。所以，我们用 Init Container 的方式优先运行 WAR 包容器，扮演了一个 sidecar 的角色。

2. 容器的日志收集

现在有一个应用，需要不断地把日志文件输出到容器的/var/log 目录中。这时，我就可以把一个 Pod 里的 Volume 挂载到应用容器的/var/log 目录上。然后，在这个 Pod 里同时运行一个 sidecar 容器，它也声明挂载同一个 Volume 到自己的/var/log 目录上。

这样，接下来 sidecar 容器就只需要做一件事，那就是不断地从自己的/var/log 目录里读取日志文件，转发到 MongoDB 或者 Elasticsearch 中存储起来。这样，一个最基本的日志收集工作就完成了。

跟第一个例子一样，这个例子中 sidecar 的主要工作也是使用共享的 Volume 来操作文件。

但不要忘记，Pod 的另一个重要特性是，它的所有容器都共享同一个 Network Namespace。因此，很多与 Pod 网络相关的配置和管理都可以交给 sidecar 完成，完全无须干涉用户容器。这里最典型的例子莫过于 Istio 这个微服务治理项目了。Istio 项目使用 sidecar 容器完成微服务治理的原理，之后的章节会介绍。

扩展阅读

Kubernetes社区把“容器设计模式”这个理论整理成了一篇论文“Design Patterns for Container-based Distributed Systems”（Burns B, Oppenheimer D），可供参考。

小结

本节重点介绍了Kubernetes项目中Pod的实现原理。

Pod是Kubernetes项目与其他单容器项目相比最大的不同，也是容器技术初学者需要面对的第一个与常规认知不一致的知识点。

事实上，直到现在，仍有很多人把容器跟虚拟机相提并论，他们把容器当作性能更好的虚拟机，喜欢讨论如何把应用从虚拟机无缝地迁移到容器中。

但实际上，无论是具体的实现原理，还是使用方法、特性、功能等方面，容器与虚拟机几乎没有任何相似之处；也不存在一种普遍的方法，能够把虚拟机里的应用无缝迁移到容器中。这是因为容器的性能优势必然伴随着相应缺陷：它不能像虚拟机那样，完全模拟本地物理机环境中的部署方法。

所以，这个“上云”工作的完成，最终还是要靠深入理解容器的本质——进程。

实际上，一个在虚拟机里运行的应用，即使再简单，也是在systemd或者supervisord管理之下的**一组进程，而不是一个进程**。这跟本地物理机上应用的运行方式其实是一样的。这也是为什么从物理机到虚拟机之间的应用迁移往往并不困难。

可是对于容器来说，一个容器永远只能管理一个进程。更确切地说，一个容器就是一个进程。这是容器技术的“天性”，不可能被修改。所以，将一个原本在虚拟机里运行的应用“无缝迁移”到容器中的想法，实际上跟容器的本质是相悖的。

这也是当初Swarm项目无法成长起来的重要原因之一：一旦到了真正的生产环境中，Swarm这种单容器的工作方式，就难以描述现实世界里复杂的应用架构了。

所以，可以这么理解Pod的本质：

> Pod实际上是在扮演传统基础设施里“虚拟机”的角色，容器则是这个虚拟机里运行的用户程序。

所以，下一次当你需要把一个在虚拟机里运行的应用迁移到Docker容器中时，一定要仔细分析到底有哪些进程（组件）在这个虚拟机里运行。

然后，你就可以把整台虚拟机想象成一个Pod，把这些进程分别做成容器镜像，把有顺序关系的容器定义为 Init Container。这才是更加合理的、松耦合的容器编排诀窍，也是从传统应用架构到微服务架构最自然的过渡方式。

注意

Pod 这个概念提供的是一种编排思想，而不是具体的技术方案。所以，如果愿意的话，你完全可以使用虚拟机作为 Pod 的实现，然后在这个虚拟机里运行所有的用户容器。比如，Mirantis 公司的 virtlet 项目就在做这件事情。你甚至可以实现一个带有 Init 进程的容器项目，来模拟传统应用的运行方式。在 Kubernetes 中这些工作都是非常轻松的，后面讲解 CRI 时会提到这些内容。

相反，如果强行把整个应用塞到一个容器里，甚至不惜使用 Docker In Docker 这种在生产环境中后患无穷的解决方案，恐怕最后会得不偿失。

5.2 深入解析 Pod 对象

上一节详细介绍了 Kubernetes 项目中最重要的概念 Pod，本节介绍 Pod 对象的更多细节。

现在，你已经非常清楚：Kubernetes 项目中的最小编排单位是 Pod，而非容器。将这个设计落实到 API 对象上，Container 就成了 Pod 属性里的一个普通字段。那么，一个很自然的问题就是：到底哪些属性属于 Pod 对象，哪些属性属于 Container 呢？

要彻底理解这个问题，就要牢记上一节给出的一个结论：Pod 扮演的是传统部署环境中“虚拟机”的角色。这样的设计是为了让用户从传统环境（虚拟机环境）向 Kubernetes（容器环境）的迁移更加平滑。

如果把 Pod 看作传统环境中的“机器”，把容器看作在这个“机器”里运行的“用户程序”，那么很多关于 Pod 对象的设计就非常容易理解了。比如，凡是调度、网络、存储，以及安全相关的属性，基本上是 Pod 级别的。

这些属性的共同特征是，它们描述的是“机器”这个整体，而不是里面运行的“程序”。比如，配置这台“机器”的网卡（Pod 的网络定义），配置这台“机器”的磁盘（Pod 的存储定义），配置这台“机器”的防火墙（Pod 的安全定义），更不用说这台“机器”在哪个服务器之上运行（Pod 的调度）。

下面首先介绍 Pod 中几个重要字段的含义和用法。

`NodeSelector`。一个供用户将 Pod 与 Node 进行绑定的字段，用法如下所示：

```
apiVersion: v1
kind: Pod
...
```

```
spec:
nodeSelector:
disktype: ssd
```

这样的配置意味着这个 Pod 永远只能在携带了 `disktype: ssd` 标签的节点上运行，否则它将调度失败。

`NodeName`。一旦 Pod 的这个字段被赋值，Kubernetes 项目就会认为这个 Pod 已调度，调度的结果就是赋值的节点名称。所以，这个字段一般由调度器负责设置，但用户也可以设置它来“骗过”调度器。当然，这种做法一般在测试或者调试时才会用到。

`HostAliases`。定义了 Pod 的 hosts 文件（比如/etc/hosts）里的内容，用法如下：

```
apiVersion: v1
kind: Pod
...
spec:
hostAliases:
- ip: "10.1.2.3"
hostnames:
- "foo.remote"
- "bar.remote"
...
```

在这个 Pod 的 YAML 文件中，我设置了一组 IP 和 hostname 的数据。这样，当这个 Pod 启动后，/etc/hosts 文件的内容将如下所示：

```
cat    /etc/hosts
# Kubernetes 管理的 hosts 文件
127.0.0.1     localhost
...
10.244.135.10     hostaliases-pod
10.1.2.3     foo.remote
10.1.2.3     bar.remote
```

最下面两行记录就是我通过 `HostAliases` 字段为 Pod 设置的。需要指出的是，在 Kubernetes 项目中，如果要设置 hosts 文件里的内容，一定要通过这种方法；而如果直接修改了 hosts 文件，在 Pod 被删除重建之后，kubelet 会自动覆盖被修改的内容。

除了上述跟“机器”相关的配置，你可能已经发现：凡是跟容器的 Linux Namespace 相关的属性，一定是 Pod 级别的。原因也很容易理解：Pod 的设计就是要让其中的容器尽可能多地共享 Linux Namespace，仅保留必要的隔离和限制能力。这样，Pod 模拟出的效果就跟虚拟机里程序间的关系非常类似了。

例如，在下面这个 Pod 的 YAML 文件中，我定义了 `shareProcessNamespace=true`：

```
apiVersion: v1
kind: Pod
metadata:
  name: nginx
```

```
spec:
  shareProcessNamespace: true
  containers:
  - name: nginx
    image: nginx
  - name: shell
    image: busybox
    stdin: true
    tty: true
```

这就意味着这个Pod里的容器要共享PID Namespace。

在这个YAML文件中，我还定义了两个容器：一个是Nginx容器，另一个是开启了`tty`和`stdin`的shell容器。

前面介绍容器基础时，讲解过什么是`tty`和`stdin`。而在Pod的YAML文件里声明开启它俩，其实等同于设置了`docker run`里的`-it`（`-i`即`stdin`，`-t`即`tty`）参数。

如果还是不太理解它们的作用的话，可以简单地把`tty`看作Linux给用户提供的一个常驻小程序，用于接收用户的标准输入，返回操作系统的标准输出。当然，为了能够在`tty`中输入信息，你还需要同时开启`stdin`（标准输入流）。

于是，这个Pod被创建后，就可以使用shell容器的`tty`和这个容器进行交互了。下面实践一下：

```
$ kubectl create -f nginx.yaml
```

接下来，使用`kubectl attach`命令，连接到shell容器的`tty`上：

```
$ kubectl attach -it nginx -c shell
```

这样，就可以在shell容器里执行`ps`指令，查看所有正在运行的进程：

```
$ kubectl attach -it nginx -c shell
/ # ps ax
PID   USER     TIME  COMMAND
    1 root      0:00 /pause
    8 root      0:00 nginx: master process nginx -g daemon off;
   14 101       0:00 nginx: worker process
   15 root      0:00 sh
   21 root      0:00 ps ax
```

如上所示，在这个容器里，不仅可以看到它本身的`ps ax`指令，还可以看到Nginx容器的进程，以及Infra容器的/pause进程。这就意味着，整个Pod里的每个容器的进程，对于所有容器来说都是可见的：它们共享了同一个PID Namespace。

类似地，凡是Pod中的容器要共享宿主机的Namespace，也一定是Pod级别的定义，比如：

```
apiVersion: v1
kind: Pod
metadata:
  name: nginx
```

```
spec:
  hostNetwork: true
  hostIPC: true
  hostPID: true
  containers:
  - name: nginx
    image: nginx
  - name: shell
    image: busybox
    stdin: true
    tty: true
```

在这个 Pod 中，我定义了共享宿主机的 Network、IPC 和 PID Namespace。这就意味着，这个 Pod 里的所有容器会直接使用宿主机的网络，直接与宿主机进行 IPC 通信，“看到”宿主机里正在运行的所有进程。

当然，除了这些属性，Pod 里最重要的字段当属 `Containers`。上一节还介绍过 `Init Containers`。其实，这两个字段都属于 Pod 对容器的定义，内容也完全相同，只是 `Init Containers` 的生命周期会先于所有 `Containers`，并且严格按照定义的顺序执行。

Kubernetes 项目中对 Container 的定义，和 Docker 相比并没有太大区别。前面介绍容器技术基本概念时谈到的 Image、Command、workingDir、Ports 以及 volumeMounts（容器要挂载的 Volume）都是构成 Kubernetes 项目中 Container 的主要字段。不过，这里还有几个属性值得额外关注。

首先是 `ImagePullPolicy` 字段。它定义了镜像拉取的策略。它之所以是 Container 级别的属性，是因为容器镜像本来就是 Container 定义中的一部分。

`ImagePullPolicy` 的默认值是 Always，即每次创建 Pod 都重新拉取一次镜像。另外，当容器的镜像是类似于 nginx 或者 nginx:latest 这样的名字时，`ImagePullPolicy` 也会被认为 Always。

如果它的值被定义为 Never 或者 IfNotPresent，则意味着 Pod 永远不会主动拉取这个镜像，或者只在宿主机上不存在这个镜像时才拉取。

其次是 `Lifecycle` 字段。它定义的是 Container Lifecycle Hooks。顾名思义，Container Lifecycle Hooks 的作用是在容器状态发生变化时触发一系列“钩子”。举个例子：

```
apiVersion: v1
kind: Pod
metadata:
  name: lifecycle-demo
spec:
  containers:
  - name: lifecycle-demo-container
    image: nginx
    lifecycle:
      postStart:
        exec:
          command: ["/bin/sh", "-c", "echo Hello from the postStart handler >
/usr/share/message"]
```

```
        preStop:
          exec:
            command: ["/usr/sbin/nginx","-s","quit"]
```

这是一个来自 Kubernetes 官方文档的 Pod 的 YAML 文件。它其实非常简单，只是定义了一个 Nginx 镜像的容器。不过，在这个 YAML 文件的容器（Containers）部分，可以看到这个容器分别设置了一个 postStart 参数和一个 preStop 参数。这是什么意思呢？

先解释 postStart。它指的是在容器启动后立刻执行一个指定操作。需要明确的是，postStart 定义的操作虽然是在 Docker 容器 ENTRYPOINT 执行之后，但它并不严格保证顺序。也就是说，在 postStart 启动时，ENTRYPOINT 有可能尚未结束。

当然，如果 postStart 执行超时或者出错，Kubernetes 会在该 Pod 的 Events 中报出该容器启动失败的错误信息，导致 Pod 也处于失败状态。

类似地，preStop 发生的时机则是容器被结束之前（比如收到了 SIGKILL 信号）。需要明确的是，preStop 操作的执行是同步的。所以，它会阻塞当前的容器结束流程，直到这个 Hook 定义操作完成之后，才允许容器被结束，这跟 postStart 不同。

所以，在这个例子中，在容器成功启动之后，我们在/usr/share/message 里写入了一句“欢迎信息”（postStart 定义的操作）。而在这个容器被删除之前，我们先调用了 Nginx 的退出指令（preStop 定义的操作），从而实现了容器的“优雅退出”。

在熟悉了 Pod 及其 Container 部分的主要字段之后，下面讲解这样一个 Pod 对象在 Kubernetes 中的生命周期。

Pod 生命周期的变化主要体现在 Pod API 对象的 Status 部分，这是它除 Metadata 和 Spec 外的第三个重要字段。其中，pod.status.phase 就是 Pod 的当前状态，它有如下几种可能的情况。

(1) Pending。这个状态意味着，Pod 的 YAML 文件已经提交给了 Kubernetes，API 对象已经被创建并保存到 etcd 当中。但是，这个 Pod 里有些容器因为某种原因不能被顺利创建。比如，调度不成功。

(2) Running。这个状态下，Pod 已经调度成功，跟一个具体的节点绑定。它包含的容器都已经创建成功，并且至少有一个正在运行。

(3) Succeeded。这个状态意味着，Pod 里的所有容器都正常运行完毕，并且已经退出了。这种情况在运行一次性任务时最为常见。

(4) Failed。这个状态下，Pod 里至少有一个容器以不正常的状态（非 0 的返回码）退出。出现这个状态意味着需要想办法调试这个容器的应用，比如查看 Pod 的 Events 和日志。

(5) Unknown。这是一个异常状态，意味着 Pod 的状态不能持续地被 kubelet 汇报给 kube-apiserver，这很有可能是主从节点（Master 和 kubelet）间的通信出现了问题。

更进一步地，Pod 对象的 `Status` 字段还可以细分出一组 Conditions。这些细分状态的值包括：PodScheduled、Ready、Initialized 以及 Unschedulable。它们主要用于描述造成当前 Status 的具体原因是什么。

比如，Pod 当前的 Status 是 Pending，对应的 Condition 是 Unschedulable，这就意味着它的调度出现了问题。

其中 Ready 这个细分状态非常值得关注。它意味着 Pod 不仅已经正常启动（Running 状态），而且可以对外提供服务了。这两者（Running 和 Ready）之间是有区别的，不妨仔细思考。

Pod 的这些状态信息是我们判断应用运行状况的重要标准，尤其是在 Pod 进入非“Running”状态后，一定要能迅速做出反应，根据它所代表的异常情况开始跟踪和定位，而不是手忙脚乱地查阅文档。

小结

本节详细讲解了 Pod API 对象，介绍了 Pod 的核心使用方法，并分析了 Pod 和 Container 在字段上的异同。希望这些讲解能够帮你更好地理解和记忆 Pod YAML 中的核心字段及其准确含义。

实际上，Pod API 对象是整个 Kubernetes 体系中最核心的一个概念，也是后面讲解各种控制器时都要用到的。

学完本节内容后，希望你能仔细阅读$GOPATH/src/k8s.io/kubernetes/vendor/k8s.io/api/core/v1/types.go 文件里，`type Pod struct` 尤其是 `PodSpec` 部分的内容。争取做到下次看到一个 Pod 的 YAML 文件时不再需要查阅文档，便能对常用字段及其作用信手拈来。

下一节会进行实战，巩固和进阶关于 Pod API 对象核心字段的使用方法。

5.3　Pod 对象使用进阶

上一节深入解析了 Pod 的 API 对象，讲解了 Pod 和 Container 之间的关系。

作为 Kubernetes 项目里最核心的编排对象，Pod 携带的信息非常丰富。其中，关于资源定义（比如 CPU、内存等）和调度相关的字段，后面专门讲解调度器时会再做深入分析。本节将从一种特殊的 Volume 开始，带你更加深入地理解 Pod 对象各个重要字段的含义。

这种特殊的 Volume 叫作 Projected Volume（投射数据卷）[1]。这是什么意思呢？

在 Kubernetes 中有几种特殊的 Volume，它们存在的意义不是为了存放容器里的数据，也不是用于容器和宿主机之间的数据交换，而是为容器提供预先定义好的数据。所以，从容器的角度来看，这些 Volume 里的信息就仿佛是被 Kubernetes“投射”进入容器中的，这正是 Projected Volume

---

① Projected Volume 是 Kubernetes v1.11 之后的新特性。

的含义。

到目前为止，Kubernetes支持的常用Projected Volume共有以下4种：

(1) Secret

(2) ConfigMap

(3) Downward API

(4) ServiceAccountToken

1. Secret

Secret的作用是帮你把Pod想要访问的加密数据存放到etcd中，你就可以通过在Pod的容器里挂载Volume的方式访问这些Secret里保存的信息了。

Secret最典型的使用场景莫过于存放数据库的Credential信息了，示例如下：

```
apiVersion: v1
kind: Pod
metadata:
  name: test-projected-volume
spec:
  containers:
  - name: test-secret-volume
    image: busybox
    args:
    - sleep
    - "86400"
    volumeMounts:
    - name: mysql-cred
      mountPath: "/projected-volume"
      readOnly: true
  volumes:
  - name: mysql-cred
    projected:
      sources:
      - secret:
          name: user
      - secret:
          name: pass
```

在这个Pod中，我定义了一个简单的容器。它声明挂载的Volume并不是常见的`emptyDir`或者`hostPath`类型，而是`projected`类型。这个Volume的数据来源（`sources`），则是名为`user`和`pass`的Secret对象，分别对应数据库的用户名和密码。

这里用到的数据库的用户名和密码，正是以Secret对象的方式交给Kubernetes保存的。完成这个操作的指令如下所示：

```
$ cat ./username.txt
admin
```

```
$ cat ./password.txt
c1oudc0w!

$ kubectl create secret generic user --from-file=./username.txt
$ kubectl create secret generic pass --from-file=./password.txt
```

username.txt 和 password.txt 文件里存放的就是用户名和密码，user 和 pass 则是我为 Secret 对象指定的名字。而想要查看这些 Secret 对象的话，只要执行一条 `kubectl get` 命令即可：

```
$ kubectl get secrets
NAME           TYPE                                  DATA      AGE
user          Opaque                                 1         51s
pass          Opaque                                 1         51s
```

当然，除了使用 `kubectl create secret` 指令，也可以直接通过编写 YAML 文件来创建这个 Secret 对象，比如：

```
apiVersion: v1
kind: Secret
metadata:
  name: mysecret
type: Opaque
data:
  user: YWRtaW4=
  pass: MWYyZDFlMmU2N2Rm
```

可以看到，通过编写 YAML 文件创建出来的 Secret 对象只有一个，但它的 `data` 字段以 key-value 的格式保存了两份 Secret 数据。其中，`user` 就是第一份数据的 key，`pass` 是第二份数据的 key。

需要注意的是，Secret 对象要求这些数据必须是经过 Base64 转码的，以免出现明文密码的安全隐患。这个转码操作也很简单：

```
$ echo -n 'admin' | base64
YWRtaW4=
$ echo -n '1f2d1e2e67df' | base64
MWYyZDFlMmU2N2Rm
```

这里需要注意的是，像这样创建出的 Secret 对象，其中的内容仅仅经过了转码，并没有被加密。在真正的生产环境中，需要在 Kubernetes 中开启 Secret 的加密插件，增强数据的安全性。关于开启 Secret 加密插件的内容，后续专门讲解 Secret 时会进一步说明。

接下来，尝试创建这个 Pod：

```
$ kubectl create -f test-projected-volume.yaml
```

当 Pod 变成 Running 状态之后，我们再验证一下这些 Secret 对象是否已经在容器里了：

```
$ kubectl exec -it test-projected-volume -- /bin/sh
$ ls /projected-volume/
user
pass
```

```
$ cat /projected-volume/user
root
$ cat /projected-volume/pass
1f2d1e2e67df
```

返回结果显示，保存在 etcd 里的用户名和密码信息已经以文件的形式出现在容器的 Volume 目录里了。这个文件的名称就是 `kubectl create secret` 指定的 key，或者说是 Secret 对象的 `data` 字段指定的 key。

更重要的是，像这样通过挂载方式进入容器里的 Secret，一旦其对应的 etcd 里的数据更新，这些 Volume 里的文件内容也会更新。其实，这是 kubelet 组件在定时维护这些 Volume。

需要注意的是，这个更新可能会有一定的延时。所以在编写应用程序时，在发起数据库连接的代码处写好重试和超时的逻辑，绝对是个好习惯。

2. ConfigMap

ConfigMap 与 Secret 类似，区别在于 ConfigMap 保存的是无须加密的、应用所需的配置信息。除此之外，ConfigMap 的用法几乎与 Secret 完全相同：你可以使用 `kubectl create configmap` 从文件或者目录创建 ConfigMap，也可以直接编写 ConfigMap 对象的 YAML 文件。

比如，一个 Java 应用所需的配置文件（.properties 文件），就可以通过以下方式保存在 ConfigMap 里：

```
# .properties 文件的内容
$ cat example/ui.properties
color.good=purple
color.bad=yellow
allow.textmode=true
how.nice.to.look=fairlyNice

# 从.properties 文件创建 ConfigMap
$ kubectl create configmap ui-config --from-file=example/ui.properties

# 查看这个 ConfigMap 里保存的信息 (data)
$ kubectl get configmaps ui-config -o yaml
apiVersion: v1
data:
  ui.properties: |
    color.good=purple
    color.bad=yellow
    allow.textmode=true
    how.nice.to.look=fairlyNice
kind: ConfigMap
metadata:
  name: ui-config
  ...
```

注意，`kubectl get -o yaml` 这样的参数会将指定的 Pod API 对象以 YAML 的方式展示出来。

3. Downward API

Downward API的作用是让Pod里的容器能够直接获取这个Pod API对象本身的信息。

举个例子：

```
apiVersion: v1
kind: Pod
metadata:
  name: test-downwardapi-volume
  labels:
    zone: us-est-coast
    cluster: test-cluster1
    rack: rack-22
spec:
  containers:
    - name: client-container
      image: k8s.gcr.io/busybox
      command: ["sh", "-c"]
      args:
      - while true; do
          if [[ -e /etc/podinfo/labels ]]; then
            echo -en '\n\n'; cat /etc/podinfo/labels; fi;
          sleep 5;
        done;
      volumeMounts:
        - name: podinfo
          mountPath: /etc/podinfo
          readOnly: false
  volumes:
    - name: podinfo
      projected:
        sources:
        - downwardAPI:
            items:
              - path: "labels"
                fieldRef:
                  fieldPath: metadata.labels
```

在这个Pod的YAML文件中，我定义了一个简单的容器，声明了一个 `projected` 类型的Volume。只不过这次Volume的数据来源变成了Downward API，而这个Downward API Volume声明了要暴露Pod的 `metadata.labels` 信息给容器。

通过这样的声明方式，当前Pod的Labels字段的值就会被Kubernetes自动挂载成为容器里的/etc/podinfo/labels文件。

而这个容器的启动命令是不断打印/etc/podinfo/labels里的内容。所以，当创建了这个Pod之后，就可以通过 `kubectl logs` 指令查看这些Labels字段的打印，如下所示：

```
$ kubectl create -f dapi-volume.yaml
$ kubectl logs test-downwardapi-volume
cluster="test-cluster1"
```

```
rack="rack-22"
zone="us-est-coast"
```

目前，Downward API 支持的字段已经非常丰富了，示例如下。

(1) 使用 `fieldRef` 可以声明使用：

- ❑ `metadata.name`——Pod 的名字；
- ❑ `metadata.namespace`——Pod 的 Namespace；
- ❑ `metadata.uid`——Pod 的 UID；
- ❑ `metadata.labels['<KEY>']`——指定`<KEY>`的 Label 值；
- ❑ `metadata.annotations['<KEY>']`——指定`<KEY>`的 Annotation 值；
- ❑ `metadata.labels`——Pod 的所有 Label；
- ❑ `metadata.annotations`——Pod 的所有 Annotation。

(2) 使用 `resourceFieldRef` 可以声明使用：

- ❑ 容器的 CPU limit；
- ❑ 容器的 CPU request；
- ❑ 容器的 memory limit；
- ❑ 容器的 memory request；
- ❑ 容器的 ephemeral-storage limit；
- ❑ 容器的 ephemeral-storage request。

(3) 通过环境变量声明使用：

- ❑ `status.podIP`——Pod 的 IP；
- ❑ `spec.serviceAccountName`——Pod 的 ServiceAccount 名字；
- ❑ `spec.nodeName`——Node 的名字；
- ❑ `status.hostIP`——Node 的 IP。

上面这个列表的内容会随着 Kubernetes 项目的发展而不断增加。所以这里列出的信息仅供参考，在使用 Downward API 时，一定要记得查阅官方文档。

不过，需要注意的是，Downward API 能够获取的信息一定是 Pod 里的容器进程启动之前就能确定下来的信息。如果你想要获取 Pod 容器运行后才会出现的信息，比如容器进程的 PID，就肯定不能使用 Downward API 了，而应该考虑在 Pod 里定义一个 sidecar 容器。

其实，Secret、ConfigMap 以及 Downward API 这 3 种 Projected Volume 定义的信息，大多还可以通过环境变量的方式出现在容器里。但是，通过环境变量获取这些信息的方式不具备自动更新的能力。所以，一般情况下，建议使用 Volume 文件的方式获取这些信息。

4. ServiceAccountToken

明白了 Secret 之后，下面讲解 Pod 中一个与它密切相关的概念：Service Account。

相信你有过这样的想法：当我有了一个Pod，我能不能在这个Pod里安装一个Kubernetes的Client，从而可以从容器里直接访问并且操作这个Kubernetes的API呢？

当然可以。不过，首先要解决API Server的授权问题。

Service Account对象的作用就是Kubernetes系统内置的一种“服务账户”，它是Kubernetes进行权限分配的对象。比如，Service Account A可以只被允许对Kubernetes API进行GET操作，而Service Account B可以有Kubernetes API的所有操作的权限。

像这样的Service Account的授权信息和文件，实际上保存在它所绑定的一个特殊的Secret对象里。这个特殊的Secret对象叫作ServiceAccountToken。任何在Kubernetes集群上运行的应用，都必须使用ServiceAccountToken里保存的授权信息（也就是Token），才可以合法地访问API Server。

所以，Kubernetes项目的Projected Volume其实只有3种，因为第4种ServiceAccountToken只是一种特殊的Secret而已。

另外，为了方便使用，Kubernetes已经提供了一个默认的“服务账户”（Service Account）。并且，任何一个在Kubernetes里运行的Pod都可以直接使用它，而无须显式声明挂载它。

这是如何做到的呢？当然还是靠Projected Volume机制。

如果查看任意一个在Kubernetes集群里运行的Pod，就会发现每一个Pod都已经自动声明了一个类型是Secret、名为default-token-xxxx的Volume，然后自动挂载在每个容器的一个固定目录上。比如：

```
$ kubectl describe pod nginx-deployment-5c678cfb6d-lg9lw
Containers:
...
    Mounts:
      /var/run/secrets/kubernetes.io/serviceaccount from default-token-s8rbq (ro)
Volumes:
    default-token-s8rbq:
    Type:          Secret (a volume populated by a Secret)
    SecretName:    default-token-s8rbq
    Optional:      false
```

这个Secret类型的Volume，正是默认Service Account对应的ServiceAccountToken。所以，在每个Pod创建的时候，Kubernetes其实自动在它的spec.volumes部分添加了默认ServiceAccountToken的定义，然后自动给每个容器加上了对应的`volumeMounts`字段。这个过程对用户完全透明。

这样，一旦Pod创建完成，容器里的应用就可以直接从默认ServiceAccountToken的挂载目录里访问授权信息和文件。这个容器内的路径在Kubernetes里是固定的：/var/run/secrets/kubernetes.io/serviceaccount。而这个Secret类型的Volume的内容如下所示：

```
$ ls /var/run/secrets/kubernetes.io/serviceaccount
ca.crt    namespace  token
```

所以，你的应用程序只要直接加载这些授权文件，就可以访问并操作 Kubernetes API 了。而且，如果你使用的是 Kubernetes 官方的 Client 包（k8s.io/client-go）的话，它还可以自动加载这个目录下的文件，你不需要做任何配置或者编码操作。

这种把 Kubernetes 客户端以容器的方式在集群里运行，然后使用默认 Service Account 自动授权的方式，称为“InClusterConfig”，也是我最推荐的进行 Kubernetes API 编程的授权方式。

当然，考虑到自动挂载默认 ServiceAccountToken 的潜在风险，Kubernetes 允许设置默认不为 Pod 里的容器自动挂载 Volume。

除了这个默认的 Service Account，很多时候还需要创建一些自定义的 Service Account，来对应不同的权限设置。这样，我们 Pod 里的容器就可以通过挂载这些 Service Account 对应的 ServiceAccountToken，来使用这些自定义的授权信息。后面讲解为 Kubernetes 开发插件时会实践这个操作。

接下来介绍 Pod 的另一个重要的配置：容器健康检查和恢复机制。

在 Kubernetes 中，可以为 Pod 里的容器定义一个健康检查“探针”（Probe）。这样，kubelet 就会根据 Probe 的返回值决定这个容器的状态，而不是直接以容器是否运行（来自 Docker 返回的信息）作为依据。这种机制是生产环境中保证应用健康的重要手段。

下面看 Kubernetes 文档中的一个例子。

```
apiVersion: v1
kind: Pod
metadata:
  labels:
    test: liveness
  name: test-liveness-exec
spec:
  containers:
  - name: liveness
    image: busybox
    args:
    - /bin/sh
    - -c
    - touch /tmp/healthy; sleep 30; rm -rf /tmp/healthy; sleep 600
    livenessProbe:
      exec:
        command:
        - cat
        - /tmp/healthy
      initialDelaySeconds: 5
      periodSeconds: 5
```

在这个 Pod 中，我们定义了一个有趣的容器。它在启动之后做的第一件事是在/tmp 目录下创建了一个 healthy 文件，以此作为自己已经正常运行的标志。而在 30 秒过后，它会把这个文件删除。

与此同时，我们定义了一个这样的 `livenessProbe`（健康检查）。它的类型是 `exec`，这意味着当容器启动后它会在容器中执行一句我们指定的命令，比如 `cat /tmp/healthy`。这时，如果这个文件存在，这条命令的返回值就是 0，Pod 就会认为这个容器不仅已经启动，而且是健康的。这个健康检查在容器启动 5 秒后开始执行（`initialDelaySeconds: 5`），每 5 秒执行一次（`periodSeconds: 5`）。

下面具体实践一下这个过程。

首先，创建这个 Pod：

```
$ kubectl create -f test-liveness-exec.yaml
```

然后，查看这个 Pod 的状态：

```
$ kubectl get pod
NAME                  READY     STATUS    RESTARTS   AGE
test-liveness-exec    1/1       Running   0          10s
```

可以看到，由于已经通过了健康检查，因此这个 Pod 进入了 Running 状态。

30 秒之后再查看一下 Pod 的 Events：

```
$ kubectl describe pod test-liveness-exec
```

就会发现这个 Pod 在 Events 报告了一个异常：

```
FirstSeen LastSeen    Count   From              SubobjectPath           Type        Reason      Message
--------- --------    -----   ----              -------------           --------    ------      -------
2s        2s      1   {kubelet worker0}   spec.containers{liveness}   Warning     Unhealthy   Liveness
probe failed: cat: can't open '/tmp/healthy': No such file or directory
```

显然，这个健康检查探查到 /tmp/healthy 已经不存在了，所以它报告容器是不健康的。那么接下来会发生什么呢？

不妨再次查看一下这个 Pod 的状态：

```
$ kubectl get pod test-liveness-exec
NAME           READY     STATUS    RESTARTS   AGE
liveness-exec  1/1       Running   1          1m
```

这时我们发现，Pod 并没有进入 Failed 状态，而是保持 Running 状态。这是为什么呢？

其实，如果你注意到 `RESTARTS` 字段从 0 到 1 的变化，就明白原因了：这个异常的容器已经被 Kubernetes 重启了。在此过程中，Pod 保持 Running 状态不变。

需要注意的是，Kubernetes 中并没有 Docker 的 Stop 语义。所以虽说是 Restart（重启），实际上却是重新创建了容器。

这个功能就是 Kubernetes 里的 **Pod 恢复机制**，也叫 restartPolicy。它是 Pod 的 Spec 部分的一个标准字段（`pod.spec.restartPolicy`），默认值是 Always，即无论这个容器何时发生异常，它一定会被重新创建。

一定要强调的是，Pod的恢复过程永远发生在当前节点上，而不会跑到别的节点上。事实上，一旦一个 Pod 与一个节点绑定，除非这个绑定发生了变化（pod.spec.node 字段被修改），否则它永远不会离开这个节点。这也就意味着，如果这个宿主机宕机了，这个Pod也不会主动迁移到其他节点上去。

如果你想让Pod出现在其他的可用节点上，就必须使用Deployment这样的“控制器”来管理Pod，哪怕你只需要一个Pod副本。

作为用户，你还可以通过设置 restartPolicy 改变 Pod 的恢复策略。除了 Always，它还有OnFailure和Never两种情况。

- Always：在任何情况下，只要容器不在运行状态，就自动重启容器。
- OnFailure：只在容器异常时才自动重启容器。
- Never：从不重启容器。

在实际使用时，我们需要根据应用运行的特性，合理地设置这3种恢复策略。

比如，一个Pod只计算1+1=2，计算完成输出结果后退出，变成Succeeded状态。这时，如果再用restartPolicy=Always强制重启这个Pod的容器，就没有任何意义。

如果你要关心这个容器退出后的上下文环境，比如容器退出后的日志、文件和目录，就需要将restartPolicy设置为Never。这是因为一旦容器被自动重新创建，这些内容就有可能丢失（被垃圾回收了）。

值得一提的是，Kubernetes官方文档的“Pod Lifecycle”部分，对restartPolicy和Pod里容器的状态以及Pod状态的对应关系总结了非常复杂的一大堆情况。实际上，根本不需要死记硬背这些对应关系，只要记住如下两个基本的设计原理即可。

(1) 只要Pod的restartPolicy指定的策略允许重启异常的容器（比如Always），那么这个Pod就会保持Running状态并重启容器，否则Pod会进入Failed状态。

(2) 对于包含多个容器的Pod，只有其中所有容器都进入异常状态后，Pod才会进入Failed状态。在此之前，Pod都是Running状态。此时，Pod的READY字段会显示正常容器的个数，比如：

```
$ kubectl get pod test-liveness-exec
NAME            READY     STATUS    RESTARTS   AGE
liveness-exec   0/1       Running   1          1m
```

所以，假如一个Pod里只有一个容器，且这个容器异常退出了，那么只有当restartPolicy=Never时，这个Pod才会进入Failed状态。而在其他情况下，因为Kubernetes可以重启这个容器，所以Pod的状态保持Running不变。

如果这个 Pod 有多个容器，仅有一个容器异常退出，它就会始终保持 Running 状态，即restartPolicy=Never。只有当所有容器都异常退出之后，这个Pod才会进入Failed状态。其他情况以此类推。

回到前面提到的 livenessProbe 上来。除了在容器中执行命令，livenessProbe 也可以定义为发起 HTTP 或者 TCP 请求的方式，定义格式如下：

```
...
livenessProbe:
  httpGet:
    path: /healthz
    port: 8080
    httpHeaders:
    - name: X-Custom-Header
      value: Awesome
  initialDelaySeconds: 3
  periodSeconds: 3
...
livenessProbe:
  tcpSocket:
    port: 8080
  initialDelaySeconds: 15
  periodSeconds: 20
```

所以，你的 Pod 其实可以暴露一个健康检查 URL（比如/healthz），或者直接让健康检查去检测应用的监听端口。这两种配置方法在 Web 服务类的应用中很常用。

在 Kubernetes 的 Pod 中，还有一个名叫 readinessProbe 的字段。虽然它的用法与 livenessProbe 类似，作用却大不相同。readinessProbe 检查结果决定了这个 Pod 能否通过 Service 的方式访问，而不影响 Pod 的生命周期。这部分内容留待讲解 Service 时再重点介绍。

在讲解了这么多字段之后，想必你对 Pod 对象的语义和描述能力已经有了初步的认识。这时，你是否产生了这样一个想法：Pod 的字段这么多，很难全记住，Kubernetes 能否自动给 Pod 填充某些字段呢？

这个需求非常实际。比如，开发人员只需提交一个基本的、非常简单的 Pod YAML，Kubernetes 就可以自动给对应的 Pod 对象加上其他必要信息，比如 labels、annotations、volumes 等。运维人员可以事先定义好这些信息。这样一来，开发人员编写 Pod YAML 的门槛就大大降低了。

这个叫作 PodPreset（Pod 预设置）的功能在 Kubernetes v1.11 中就已经有了。

举个例子，开发人员编写了如下一个 pod.yaml 文件：

```
apiVersion: v1
kind: Pod
metadata:
  name: website
  labels:
    app: website
    role: frontend
spec:
  containers:
    - name: website
      image: nginx
```

```
    ports:
      - containerPort: 80
```

作为Kubernetes初学者，你肯定眼前一亮：这不正是我最擅长编写的、最简单的Pod嘛。没错，这个YAML文件里的字段，想必你现在闭着眼睛也能写出来。

可是，如果运维人员看到了这个Pod，他一定会连连摇头：这种Pod在生产环境中根本不能用！

所以，这时运维人员就可以定义一个`PodPreset`对象。在这个对象中，凡是他想在开发人员编写的Pod里追加的字段都可以预先定义好。比如下面这个preset.yaml：

```
apiVersion: settings.k8s.io/v1alpha1
kind: PodPreset
metadata:
  name: allow-database
spec:
  selector:
    matchLabels:
      role: frontend
  env:
    - name: DB_PORT
      value: "6379"
  volumeMounts:
    - mountPath: /cache
      name: cache-volume
  volumes:
    - name: cache-volume
      emptyDir: {}
```

在这个`PodPreset`的定义中，首先是一个`selector`。这就意味着后面这些追加的定义只会作用于`selector`所定义的、带有`role: frontend`标签的Pod对象，这样就可以防止“误伤”。

然后，我们定义了一组Pod的Spec里的标准字段以及对应值。比如，`env`里定义了`DB_PORT`这个环境变量，`volumeMounts`定义了容器Volume的挂载目录，`volumes`定义了一个`emptyDir`的Volume。

接着，我们假定运维人员先创建了这个`PodPreset`，然后开发人员才创建Pod：

```
$ kubectl create -f preset.yaml
$ kubectl create -f pod.yaml
```

这时，Pod运行起来之后，我们查看一下这个Pod的API对象：

```
$ kubectl get pod website -o yaml
apiVersion: v1
kind: Pod
metadata:
  name: website
  labels:
    app: website
    role: frontend
```

```
  annotations:
    podpreset.admission.kubernetes.io/podpreset-allow-database: "resource version"
spec:
  containers:
    - name: website
      image: nginx
      volumeMounts:
        - mountPath: /cache
          name: cache-volume
      ports:
        - containerPort: 80
      env:
        - name: DB_PORT
          value: "6379"
  volumes:
    - name: cache-volume
      emptyDir: {}
```

显然，此时这个 Pod 里多了新添加的 `labels`、`env`、`volumes` 和 `volumeMount` 的定义，它们的配置跟 `PodPreset` 的内容相同。此外，这个 Pod 还被自动加上了一个 annotation，表示这个 Pod 对象被 `PodPreset` 改动过。

说明

`PodPreset` 里定义的内容只会在 Pod API 对象被创建之前追加在这个对象身上，而不会影响任何 Pod 的控制器的定义。比如，现在提交的是一个 nginx-deployment，那么这个 Deployment 对象永远不会被 `PodPreset` 改变，被修改的只是这个 Deployment 创建出来的所有 Pod。请务必区分清楚这一点。

这里有一个问题：如果你定义了同时作用于一个 Pod 对象的多个 `PodPreset`，会发生什么呢？

实际上，Kubernetes 项目会帮你**合并**（merge）这两个 `PodPreset` 要做的修改。而如果它们要做的修改有冲突的话，这些冲突字段就不会被修改。

小结

本节详细介绍了 Pod 对象更多进阶的用法，希望通过这些实例的讲解，你可以更深入地理解 Pod API 对象的各个字段。

在学习这些字段的同时，你还应该认真体会 Kubernetes“一切皆对象”的设计思想：比如应用是 Pod 对象，应用的配置是 ConfigMap 对象，应用要访问的密码是 Secret 对象。

所以，也就自然而然地有了 `PodPreset` 这样专门用来对 Pod 进行批量化、自动化修改的工具对象。后文会讲解更多的这种对象，还会介绍 Kubernetes 项目如何围绕这些对象进行容器编排。

在本书中，Pod 对象相关的知识点非常重要，它是接下来 Kubernetes 能够描述和编排各种复杂应用的基石，希望你能够继续多实践，多体会。

5.4　编排确实很简单：谈谈“控制器”思想

上一节详细介绍了 Pod 的用法，讲解了 Pod 这个 API 对象的各个字段。本节介绍“编排”这个 Kubernetes 项目最核心的功能。

实际上，你可能已经有所感悟：Pod 这个 API 对象看似复杂，实际上就是对容器的进一步抽象和封装而已。

说得更形象些，“容器”镜像虽然好用，但是容器这样一个“沙盒”的概念，对于描述应用来说还是太过简单了。这就好比，集装箱固然好用，但是如果它各面都光秃秃的，吊车还怎么把它吊起来摆放好呢？

所以，Pod 对象其实就是容器的升级版。它对容器进行了组合，添加了更多属性和字段。这就好比在集装箱上安装了吊环，Kubernetes 这台“吊车”就可以更轻松地操作它。

而 Kubernetes 操作这些“集装箱”的逻辑都是由**控制器**（controller）完成的。前面使用过 Deployment 这个最基本的控制器对象。

下面回顾一下 nginx-deployment 这个例子：

```
apiVersion: apps/v1
kind: Deployment
metadata:
  name: nginx-deployment
spec:
  selector:
    matchLabels:
      app: nginx
  replicas: 2
  template:
    metadata:
      labels:
        app: nginx
    spec:
      containers:
      - name: nginx
        image: nginx:1.7.9
        ports:
        - containerPort: 80
```

这个 Deployment 定义的编排动作非常简单：请确保携带了 `app: nginx` 标签的 Pod 的个数永远等于 spec.replicas 指定的个数——2。

这就意味着，如果在这个集群中，携带 `app: nginx` 标签的 Pod 的个数大于 2，就会有旧的

Pod 被删除；反之，就会有新的 Pod 被创建。

这时，你也许会好奇：究竟是 Kubernetes 项目中的哪个组件在执行这些操作呢？

前面介绍 Kubernetes 架构时，曾提到一个叫作 kube-controller-manager 的组件。实际上，这个组件就是一系列控制器的集合。下面查看一下 Kubernetes 项目的 pkg/controller 目录：

```
$ cd kubernetes/pkg/controller/
$ ls -d */
deployment/             job/                    podautoscaler/
cloud/                  disruption/             namespace/
replicaset/             serviceaccount/         volume/
cronjob/               garbagecollector/      nodelifecycle/          replication/
statefulset/            daemon/
...
```

这个目录下面的每一个控制器都以独有的方式负责某种编排功能。Deployment 正是这些控制器中的一种。

实际上，这些控制器之所以被统一放在 pkg/controller 目录下，就是因为它们都遵循 Kubernetes 项目中的一个通用编排模式——**控制循环**（control loop）。

比如，现在有一种待编排的对象 X，它有一个对应的控制器。那么，我就可以用一段 Go 语言风格的伪代码来描述这个控制循环：

```
for {
  实际状态 := 获取集群中对象 X 的实际状态 (Actual State)
  期望状态 := 获取集群中对象 X 的期望状态 (Desired State)
  if 实际状态 == 期望状态{
    什么都不做
  } else {
    执行编排动作，将实际状态调整为期望状态
  }
}
```

在具体实现中，实际状态往往来自 Kubernetes 集群本身。比如，kubelet 通过心跳汇报的容器状态和节点状态，或者监控系统中保存的应用监控数据，又或者控制器主动收集的它自己感兴趣的信息，这些都是常见的实际状态的来源。

期望状态一般来自用户提交的 YAML 文件。比如，Deployment 对象中 Replicas 字段的值。显然，这些信息往往保存在 etcd 中。

接下来以 Deployment 为例，简单介绍它对控制器模型的实现。

(1) Deployment 控制器从 etcd 中获取所有携带了 `app: nginx` 标签的 Pod，然后统计它们的数量，这就是实际状态。

(2) Deployment 对象的 `Replicas` 字段的值就是期望状态。

(3) Deployment 控制器比较两个状态，然后根据结果确定是创建 Pod，还是删除已有的 Pod

（具体如何操作 Pod 对象，下一节会详细介绍）。

可以看到，一个 Kubernetes 对象的主要编排逻辑，实际上是在第 3 步的“对比”阶段完成的。这个操作通常称作**调谐**（reconcile）。调谐的过程则称作**调谐循环**（reconcile loop）或者**同步循环**（sync loop）。所以，以后在文档或者社区中碰到这些词时不必感到迷惑，它们其实指的是同一个概念：控制循环。

调谐的最终结果往往是对被控制对象的某种写操作。比如，增加 Pod、删除已有的 Pod，或者更新 Pod 的某个字段。这也是 Kubernetes 项目“面向 API 对象编程”的一个直观体现。

其实，像 Deployment 这种控制器的设计原理，就是前面提到的“用一种对象管理另一种对象”的“艺术”。其中，这个控制器对象本身负责定义被管理对象的期望状态，比如 Deployment 里的 `replicas=2` 这个字段。被控制对象的定义则来自一个“模板”，比如 Deployment 里的 `template` 字段。

可以看到，Deployment 这个 `template` 字段里的内容，跟一个标准的 Pod 对象的 API 定义丝毫不差。而所有被这个 Deployment 管理的 Pod 实例，其实都是根据这个 `template` 字段的内容创建出来的。

像 Deployment 定义的 `template` 字段，在 Kubernetes 项目中有一个专属的名字，叫作 PodTemplate（Pod 模板）。这个概念非常重要，因为后文讲到的大多数控制器会使用 PodTemplate 来统一定义它要管理的 Pod。更有意思的是，还有其他类型的对象模板，比如 Volume 的模板。

至此，就可以对 Deployment 以及其他类似的控制器做一个简单总结了，见图 5-2。

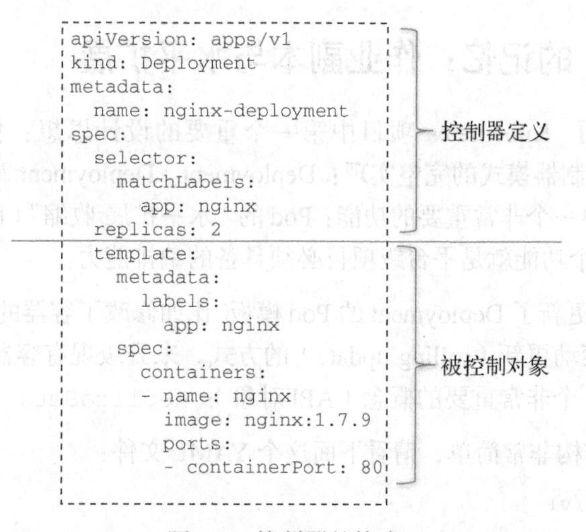

图 5-2　控制器的构成

如图 5-2 所示，类似于 Deployment 这样的控制器，实际上都是由上半部分的控制器定义（包括期望状态）和下半部分的被控制对象的模板组成的。这就是为什么在所有 API 对象的 Metadata

里，都有一个名为 `ownerReference` 的字段，用于保存当前这个 API 对象的**拥有者**（owner）的信息。

那么，对于我们这个 nginx-deployment 来说，它创建出来的 Pod 的 `ownerReference` 就是 nginx-deployment 吗？或者说，nginx-deployment 所直接控制的就是 Pod 对象吗？

对于这个问题，下一节再做详细解释。

小结

本节以 Deployment 为例详细讲解了 Kubernetes 项目如何通过一种名为“控制器模式”的设计思想，来统一编排各种对象或者资源。

后文还会讲到不同类型的容器编排功能，比如 StatefulSet、DaemonSet 等，它们无一例外地都有这样的一个甚至多个控制器，遵循控制循环的流程，完成各自的编排逻辑。

实际上，跟 Deployment 相似，这些控制循环最后的执行结果，要么是创建、更新一些 Pod（或者其他 API 对象、资源），要么是删除一些已经存在的 Pod（或者其他 API 对象、资源）。

正是在这个统一的编排框架下，不同的控制器可以在具体的执行过程中设计不同的业务逻辑，从而实现不同的编排效果。

这个实现思路正是 Kubernetes 项目进行容器编排的核心原理。后文讲解 Kubernetes 编排功能时，都会遵循这个逻辑，并且带你逐步领悟控制器模式在不同的容器化作业中的实现方式。

5.5 经典 PaaS 的记忆：作业副本与水平扩展

上一节详细讲解了 Kubernetes 项目中第一个重要的设计思想：控制器模式。本节讲解 Kubernetes 中第一个控制器模式的完整实现：Deployment。Deployment 看似简单，但实际上它实现了 Kubernetes 项目中一个非常重要的功能：Pod 的“水平扩展/收缩”（horizontal scaling out/in）。从 PaaS 时代开始，这个功能就是平台级项目必须具备的编排能力。

举个例子，如果你更新了 Deployment 的 Pod 模板（比如修改了容器的镜像），那么 Deployment 就需要遵循一种叫作滚动更新（rolling update）的方式，来升级现有容器。而这个能力的实现依赖 Kubernetes 项目中一个非常重要的概念（API 对象）：`ReplicaSet`。

`ReplicaSet` 的结构非常简单，请看下面这个 YAML 文件：

```
apiVersion: apps/v1
kind: ReplicaSet
metadata:
  name: nginx-set
  labels:
    app: nginx
spec:
```

```
  replicas: 3
  selector:
    matchLabels:
      app: nginx
  template:
    metadata:
      labels:
        app: nginx
    spec:
      containers:
      - name: nginx
        image: nginx:1.7.9
```

从这个 YAML 文件中可以看出，一个 ReplicaSet 对象其实是由副本数目的定义和一个 Pod 模板组成的。不难发现，它的定义其实是 Deployment 的一个子集。更重要的是，Deployment 控制器实际操纵的是这样的 `ReplicaSet` 对象，而不是 Pod 对象。

前面讲"控制器"模型时提过这样一个问题：对于一个 Deployment 所管理的 Pod，它的 `ownerReference` 是谁？现在你知道了，这个问题的答案就是：`ReplicaSet`。

明白了这个原理后，分析如下所示的 Deployment：

```
apiVersion: apps/v1
kind: Deployment
metadata:
  name: nginx-deployment
  labels:
    app: nginx
spec:
  replicas: 3
  selector:
    matchLabels:
      app: nginx
  template:
    metadata:
      labels:
        app: nginx
    spec:
      containers:
      - name: nginx
        image: nginx:1.7.9
        ports:
        - containerPort: 80
```

可以看到，这就是一个常用的 nginx-deployment，它定义的 Pod 副本个数是 3（`spec.replicas=3`）。那么，在具体的实现上，这个 Deployment 与 ReplicaSet 以及 Pod 的关系是怎样的呢？

如图 5-3 所示，一个定义了 `replicas=3` 的 Deployment，与它的 ReplicaSet 以及 Pod 之间实际上是一种"层层控制"的关系。

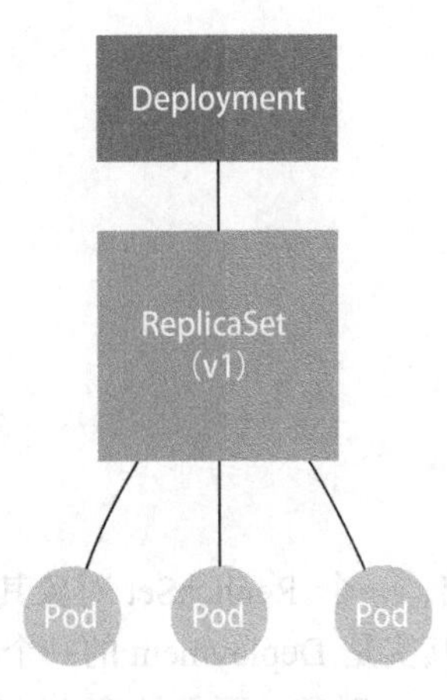

图 5-3　Deployment 与 ReplicaSet 以及 Pod 的关系

ReplicaSet 负责通过控制器模式保证系统中 Pod 的个数永远等于指定个数（比如 3）。这也正是 Deployment 只允许容器的 `restartPolicy=Always` 的主要原因：只有在容器保证自己始终处于 Running 状态的前提下，ReplicaSet 调整 Pod 的个数才有意义。

在此基础上，Deployment 同样通过控制器模式来操作 ReplicaSet 的个数和属性，进而实现水平扩展/收缩和滚动更新这两个编排动作。其中，水平扩展/收缩非常容易实现，Deployment Controller 只需要修改它所控制的 ReplicaSet 的 Pod 副本个数就可以了。比如，把这个值从 3 改成 4，那么 Deployment 所对应的 ReplicaSet 就会根据修改后的值自动创建一个新 Pod。这就是水平扩展，而水平收缩反之。

用户想要执行这个操作的指令也非常简单，就是 `kubectl scale`，比如：

```
$ kubectl scale deployment nginx-deployment --replicas=4
deployment.apps/nginx-deployment scaled
```

那么“滚动更新”又是什么意思，是如何实现的呢？

还是以这个 Deployment 为例来讲解滚动更新的过程。首先，创建这个 nginx-deployment：

```
$ kubectl create -f nginx-deployment.yaml --record
```

注意，这里额外加了一个`--record` 参数。它的作用是记录下你每次操作所执行的命令，以方便之后查看。

然后，检查一下 nginx-deployment 创建后的状态信息：

```
$ kubectl get deployments
NAME               DESIRED   CURRENT   UP-TO-DATE   AVAILABLE   AGE
nginx-deployment   3         0         0            0           1s
```

返回结果包含 4 个状态字段，它们的含义如下所示。

(1) `DESIRED`：用户期望的 Pod 副本个数（spec.replicas 的值）。

(2) CURRENT：当前处于 Running 状态的 Pod 的个数。

(3) UP-TO-DATE：当前处于最新版本的 Pod 的个数。所谓最新版本，指的是 Pod 的 Spec 部分与 Deployment 里 Pod 模板里定义的完全一致。

(4) AVAILABLE：当前已经可用的 Pod 的个数，即既是 Running 状态，又是最新版本，并且已处于 Ready（健康检查显示正常）状态的 Pod 的个数。

可以看到，只有这个 AVAILABLE 字段描述的才是用户所期望的最终状态。

Kubernetes 项目还提供了一条指令，让我们可以实时查看 Deployment 对象的状态变化。这条指令就是 kubectl rollout status：

```
$ kubectl rollout status deployment/nginx-deployment
Waiting for rollout to finish: 2 out of 3 new replicas have been updated...
deployment.apps/nginx-deployment successfully rolled out
```

在这个返回结果中，2 out of 3 new replicas have been updated 意味着已有 2 个 Pod 进入 UP-TO-DATE 状态了。

继续等待一会儿，就能看到这个 Deployment 的 3 个 Pod 进入了 AVAILABLE 状态：

```
NAME               DESIRED   CURRENT   UP-TO-DATE   AVAILABLE   AGE
nginx-deployment   3         3         3            3           20s
```

此时，可以尝试查看这个 Deployment 所控制的 ReplicaSet：

```
$ kubectl get rs
NAME                          DESIRED   CURRENT   READY   AGE
nginx-deployment-3167673210   3         3         3       20s
```

如上所示，在用户提交了一个 Deployment 对象后，Deployment Controller 会立即创建一个 Pod 副本个数为 3 的 ReplicaSet。这个 ReplicaSet 的名字由 Deployment 的名字和一个随机字符串共同组成。这个随机字符串叫作 pod-template-hash，在我们这个例子里就是：3167673210。ReplicaSet 会把这个随机字符串加在它所控制的所有 Pod 的标签里，从而避免这些 Pod 与集群里的其他 Pod 混淆。

ReplicaSet 的 DESIRED、CURRENT 和 READY 字段的含义，和 Deployment 中是一致的。所以，相比之下，Deployment 只是在 ReplicaSet 的基础上添加了 UP-TO-DATE 这个跟版本有关的状态字段。

此时，如果修改了 Deployment 的 Pod 模板，“滚动更新”就会被自动触发。

修改 Deployment 有很多方法。比如，可以直接使用 kubectl edit 指令编辑 etcd 里的 API 对象。

```
$ kubectl edit deployment/nginx-deployment
...
    spec:
      containers:
```

```
    - name: nginx
      image: nginx:1.9.1 # 1.7.9 -> 1.9.1
      ports:
      - containerPort: 80
...
deployment.extensions/nginx-deployment edited
```

这个 kubectl edit 指令会帮你直接打开 nginx-deployment 的 API 对象。然后，你就可以修改这里的 Pod 模板部分了。比如，这里我将 Nginx 镜像的版本升级到了 1.9.1。

说明

kubectl edit 并不神秘，它不过是把 API 对象的内容下载到了本地文件，让你修改完成后再提交上去。

kubectl edit 指令编辑完成后，保存并退出，Kubernetes 就会立刻触发"滚动更新"过程。你还可以通过 kubectl rollout status 指令查看 nginx-deployment 的状态变化：

```
$ kubectl rollout status deployment/nginx-deployment
Waiting for rollout to finish: 2 out of 3 new replicas have been updated...
deployment.extensions/nginx-deployment successfully rolled out
```

这时，通过查看 Deployment 的 Events 可以看到这个"滚动更新"过程：

```
$ kubectl describe deployment nginx-deployment
...
Events:
  Type    Reason             Age   From                   Message
  ----    ------             ----  ----                   -------
...
  Normal  ScalingReplicaSet  24s   deployment-controller  Scaled up replica set
nginx-deployment-1764197365 to 1
  Normal  ScalingReplicaSet  22s   deployment-controller  Scaled down replica set
nginx-deployment-3167673210 to 2
  Normal  ScalingReplicaSet  22s   deployment-controller  Scaled up replica set
nginx-deployment-1764197365 to 2
  Normal  ScalingReplicaSet  19s   deployment-controller  Scaled down replica set
nginx-deployment-3167673210 to 1
  Normal  ScalingReplicaSet  19s   deployment-controller  Scaled up replica set
nginx-deployment-1764197365 to 3
  Normal  ScalingReplicaSet  14s   deployment-controller  Scaled down replica set
nginx-deployment-3167673210 to 0
```

可以看到，当你修改了 Deployment 里的 Pod 定义之后，Deployment Controller 会使用这个修改后的 Pod 模板创建一个新的 ReplicaSet（hash=1764197365），这个新的 ReplicaSet 的初始 Pod 副本数为 0。

然后，在 Age=24 s 的位置，Deployment Controller 开始将这个新的 ReplicaSet 所控制的 Pod

副本数从 0 变成 1，即水平扩展出一个副本。紧接着，在 Age=22 s 的位置，Deployment Controller 又将旧的 ReplicaSet（hash=3167673210）所控制的旧 Pod 副本数减少一个，即水平收缩成两个副本。

如此交替进行，新 ReplicaSet 管理的 Pod 副本数从 0 变成 1，再变成 2，最后变成 3。而旧的 ReplicaSet 管理的 Pod 副本数从 3 变成 2，再变成 1，最后变成 0。这样就完成了这一组 Pod 的版本升级过程。

像这样，将一个集群中正在运行的多个 Pod 版本交替地逐一升级的过程，就是滚动更新。

在滚动更新完成之后，可以查看一下新旧两个 ReplicaSet 的最终状态：

```
$ kubectl get rs
NAME                              DESIRED   CURRENT   READY   AGE
nginx-deployment-1764197365       3         3         3       6s
nginx-deployment-3167673210       0         0         0       30s
```

其中，旧 ReplicaSet（hash=3167673210）已被水平收缩成了 0 个副本。

这种滚动更新的好处是显而易见的。比如，在升级刚开始时，集群里只有 1 个新版本的 Pod。如果此时新版本 Pod 因问题无法启动，滚动更新就会停止，从而允许开发人员和运维人员介入。而在此过程中，由于应用本身还有两个旧版本的 Pod 在线，因此服务不会受到太大影响。

当然，这也就要求你一定要使用 Pod 的健康检查机制检查应用的运行状态，而不是简单地依赖容器的 Running 状态。不然，虽然容器已经变成 Running 了，但服务很有可能尚未启动，滚动更新的效果也就达不到了。

为了进一步保证服务的连续性，Deployment Controller 还会确保在任何时间窗口内，只有指定比例的 Pod 处于离线状态。同时，它也会确保在任何时间窗口内，只有指定比例的新 Pod 被创建出来。这两个比例的值都是可配置的，默认都是 `DESIRED` 值的 25%。

所以，在上面这个 Deployment 的例子中，它有 3 个 Pod 副本，那么控制器在滚动更新过程中永远会确保至少有 2 个 Pod 处于可用状态，至多只有 4 个 Pod 同时存在于集群中。这个策略是 Deployment 对象的一个字段，名叫 RollingUpdateStrategy，如下所示：

```
apiVersion: apps/v1
kind: Deployment
metadata:
  name: nginx-deployment
  labels:
    app: nginx
spec:
...
  strategy:
    type: RollingUpdate
    rollingUpdate:
      maxSurge: 1
      maxUnavailable: 1
```

在这个 RollingUpdateStrategy 的配置中，maxSurge 指定的是除 DESIRED 数量外，在一次滚动更新中 Deployment 控制器还可以创建多少新 Pod；而 maxUnavailable 指的是在一次滚动更新中 Deployment 控制器可以删除多少旧 Pod。这两个配置还可以用前面介绍的百分比形式来表示，比如 maxUnavailable=50%指的是一次最多可以删除“50%*DESIRED 数量”个 Pod。

结合以上讲述，下面扩展 Deployment、ReplicaSet 和 Pod 的关系图，见图 5-4。

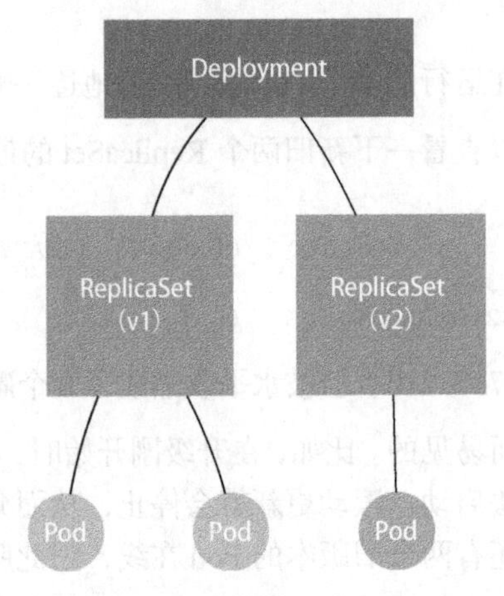

图 5-4　Deployment、ReplicaSet 和 Pod 的关系图

如图 5-4 所示，Deployment 的控制器实际上控制的是 ReplicaSet 的数目，以及每个 ReplicaSet 的属性。而一个应用的版本对应的正是一个 ReplicaSet，这个版本应用的 Pod 数量则由 ReplicaSet 通过它自己的控制器（ReplicaSet Controller）来保证。通过这样的多个 ReplicaSet 对象，Kubernetes 项目就实现了对多个应用版本的描述。

明白了“应用版本和 ReplicaSet 一一对应”的设计思想之后，下面讲解 Deployment 对应用进行版本控制的具体原理。

这一次，我会使用一个叫 kubectl set image 的指令，直接修改 nginx-deployment 所使用的镜像。这个命令的好处就是，不用像 kubectl edit 那样需要打开编辑器。不过这一次，我把这个镜像名字改为了一个错误的名字，比如 nginx:1.91。这样，这个 Deployment 就会出现一个升级失败的版本。

下面实践一下：

```
$ kubectl set image deployment/nginx-deployment nginx=nginx:1.91
deployment.extensions/nginx-deployment image updated
```

由于这个 nginx:1.91 镜像在 Docker Hub 中并不存在，因此这个 Deployment 的滚动更新被触发后会立刻报错并停止。

这时检查一下 ReplicaSet 的状态，如下所示：

```
$ kubectl get rs
NAME                          DESIRED   CURRENT   READY   AGE
nginx-deployment-1764197365   2         2         2       24s
nginx-deployment-3167673210   0         0         0       35s
nginx-deployment-2156724341   2         2         0       7s
```

返回结果显示，新版本的 ReplicaSet（hash=2156724341）的水平扩展已经停止。而且，此时它已经创建了两个 Pod，但是它们都没有进入 READY 状态。这当然是因为这两个 Pod 都拉取不到有效的镜像。与此同时，旧版本的 ReplicaSet（hash=1764197365）的水平收缩也自动停止了。此时，已经有一个旧 Pod 被删除，还剩下两个旧 Pod。

那么问题来了，如何让这个 Deployment 的 3 个 Pod 都回滚到旧版本呢？只需要执行一条 kubectl rollout undo 命令，就能把整个 Deployment 回滚到上一个版本：

```
$ kubectl rollout undo deployment/nginx-deployment
deployment.extensions/nginx-deployment
```

很容易想到，在具体操作上，Deployment 的控制器其实就是让这个旧 ReplicaSet（hash=1764197365）再次扩展成 3 个 Pod，而让新的 ReplicaSet（hash=2156724341）重新收缩到 0 个 Pod。更进一步地，如果想回滚到更早之前的版本，要怎么做呢？

首先，需要使用 kubectl rollout history 命令查看每次 Deployment 变更对应的版本。而由于我们在创建这个 Deployment 时指定了--record 参数，因此创建这些版本时执行的 kubectl 命令都会被记录下来。这个操作的输出如下所示：

```
$ kubectl rollout history deployment/nginx-deployment
deployments "nginx-deployment"
REVISION    CHANGE-CAUSE
1           kubectl create -f nginx-deployment.yaml --record
2           kubectl edit deployment/nginx-deployment
3           kubectl set image deployment/nginx-deployment nginx=nginx:1.91
```

可以看到，前面执行的创建和更新操作分别对应了版本 1 和版本 2，而那次失败的更新操作对应的是版本 3。

当然，你还可以通过这个 kubectl rollout history 指令，查看每个版本对应的 Deployment 的 API 对象的细节，具体命令如下所示：

```
$ kubectl rollout history deployment/nginx-deployment --revision=2
```

然后，就可以在 kubectl rollout undo 命令行最后加上目标版本号，来回滚到指定版本了。这个指令的用法如下：

```
$ kubectl rollout undo deployment/nginx-deployment --to-revision=2
deployment.extensions/nginx-deployment
```

这样，Deployment Controller 还会按照滚动更新的方式完成对 Deployment 的降级操作。

不过，你可能已经想到了一个问题：我们对 Deployment 进行的每一次更新操作都会生成一个新的ReplicaSet对象，这是否有些多余，甚至浪费资源呢？没错。所以，Kubernetes项目还提供了一个指令，能让我们对Deployment的多次更新操作最后只生成一个ReplicaSet。

具体做法是，在更新Deployment前先执行一条 `kubectl rollout pause` 指令。它的用法如下所示：

```
$ kubectl rollout pause deployment/nginx-deployment
deployment.extensions/nginx-deployment paused
```

这个 `kubectl rollout pause` 的作用是让这个Deployment进入暂停状态。接下来，你就可以随意使用 `kubectl edit` 或者 `kubectl set image` 指令来修改这个Deployment的内容了。

由于此时Deployment正处于暂停状态，因此我们对Deployment的所有修改都不会触发新的滚动更新，也不会创建新的ReplicaSet。而等到对Deployment的修改操作都完成之后，只需要再执行一条 `kubectl rollout resume` 指令，就可以把这个Deployment“恢复”，如下所示：

```
$ kubectl rollout resume deploy/nginx-deployment
deployment.extensions/nginx-deployment resumed
```

而在这个 `kubectl rollout resume` 指令执行之前，在 `kubectl rollout pause` 指令执行之后的这段时间里，我们对Deployment进行的所有修改最后都只会触发一次滚动更新。

当然，我们可以通过检查ReplicaSet状态的变化来验证 `kubectl rollout pause` 和 `kubectl rollout resume` 指令的执行效果，如下所示：

```
$ kubectl get rs
NAME               DESIRED   CURRENT   READY   AGE
nginx-1764197365   0         0         0       2m
nginx-3196763511   3         3         3       28s
```

返回结果显示，只有一个hash=3196763511的ReplicaSet被创建。

不过，即使你像上面这样小心翼翼地控制了ReplicaSet的生成数量，随着应用版本的不断升级，Kubernetes中还是会为同一个Deployment保存很多不同的ReplicaSet。那么，又该如何控制这些“历史”ReplicaSet的数量呢？

很简单，Deployment对象有一个 `spec.revisionHistoryLimit` 字段，就是Kubernetes为Deployment保留的“历史版本”个数。所以，如果把它设置为0，就再也不能进行回滚操作了。

小结

本节详细讲解了Deployment这个Kubernetes项目中最基本的编排控制器的实现原理和使用方法。通过这些讲解，你应该了解到：Deployment实际上是一个**两层控制器**：它通过ReplicaSet的个数来描述应用的版本，通过ReplicaSet的属性（比如replicas的值）来保证Pod的副本数量。

说明

Deployment 控制 ReplicaSet（版本），ReplicaSet 控制 Pod（副本数）。这个两层控制关系一定要牢记。

不过，相信你也能够感受到，Kubernetes 项目对 Deployment 的设计实际上代替我们完成了对应用的抽象，让我们可以使用这个 Deployment 对象来描述应用，使用 `kubectl rollout` 命令控制应用的版本。

可是，在实际使用场景中，应用的发布流程往往千差万别，也可能有很多定制化需求。比如，我的应用可能有会话粘连（session sticky），这就意味着滚动更新时哪个 Pod 能下线是不能随便选择的。这种场景光靠 Deployment 自己就很难应对了。对于这种需求，后文重点介绍的“自定义控制器”可以帮我们实现功能更加强大的 Deployment Controller。

当然，Kubernetes 项目本身也提供了另外一种抽象方式，帮我们应对其他一些用 Deployment 无法处理的应用编排场景。这个设计就是对有状态应用的管理，也是接下来要讲的重点内容。

5.6 深入理解 StatefulSet（一）：拓扑状态

上一节末讨论了 Deployment 实际上不足以覆盖所有应用编排问题。这个问题的根源在于 Deployment 对应用做了一个简单化假设。它认为，一个应用的所有 Pod 是完全一样的，所以它们之间没有顺序，也无所谓在哪台宿主机上运行。需要时 Deployment 就可以通过 Pod 模板创建新的 Pod；不需要时，Deployment 就可以结束任意一个 Pod。

但在实际场景中，并非所有应用都满足这样的要求。尤其是分布式应用，它的多个实例之间往往有依赖关系，比如主从关系、主备关系；还有数据存储类应用，它的多个实例往往会在本地磁盘上保存一份数据，而这些实例一旦被结束，即便重建出来，实例与数据之间的对应关系也已经丢失，从而导致应用失败。

所以，这种实例之间有不对等关系，以及实例对外部数据有依赖关系的应用，就称为**有状态应用**（stateful application）。

容器技术普及后，大家很快发现它很适合封装无状态应用（stateless application），尤其是 Web 服务。但是，一旦你想用容器运行有状态应用，困难程度就会直线上升。而且，单纯依靠容器技术无法解决这个问题，这也导致了在很长一段时间内，有状态应用几乎成了容器技术圈子的“忌讳”，大家一听到这个词就纷纷摇头。

不过，Kubernetes 项目还是成为了“第一个吃螃蟹的人”。得益于控制器模式的设计思想，Kubernetes 项目很早就在 Deployment 的基础上扩展出了对有状态应用的初步支持。这个编排功能就是 StatefulSet。

StatefulSet 的设计其实非常容易理解，它把现实世界里的应用状态抽象为了两种情况。

(1) **拓扑状态**。应用的多个实例之间不是完全对等的。这些应用实例必须按照某种顺序启动，比如应用的主节点 A 要先于从节点 B 启动。而如果删除 A 和 B 两个 Pod，它们再次被创建出来时也必须严格按照这个顺序运行。并且，新创建出来的 Pod 必须和原来 Pod 的网络标识一样，这样原先的访问者才能使用同样的方法访问到这个新 Pod。

(2) **存储状态**。应用的多个实例分别绑定了不同的存储数据。对于这些应用实例来说，Pod A 第一次读取到的数据和隔了 10 分钟之后再次读取到的数据应该是同一份，哪怕在此期间 Pod A 被重新创建过。这种情况最典型的例子是一个数据库应用的多个存储实例。

所以，StatefulSet 的核心功能，就是通过某种方式记录这些状态，然后在 Pod 被重新创建时，能够为新 Pod 恢复这些状态。

在开始讲解 StatefulSet 的工作原理之前，首先要介绍 Kubernetes 项目中一个非常实用的概念：Headless Service。

前面讨论 Kubernetes 架构时曾介绍过，Service 是 Kubernetes 项目中用来将一组 Pod 暴露给外界访问的一种机制。比如，一个 Deployment 有 3 个 Pod，那么就可以定义一个 Service。这样，用户只要能访问到这个 Service，就能访问到某个具体的 Pod。

那么，这个 Service 又是如何被访问的呢？

- 第一种是以 Service 的 VIP（virtual IP，虚拟 IP）方式。比如，当我访问 10.0.23.1 这个 Service 的 IP 地址时，10.0.23.1 其实就是一个 VIP，它会把请求转发到该 Service 所代理的某一个 Pod 上。具体原理之后会详细介绍。
- 第二种是以 Service 的 DNS 方式。比如，此时我只要访问“my-svc.my-namespace.svc.cluster.local”这条 DNS 记录，就可以访问到名叫 my-svc 的 Service 所代理的某一个 Pod。

在第二种 Service DNS 的方式下，具体又可以分为两种处理方法。

- 第一种处理方法是 Normal Service。在这种情况下，你访问“my-svc.my-namespace.svc.cluster.local”解析到的，正是 my-svc 这个 Service 的 VIP，后面的流程就跟 VIP 方式一致了。
- 第二种处理方法是 Headless Service。在这种情况下，你访问“my-svc.my-namespace.svc.cluster.local”解析到的，直接就是 my-svc 代理的某一个 Pod 的 IP 地址。这里的区别在于，Headless Service 不需要分配一个 VIP，而是可以直接以 DNS 记录的方式解析出被代理 Pod 的 IP 地址。

那么，这样的设计有什么作用呢？这就要从 Headless Service 的定义方式说起了。

下面是一个标准的 Headless Service 对应的 YAML 文件：

```
apiVersion: v1
kind: Service
metadata:
```

```
  name: nginx
  labels:
    app: nginx
spec:
  ports:
  - port: 80
    name: web
  clusterIP: None
  selector:
    app: nginx
```

可以看到，所谓的 Headless Service，其实仍是一个标准 Service 的 YAML 文件。只不过，它的 `clusterIP` 字段的值是 `None`，即这个 Service 没有一个 VIP 作为“头”。这就是 Headless 的含义。所以，这个 Service 被创建后并不会被分配一个 VIP，而是会以 DNS 记录的方式暴露出它所代理的 Pod。而它所代理的 Pod，依然是通过 4.3 节提到的 Label Selector 机制选出的，即所有携带了 `app: nginx` 标签的 Pod 都会被这个 Service 代理。

关键点来了。当你按照这样的方式创建了一个 Headless Service 之后，它所代理的所有 Pod 的 IP 地址都会被绑定一个如下格式的 DNS 记录：

```
<pod-name>.<svc-name>.<namespace>.svc.cluster.local
```

这个 DNS 记录，正是 Kubernetes 项目为 Pod 分配的唯一**可解析身份**（resolvable identity）。有了这个可解析身份，只要知道了一个 Pod 的名字及其对应的 Service 的名字，就可以非常确定地通过这条 DNS 记录访问到 Pod 的 IP 地址。

那么，StatefulSet 又是如何使用这个 DNS 记录来维持 Pod 的拓扑状态的呢？为了回答这个问题，下面就来编写一个 StatefulSet 的 YAML 文件，如下所示：

```
apiVersion: apps/v1
kind: StatefulSet
metadata:
  name: web
spec:
  serviceName: "nginx"
  replicas: 2
  selector:
    matchLabels:
      app: nginx
  template:
    metadata:
      labels:
        app: nginx
    spec:
      containers:
      - name: nginx
        image: nginx:1.9.1
        ports:
        - containerPort: 80
          name: web
```

这个 YAML 文件和前面用到的 nginx-deployment 的唯一区别，就是多了一个 serviceName=nginx 字段。这个字段的作用就是告诉 StatefulSet 控制器，在执行控制循环时请使用 Nginx 这个 Headless Service 来保证 Pod 可解析。

所以，当你通过 kubectl create 创建了上面这个 Service 和 StatefulSet 之后，就会看到如下两个对象：

```
$ kubectl create -f svc.yaml
$ kubectl get service nginx
NAME    TYPE        CLUSTER-IP   EXTERNAL-IP   PORT(S)   AGE
nginx   ClusterIP   None         <none>        80/TCP    10s
$ kubectl create -f statefulset.yaml
$ kubectl get statefulset web
NAME    DESIRED   CURRENT   AGE
web     2         1         19s
```

此时，如果手比较快的话，还可以通过 kubectl 的-w 参数，即 Watch 功能，实时查看 StatefulSet 创建两个有状态实例的过程。如果手不够快的话，Pod 很快就创建完了。不过，依然可以通过这个 StatefulSet 的 Events 看到这些信息。

```
$ kubectl get pods -w -l app=nginx
NAME    READY   STATUS    RESTARTS   AGE
web-0   0/1     Pending   0          0s
web-0   0/1     Pending   0          0s
web-0   0/1     ContainerCreating    0          0s
web-0   1/1     Running   0          19s
web-1   0/1     Pending   0          0s
web-1   0/1     Pending   0          0s
web-1   0/1     ContainerCreating    0          0s
web-1   1/1     Running   0          20s
```

从上面这个 Pod 的创建过程不难看出，StatefulSet 给它所管理的所有 Pod 的名字进行了编号，编号规则是：-。而且这些编号都是从 0 开始累加的，与 StatefulSet 的每个 Pod 实例一一对应，绝不重复。

更重要的是，这些 Pod 的创建也是严格按照编号顺序进行的。比如，在 web-0 进入 Running 状态，并且细分状态（Conditions）变为 Ready 之前，web-1 会一直处于 Pending 状态。

说明

Ready 状态再一次提醒我们为 Pod 设置 livenessProbe 和 readinessProbe 的重要性。

当这两个 Pod 都进入 Running 状态之后，就可以查看到它们各自唯一的“网络身份”了。

我们使用 kubectl exec 命令进入容器中查看它们的 hostname：

```
$ kubectl exec web-0 -- sh -c 'hostname'
web-0
$ kubectl exec web-1 -- sh -c 'hostname'
web-1
```

可以看到，这两个 Pod 的 hostname 与 Pod 名字是一致的，都被分配了对应的编号。接下来，我们再试着以 DNS 的方式访问这个 Headless Service：

```
$ kubectl run -i --tty --image busybox dns-test --restart=Never --rm /bin/sh
```

以上命令启动了一个一次性的 Pod，因为--rm 意味着 Pod 退出后就会被删除。然后，在这个 Pod 的容器里面，我们尝试用 nslookup 命令解析 Pod 对应的 Headless Service：

```
$ kubectl run -i --tty --image busybox dns-test --restart=Never --rm /bin/sh
$ nslookup web-0.nginx
Server:    10.0.0.10
Address 1: 10.0.0.10 kube-dns.kube-system.svc.cluster.local

Name:      web-0.nginx
Address 1: 10.244.1.7
$ nslookup web-1.nginx
Server:    10.0.0.10
Address 1: 10.0.0.10 kube-dns.kube-system.svc.cluster.local

Name:      web-1.nginx
Address 1: 10.244.2.7
```

nslookup 命令的输出结果显示，在访问 web-0.nginx 时，最后解析到的正是 web-0 这个 Pod 的 IP 地址；而当访问 web-1.nginx 时，解析到的是 web-1 的 IP 地址。

此时，如果在另外一个 Terminal 把这两个有状态应用的 Pod 删掉：

```
$ kubectl delete pod -l app=nginx
pod "web-0" deleted
pod "web-1" deleted
```

然后，再在当前 Terminal 里 Watch 这两个 Pod 的状态变化，就会发现一个有趣的现象：

```
$ kubectl get pod -w -l app=nginx
NAME      READY     STATUS              RESTARTS   AGE
web-0     0/1       ContainerCreating   0          0s
NAME      READY     STATUS    RESTARTS   AGE
web-0     1/1       Running   0          2s
web-1     0/1       Pending   0          0s
web-1     0/1       ContainerCreating   0         0s
web-1     1/1       Running   0          32s
```

可以看到，当我们把这两个 Pod 删除后，Kubernetes 会按照原先编号的顺序重新创建出两个 Pod。并且，Kubernetes 为它们分配了与原来相同的“网络身份”：web-0.nginx 和 web-1.nginx。

通过这种严格的对应规则，StatefulSet 就保证了 Pod 网络标识的稳定性。比如，如果 web-0 是一个需要先启动的主节点，web-1 是一个后启动的从节点，那么只要这个 StatefulSet 不被删除，你访问 web-0.nginx 时始终会落在主节点上；访问 web-1.nginx 时，则始终会落在从节点上，这个关系绝对不会发生任何变化。

所以，如果我们再用 nslookup 命令查看这个新 Pod 对应的 Headless Service：

```
$ kubectl run -i --tty --image busybox dns-test --restart=Never --rm /bin/sh
$ nslookup web-0.nginx
Server:    10.0.0.10
Address 1: 10.0.0.10 kube-dns.kube-system.svc.cluster.local

Name:      web-0.nginx
Address 1: 10.244.1.8

$ nslookup web-1.nginx
Server:    10.0.0.10
Address 1: 10.0.0.10 kube-dns.kube-system.svc.cluster.local

Name:      web-1.nginx
Address 1: 10.244.2.8
```

就会看到，在这个 StatefulSet 中，这两个新 Pod 的“网络标识”（比如 web-0.nginx 和 web-1.nginx）再次解析到了正确的 IP 地址（比如 web-0 Pod 的 IP 地址 10.244.1.8）。

通过这种方法，Kubernetes 就成功地将 Pod 的拓扑状态（比如哪个节点先启动，哪个节点后启动），按照 Pod 的“名字+编号”的方式固定了下来。此外，Kubernetes 还为每一个 Pod 提供了一个固定且唯一的访问入口，即这个 Pod 对应的 DNS 记录。这些状态在 StatefulSet 的整个生命周期里都会保持不变，绝不会因为对应 Pod 的删除或者重新创建而失效。

不过，相信你已经注意到了，尽管 web-0.nginx 这条记录本身不会变，但它解析到的 Pod 的 IP 地址并不固定。这就意味着，对于有状态应用实例的访问，必须使用 DNS 记录或者 hostname 的方式，而绝不应该直接访问这些 Pod 的 IP 地址。

小结

本节首先介绍了 StatefulSet 的基本概念，解释了什么是应用的“状态”，然后分析了 StatefulSet 如何保证应用实例之间“拓扑状态”的稳定性。

这个过程可以总结如下。

> StatefulSet 这个控制器的主要作用之一，就是使用 Pod 模板创建 Pod 时对它们进行编号，并且按照编号顺序逐一完成创建工作。而当 StatefulSet 的“控制循环”发现 Pod 的实际状态与期望状态不一致，需要新建或者删除 Pod 以进行“调谐”时，它会严格按照这些 Pod 编号的顺序逐一完成这些操作。

所以，其实可以把 StatefulSet 看作对 Deployment 的改良。

与此同时，通过 Headless Service 的方式，StatefulSet 为每个 Pod 创建了一个固定并且稳定的

DNS 记录，来作为它的访问入口。

实际上，在部署“有状态应用”时，应用的每个实例拥有唯一并且稳定的“网络标识”，是一个非常重要的假设。

下一节会继续剖析 StatefulSet 如何是处理存储状态的。

5.7 深入理解 StatefulSet（二）：存储状态

上一节讲解了 StatefulSet 如何保证应用实例的拓扑状态，在 Pod 删除和重建过程中保持稳定。本节继续讲解 StatefulSet 对存储状态的管理机制，该机制主要使用一个叫作 PVC 的功能。

前面介绍 Pod 时曾提到，要在一个 Pod 里声明 Volume，只需在 Pod 里加上 spec.volumes 字段即可。然后，就可以在该字段里定义一个具体类型的 Volume 了，比如 hostPath。

可是，你是否想过这样一种场景：如果不知道有哪些 Volume 类型可用，要怎么办呢？更具体地说，作为应用开发者，我可能对持久化存储项目（比如 Ceph、GlusterFS 等）一窍不通，也不知道公司的 Kubernetes 集群是如何搭建的，自然也不会编写它们对应的 Volume 定义文件。

所谓“术业有专攻”，这些关于 Volume 的管理和远程持久化存储的知识，不仅超出了开发者的知识储备，还有暴露公司基础设施秘密的风险。

比如，下面这个例子就是一个声明了 Ceph RBD 类型 Volume 的 Pod：

```
apiVersion: v1
kind: Pod
metadata:
  name: rbd
spec:
  containers:
    - image: kubernetes/pause
      name: rbd-rw
      volumeMounts:
      - name: rbdpd
        mountPath: /mnt/rbd
  volumes:
    - name: rbdpd
      rbd:
        monitors:
        - '10.16.154.78:6789'
        - '10.16.154.82:6789'
        - '10.16.154.83:6789'
        pool: kube
        image: foo
        fsType: ext4
        readOnly: true
        user: admin
        keyring: /etc/ceph/keyring
        imageformat: "2"
        imagefeatures: "layering"
```

其一，如果不懂 Ceph RBD 的使用方法，那么这个 Pod 里的 Volumes 字段，你十有八九完全看不懂。其二，这个 Ceph RBD 对应的存储服务器的地址、用户名、授权文件的位置，也都被轻易地暴露给了全公司的所有开发人员，这是一个典型的信息被“过度暴露”的例子。

这也是为什么在后来的演化中，Kubernetes 项目引入了一组叫作 PVC 和 PV 的 API 对象，大大降低了用户声明和使用 PV 的门槛。

举个例子，有了 PVC 之后，开发人员想使用一个 Volume，只需要简单的两步即可。

第一步：定义一个 PVC，声明想要的 Volume 的属性。

```
kind: PersistentVolumeClaim
apiVersion: v1
metadata:
  name: pv-claim
spec:
  accessModes:
  - ReadWriteOnce
  resources:
    requests:
      storage: 1Gi
```

可以看到，在这个 PVC 对象里，不需要任何关于 Volume 细节的字段，只有描述性的属性和定义。比如，`storage: 1Gi` 表示 Volume 大小至少需要 1 GiB；`accessModes: ReadWriteOnce` 表示这个 Volume 的挂载方式是可读写，并且只能被挂载在一个节点上而非被多个节点共享。

> **说明**
>
> 关于哪种 Volume 支持哪种 AccessMode，可以查看 Kubernetes 项目官方文档中的详细列表。

第二步：在应用的 Pod 中声明使用这个 PVC。

```
apiVersion: v1
kind: Pod
metadata:
  name: pv-pod
spec:
  containers:
    - name: pv-container
      image: nginx
      ports:
        - containerPort: 80
          name: "http-server"
      volumeMounts:
        - mountPath: "/usr/share/nginx/html"
          name: pv-storage
  volumes:
```

```
- name: pv-storage
  persistentVolumeClaim:
    claimName: pv-claim
```

可以看到，在上面这个 Pod 的 Volumes 定义中，只需要声明它的类型是 `persistentVolumeClaim`，然后指定 PVC 的名字，完全不必关心 Volume 本身的定义。

此时，只要我们创建这个 PVC 对象，Kubernetes 就会自动为它绑定一个符合条件的 Volume。可是，这些符合条件的 Volume 从何而来？答案是，它们来自由运维人员维护的 PV 对象。

接下来看一个常见的 PV 对象的 YAML 文件：

```
kind: PersistentVolume
apiVersion: v1
metadata:
  name: pv-volume
  labels:
    type: local
spec:
  capacity:
    storage: 10Gi
  rbd:
    monitors:
    - '10.16.154.78:6789'
    - '10.16.154.82:6789'
    - '10.16.154.83:6789'
    pool: kube
    image: foo
    fsType: ext4
    readOnly: true
    user: admin
    keyring: /etc/ceph/keyring
    imageformat: "2"
    imagefeatures: "layering"
```

可以看到，这个 PV 对象的 `spec.rbd` 字段，正是前面介绍过的 Ceph RBD Volume 的详细定义。而且，它还声明了这个 PV 的容量是 10 GiB。这样，Kubernetes 就会为我们刚刚创建的 PVC 对象绑定这个 PV。

所以，Kubernetes 中 PVC 和 PV 的设计，实际上类似于“接口”和“实现”的思想。开发者只要知道并会使用“接口”，即 PVC；而运维人员负责给“接口”绑定具体的实现，即 PV。这种解耦就避免了因为向开发人员暴露过多存储系统细节而带来的隐患。此外，这种职责分离往往也意味着发生事故时更容易定位问题和明确责任，从而避免出现“扯皮”现象。

PVC、PV 的设计也使得 StatefulSet 对存储状态的管理成为了可能。还是以上一节用到的 StatefulSet 为例：

```
apiVersion: apps/v1
kind: StatefulSet
metadata:
```

```
  name: web
spec:
  serviceName: "nginx"
  replicas: 2
  selector:
    matchLabels:
      app: nginx
  template:
    metadata:
      labels:
        app: nginx
    spec:
      containers:
      - name: nginx
        image: nginx:1.9.1
        ports:
        - containerPort: 80
          name: web
        volumeMounts:
        - name: www
          mountPath: /usr/share/nginx/html
  volumeClaimTemplates:
  - metadata:
      name: www
    spec:
      accessModes:
      - ReadWriteOnce
      resources:
        requests:
          storage: 1Gi
```

这次，我们为这个 StatefulSet 额外添加了一个 `volumeClaimTemplates` 字段。如名所示，它跟 Deployment 里 Pod 模板的作用类似。也就是说，凡是被这个 StatefulSet 管理的 Pod，都会声明一个对应的 PVC；而这个 PVC 的定义，就来自 `volumeClaimTemplates` 这个模板字段。更重要的是，这个 PVC 的名字会被分配一个与这个 Pod 完全一致的编号。这个自动创建的 PVC 与 PV 绑定成功后就会进入 Bound 状态，这就意味着这个 Pod 可以挂载并使用这个 PV 了。

如果还是不太理解 PVC 的话，可以先记住这样一个结论：PVC 其实就是一种特殊的 Volume。只不过一个 PVC 具体是什么类型的 Volume，要跟某个 PV 绑定之后才知道。关于 PV、PVC 的更多知识，我会在容器存储部分进行详细介绍。

当然，PVC 与 PV 的绑定得以实现的前提是，运维人员已经在系统里创建好了符合条件的 PV（比如前面用到的 pv-volume）；或者，你的 Kubernetes 集群在公有云上运行，这样 Kubernetes 就会通过 Dynamic Provisioning 的方式自动为你创建与 PVC 匹配的 PV。

所以，在使用 `kubectl create` 创建了 StatefulSet 之后，就会看到 Kubernetes 集群里出现了两个 PVC：

```
$ kubectl create -f statefulset.yaml
$ kubectl get pvc -l app=nginx
```

```
NAME        STATUS   VOLUME                                     CAPACITY  ACCESSMODES  AGE
www-web-0   Bound    pvc-15c268c7-b507-11e6-932f-42010a800002   1Gi       RWO          48s
www-web-1   Bound    pvc-15c79307-b507-11e6-932f-42010a800002   1Gi       RWO          48s
```

可以看到，这些 PVC 都以<PVC 名字>-<StatefulSet 名字>-<编号>这样的方式命名，并且处于 Bound 状态。

如前所述，这个 StatefulSet 创建出来的所有 Pod 都会声明使用编号的 PVC。比如，在名叫 web-0 的 Pod 的 volumes 字段，它会声明使用名叫 www-web-0 的 PVC，从而挂载到这个 PVC 所绑定的 PV。

所以，我们可以使用如下指令，在 Pod 的 Volume 目录里写入一个文件，来验证上述 Volume 的分配情况：

```
$ for i in 0 1; do kubectl exec web-$i -- sh -c 'echo hello $(hostname) > /usr/share/
nginx/html/index.html'; done
```

如上所示，通过 kubectl exec 指令，我们在每个 Pod 的 Volume 目录里写入了一个 index.html 文件。这个文件的内容正是 Pod 的 hostname。比如，我们在 web-0 的 index.html 里写入的内容就是 hello web-0。

此时，如果你在这个 Pod 容器里访问 http://localhost，实际访问到的就是 Pod 里的 Nginx 服务器进程，而它会为你返回/usr/share/nginx/html/index.html 里的内容。该操作的执行方法如下所示：

```
$ for i in 0 1; do kubectl exec -it web-$i -- curl localhost; done
hello web-0
hello web-1
```

现在，关键点来了。如果你使用 kubectl delete 命令删除这两个 Pod，这些 Volume 里的文件会不会丢失呢？

```
$ kubectl delete pod -l app=nginx
pod "web-0" deleted
pod "web-1" deleted
```

可以看到，在被删除之后，这两个 Pod 会被按照编号的顺序被重新创建出来。而此时如果你在新创建的容器里通过访问 http://localhost 的方式去访问 web-0 里的 Nginx 服务，就会发现这个请求依然会返回 hello web-0：

```
# 在被重新创建出来的 Pod 容器里访问 http://localhost
$ kubectl exec -it web-0 -- curl localhost
hello web-0
```

也就是说，原先与名叫 web-0 的 Pod 绑定的 PV，在这个 Pod 被重新创建之后，依然同新的名叫 web-0 的 Pod 绑定在了一起。对于 Pod web-1 来说，情况也完全相同。这是怎么做到的呢？

其实，分析一下 StatefulSet 控制器恢复这个 Pod 的过程，就容易理解了。

当你把一个 Pod（比如 web-0）删除之后，这个 Pod 对应的 PVC 和 PV 并不会被删除，而这个 Volume 里已经写入的数据也依然会保存在远程存储服务里（比如这个例子里用到的 Ceph 服务器）。此时，StatefulSet 控制器发现，一个名叫 web-0 的 Pod 消失了。所以，控制器会重新创建一个新的、名字还是 web-0 的 Pod，来“纠正”这种不一致的情况。

需要注意的是，在这个新的 Pod 对象的定义里，它声明使用的 PVC 的名字还是 www-web-0。这个 PVC 的定义仍然来自 PVC 模板（volumeClaimTemplates），这是 StatefulSet 创建 Pod 的标准流程。所以，在这个新的 web-0 Pod 被创建出来之后，Kubernetes 为它查找名叫 www-web-0 的 PVC 时，就会直接找到旧 Pod 遗留下来的同名 PVC，进而找到跟这个 PVC 绑定的 PV。这样，新的 Pod 就可以挂载到旧 Pod 对应的那个 Volume，并且获取保存在 Volume 里的数据了。通过这种方式，Kubernetes 的 StatefulSet 就实现了对应用存储状态的管理。

至此，你是否已经大致理解了 StatefulSet 的工作原理呢？下面再详细梳理一下。

首先，StatefulSet 的控制器直接管理的是 Pod。这是因为 StatefulSet 里的不同 Pod 实例不再像 ReplicaSet 中那样都是完全一样的，而是有了细微区别。比如，每个 Pod 的 hostname、名字等都不同，都携带了编号。而 StatefulSet 通过在 Pod 的名字里加上事先约定好的编号来区分这些实例。

其次，Kubernetes 通过 Headless Service 为这些有编号的 Pod，在 DNS 服务器中生成带有相同编号的 DNS 记录。只要 StatefulSet 能够保证这些 Pod 名字里的编号不变，那么 Service 里类似于 web-0.nginx.default.svc.cluster.local 这样的 DNS 记录就不会变，而这条记录解析出来的 Pod 的 IP 地址，会随着后端 Pod 的删除和重建而自动更新。这当然是 Service 机制本身的能力，不需要 StatefulSet 操心。

最后，StatefulSet 还为每一个 Pod 分配并创建一个相同编号的 PVC。这样，Kubernetes 就可以通过 Persistent Volume 机制为这个 PVC 绑定对应的 PV，从而保证了每个 Pod 都拥有一个独立的 Volume。

在这种情况下，即使 Pod 被删除，它所对应的 PVC 和 PV 依然会保留下来。所以当这个 Pod 被重新创建出来之后，Kubernetes 会为它找到编号相同的 PVC，挂载这个 PVC 对应的 Volume，从而获取以前保存在 Volume 里的数据。

这样一来，原本非常复杂的 StatefulSet，是不是也很容易理解了呢？

小结

本节详细讲解了 StatefulSet 处理存储状态的方法，并在此基础上梳理了 StatefulSet 控制器的工作原理。

我们从中不难看出 StatefulSet 的设计思想：StatefulSet 其实就是一种特殊的 Deployment，而其独特之处在于，它的每个 Pod 都被编号了。而且，这个编号会体现在 Pod 的名字和 hostname

等标识信息上，这不仅代表了 Pod 的创建顺序，也是 Pod 的重要网络标识（在整个集群里唯一的、可被访问的身份）。有了这个编号后，StatefulSet 就使用 Kubernetes 里的两个标准功能：Headless Service 和 PV/PVC，实现了对 Pod 的拓扑状态和存储状态的维护。

实际上，在下一节的“有状态应用实践”环节以及后续讲解中，你会逐渐意识到，StatefulSet 可谓 Kubernetes 中作业编排的“集大成者”。这是因为 Kubernetes 的每一种编排功能，几乎都可以在编写 StatefulSet 的 YAML 文件时被用到。

5.8 深入理解 StatefulSet（三）：有状态应用实践

前两节详细讲解了 StatefulSet 的工作原理，以及处理拓扑状态和存储状态的方法。本节将通过实例深入讲解部署一个 StatefulSet 的完整流程。

这里选择的实例是部署一个 MySQL 集群，这也是 Kubernetes 官方文档里的一个经典案例。但是，很多工程师曾向我吐槽说这个例子“完全看不懂”。

其实，这样的吐槽也可以理解：相比 etcd、Cassandra 等“原生地”考虑了分布式需求的项目，MySQL 以及其他很多数据库项目在分布式集群的搭建上并不友好，甚至有点“原始”。所以，这次我直接选择了这个具有挑战性的例子，展示如何使用 StatefulSet 将它的集群搭建过程“容器化”。

说明

在开始实践之前，请确保之前部署的那个 Kubernetes 集群还是可用的，并且网络插件和存储插件都能正常运行。

第一步，用自然语言描述我们想要部署的“有状态应用”。

(1) 一个“主从复制”（Maser-Slave Replication）的 MySQL 集群；

(2) 有一个主节点（Master）；

(3) 有多个从节点（Slave）；

(4) 从节点需要能水平扩展；

(5) 所有写操作只能在主节点上执行；

(6) 读操作可以在所有节点上执行。

这是一个非常典型的主从模式的 MySQL 集群。上述“有状态应用”的需求可以用图 5-5 来表示。

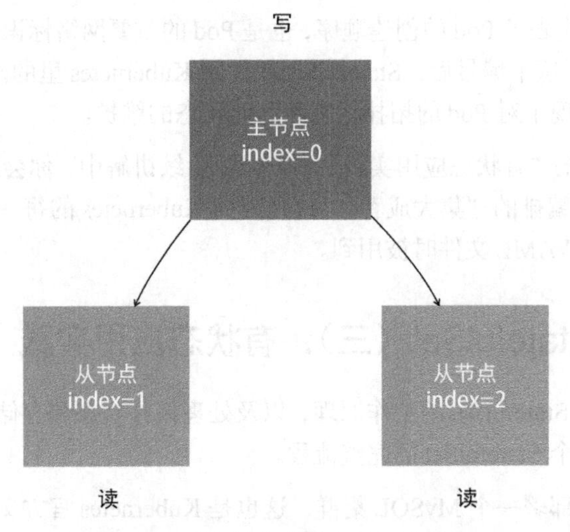

图 5-5　“有状态应用”的一般需求

在常规环境中，部署这样一个主从模式的 MySQL 集群的主要难点在于，如何让从节点能够拥有主节点的数据，即如何配置主从节点间的复制与同步。所以，在安装好 MySQL 的主节点之后，第一步就是通过 XtraBackup（业界主流的开源 MySQL 备份和恢复工具）将主节点的数据备份到指定目录。

这一步会自动在目标目录里生成一个备份信息文件：xtrabackup_binlog_info。这个文件一般包含如下两项信息：

```
$ cat xtrabackup_binlog_info
TheMaster-bin.000001     481
```

这两项信息会在接下来配置从节点时用到。

第二步，配置从节点。从节点在第一次启动前，需要先把主节点的备份数据连同备份信息文件，一起复制到自己的数据目录（/var/lib/mysql）下。然后，执行这样一句 SQL：

```
TheSlave|mysql> CHANGE MASTER TO
                MASTER_HOST='$masterip',
                MASTER_USER='xxx',
                MASTER_PASSWORD='xxx',
                MASTER_LOG_FILE='TheMaster-bin.000001',
                MASTER_LOG_POS=481;
```

`MASTER_LOG_FILE` 和 `MASTER_LOG_POS` 就是该备份对应的二进制日志（binary log）文件的名称和开始的位置（偏移量），也正是 xtrabackup_binlog_info 文件里的那两部分内容（`TheMaster-bin.000001` 和 `481`）。

第三步，启动从节点。执行如下 SQL 即可完成：

```
TheSlave|mysql> START SLAVE;
```

这样，从节点就启动了。它会使用备份信息文件中的二进制日志文件和偏移量来与主节点进行数据同步。

第四步，在这个集群中添加更多从节点。

需要注意的是，新添加的从节点的备份数据来自已经存在的从节点。

所以，这一步需要将从节点的数据备份到指定目录。而这个备份操作会自动生成另一种备份信息文件：xtrabackup_slave_info。同样，这个文件也包含了 MASTER_LOG_FILE 和 MASTER_LOG_POS 这两个字段。然后，就可以执行跟前面一样的 CHANGE MASTER TO 和 START SLAVE 指令，来初始化并启动这个新的从节点了。

从前面的叙述中不难看处，将部署 MySQL 集群的流程迁移到 Kubernetes 项目上，需要能够“容器化”地翻越“三座大山”：

(1) 主节点和从节点需要有不同的配置文件（不同的 my.cnf）；

(2) 主节点和从节点需要能够传输备份信息文件；

(3) 在从节点第一次启动之前，需要执行一些初始化 SQL 操作。

由于 MySQL 本身同时拥有拓扑状态（主从节点的区别）和存储状态（MySQL 保存在本地的数据），我们自然要通过 StatefulSet 来翻越这“三座大山”。

1. “第一座大山”：主节点和从节点需要有不同的配置文件

这很容易解决：只需要给主从节点准备两份不同的 MySQL 配置文件，然后根据 Pod 的序号（index）挂载进去即可。

如前所述，这样的配置文件信息应该保存在 ConfigMap 里供 Pod 使用。它的定义如下所示：

```
apiVersion: v1
kind: ConfigMap
metadata:
  name: mysql
  labels:
    app: mysql
data:
  master.cnf: |
    # 主节点 MySQL 的配置文件
    [mysqld]
    log-bin
  slave.cnf: |
    # 从节点 MySQL 的配置文件
    [mysqld]
    super-read-only
```

这里定义了 master.cnf 和 slave.cnf 两个 MySQL 的配置文件。

- master.cnf 开启了 log-bin，即使用二进制日志文件的方式进行主从复制，这是一个标准的设置。

- slave.cnf 的开启了 `super-read-only`，表示从节点会拒绝除主节点的数据同步操作外的所有写操作，即它对用户是只读的。

上述 ConfigMap 定义里的 `data` 部分是 key-value 格式的。比如，master.cnf 就是这份配置数据的 key，而 | 后面的内容就是这份配置数据的 value。这份数据将来挂载进主节点对应的 Pod 后，就会在 Volume 目录里生成一个名为 master.cnf 的文件。

说明

ConfigMap 跟 Secret，无论是使用方法还是实现原理，几乎都相同。

接下来，需要创建两个 Service 来供 StatefulSet 以及用户使用。这两个 Service 的定义如下所示：

```
apiVersion: v1
kind: Service
metadata:
  name: mysql
  labels:
    app: mysql
spec:
  ports:
  - name: mysql
    port: 3306
  clusterIP: None
  selector:
    app: mysql
---
apiVersion: v1
kind: Service
metadata:
  name: mysql-read
  labels:
    app: mysql
spec:
  ports:
  - name: mysql
    port: 3306
  selector:
    app: mysql
```

可以看到，这两个 Service 都代理了所有携带 `app: mysql` 标签的 Pod，即所有的 MySQL Pod。端口映射都是用 Service 的 3306 端口对应 Pod 的 3306 端口。

不同的是，第一个名叫“mysql”的 Service 是一个 Headless Service（`clusterIP: None`）。所以它的作用是通过为 Pod 分配 DNS 记录来固定其拓扑状态，比如“mysql-0.mysql”和“mysql-1.mysql”这样的 DNS 名字。其中，编号为 0 的节点就是主节点。

第二个名叫“mysql-read”的 Service 则是一个常规的 Service。我们规定，所有用户的读请求都必须访问第二个 Service 被自动分配的 DNS 记录，即“mysql-read”（当然，也可以访问这个 Service 的 VIP）。这样，读请求就可以转发到任意一个 MySQL 的主节点或者从节点上。

说明

Kubernetes 中的所有 Service、Pod 对象，都会被自动分配同名的 DNS 记录。具体细节，后面的 Service 部分会重点讲解。

而所有用户的写请求必须直接以 DNS 记录的方式访问到 MySQL 的主节点，即“mysql-0.mysql“这条 DNS 记录。

2. “第二座大山”：主节点和从节点需要能够传输备份文件的问题

关于翻越这座“大山”，比较推荐的做法是：先搭建框架，再完善细节。其中，Pod 部分如何定义是完善细节时的重点。

首先为 StatefulSet 对象规划一个大致的框架，如图 5-6 所示。

```
apiVersion: apps/v1
kind: StatefulSet
metadata:
  name: mysql
spec:
  selector:
    matchLabels:
      app: mysql
  serviceName: mysql
  replicas: 3
  template:
    metadata:
      labels:
        app: mysql
    spec:
      initContainers:
      - name: init-mysql …
      - name: clone-mysql …
      containers:
      - name: mysql …
      - name: xtrabackup …
      volumes:
      - name: conf
        emptyDir: {}
      - name: config-map
        configMap:
          name: mysql
  volumeClaimTemplates:
  - metadata:
      name: data
    spec:
      accessModes: ["ReadWriteOnce"]
      resources:
        requests:
          storage: 10Gi
```

图 5-6 StatefulSet 对象的大致框架

在这一步，我们可以先为 StatefulSet 定义一些通用的字段。比如，`selector` 表示这个 StatefulSet 要管理的 Pod 必须携带 `app: mysql` 标签；它声明要使用的 Headless Service 的名字是：`mysql`。这个 StatefulSet 的 `replicas` 值是 3，表示它定义的 MySQL 集群有 3 个节点：一个主节点，两个从节点。

可以看到，StatefulSet 管理的“有状态应用”的多个实例，也都是通过同一个 Pod 模板创建出来的，使用的是同一个 Docker 镜像。这也就意味着：如果你的应用要求不同节点的镜像不同，就不能再使用 StatefulSet 了。对于这种情况，应该考虑后面会讲解到的 Operator。

除了这些基本的字段，作为一个有存储状态的 MySQL 集群，StatefulSet 还需要管理存储状态。所以，我们需要通过 volumeClaimTemplate（PVC 模板）来为每个 Pod 定义 PVC。比如，这个 PVC 模板的 resources.requests.strorage 指定了存储的大小为 10 GiB；`ReadWriteOnce` 指定了该存储的属性为可读写，并且一个 PV 只允许挂载在一个宿主机上。将来，这个 PV 对应的 Volume 就会充当 MySQL Pod 的存储数据目录。

然后，重点设计这个 StatefulSet 的 Pod 模板，也就是 `template` 字段。由于 StatefulSet 管理的 Pod 都来自同一个镜像，这就要求我们在编写 Pod 时一定要保持头脑清醒，用“人格分裂”的方式进行思考：

(1) 如果这个 Pod 是主节点，要怎么做；

(2) 如果这个 Pod 是从节点，要怎么做。

想清楚了这两个问题，我们就可以按照 Pod 的启动过程来一步步地定义它们了。

第一步：从 ConfigMap 中获取 MySQL 的 Pod 对应的配置文件。

为此，我们需要进行一个初始化操作，根据节点的主从角色来为 Pod 分配对应的配置文件。此外，MySQL 还要求集群里的每个节点都有唯一的 ID 文件，名叫 server-id.cnf。而根据我们已经掌握的 Pod 知识，这些初始化操作显然适合通过 `InitContainer` 来完成。所以，首先定义一个 `InitContainer`，如下所示：

```
...
# template.spec
initContainers:
- name: init-mysql
  image: mysql:5.7
  command:
  - bash
  - "-c"
  - |
    set -ex
    # 从 Pod 的序号生成 server-id
    [[ `hostname` =~ -([0-9]+)$ ]] || exit 1
    ordinal=${BASH_REMATCH[1]}
    echo [mysqld] > /mnt/conf.d/server-id.cnf
    # 由于 server-id=0 有特殊含义，因此给 ID 加一个 100 来避开它
```

```
    echo server-id=$((100 + $ordinal)) >> /mnt/conf.d/server-id.cnf
    # 如果 Pod 序号是 0，说明它是主节点，从 ConfigMap 里把主节点的配置文件复制到/mnt/conf.d/目录
    # 否则，复制从节点的配置文件
    if [[ $ordinal -eq 0 ]]; then
      cp /mnt/config-map/master.cnf /mnt/conf.d/
    else
      cp /mnt/config-map/slave.cnf /mnt/conf.d/
    fi
  volumeMounts:
  - name: conf
    mountPath: /mnt/conf.d
  - name: config-map
    mountPath: /mnt/config-map
```

在这个名叫 init-mysql 的 InitContainer 的配置中，它从 Pod 的 hostname 里读取了 Pod 的序号，以此作为 MySQL 节点的 server-id。

然后，init-mysql 通过这个序号判断当前 Pod 是主节点（序号为 0）还是从节点（序号不为 0），从而把对应的配置文件从/mnt/config-map 目录复制到/mnt/conf.d/目录下。

其中，文件复制的源目录/mnt/config-map 正是 ConfigMap 在这个 Pod 的 Volume，如下所示：

```
...
# template.spec
volumes:
- name: conf
  emptyDir: {}
- name: config-map
  configMap:
    name: mysql
```

通过这个定义，init-mysql 在声明了挂载 config-map 这个 Volume 之后，ConfigMap 里保存的内容就会以文件的方式出现在它的/mnt/config-map 目录当中。

文件复制的目标目录，即容器里的/mnt/conf.d/目录，对应的是一个名叫 conf 的、emptyDir 类型的 Volume。根据 Pod Volume 共享的原理，当 InitContainer 复制完配置文件退出后，后面启动的 MySQL 容器只需要直接声明挂载这个名叫 conf 的 Volume，它所需要的.cnf 配置文件就已经出现在里面了。这跟之前介绍的 Tomcat 和 WAR 包的处理方法是完全一样的。

第二步：在从节点 Pod 启动前，从主节点或者其他从节点 Pod 里复制数据库数据到自己的目录下。

为了实现该操作，需要定义第二个 InitContainer，如下所示：

```
...
# template.spec.initContainers
- name: clone-mysql
  image: gcr.io/google-samples/xtrabackup:1.0
  command:
  - bash
  - "-c"
```

```
- |
  set -ex
  # 复制操作只需要在第一次启动时进行，所以如果数据已经存在则跳过
  [[ -d /var/lib/mysql/mysql ]] && exit 0
  # 主节点（序号为 0）不需要进行该操作
  [[ `hostname` =~ -([0-9]+)$ ]] || exit 1
  ordinal=${BASH_REMATCH[1]}
  [[ $ordinal -eq 0 ]] && exit 0
  # 使用 ncat 指令，远程地从前一个节点复制数据到本地
  ncat --recv-only mysql-$(($ordinal-1)).mysql 3307 | xbstream -x -C /var/lib/mysql
  # 执行--prepare，这样复制的数据就可以用于恢复了
  xtrabackup --prepare --target-dir=/var/lib/mysql
volumeMounts:
- name: data
  mountPath: /var/lib/mysql
  subPath: mysql
- name: conf
  mountPath: /etc/mysql/conf.d
```

说明

3307 是一个特殊端口，运行着一个专门负责备份 MySQL 数据的辅助进程。稍后会讲到它。

在这个名叫 clone-mysql 的 InitContainer 里，我们使用的是 xtrabackup 镜像（其中安装了 xtrabackup 工具）。

在它的启动命令里，我们首先做了一个判断，即当初始化所需的数据（/var/lib/mysql/mysql 目录）已经存在，或者当前 Pod 是主节点时，不需要进行复制操作。

接下来，clone-mysql 会使用 Linux 自带的 ncat 指令，向 DNS 记录为 mysql-<当前序号减一>.mysql 的 Pod，即当前 Pod 的前一个 Pod，发起数据传输请求，并且直接用 xbstream 指令将收到的备份数据保存在/var/lib/mysql 目录下。当然，在这一步你可以选用任意方法来传输数据。比如，用 scp 或者 rsync。

你可能已经注意到了，这个容器里的/var/lib/mysql 目录实际上是一个名为 data 的 PVC，即前面声明的持久化存储。这就可以保证，即使宿主机宕机，数据库的数据也不会丢失。更重要的是，由于 Pod Volume 是被 Pod 里的容器共享的，因此后面启动的 MySQL 容器就可以把这个 Volume 挂载到自己的/var/lib/mysql 目录下，直接使用其中的备份数据进行恢复操作。

不过，clone-mysql 容器还要对/var/lib/mysql 目录执行 xtrabackup --prepare 操作，旨在使复制来的数据达到一致性，这样，这些数据才能用于数据恢复。

至此，我们就通过 InitContainer 完成了对“主从节点间备份文件传输”操作的处理，即翻越了“第二座大山”。

3. “第三座大山”：定义 MySQL 容器，启动 MySQL 服务

由于 StatefulSet 里的所有 Pod 都来自同一个 Pod 模板，因此我们还要“人格分裂”地去思考：这个 MySQL 容器的启动命令在主节点和从节点这两种情况下有何不同。

有了 Docker 镜像，在 Pod 里声明一个主节点角色的 MySQL 容器毫不困难：直接执行 MySQL 启动命令即可。但是，如果这个 Pod 是一个第一次启动的从节点，在执行 MySQL 启动命令之前，就需要使用前面 `InitContainer` 复制来的备份数据对其进行初始化。

可是，别忘了，容器是单进程模型。所以，一个从节点角色的 MySQL 容器启动之前，谁负责给它执行初始化的 SQL 语句呢？

这就是我们要翻越的“第三座大山”，即如何在从节点角色的 MySQL 容器第一次启动之前执行初始化 SQL。

你可能已经想到了，我们可以为这个 MySQL 容器额外定义一个 sidecar 容器，来完成这个操作。它的定义如下所示：

```
...
# template.spec.containers
- name: xtrabackup
  image: gcr.io/google-samples/xtrabackup:1.0
  ports:
  - name: xtrabackup
    containerPort: 3307
  command:
  - bash
  - "-c"
  - |
    set -ex
    cd /var/lib/mysql

    # 从备份信息文件里读取 MASTER_LOG_FILEM 和 MASTER_LOG_POS 这两个字段的值
    # 用来拼装集群初始化 SQL
    if [[ -f xtrabackup_slave_info ]]; then
      # 如果 xtrabackup_slave_info 文件存在，说明这个备份数据来自另一个从节点
      # 在这种情况下，XtraBackup 工具在备份时，就已经在这个文件里自动生成了 CHANGE MASTER TO SQL
      # 语句。所以，只需要把这个文件重命名为 change_master_to.sql.in，后面直接使用即可
      mv xtrabackup_slave_info change_master_to.sql.in
      # 所以，也就用不着 xtrabackup_binlog_info 了
      rm -f xtrabackup_binlog_info
    elif [[ -f xtrabackup_binlog_info ]]; then
      # 如果只存在 xtrabackup_binlog_info 文件，说明备份来自主节点
      # 我们就需要解析这个备份信息文件，读取所需的两个字段的值
      [[ `cat xtrabackup_binlog_info` =~ ^(.*?)[[:space:]]+(.*?)$ ]] || exit 1
      rm xtrabackup_binlog_info
      # 把两个字段的值拼装成 SQL，写入 change_master_to.sql.in 文件
      echo "CHANGE MASTER TO MASTER_LOG_FILE='${BASH_REMATCH[1]}',\
            MASTER_LOG_POS=${BASH_REMATCH[2]}" > change_master_to.sql.in
    fi
```

```
  # 如果change_master_to.sql.in文件存在，就意味着需要做集群初始化工作
  if [[ -f change_master_to.sql.in ]]; then
    # 但一定要先等MySQL容器启动之后才能进行下一步连接MySQL的操作
    echo "Waiting for mysqld to be ready (accepting connections)"
    until mysql -h 127.0.0.1 -e "SELECT 1"; do sleep 1; done

    echo "Initializing replication from clone position"
    # 将文件change_master_to.sql.in重命名，以免这个Container重启的时候
    # 因为又找到了change_master_to.sql.in而重复执行初始化流程
    mv change_master_to.sql.in change_master_to.sql.orig
    # 使用change_master_to.sql.orig的内容，也是就是前面拼装的SQL
    # 组成一个完整的初始化和启动从节点的SQL语句
    mysql -h 127.0.0.1 <<EOF
  $(<change_master_to.sql.orig),
    MASTER_HOST='mysql-0.mysql',
    MASTER_USER='root',
    MASTER_PASSWORD='',
    MASTER_CONNECT_RETRY=10;
  START SLAVE;
  EOF
  fi

  # 使用ncat监听3307端口。它的作用是在收到传输请求时直接执行xtrabackup --backup命令
  # 备份MySQL的数据并发送给请求者
  exec ncat --listen --keep-open --send-only --max-conns=1 3307 -c \
    "xtrabackup --backup --slave-info --stream=xbstream --host=127.0.0.1 --user=root"
volumeMounts:
- name: data
  mountPath: /var/lib/mysql
  subPath: mysql
- name: conf
  mountPath: /etc/mysql/conf.d
```

可以看到，在这个名叫xtrabackup的sidecar容器的启动命令里，其实完成了两部分工作。

第一部分工作，当然是MySQL节点的初始化工作。这个初始化需要使用的SQL是sidecar容器拼装出来、保存在一个名为change_master_to.sql.in的文件里的，具体过程解释如下。

sidecar容器首先会判断当前Pod的/var/lib/mysql目录下，是否有xtrabackup_slave_info这个备份信息文件。

- 如果有，则说明该目录下的备份数据是由一个从节点生成的。在这种情况下，XtraBackup工具在备份的时候，就已经在这个文件里自动生成了`CHANGE MASTER TO` SQL语句。所以，我们只需要把这个文件重命名为change_master_to.sql.in，后面直接使用即可。
- 如果没有xtrabackup_slave_info文件、但是存在xtrabackup_binlog_info文件，就说明备份数据来自主节点。在这种情况下，sidecar容器就需要解析这个备份信息文件，读取`MASTER_LOG_FILE`和`MASTER_LOG_POS`这两个字段的值，用它们拼装出初始化SQL语句，然后把这句SQL写入change_master_to.sql.in文件中。

接下来，sidecar容器就可以执行初始化了。如前所述，只要这个change_master_to.sql.in文

件存在，就说明接下来需要进行集群初始化操作。

所以，此时 sidecar 容器只需要读取并执行 change_master_to.sql.in 里面的 `CHANGE MASTER TO` 指令，再执行一句 `START SLAVE` 命令，一个从节点就成功启动了。

需要注意的是，Pod 里的容器并没有先后顺序，所以在执行初始化 SQL 之前，必须先执行一句 SQL（`select 1`）来检查 MySQL 服务是否已经可用。

当然，上述初始化操作完成后，我们还要删除前面用到的这些备份信息文件。否则，下次这个容器重启时，就会发现这些文件存在，所以又会重新执行一次数据恢复和集群初始化操作，这显然不对。

同理，change_master_to.sql.in 在使用后也需要重命名，以免容器重启时因为发现这个文件存在又执行一遍初始化。

接下来是第二部分工作，这个 sidecar 容器需要启动一个数据传输服务。

具体做法是，sidecar 容器会使用 `ncat` 命令启动一个在 3307 端口上工作的网络发送服务。一旦收到数据传输请求，sidecar 容器就会调用 `xtrabackup --backup` 指令备份当前 MySQL 的数据，然后把这些备份数据返回给请求者。这就是为什么我们在 `InitContainer` 里定义数据复制时，访问的是“上一个 MySQL 节点”的 3307 端口。

值得一提的是，由于 sidecar 容器和 MySQL 容器同处于一个 Pod 里，因此它是直接通过 Localhost 来访问和备份 MySQL 容器里的数据的，非常方便。

同样，这里给出的只是一种备份方法而已，你也可以选择其他方案。比如，你可以使用 `innobackupex` 命令进行数据备份和准备，它的使用方法和本文的备份方法几乎一样。

至此，我们翻越了“第三座大山”，完成了从节点第一次启动前的初始化工作。

翻越了这“三座大山”后，我们终于可以定义 Pod 里的主角——MySQL 容器了。有了前面这些定义和初始化工作，MySQL 容器本身的定义就非常简单了，如下所示：

```
...
# template.spec
containers:
- name: mysql
  image: mysql:5.7
  env:
  - name: MYSQL_ALLOW_EMPTY_PASSWORD
    value: "1"
  ports:
  - name: mysql
    containerPort: 3306
  volumeMounts:
  - name: data
    mountPath: /var/lib/mysql
    subPath: mysql
  - name: conf
    mountPath: /etc/mysql/conf.d
```

```
  resources:
    requests:
      cpu: 500m
      memory: 1Gi
  livenessProbe:
    exec:
      command: ["mysqladmin", "ping"]
    initialDelaySeconds: 30
    periodSeconds: 10
    timeoutSeconds: 5
  readinessProbe:
    exec:
      # 通过 TCP 连接的方式进行健康检查
      command: ["mysql", "-h", "127.0.0.1", "-e", "SELECT 1"]
    initialDelaySeconds: 5
    periodSeconds: 2
    timeoutSeconds: 1
```

这个容器的定义里使用了一个标准的MySQL 5.7的官方镜像。它的数据目录是/var/lib/mysql，配置文件目录是/etc/mysql/conf.d。

此时，你应该能够明白，如果MySQL容器是从节点，它的数据目录里的数据就来自InitContainer从其他节点复制而来的备份。它的配置文件目录/etc/mysql/conf.d里的内容，则来自ConfigMap对应的Volume。而它的初始化工作，是由同一个Pod里的sidecar容器完成的。这些操作正是前面讲述的大部分内容。

另外，我们为它定义了一个livenessProbe，通过mysqladmin ping命令来检查它是否健康；还定义了一个readinessProbe，通过查询SQL（select 1）来检查MySQL服务是否可用。当然，凡是readinessProbe检查失败的MySQL Pod，都会从Service里移除。

至此，一个完整的主从复制模式的MySQL集群就定义完了。

现在，我们就可以使用kubectl命令，尝试运行这个StatefulSet了。

首先，我们需要在Kubernetes集群里创建满足条件的PV。如果你使用的是4.2节部署的Kubernetes集群，可以按照如下方式使用存储插件Rook：

```
$ kubectl create -f rook-storage.yaml
$ cat rook-storage.yaml
apiVersion: ceph.rook.io/v1
kind: Pool
metadata:
  name: replicapool
  namespace: rook-ceph
spec:
  replicated:
    size: 3
---
apiVersion: storage.k8s.io/v1
kind: StorageClass
metadata:
  name: rook-ceph-block
```

```
provisioner: ceph.rook.io/block
parameters:
  pool: replicapool
  clusterNamespace: rook-ceph
```

在这里，我用 `StorageClass` 完成了这个操作。它的作用是自动为集群里的每一个 PVC 调用存储插件（Rook）创建对应的 PV，从而省去了手动创建 PV 的麻烦。后面讲解容器存储时会详细介绍该机制。

说明

在使用 Rook 时，mysql-statefulset.yaml 里的 `volumeClaimTemplates` 字段需要加上声明 `storageClassName=rook-ceph-block`，才能使用这个 Rook 提供的持久化存储。

然后，就可以创建这个 StatefulSet 了，如下所示：

```
$ kubectl create -f mysql-statefulset.yaml
$ kubectl get pod -l app=mysql
NAME      READY     STATUS    RESTARTS   AGE
mysql-0   2/2       Running   0          2m
mysql-1   2/2       Running   0          1m
mysql-2   2/2       Running   0          1m
```

可以看到，StatefulSet 启动成功后，会有 3 个 Pod 运行。

接下来，可以尝试向这个 MySQL 集群发起请求，执行一些 SQL 操作来验证它是否正常：

```
$ kubectl run mysql-client --image=mysql:5.7 -i --rm --restart=Never --\
  mysql -h mysql-0.mysql <<EOF
CREATE DATABASE test;
CREATE TABLE test.messages (message VARCHAR(250));
INSERT INTO test.messages VALUES ('hello');
EOF
```

如上所示，我们通过启动一个容器，使用 MySQL client 执行了创建数据库和表，以及插入数据的操作。需要注意的是，我们连接的 MySQL 的地址必须是 `mysql-0.mysql`（主节点的 DNS 记录）。这是因为只有主节点才能处理写操作。

通过连接 `mysql-read` 这个 Service，就可以用 SQL 进行读操作了，如下所示：

```
$ kubectl run mysql-client --image=mysql:5.7 -i -t --rm --restart=Never --\
  mysql -h mysql-read -e "SELECT * FROM test.messages"
Waiting for pod default/mysql-client to be running, status is Pending, pod ready: false
+---------+
| message |
+---------+
| hello   |
+---------+
pod "mysql-client" deleted
```

有了 StatefulSet 以后，就可以像 Deployment 那样非常方便地扩展这个 MySQL 集群了，比如：

```
$ kubectl scale statefulset mysql  --replicas=5
```

此时你会发现新的从节点 Pod mysql-3 和 mysql-4 被自动创建了出来。

如果直接连接 `mysql-3.mysql`，即 mysql-3 这个 Pod 的 DNS 名字，来进行查询操作：

```
$ kubectl run mysql-client --image=mysql:5.7 -i -t --rm --restart=Never --\
  mysql -h mysql-3.mysql -e "SELECT * FROM test.messages"
Waiting for pod default/mysql-client to be running, status is Pending, pod ready: false
+---------+
| message |
+---------+
| hello   |
+---------+
pod "mysql-client" deleted
```

就会看到，在从 StatefulSet 为我们新创建的 mysql-3 上，同样可以读取到之前插入的记录。也就是说，我们的数据备份和恢复都是有效的。

小结

本节以 MySQL 集群为例详细讲解了一个实际的 StatefulSet 的编写过程，希望你能多花一些时间将其消化。

在此过程中，有以下几个关键点（或者说“坑”）值得特别注意。

(1) “人格分裂”：在解决需求时，一定要思考该 Pod 在扮演不同角色时的不同操作。

(2) “用后即焚”：很多“有状态应用”的节点只是在第一次启动时才需要做额外处理。所以，在编写 YAML 文件时，一定要考虑“容器重启”的情况，不要让这一次的操作干扰下一次的容器启动。

(3) “容器之间平等无序”：除非是 `InitContainer`，否则一个 Pod 里的多个容器之间是完全平等的。所以，你精心设计的 sidecar 绝不能对容器的顺序做出假设，否则需要进行前置检查。

最后，相信你已经理解，StatefulSet 其实是一种特殊的 Deployment，只不过这个“Deployment”的每个 Pod 实例的名字里都携带了唯一且固定的编号。这个编号的顺序固定了 Pod 的拓扑关系，这个编号对应的 DNS 记录固定了 Pod 的访问方式，这个编号对应的 PV 绑定了 Pod 与持久化存储的关系。所以，当 Pod 被删除并重建时，这些“状态”都会保持不变。

一旦你的应用无法通过上述方式进行状态管理，就表示 StatefulSet 已经不能解决它的部署问题了。此时，后面将要讲解的 Operator 可能是更好的选择。

5.9 容器化守护进程：DaemonSet

上一节详细介绍了使用 StatefulSet 编排“有状态应用”的过程。从中不难看出，StatefulSet 其实是对现有典型运维业务的容器化抽象。也就是说，你一定有方法在不使用 Kubernetes，甚至不使用容器的情况下，自己设计出一个类似的方案。但是，一旦涉及升级、版本管理等更为工程化的能力，Kubernetes 的优势会更加凸显。

比如，如何对 StatefulSet 进行“滚动更新”呢？很简单。只要修改 StatefulSet 的 Pod 模板，即可自动触发“滚动更新”：

```
$ kubectl patch statefulset mysql --type='json' -p='[{"op": "replace", "path":
"/spec/template/spec/containers/0/image", "value":"mysql:5.7.23"}]'
statefulset.apps/mysql patched
```

这里使用了 `kubectl patch` 命令。它表示以“补丁”的方式（JSON 格式的）修改一个 API 对象的指定字段，也就是后面指定的 `spec/template/spec/containers/0/image`。

这样，StatefulSet Controller 就会按照与 Pod 编号相反的顺序，从最后一个 Pod 开始，逐一更新这个 StatefulSet 管理的每个 Pod。而如果更新出错，这次“滚动更新”就会停止。此外，StatefulSet 的“滚动更新”还允许我们进行更精细的控制，比如**金丝雀发布**或者灰度发布，这意味着应用的多个实例中被指定的部分不会更新到最新版本。

这个字段正是 StatefulSet 的 `spec.updateStrategy.rollingUpdate` 的 `partition` 字段。

比如，现在将前面这个 StatefulSet 的 `partition` 字段设置为 2：

```
$ kubectl patch statefulset mysql -p
'{"spec":{"updateStrategy":{"type":"RollingUpdate","rollingUpdate":{"partition":2}
}}}'
statefulset.apps/mysql patched
```

其中，`kubectl patch` 命令后面的参数（JSON 格式的），就是 `partition` 字段在 API 对象里的路径。所以，上述操作等同于直接使用 `kubectl edit` 命令打开这个对象，把 `partition` 字段修改为 2。

这样，我就指定了当 Pod 模板发生变化时，比如 MySQL 镜像更新到 5.7.23 版本，那么只有序号大于或者等于 2 的 Pod 会更新到这个版本。并且，如果你删除或者重启了序号小于 2 的 Pod，等它再次启动后，也会保持原先的 5.7.2 版本，绝不会升级到 5.7.23 版本。

StatefulSet 可谓 Kubernetes 项目中最复杂的编排对象，希望你能认真消化，并动手实践这个例子。

本节接下来会重点讲解一个相对简单的知识点：DaemonSet。

顾名思义，DaemonSet 的主要作用是让你在 Kubernetes 集群里运行一个 Daemon Pod。这个 Pod 有如下 3 个特征。

(1) 这个 Pod 在 Kubernetes 集群里的每一个节点上运行。

(2) 每个节点上只有一个这样的 Pod 实例。

(3) 当有新节点加入 Kubernetes 集群后，该 Pod 会自动地在新节点上被创建出来；而当旧节点被删除后，它上面的 Pod 也会相应地被回收。

这个机制听起来很简单，但 Daemon Pod 的意义确实非常重要。我随便举几个例子。

(1) 各种网络插件的 Agent 组件都必须在每一个节点上运行，用来处理这个节点上的容器网络。

(2) 各种存储插件的 Agent 组件都必须在每一个节点上运行，用来在这个节点上挂载远程存储目录，操作容器的 Volume 目录。

(3) 各种监控组件和日志组件都必须在每一个节点上运行，负责这个节点上的监控信息和日志搜集。

更重要的是，跟其他编排对象不同，DaemonSet 开始运行的时机很多时候比整个 Kubernetes 集群出现的时机要早。乍一听这可能有点儿奇怪。但其实想一下：如果这个 DaemonSet 正是一个网络插件的 Agent 组件呢？

此时，整个 Kubernetes 集群里还没有可用的容器网络，所有 Worker 节点的状态都是 NotReady（`NetworkReady=false`）。在这种情况下，普通的 Pod 肯定不能在这个集群上运行。这也就意味着 DaemonSet 的设计必须要有某种“过人之处”。

为了弄清楚 DaemonSet 的工作原理，一如既往，从它的 API 对象的定义说起。

```
apiVersion: apps/v1
kind: DaemonSet
metadata:
  name: fluentd-elasticsearch
  namespace: kube-system
  labels:
    k8s-app: fluentd-logging
spec:
  selector:
    matchLabels:
      name: fluentd-elasticsearch
  template:
    metadata:
      labels:
        name: fluentd-elasticsearch
    spec:
      tolerations:
      - key: node-role.kubernetes.io/master
        effect: NoSchedule
      containers:
      - name: fluentd-elasticsearch
        image: quay.io/fluentd_elasticsearch/fluentd:v3.0.0
```

```
        resources:
          limits:
            memory: 200Mi
          requests:
            cpu: 100m
            memory: 200Mi
        volumeMounts:
        - name: varlog
          mountPath: /var/log
        - name: varlibdockercontainers
          mountPath: /var/lib/docker/containers
          readOnly: true
      terminationGracePeriodSeconds: 30
      volumes:
      - name: varlog
        hostPath:
          path: /var/log
      - name: varlibdockercontainers
        hostPath:
          path: /var/lib/docker/containers
```

这个 DaemonSet 管理的是一个 fluentd-elasticsearch 镜像的 Pod。这个镜像的功能非常实用：通过 fluentd 将 Docker 容器里的日志转发到 Elasticsearch 中。

可以看到，DaemonSet 跟 Deployment 非常相似，只不过没有 `replicas` 字段；它也使用 `selector` 选择管理所有携带了 `name: fluentd-elasticsearch` 标签的 Pod。而这些 Pod 的模板也是用 `template` 字段定义的。在该字段中，我们定义了一个使用 fluentd-elasticsearch:1.20 镜像的容器，而且该容器挂载了两个 `hostPath` 类型的 Volume，分别对应宿主机的/var/log 目录和/var/lib/docker/containers 目录。显然，fluentd 启动之后，它会从这两个目录里搜集日志信息，并转发给 Elasticsearch 保存。这样，我们就可以通过 Elasticsearch 很方便地检索这些日志了。

需要注意的是，Docker 容器里应用的日志默认保存在宿主机的/var/lib/docker/containers/{{.容器 ID}}/{{.容器 ID}}-json.log 文件里，所以该目录正是 fluentd 的搜集目标。

那么，DaemonSet 又是如何保证每个节点上有且只有一个被管理的 Pod 呢？显然，这是“控制器模型”能够处理的一个典型问题。

DaemonSet Controller 首先从 etcd 里获取所有的节点列表，然后遍历所有节点。这时，它就可以很容易地去检查，当前这个节点是否有一个携带了 `name: fluentd-elasticsearch` 标签的 Pod 在运行。

检查的结果可能有如下 3 种情况。

(1) 没有这种 Pod，这就意味着要在该节点上创建这样一个 Pod。

(2) 有这种 Pod，但是数量大于 1，说明要删除该节点上多余的 Pod。

(3) 正好只有一个这种 Pod，说明该节点是正常的。

其中，删除节点上多余的 Pod 非常简单，直接调用 Kubernetes API 即可实现。

但是，如何在指定的节点上新建 Pod 呢？如果你熟悉 Pod API 对象，想必可以立刻说出答案：用 nodeSelector 选择节点的名字即可。

```
nodeSelector:
    name: <Node 名字>
```

没错。不过，在 Kubernetes 项目里，nodeSelector 其实已经是一个将要被废弃的字段了。这是因为现在有一个新的、功能更完善的字段可以代替它——nodeAffinity。举个例子：

```
apiVersion: v1
kind: Pod
metadata:
  name: with-node-affinity
spec:
  affinity:
    nodeAffinity:
      requiredDuringSchedulingIgnoredDuringExecution:
        nodeSelectorTerms:
        - matchExpressions:
          - key: metadata.name
            operator: In
            values:
            - node-ituring
```

在这个 Pod 里，我声明了一个 spec.affinity 字段，然后定义了一个 nodeAffinity。其中，spec.affinity 字段是 Pod 里跟调度相关的一个字段。关于它的完整内容，后文讲解调度策略时会详细阐述。

这里，我定义的 nodeAffinity 的含义如下。

(1) requiredDuringSchedulingIgnoredDuringExecution：它的意思是，这个 nodeAffinity 必须在每次调度时予以考虑。同时，这也意味着你可以设置在某些情况下不考虑这个 nodeAffinity。

(2) 这个 Pod 将来只允许在 metadata.name 是 node-ituring 的节点上运行。

在这里，你应该注意到 nodeAffinity 的定义可以支持更丰富的语法，比如 operator: In（部分匹配；如果定义 operator: Equal，就是完全匹配），这也正是 nodeAffinity 会取代 nodeSelector 的原因之一。

说明

其实在大多数时候，这些 Operator 语义没什么用处。所以，在学习开源项目时，一定要学会抓住“主线”，不要顾此失彼。

所以，我们的 DaemonSet Controller 会在创建 Pod 时，自动在这个 Pod 的 API 对象里加上这样一个 `nodeAffinity` 定义。其中，需要绑定的节点名字正是当前正在遍历的这个节点。

当然，DaemonSet 并不需要修改用户提交的 YAML 文件里的 Pod 模板，而是在向 Kubernetes 发起请求之前，直接修改根据模板生成的 Pod 对象。前面讲解 Pod 对象时介绍过这个思路。

此外，DaemonSet 还会给这个 Pod 自动加上另外一个与调度相关的字段：`tolerations`。该字段意味着这个 Pod 会“容忍”（Toleration）某些节点的“污点”（Taint）。

DaemonSet 自动加上的 `tolerations` 字段格式如下所示：

```
apiVersion: v1
kind: Pod
metadata:
  name: with-toleration
spec:
  tolerations:
  - key: node.kubernetes.io/unschedulable
    operator: Exists
    effect: NoSchedule
```

这个 Toleration 的含义是：“容忍”所有被标记为 unschedulable“污点”的节点，“容忍”的效果是允许调度。

说明

关于如何给节点加上“污点”及其具体的语法定义，后文介绍调度器时会详细介绍。这里可以简单地把“污点”理解为一种特殊的标签。

在正常情况下，被加上 `unschedulable`“污点”的节点是不会有任何 Pod 被调度上去的（`effect: NoSchedule`）。可是，DaemonSet 自动地给被管理的 Pod 加上了这个特殊的 Toleration，就使得这些 Pod 可以忽略这项限制，继而保证每个节点上都会被调度一个 Pod。当然，如果这个节点有故障的话，这个 Pod 可能会启动失败，而 DaemonSet 会继续尝试，直到 Pod 启动成功。

这时，你应该可以猜到，前面介绍到的 DaemonSet 的“过人之处”其实就是依靠 Toleration 实现的。

假如当前 DaemonSet 管理的是一个网络插件的 Agent Pod，那么你就必须在这个 DaemonSet 的 YAML 文件里给它的 Pod 模板加上一个能够“容忍” `node.kubernetes.io/network-unavailable`“污点”的 Toleration。示例如下：

```
...
template:
  metadata:
    labels:
      name: network-plugin-agent
```

```
spec:
  tolerations:
  - key: node.kubernetes.io/network-unavailable
    operator: Exists
    effect: NoSchedule
```

在 Kubernetes 项目中，当一个节点的网络插件尚未安装时，该节点就会被自动加上名为 node.kubernetes.io/network-unavailable 的“污点”。而通过这样一个 Toleration，调度器在调度这个 Pod 时就会忽略当前节点上的“污点”，从而成功地将网络插件的 Agent 组件调度到这台机器上启动起来。

这种机制正是我们在部署 Kubernetes 集群时能够先部署 Kubernetes，再部署网络插件的根本原因：因为当时创建的 Weave 的 YAML 实际上就是一个 DaemonSet。

至此，通过以上讲解你应该能够明白，DaemonSet 其实是一个非常简单的控制器。在它的控制循环中，只需要遍历所有节点，然后根据节点上是否有被管理 Pod 的情况，来决定是否创建或者删除一个 Pod。

只不过，在创建每个 Pod 时，DaemonSet 会自动给这个 Pod 加上一个 nodeAffinity，从而保证这个 Pod 只会在指定节点上启动。同时，它还会自动给这个 Pod 加上一个 Toleration，从而忽略节点的 unschedulable “污点”。

当然，你也可以在 Pod 模板里加上更多种类的 Toleration，从而利用 DaemonSet 实现自己的目的。比如，在这个 fluentd-elasticsearch DaemonSet 里，我给它加上了这样的 Toleration：

```
tolerations:
- key: node-role.kubernetes.io/master
  effect: NoSchedule
```

在默认情况下，Kubernetes 集群不允许用户在主节点部署 Pod。这是因为主节点默认携带了一个叫作 node-role.kubernetes.io/master 的“污点”。所以，为了能在主节点上部署 DaemonSet 的 Pod，就必须让这个 Pod“容忍”这个“污点”。

在理解了 DaemonSet 的工作原理之后，接下来通过具体实践来更深入地讲解 DaemonSet 的使用方法。

说明

需要注意的是，在 Kubernetes v1.11 之前，由于调度器尚不完善，DaemonSet 是由 DaemonSet Controller 自行调度的，即它会直接设置 Pod 的 spec.nodename 字段，这样就可以跳过调度器了。但是，这种做法很快会被废除，所以这里不建议你花时间学习这个流程。

首先，创建这个 DaemonSet 对象：

```
$ kubectl create -f fluentd-elasticsearch.yaml
```

需要注意的是，在 DaemonSet 上一般应该加上 `resources` 字段，来限制它的 CPU 和内存使用，防止它占用过多宿主机资源。

创建成功后就能看到，如果有 N 个节点，就会有 N 个 `fluentd-elasticsearch` Pod 在运行。比如在这个例子中会有两个 Pod，如下所示：

```
$ kubectl get pod -n kube-system -l name=fluentd-elasticsearch
NAME                          READY     STATUS    RESTARTS   AGE
fluentd-elasticsearch-dqfv9   1/1       Running   0          53m
fluentd-elasticsearch-pf9z5   1/1       Running   0          53m
```

如果此时你通过 `kubectl get` 查看 Kubernetes 集群里的 DaemonSet 对象：

```
$ kubectl get ds -n kube-system fluentd-elasticsearch
NAME                    DESIRED   CURRENT   READY   UP-TO-DATE   AVAILABLE   NODE SELECTOR   AGE
fluentd-elasticsearch   2         2         2       2            2           <none>          1h
```

说明

Kubernetes 里比较长的 API 对象都有短名字，比如 DaemonSet 对应的是 `ds`，Deployment 对应的是 `deploy`。

就会发现 DaemonSet 和 Deployment 一样，也有 `DESIRED`、`CURRENT` 等多个状态字段。这也就意味着，DaemonSet 可以像 Deployment 那样进行版本管理。可以使用 `kubectl rollout history` 查看版本信息：

```
$ kubectl rollout history daemonset fluentd-elasticsearch -n kube-system
daemonsets "fluentd-elasticsearch"
REVISION  CHANGE-CAUSE
1         <none>
```

接下来，把这个 DaemonSet 的容器镜像版本升级到 v3.0.4：

```
$ kubectl set image ds/fluentd-elasticsearch
fluentd-elasticsearch=quay.io/fluentd_elasticsearch/fluentd:v3.0.4 --record
-n=kube-system
```

在这个 `kubectl set image` 命令里，第一个 `fluentd-elasticsearch` 是 DaemonSet 的名字，第二个 `fluentd-elasticsearch` 是容器的名字。

此时可以使用 `kubectl rollout status` 命令查看这个“滚动更新”过程，如下所示：

```
$ kubectl rollout status ds/fluentd-elasticsearch -n kube-system
Waiting for daemon set "fluentd-elasticsearch" rollout to finish: 0 out of 2 new pods
have been updated...
Waiting for daemon set "fluentd-elasticsearch" rollout to finish: 0 out of 2 new pods
have been updated...
```

```
Waiting for daemon set "fluentd-elasticsearch" rollout to finish: 1 of 2 updated pods
are available...
daemon set "fluentd-elasticsearch" successfully rolled out
```

注意，这一次我在升级命令后面加上了`--record`参数，所以这次升级使用的指令就会自动出现在DaemonSet的`rollout history`中，如下所示：

```
$ kubectl rollout history daemonset fluentd-elasticsearch -n kube-system
daemonsets "fluentd-elasticsearch"
REVISION  CHANGE-CAUSE
1         <none>
2         kubectl set image ds/fluentd-elasticsearch
fluentd-elasticsearch=quay.io/fluentd_elasticsearch/fluentd:v3.0.4
--namespace=kube-system --record=true
```

有了版本号后，就可以像Deployment一样将DaemonSet回滚到指定的历史版本了。

前文在讲解Deployment对象时曾提到，Deployment管理这些版本靠的是“一个版本对应一个ReplicaSet对象”。可是，DaemonSet控制器操作的直接就是Pod，不可能有ReplicaSet这样的对象参与其中。那么，它的这些版本是如何维护的呢？

所谓一切皆对象，在Kubernetes项目中，任何你觉得需要记录下来的状态都可以用API对象的方式实现，“版本”自然也不例外。

Kubernetes v1.7之后添加了一个API对象：ControllerRevision，专门用来记录某种Controller对象的版本。比如，可以通过如下命令查看`fluentd-elasticsearch`对应的ControllerRevision：

```
$ kubectl get controllerrevision -n kube-system -l name=fluentd-elasticsearch
NAME                             CONTROLLER                               REVISION   AGE
fluentd-elasticsearch-64dc6799c9 daemonset.apps/fluentd-elasticsearch     2          1h
```

如果使用`kubectl describe`查看这个ControllerRevision对象：

```
$ kubectl describe controllerrevision fluentd-elasticsearch-64dc6799c9 -n kube-system
Name:         fluentd-elasticsearch-64dc6799c9
Namespace:    kube-system
Labels:       controller-revision-hash=2087235575
              name=fluentd-elasticsearch
Annotations:  deprecated.daemonset.template.generation=2
              kubernetes.io/change-cause=kubectl set image ds/fluentd-elasticsearch
fluentd-elasticsearch=quay.io/fluentd_elasticsearch/fluentd:v3.0.4 --record=true
--namespace=kube-system
API Version:  apps/v1
Data:
  Spec:
    Template:
      $ Patch:  replace
      Metadata:
        Creation Timestamp:  <nil>
        Labels:
          Name:  fluentd-elasticsearch
      Spec:
        Containers:
```

```
        Image:                  quay.io/fluentd_elasticsearch/fluentd:v3.0.4
        Image Pull Policy:      IfNotPresent
        Name:                   fluentd-elasticsearch
...
Revision:                       2
Events:                         <none>
```

就会看到，这个 ControllerRevision 对象实际上是在 `Data` 字段保存了该版本对应的完整的 DaemonSet 的 API 对象，并且在 `Annotation` 字段保存了创建这个对象所使用的 `kubectl` 命令。

接下来，可以尝试将这个 DaemonSet 回滚到 Revision=1 时的状态：

```
$ kubectl rollout undo daemonset fluentd-elasticsearch --to-revision=1 -n kube-system
daemonset.extensions/fluentd-elasticsearch rolled back
```

这个 `kubectl rollout undo` 操作，实际上相当于读取了 Revision=1 的 ControllerRevision 对象保存的 `Data` 字段。而这个 `Data` 字段里保存的信息，就是 Revision=1 时这个 DaemonSet 的完整 API 对象。

所以，现在 DaemonSet Controller 就可以使用这个历史 API 对象，对现有 DaemonSet 做一次 PATCH 操作（等价于执行一次 `kubectl apply -f "旧的 DaemonSet 对象"`），从而把这个 DaemonSet“更新”到一个旧版本。

这也是为什么在执行完这次回滚后，DaemonSet 的 Revision 并不会从 Revision=2 退回到 1，而是会增加成 Revision=3。这是因为一个新的 ControllerRevision 被创建了出来。

小结

本节首先简单介绍了 StatefulSet 的“滚动更新”，然后重点讲解了本书的第 3 个重要编排对象：DaemonSet。

相比 Deployment，DaemonSet 只管理 Pod 对象，然后通过 `nodeAffinity` 和 `Toleration` 这两个调度器的小功能，保证了每个节点上有且只有一个 Pod。这个控制器的实现原理简单易懂，希望你能够快速掌握。

与此同时，DaemonSet 使用 ControllerRevision 来保存和管理自己对应的“版本”。这种面向 API 对象的设计思路，大大简化了控制器本身的逻辑，这也正是 Kubernetes 项目声明式 API 的优势所在。

而且，相信你已经想到了，StatefulSet 也是直接控制 Pod 对象的，那么它是否也在使用 ControllerRevision 进行版本管理呢？

没错。在 Kubernetes 项目里，ControllerRevision 其实是通用的版本管理对象。这样，Kubernetes 项目就巧妙地避免了每种控制器都要维护一套冗余的代码和逻辑的问题。

5.10　撬动离线业务：Job与CronJob

前面详细介绍了Deployment、StatefulSet以及DaemonSet这3个编排概念。你有没有发现它们的共同之处呢？

实际上，它们的主要编排对象都是“在线业务”，即长作业（long running task）。比如，前面举例时常用的Nginx、Tomcat以及MySQL等皆是如此。这些应用一旦运行起来，除非出错或者停止，它的容器进程会一直保持Running状态。

但是，有一类作业显然不满足这样的条件，这就是“离线业务”，也称Batch Job（计算业务）。这种业务在计算完成后就直接退出了，而此时如果你依然用Deployment来管理这种业务，就会发现Pod会在计算结束后退出，然后被Deployment Controller不断地重启；而像“滚动更新”这样的编排功能，更无从谈起了。

所以，早在Borg项目中，谷歌就对作业进行了分类处理，提出了LRS（long running service）和Batch Job两种作业形态，对它们进行“分别管理”和“混合调度”。不过，在2015年Borg论文刚刚发布的时候，Kubernetes项目并不支持对Batch Job的管理。直到v1.4之后，社区才逐步设计出了一个用来描述离线业务的API对象——Job。

Job API对象的定义非常简单，示例如下：

```
apiVersion: batch/v1
kind: Job
metadata:
  name: pi
spec:
  template:
    spec:
      containers:
      - name: pi
        image: resouer/ubuntu-bc
        command: ["sh", "-c", "echo 'scale=10000; 4*a(1)' | bc -l "]
      restartPolicy: Never
  backoffLimit: 4
```

相信此时你已经对Kubernetes的API对象不陌生了。在这个Job的YAML文件里，你肯定一眼就会看到一位“老熟人”：Pod模板，即`spec.template`字段。

在这个Pod模板中，我定义了一个Ubuntu镜像的容器（准确地说，是一个安装了`bc`命令的Ubuntu镜像），它运行的程序是：

```
echo "scale=10000; 4*a(1)" | bc -l
```

其中，`bc`命令是Linux里的“计算器”，`-l`表示我现在要使用标准数学库，而`a(1)`是调用数学库中的`arctangent`函数，计算`atan(1)`。这是什么意思呢？

中学知识告诉我们：$\tan(\pi/4) = 1$。所以，4*atan(1)正好就是π，也就是3.1415926...。

所以，这其实是一个计算π值的容器。通过 scale=10000，我指定了输出的小数点后的位数是10 000。在我的计算机上，这个计算大概用时1分54秒。

但是，跟其他控制器不同，Job对象并不要求你定义一个 spec.selector 来描述要控制哪些Pod。具体原因稍后解释。

现在，就可以创建这个Job了：

```
$ kubectl create -f job.yaml
```

创建成功后，查看一下这个Job对象，如下所示：

```
$ kubectl describe jobs/pi
Name:             pi
Namespace:        default
Selector:         controller-uid=c2db599a-2c9d-11e6-b324-0209dc45a495
Labels:           controller-uid=c2db599a-2c9d-11e6-b324-0209dc45a495
                  job-name=pi
Annotations:      <none>
Parallelism:      1
Completions:      1
..
Pods Statuses:    0 Running / 1 Succeeded / 0 Failed
Pod Template:
  Labels:       controller-uid=c2db599a-2c9d-11e6-b324-0209dc45a495
                job-name=pi
  Containers:
   ...
  Volumes:              <none>
Events:
  FirstSeen  LastSeen  Count  From             SubobjectPath  Type    Reason            Message
  ---------  --------  -----  ----             -------------  ------  ------            -------
  1m         1m        1      {job-controller }               Normal  SuccessfulCreate  Created pod: pi-rq5rl
```

可以看到，在这个Job对象创建后，它的Pod模板被自动加上了一个 controller-uid=<一个随机字符串>这样的Label。而这个Job对象本身被自动加上了这个Label对应的Selector，从而保证了Job与它所管理的Pod之间的匹配关系。

Job Controller之所以要使用这种携带了UID的Label，旨在避免不同Job对象所管理的Pod发生重合。需要注意的是，这种自动生成的Label对用户来说并不友好，所以不太适合推广到Deployment等长作业编排对象上。

接下来，可以看到这个Job创建的Pod进入了Running状态，这意味着它正在计算π的值。

```
$ kubectl get pods
NAME                                READY     STATUS    RESTARTS   AGE
pi-rq5rl                            1/1       Running   0          10s
```

几分钟后计算结束，这个Pod就会进入Completed状态：

```
$ kubectl get pods
NAME                                READY     STATUS      RESTARTS   AGE
pi-rq5rl                            0/1       Completed   0          4m
```

这也是需要在Pod模板中定义restartPolicy=Never的原因：离线计算的Pod永远不应该被重启，否则它们会再重新计算一遍。

说明

> 事实上，restartPolicy在Job对象里只允许设置为Never和OnFailure；而在Deployment对象里，restartPolicy只允许设置为Always。

此时，我们通过kubectl logs查看这个Pod的日志，就可以看到计算得到的π值已经被打印出来了：

```
$ kubectl logs pi-rq5rl
3.141592653589793238462643383279...
```

此时，你一定会想到这样一个问题：如果这个离线作业失败了要怎么办？

比如，我们在这个例子中定义了restartPolicy=Never，那么离线作业失败后Job Controller就会不断尝试创建一个新Pod，如下所示：

```
$ kubectl get pods
NAME                                READY     STATUS              RESTARTS   AGE
pi-55h89                            0/1       ContainerCreating   0          2s
pi-tqbcz                            0/1       Error               0          5s
```

可以看到，此时会不断有新Pod被创建出来。

当然，这个尝试肯定不能无限进行下去。所以，我们就在Job对象的spec.backoffLimit字段里定义了重试次数为4（backoffLimit=4），而这个字段的默认值是6。

需要注意的是，Job Controller重新创建Pod的间隔是呈指数级增加的，即下一次重新创建Pod的动作会分别发生在10s、20s、40s……后。而如果你定义restartPolicy=OnFailure，那么离线作业失败后，Job Controller就不会尝试创建新的Pod，而会不断尝试重启Pod里的容器。这也正好对应了restartPolicy的含义。

如前所述，当一个Job的Pod运行结束后，它会进入Completed状态。但是，如果这个Pod因为某种原因一直不肯结束呢？

在Job的API对象里，有一个spec.activeDeadlineSeconds字段可以限制运行时长，比如：

```
spec:
  backoffLimit: 5
  activeDeadlineSeconds: 100
```

一旦运行超过100 s，这个Job的所有Pod都会被终止。并且，你可以在Pod的状态里看到终止的原因：reason: DeadlineExceeded。

以上就是一个Job API对象最主要的概念和用法了。不过，离线业务之所以被称为Batch Job，当然是因为它们可以以“Batch”也就是并行的方式运行。

接下来就来讲解Job Controller对并行作业的控制方法。

在Job对象中，负责并行控制的参数有两个。

(1) spec.parallelism，定义的是一个Job在任意时间最多可以启动多少个Pod同时运行。

(2) spec.completions，定义的是Job至少要完成的Pod数目，即Job的最小完成数。

这两个参数听起来有点儿抽象，下面举例说明。

现在，我在之前计算π值的Job里添加这两个参数：

```
apiVersion: batch/v1
kind: Job
metadata:
  name: pi
spec:
  parallelism: 2
  completions: 4
  template:
    spec:
      containers:
      - name: pi
        image: resouer/ubuntu-bc
        command: ["sh", "-c", "echo 'scale=5000; 4*a(1)' | bc -l "]
      restartPolicy: Never
  backoffLimit: 4
```

这样就指定了这个Job的最大并行数是2，而最小完成数是4。

接下来创建这个Job对象：

```
$ kubectl create -f job.yaml
```

可以看到，这个Job其实也维护了两个状态字段：DESIRED和SUCCESSFUL，如下所示：

```
$ kubectl get job
NAME      DESIRED   SUCCESSFUL   AGE
pi        4         0            3s
```

其中，DESIRED的值正是completions定义的最小完成数。

然后，可以看到，这个Job首先创建了两个并行运行的Pod来计算π值：

```
$ kubectl get pods
NAME       READY     STATUS    RESTARTS   AGE
pi-5mt88   1/1       Running   0          6s
pi-gmcq5   1/1       Running   0          6s
```

在 40 s 后，这两个 Pod 相继完成了计算。这时可以看到，每当有一个 Pod 完成计算进入 Completed 状态，就会有一个新的 Pod 被自动创建出来，并且快速地从 Pending 状态进入 ContainerCreating 状态：

```
$ kubectl get pods
NAME       READY     STATUS      RESTARTS    AGE
pi-gmcq5   0/1       Completed   0           40s
pi-84ww8   0/1       Pending   0           0s
pi-5mt88   0/1       Completed   0           41s
pi-62rbt   0/1       Pending   0           0s
$ kubectl get pods
NAME       READY     STATUS      RESTARTS    AGE
pi-gmcq5   0/1       Completed   0           40s
pi-84ww8   0/1       ContainerCreating   0          0s
pi-5mt88   0/1       Completed   0           41s
pi-62rbt   0/1       ContainerCreating   0          0s
```

紧接着，Job Controller 第二次创建出来的两个并行的 Pod 也进入了 Running 状态：

```
$ kubectl get pods
NAME       READY     STATUS        RESTARTS    AGE
pi-5mt88   0/1       Completed     0           54s
pi-62rbt   1/1       Running       0           13s
pi-84ww8   1/1       Running       0           14s
pi-gmcq5   0/1       Completed     0           54s
```

最终，后面创建的这两个 Pod 也完成了计算，进入了 Completed 状态。

这时，由于所有 Pod 均已经成功退出，这个 Job 也就执行完了，因此你会看到它的 `SUCCESSFUL` 字段的值变成了 4：

```
$ kubectl get pods
NAME       READY     STATUS        RESTARTS    AGE
pi-5mt88   0/1       Completed     0           5m
pi-62rbt   0/1       Completed     0           4m
pi-84ww8   0/1       Completed     0           4m
pi-gmcq5   0/1       Completed     0           5m

$ kubectl get job
NAME      DESIRED    SUCCESSFUL    AGE
pi        4          4             5m
```

通过上述 Job 的 `DESIRED` 和 `SUCCESSFUL` 字段的关系，就很容易理解 Job Controller 的工作原理了。

首先，Job Controller 控制的对象直接就是 Pod。

其次，Job Controller 在控制循环中进行的调谐操作，是根据实际在 Running 状态 Pod 的数目、已经成功退出的 Pod 的数目，以及 `parallelism`、`completions` 参数的值共同计算出在这个周期里应该创建或者删除的 Pod 数目，然后调用 Kubernetes API 来执行这个操作。

以创建 Pod 为例。在上面计算 π 值的例子中，当 Job 一开始创建出来时，实际处于 Running 状态的 Pod 数目为 0，已经成功退出的 Pod 数目为 0，而用户定义的 `completions`，也就是最终用户需要的 Pod 数目为 4。

所以，此时需要创建的 Pod 数目 = 最终需要的 Pod 数目 - 实际在 Running 状态 Pod 数目 - 已经成功退出的 Pod 数目 = 4 - 0 - 0 = 4。也就是说，Job Controller 需要创建 4 个 Pod 来纠正这个不一致状态。

可是，我们又定义了这个 Job 的 `parallelism=2`。也就是说，我们规定了每次并发创建的 Pod 个数不能超过 2。所以，Job Controller 会修正前面的计算结果，修正后的期望创建的 Pod 数目应该是 2。此时，Job Controller 就会并发地向 kube-apiserver 发起两个创建 Pod 的请求。

类似地，如果在这次调谐周期里，Job Controller 发现实际在 Running 状态的 Pod 数目比 `parallelism` 大，它就会删除一些 Pod 来使两者相等。

综上所述，Job Controller 实际上控制了作业执行的并行度（`parallelism`），以及总共需要完成的任务数（`completions`）这两个重要参数。而在实际使用时，你需要根据作业的特性来决定并行度和任务数的合理取值。

接下来解释 3 种常用的 Job 对象的使用方法。

第一种用法，也是最简单粗暴的用法：外部管理器+Job 模板。

这种模式的特定用法是：把 Job 的 YAML 文件定义为一个“模板”，然后用一个外部工具控制这些“模板”来生成 Job。这时，Job 的定义方式如下所示：

```
apiVersion: batch/v1
kind: Job
metadata:
  name: process-item-$ITEM
  labels:
    jobgroup: jobexample
spec:
  template:
    metadata:
      name: jobexample
      labels:
        jobgroup: jobexample
    spec:
      containers:
      - name: c
        image: busybox
        command: ["sh", "-c", "echo Processing item $ITEM && sleep 5"]
      restartPolicy: Never
```

可以看到，我们在这个 Job 的 YAML 里定义了 `$ITEM` 这样的“变量”。

所以，在控制这种 Job 时，只要注意如下两个方面即可。

(1) 创建 Job 时，替换$ITEM 这样的变量。

(2) 所有来自同一个模板的 Job，都有一个 jobgroup: jobexample 标签，也就是说，这一组 Job 使用这样一个相同的标识。

实现方式非常简单。比如，可以通过这样一句 shell 替换$ITEM：

```
$ mkdir ./jobs
$ for i in apple banana cherry
do
  cat job-tmpl.yaml | sed "s/\$ITEM/$i/" > ./jobs/job-$i.yaml
done
```

这样，一组来自同一个模板的不同 Job 的 YAML 就生成了。接下来，就可以通过一句 kubectl create 指令创建这些 Job 了：

```
$ kubectl create -f ./jobs
$ kubectl get pods -l jobgroup=jobexample
NAME                          READY     STATUS      RESTARTS   AGE
process-item-apple-kixwv      0/1       Completed   0          4m
process-item-banana-wrsf7     0/1       Completed   0          4m
process-item-cherry-dnfu9     0/1       Completed   0          4m
```

这个模式看起来虽然很“笨拙”，却是 Kubernetes 社区里使用 Job 的一个普遍模式。

原因很简单：大多数用户在需要管理 Batch Job 时，都已经有了一套自己的方案，需要做的往往就是集成工作。此时，Kubernetes 项目对这些方案来说最有价值的就是 Job 这个 API 对象。所以，只需要编写一个外部工具（等同于我们这里的 for 循环）来管理这些 Job 即可。

这种模式最典型的应用，就是 TensorFlow 社区的 KubeFlow 项目。很容易理解，在这种模式下使用 Job 对象，completions 和 parallelism 这两个字段都应该使用默认值 1，而不应该由我们自行设置。而作业 Pod 的并行控制应该完全交由外部工具来进行管理（比如 KubeFlow）。

第二种用法：拥有固定任务数目的并行 Job。

在这种模式下，我只关心最后是否有指定数目（spec.completions）的任务成功退出，而不关心执行时的并行度。

比如，前面这个计算 π 值的例子就是这样一个典型的、拥有固定任务数目（completions=4）的应用场景。它的 parallelism 值是 2；或者，你可以干脆不指定 parallelism，直接使用默认的并行度（1）。

此外，还可以使用一个工作队列（work queue）进行任务分发。这时，Job 的 YAML 文件定义如下所示：

```
apiVersion: batch/v1
kind: Job
metadata:
  name: job-wq-1
spec:
```

```
  completions: 8
  parallelism: 2
  template:
    metadata:
      name: job-wq-1
    spec:
      containers:
      - name: c
        image: myrepo/job-wq-1
        env:
        - name: BROKER_URL
          value: amqp://guest:guest@rabbitmq-service:5672
        - name: QUEUE
          value: job1
      restartPolicy: OnFailure
```

可以看到，它的 completions 的值是 8，这意味着我们总共要处理的任务数目是 8。换言之，总共有 8 个任务会被逐一放入工作队列里（你可以运行一个外部小程序作为生产者来提交任务）。

在这个实例中，我选择充当工作队列的是一个在 Kubernetes 里运行的 RabbitMQ。所以，我们需要在 Pod 模板里定义 BROKER_URL 来作为消费者。

一旦你用 kubectl create 创建了这个 Job，它就会以并发度为 2 的方式，每两个 Pod 一组创建出 8 个 Pod。每个 Pod 都会去连接 BROKER_URL，从 RabbitMQ 里读取任务，然后各自进行处理。这个 Pod 里的执行逻辑可以用这样一段伪代码来表示：

```
/* job-wq-1 的伪代码 */
queue := newQueue($BROKER_URL, $QUEUE)
task := queue.Pop()
process(task)
exit
```

可以看到，每个 Pod 只需要读取任务信息，处理完成，然后退出即可。而作为用户，我只关心最终一共有 8 个计算任务启动并且退出，只要这个目标实现，我就认为整个 Job 处理完成了。所以，这种用法对应的是“任务总数固定”的场景。

第三种也是很常见的一个用法：指定并行度，但不设置固定的 completions 的值。

此时，你必须自己决定何时启动新 Pod，何时 Job 才算执行完成。在这种情况下，任务的总数是未知的，所以你不仅需要一个工作队列来负责任务分发，还需要能够判断工作队列已经为空（所有工作已经结束）。

此时，Job 的定义基本上没变，只不过不再需要定义 completions 的值了：

```
apiVersion: batch/v1
kind: Job
metadata:
  name: job-wq-2
spec:
```

```
  parallelism: 2
  template:
    metadata:
      name: job-wq-2
    spec:
      containers:
      - name: c
        image: gcr.io/myproject/job-wq-2
        env:
        - name: BROKER_URL
          value: amqp://guest:guest@rabbitmq-service:5672
        - name: QUEUE
          value: job2
      restartPolicy: OnFailure
```

而对应的Pod的逻辑会稍微复杂一些，可以用如下一段伪代码来描述：

```
/* job-wq-2 的伪代码 */
for !queue.IsEmpty($BROKER_URL, $QUEUE) {
  task := queue.Pop()
  process(task)
}
print("Queue empty, exiting")
exit
```

由于任务总数不固定，因此每一个Pod必须能够知道自己何时可以退出。比如，在这个例子中，我简单地以“队列为空”作为任务全部完成的标志。因此这种用法对应的是“任务总数不固定”的场景。

不过，在实际的应用中，你需要处理的条件往往会非常复杂。比如，任务完成后的输出、每个任务Pod之间是否有资源的竞争和协同等。

所以，本节不再深入探究Job的用法。这是因为，在实际场景里，要么干脆用第一种用法来自己管理作业；要么，这些任务Pod之间的关系就不那么“单纯”，甚至还是“有状态应用”（比如任务的输入/输出是在PV里）。在这种情况下，后文重点讲解的Operator，加上Job对象，可能才能更好地满足实际离线任务的编排需求。

最后，介绍一个非常有用的Job对象：CronJob。

顾名思义，CronJob描述的是定时任务。它的API对象如下所示：

```
apiVersion: batch/v1beta1
kind: CronJob
metadata:
  name: hello
spec:
  schedule: "*/1 * * * *"
  jobTemplate:
    spec:
      template:
        spec:
```

```
        containers:
        - name: hello
          image: busybox
          args:
          - /bin/sh
          - -c
          - date; echo Hello from the Kubernetes cluster
        restartPolicy: OnFailure
```

在这个 YAML 文件中，最重要的关键词就是 jobTemplate。看到它，你一定会恍然大悟，原来 CronJob 是一个 Job 对象的控制器！

没错，CronJob 与 Job 的关系正如同 Deployment 与 Pod 的关系一样。CronJob 是一个专门用来管理 Job 对象的控制器。只不过，它创建和删除 Job 的依据是 schedule 字段定义的、一个标准的 Unix Cron 格式的表达式。

比如，"*/1 * * * *"。这个 Cron 表达式里 */1 中的 * 表示从 0 开始，/ 表示“每”，1 表示偏移量。所以，它的意思就是：从 0 开始，每 1 个时间单位执行一次。

那么，时间单位又是什么？Cron 表达式中的 5 个部分分别代表：分钟、小时、日、月、星期。所以，上面这句 Cron 表达式的意思是：从当前开始，每分钟执行一次。

而这里要执行的内容就是 jobTemplate 定义的 Job。所以，这个 CronJob 对象在创建 1 分钟后，就会有一个 Job 产生，如下所示：

```
$ kubectl create -f ./cronjob.yaml
cronjob "hello" created

# 1 分钟后
$ kubectl get jobs
NAME               DESIRED   SUCCESSFUL   AGE
hello-4111706356   1         1            2s
```

此时，CronJob 对象会记录下这次 Job 执行的时间：

```
$ kubectl get cronjob hello
NAME      SCHEDULE      SUSPEND   ACTIVE    LAST-SCHEDULE
hello     */1 * * * *   False     0         Thu, 6 Sep 2018 14:34:00 -070
```

需要注意的是，由于定时任务的特殊性，很可能某个 Job 还没有执行完，另外一个新 Job 就产生了。此时，你可以通过 spec.concurrencyPolicy 字段来定义具体的处理策略。比如：

(1) concurrencyPolicy=Allow，这是默认情况，它意味着这些 Job 可以同时存在；

(2) concurrencyPolicy=Forbid，这意味着不会创建新的 Pod，该创建周期被跳过；

(3) concurrencyPolicy=Replace，这意味着新产生的 Job 会替换旧的、未执行完的 Job。

而如果某一次 Job 创建失败，这次创建就会被标记为“miss”。当在指定的时间窗口内 miss 的数目达到 100 时，CronJob 会停止再创建这个 Job。

这个时间窗口可以由 spec.startingDeadlineSeconds 字段指定。比如 startingDeadlineSeconds=200，意味着在过去 200 s 里，如果 miss 的数目达到了 100，那么这个 Job 就不会被创建执行了。

小结

本节主要介绍了 Job 这个离线业务的编排方法，讲解了 completions 和 parallelism 字段的含义，以及 Job Controller 的执行原理。

紧接着，我们通过实例展示了 Job 对象 3 种常见的使用方法。但是，根据我在社区和生产环境中的经验，大多数情况下用户还是倾向于自己控制 Job 对象。所以，相比于这些固定的“模式”，掌握 Job 的 API 对象和它各个字段的准确含义更加重要。

最后，我们还介绍了一种 Job 的控制器：CronJob。这也印证了前文所说的：用一个对象控制另一个对象，是 Kubernetes 作业编排中常见的设计模式。

5.11　声明式 API 与 Kubernetes 编程范式

前面讲解了 Kubernetes 的很多 API 对象。这些 API 对象有的用来描述应用，有的则是为应用提供各种服务。但是，无一例外，为了利用这些 API 对象提供的能力，都需要编写一个对应的 YAML 文件交给 Kubernetes。

这个 YAML 文件正是 Kubernetes 声明式 API 必须具备的一个要素。不过，只要用 YAML 文件代替了命令行操作，就是声明式 API 了吗？

举个例子。我们知道，Docker Swarm 的编排操作都是基于命令行的，比如：

```
$ docker service create --name nginx --replicas 2  nginx
$ docker service update --image nginx:1.7.9 nginx
```

上面的两条命令就是用 Docker Swarm 启动了两个 Nginx 容器实例。其中，第一条 create 命令创建了这两个容器，而第二条 update 命令把它们“滚动更新”为一个新镜像。这种使用方式就称为**命令式命令行操作**。

那么，像上面这样创建和更新两个 Nginx 容器的操作，在 Kubernetes 里该怎么做呢？相信你对这个流程已经非常熟悉了：我们需要在本地编写一个 Deployment 的 YAML 文件：

```
apiVersion: apps/v1
kind: Deployment
metadata:
  name: nginx-deployment
spec:
  selector:
    matchLabels:
      app: nginx
```

```
  replicas: 2
  template:
    metadata:
      labels:
        app: nginx
    spec:
      containers:
      - name: nginx
        image: nginx
        ports:
        - containerPort: 80
```

然后，还需要使用 `kubectl create` 命令在 Kubernetes 里创建这个 Deployment 对象：

```
$ kubectl create -f nginx.yaml
```

这样，两个 Nginx 的 Pod 就会运行起来了。

如果要更新这两个 Pod 使用的 Nginx 镜像，该怎么办呢？前面曾经使用 `kubectl set image` 和 `kubectl edit` 命令直接修改 Kubernetes 里的 API 对象。不过，相信很多人有这样的想法：能否通过修改本地 YAML 文件来完成这个操作呢？这样改动就会体现在这个本地 YAML 文件里了。

当然可以。比如，我们可以修改这个 YAML 文件里的 Pod 模板部分，把 Nginx 容器的镜像版本改成 1.7.9，如下所示：

```
...
    spec:
      containers:
      - name: nginx
        image: nginx:1.7.9
```

接下来，我们就可以执行一句 `kubectl replace` 操作，来完成这个 Deployment 的更新：

```
$ kubectl replace -f nginx.yaml
```

可是，上面这种基于 YAML 文件的操作方式是"声明式 API"吗？

并不是。上面这种先 `kubectl create`，再 `kubectl replace` 的操作，称为**命令式配置文件操作**。也就是说，它的处理方式其实跟前面 Docker Swarm 的两句命令没有本质区别。只不过，它是把 Docker 命令行里的参数写在了配置文件里而已。

那么，到底什么才是"声明式 API"呢？

答案是，`kubectl apply` 命令。前面曾提到 `kubectl apply` 命令，并推荐使用它来代替 `kubectl create` 命令。

下面我就使用 `kubectl apply` 命令来创建这个 Deployment：

```
$ kubectl apply -f nginx.yaml
```

这样，Nginx 的 Deployment 就被创建了出来，这看起来跟 `kubectl create` 的效果一样。

然后，修改 nginx.yaml 里定义的镜像：

```
...
    spec:
      containers:
      - name: nginx
        image: nginx:1.7.9
```

此时关键点来了。在修改完这个 YAML 文件之后，我不再使用 kubectl replace 命令进行更新，而是继续执行一条 kubectl apply 命令，即：

```
$ kubectl apply -f nginx.yaml
```

这时，Kubernetes 就会立即触发这个 Deployment 的"滚动更新"。

可是，它跟 kubectl replace 命令有什么本质区别吗？实际上，可以简单地理解为，kubectl replace 的执行过程是使用新的 YAML 文件中的 API 对象替换原有的 API 对象，而 kubectl apply 是执行了一个对原有 API 对象的 PATCH 操作。

说明

类似地，kubectl set image 和 kubectl edit 也是对已有 API 对象的修改。

更进一步，这意味着 kube-apiserver 在响应命令式请求（比如 kubectl replace）时，一次只能处理一个写请求，否则可能产生冲突。而对于声明式请求（比如 kubectl apply），一次能处理多个写操作，并且具备 Merge 能力。

可能乍一听这种区别没那么重要。而且，正是由于要考虑这样的 API 设计，做同样一件事情，Kubernetes 需要的步骤往往要比其他项目多不少。但是，如果仔细思考 Kubernetes 项目的工作流程，就不难发现这种声明式 API 的独到之处。

接下来以 Istio 项目为例说明声明式 API 在实际使用时的重要意义。

2017 年 5 月，谷歌、IBM 和 Lyft 公司共同宣布了 Istio 开源项目的诞生。很快，这个项目就在技术圈掀起了一波"微服务"的热潮，把 Service Mesh 这个新的编排概念推到了风口浪尖。

Istio 项目实际上就是一个基于 Kubernetes 项目的微服务治理框架。它的架构非常清晰，如图 5-7 所示。

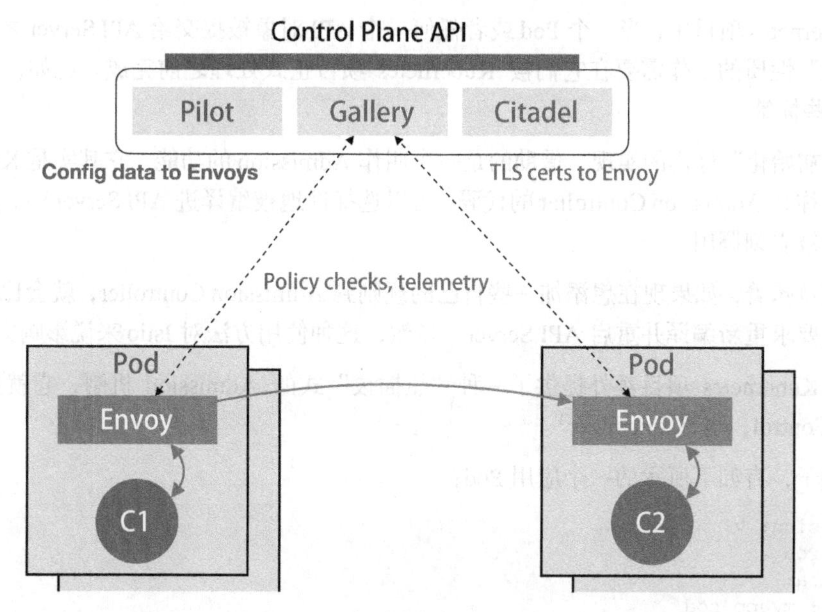

图 5-7 Istio 项目架构示意图

在图 5-7 中，不难看出 Istio 项目架构的核心所在。Istio 最根本的组件是在每一个应用 Pod 里运行的 Envoy 容器。

这个 Envoy 项目是 Lyft 公司推出的一个高性能 C++网络代理，也是 Lyft 公司对 Istio 项目的唯一贡献。

Istio 项目则以 sidecar 容器的方式，在每一个被治理的应用 Pod 中运行这个代理服务。我们知道，Pod 里的所有容器都共享一个 Network Namespace。所以，Envoy 容器就能够通过配置 Pod 里的 iptables 规则接管整个 Pod 的进出流量。这样，Istio 的控制层里的 Pilot 组件就能够通过调用每个 Envoy 容器的 API，来对这个 Envoy 代理进行配置，从而实现微服务治理。

假设这个 Istio 架构图左边的 Pod 是已经在运行的应用，右边的 Pod 是刚刚上线的应用新版本。此时，Pilot 通过调节这两个 Pod 里的 Envoy 容器的配置，从而将 90%的流量分配给旧版本的应用，将 10%的流量分配给新版本应用，并且还可以在后续的过程中随时调整。这样，一个典型的“灰度发布”的场景就完成了。比如，Istio 可以调节这个流量从 90%：10%，改到 80%：20%，再到 50%：50%，最后到 0%：100%，就完成了这个灰度发布的过程。

更重要的是，在整个微服务治理过程中，无论是对 Envoy 容器的部署，还是像上面这样对 Envoy 代理的配置，用户和应用都是完全“无感”的。

这时候，你可能会有所疑惑：Istio 项目明明需要在每个 Pod 里安装一个 Envoy 容器，又如何做到“无感”的呢？实际上，Istio 项目使用的是 Kubernetes 中的一个非常重要的功能：Dynamic Admission Control。

在 Kubernetes 项目中，当一个 Pod 或者任何一个 API 对象被提交给 API Server 之后，总有一些“初始化”性质的工作需要在它们被 Kubernetes 项目正式处理之前完成。比如，自动为所有 Pod 加上某些标签。

这个“初始化”操作的实现，借助的是一个叫作 Admission 的功能。它其实是 Kubernetes 项目里一组被称为 Admission Controller 的代码，可以选择性地被编译进 API Server 中，在 API 对象创建之后会被立刻调用。

但这就意味着，如果现在想添加一些自己的规则到 Admission Controller，就会比较困难。这是因为，这要求重新编译并重启 API Server。显然，这种使用方法对 Istio 来说影响太大了。

所以，Kubernetes 项目额外提供了一种“热插拔”式的 Admission 机制，它就是 Dynamic Admission Control，也称 Initializer[①]。

举个例子，有如下所示的一个应用 Pod：

```
apiVersion: v1
kind: Pod
metadata:
  name: myapp-pod
  labels:
    app: myapp
spec:
  containers:
  - name: myapp-container
    image: busybox
    command: ['sh', '-c', 'echo Hello Kubernetes! && sleep 3600']
```

可以看到，这个 Pod 里只有一个用户容器：myapp-container。

接下来，Istio 项目要做的就是在这个 Pod YAML 被提交给 Kubernetes 之后，在它对应的 API 对象里自动加上 Envoy 容器的配置，使这个对象变成如下所示的样子：

```
apiVersion: v1
kind: Pod
metadata:
  name: myapp-pod
  labels:
    app: myapp
spec:
  containers:
  - name: myapp-container
    image: busybox
    command: ['sh', '-c', 'echo Hello Kubernetes! && sleep 3600']
  - name: envoy
    image: lyft/envoy:845747b88f102c0fd262ab234308e9e22f693a1
    command: ["/usr/local/bin/envoy"]
    ...
```

① Initializer 特性在 Kubernetes v1.16 后被 Admission Webhooks 特性代替，但工作原理和 sidecar 注入机制仍相同。

可以看到，在被 Istio 处理后的这个 Pod 里，除了用户自己定义的 myapp-container 容器，还多出了一个叫作 envoy 的容器，它就是 Istio 要使用的 Envoy 代理。

那么，Istio 是如何在用户完全不知情的前提下完成这个操作的呢？Istio 要做的就是编写一个用来为 Pod“自动注入”Envoy 容器的 Initializer。

首先，Istio 会将这个 Envoy 容器本身的定义以 ConfigMap 的方式保存在 Kubernetes 当中。这个 ConfigMap（envoy-initializer）的定义如下所示：

```
apiVersion: v1
kind: ConfigMap
metadata:
  name: envoy-initializer
data:
  config: |
    containers:
      - name: envoy
        image: lyft/envoy:845747db88f102c0fd262ab234308e9e22f693a1
        command: ["/usr/local/bin/envoy"]
        args:
          - "--concurrency 4"
          - "--config-path /etc/envoy/envoy.json"
          - "--mode serve"
        ports:
          - containerPort: 80
            protocol: TCP
        resources:
          limits:
            cpu: "1000m"
            memory: "512Mi"
          requests:
            cpu: "100m"
            memory: "64Mi"
        volumeMounts:
          - name: envoy-conf
            mountPath: /etc/envoy
    volumes:
      - name: envoy-conf
        configMap:
          name: envoy
```

相信你已经注意到了，这个 ConfigMap 的 data 部分正是一个 Pod 对象的一部分定义。其中可以看到 Envoy 容器对应的 containers 字段，以及一个用来声明 Envoy 配置文件的 volumes 字段。

不难想到，Initializer 要做的就是把这部分 Envoy 相关的字段自动添加到用户提交的 Pod 的 API 对象里。可是，用户提交的 Pod 里本来就有 containers 字段和 volumes 字段，所以 Kubernetes 在处理这样的更新请求时，必须使用类似于 git merge 这样的操作，才能将这两部分内容合并在一起。所以，在 Initializer 更新用户的 Pod 对象时，必须使用 PATCH API 来完成。而这种 PATCH API 正是声明式 API 最主要的能力。

接下来，Istio 将一个编写好的 Initializer 作为一个 Pod 部署在 Kubernetes 中。这个 Pod 的定义非常简单，如下所示：

```
apiVersion: v1
kind: Pod
metadata:
  labels:
    app: envoy-initializer
  name: envoy-initializer
spec:
  containers:
    - name: envoy-initializer
      image: envoy-initializer:0.0.1
      imagePullPolicy: Always
```

可以看到，这个 `envoy-initializer` 使用的 `envoy-initializer:0.0.1` 镜像，就是一个事先编写好的**自定义控制器**（custom controller），下一节会讲解它的编写方法。这里先解释这个控制器的主要功能。

前面讲过，一个 Kubernetes 的控制器实际上就是一个“死循环”：它不断地获取“实际状态”，然后与“期望状态”做对比，并据此决定下一步操作。

Initializer 的控制器不断获取的“实际状态”就是用户新创建的 Pod，而它的“期望状态”是这个 Pod 里被添加了 Envoy 容器的定义。

下面用一段 Go 语言风格的伪代码来描述这个控制逻辑，如下所示：

```
for {
  // 获取新创建的 Pod
  pod := client.GetLatestPod()
  // Diff 一下，检查是否已经初始化过
  if !isInitialized(pod) {
    // 没有就初始化
    doSomething(pod)
  }
}
```

- 如果这个 Pod 里面已经添加过 Envoy 容器，则“放过”这个 Pod，进入下一个检查周期。
- 如果还没有添加过 Envoy 容器，它就会进行 Initialize 操作，即修改该 Pod 的 API 对象（`doSomething` 函数）。

此时你应该立刻能想到，Istio 要往这个 Pod 里合并的字段，正是我们之前保存在 `envoy-initializer` 这个 ConfigMap 里的数据（它的 `data` 字段的值）。

所以，在 Initializer 控制器的工作逻辑里，它首先会从 API Server 中获取这个 ConfigMap：

```
func doSomething(pod) {
  cm := client.Get(ConfigMap, "envoy-initializer")
}
```

然后，把这个 ConfigMap 里存储的 `containers` 字段和 `volumes` 字段直接添加到一个空的

Pod 对象里：

```
func doSomething(pod) {
  cm := client.Get(ConfigMap, "envoy-initializer")

  newPod := Pod{}
  newPod.Spec.Containers = cm.Containers
  newPod.Spec.Volumes = cm.Volumes
}
```

现在，关键点来了。Kubernetes 的 API 库提供了一个方法，让我们可以直接使用新旧两个 Pod 对象生成一个 TwoWayMergePatch：

```
func doSomething(pod) {
  cm := client.Get(ConfigMap, "envoy-initializer")

  newPod := Pod{}
  newPod.Spec.Containers = cm.Containers
  newPod.Spec.Volumes = cm.Volumes

  // 生成 patch 数据
  patchBytes := strategicpatch.CreateTwoWayMergePatch(pod, newPod)

  // 发起 PATCH 请求，修改这个 Pod 对象
  client.Patch(pod.Name, patchBytes)
}
```

有了这个 TwoWayMergePatch 之后，Initializer 的代码就可以使用这个 patch 的数据，调用 Kubernetes 的 Client，发起一个 PATCH 请求。这样，一个用户提交的 Pod 对象里，就会被自动加上 Envoy 容器相关的字段。

当然，Kubernetes 还允许你通过配置来指定要对什么样的资源进行 Initialize 操作，示例如下：

```
apiVersion: admissionregistration.k8s.io/v1alpha1
kind: InitializerConfiguration
metadata:
  name: envoy-config
initializers:
  // 这个名字必须至少包括两个“.”
  - name: envoy.initializer.kubernetes.io
    rules:
      - apiGroups:
          - "" // 前面说过，""就是 core API Group 的意思
        apiVersions:
          - v1
        resources:
          - pods
```

这个配置意味着 Kubernetes 要对所有 Pod 进行 Initialize 操作，并且，我们指定了负责这个操作的 Initializer 叫作 envoy-initializer。而一旦这个 InitializerConfiguration 被创建，Kubernetes 就会把这个 Initializer 的名字加在所有新创建的 Pod 的 Metadata 上，格式如下所示：

```
apiVersion: v1
kind: Pod
metadata:
  initializers:
    pending:
      - name: envoy.initializer.kubernetes.io
  name: myapp-pod
  labels:
    app: myapp
...
```

可以看到，每一个新创建的 Pod 都自动携带了 `metadata.initializers.pending` 的 Metadata 信息。

这个 Metadata 正是接下来 Initializer 的控制器判断这个 Pod 是否执行过自己所负责的初始化操作的重要依据（也就是前面伪代码中 `isInitialized()` 方法的含义）。

这也就意味着，当你在 Initializer 里完成了要进行的操作后，一定要记得清除这个 `metadata.initializers.pending` 标志。在编写 Initializer 代码时一定要注意这一点。

此外，除了上面的配置方法，还可以在具体的 Pod 的 Annotation 里添加一个如下所示的字段，从而声明要使用某个 Initializer：

```
apiVersion: v1
kind: Pod
metadata
  annotations:
    "initializer.kubernetes.io/envoy": "true"
    ...
```

在这个 Pod 里，我们添加了一个 Annotation，写明：`initializer.kubernetes.io/envoy=true`。这样就会使用到前面所定义的 `envoy-initializer`。

以上就是关于 Initializer 最基本的工作原理和使用方法。相信此时你已经明白，Istio 项目的核心就是由无数个在应用 Pod 中运行的 Envoy 容器组成的服务代理网格。这也正是 Service Mesh 的含义。

这个机制得以实现，是借助了 Kubernetes 能够对 API 对象进行在线更新的能力，这也正是 Kubernetes "声明式 API" 的独特之处。

- 首先，所谓 "声明式" 指的就是只需要提交一个定义好的 API 对象来 "声明" 我所期望的状态。
- 其次，"声明式 API" 允许有多个 API 写端，以 PATCH 的方式对 API 对象进行修改，而无须关心本地原始 YAML 文件的内容。
- 尤其需要注意的是，在 Kubernetes 里，不止用户会修改 API 对象，Kubernetes 自己及其各种插件（比如 HPA）也会修改 API 对象。所以这里必须能够处理冲突，在 Kubernetes 中这个能力已经内置到了 API Server 端，叫作 Server Side Apply。

- 最后，也是最重要的，有了上述两项能力，Kubernetes项目才可以基于对API对象的增、删、改、查，在完全无须外界干预的情况下，完成对“实际状态”和“期望状态”的调谐。

因此，声明式API才是Kubernetes项目编排能力“赖以生存”的核心所在，希望你能够认真理解。

此外，不难看出，无论是对sidecar容器的巧妙设计，还是对Initializer的合理利用，Istio项目的设计与实现其实都依托 Kubernetes 的声明式 API 和它提供的各种编排能力。可以说，Istio是在Kubernetes项目使用上的一位“集大成者”。

这也是为什么，一个Istio项目部署完成后会在Kubernetes里创建大约43个API对象。

所以，Kubernetes社区也清楚：Istio项目有多火热，就说明Kubernetes这套“声明式API”有多成功。这也是Istio项目一推出就被谷歌公司和整个技术圈热捧的重要原因。

在使用Initializer的流程中，最核心的步骤莫过于Initializer“自定义控制器”的编写过程。它遵循的正是标准的“Kubernetes编程范式”，即如何使用控制器模式同Kubernetes里API对象的“增、删、改、查”进行协作，进而完成用户业务逻辑的编写过程。

这正是后面要详细讲解的内容。

小结

本节重点讲解了Kubernetes声明式API的含义，并且通过对Istio项目的剖析，说明了它使用Kubernetes的Initializer特性完成Envoy容器“自动注入”的原理。

事实上，从“使用Kubernetes部署代码”到“使用Kubernetes编写代码”的蜕变过程，正是你从一个Kubernetes用户到Kubernetes玩家的晋级之路。

而如何理解“Kubernetes编程范式”，如何为Kubernetes添加自定义API对象，编写自定义控制器，是这个晋级过程中的关键，也是后面的核心内容。

此外，基于本节所讲的Istio的工作原理，尽管Istio项目一直宣称它可以在非Kubernetes环境中运行，但不建议你花太多时间去做这个尝试。毕竟，无论是从技术实现还是在社区运作上，Istio与Kubernetes项目之间都是唇齿相依的紧密关系。如果脱离了Kubernetes项目这个基础，这条原本就不算平坦的“微服务”之路恐怕会更加困难重重。

5.12 声明式API的工作原理

上一节详细讲解了Kubernetes声明式API的设计、特点以及使用方式。本章将讲解Kubernetes声明式API的工作原理，以及如何利用这套API机制在Kubernetes里添加自定义的API对象。

你可能一直很好奇：当把一个YAML文件提交给Kubernetes之后，它究竟是如何创建出一个 API 对象的呢?

这就要从声明式 API 的设计谈起了。在 Kubernetes 项目中，一个 API 对象在 etcd 里的完整资源路径是由 Group（API 组）、Version（API 版本）和 Resource（API 资源类型）3 个部分组成的。

通过这样的结构，整个 Kubernetes 里的所有 API 对象实际上就可以用如图 5-8 所示的树形结构表示出来。

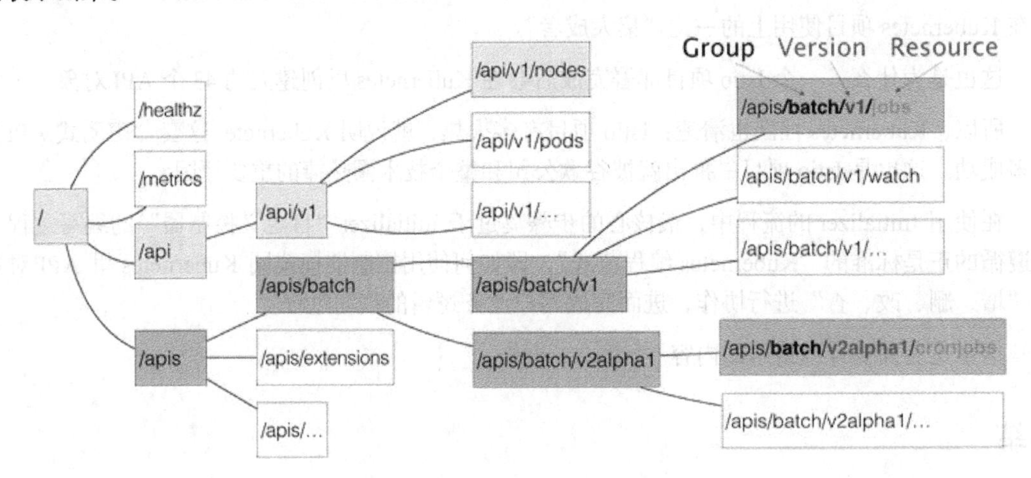

图 5-8 Kubernetes 中的 API 对象

在图 5-8 中，可以清楚地看到 Kubernetes 中的 API 对象其实是按层层递进的方式组织起来的。

比如，现在要声明要创建一个 CronJob 对象，那么我的 YAML 文件的开始部分会这么写：

```
apiVersion: batch/v2alpha1
kind: CronJob
...
```

在这个 YAML 文件中，CronJob 就是这个 API 对象的资源类型，batch 就是它的组，v2alpha1 就是它的版本。当这个 YAML 文件提交之后，Kubernetes 就会把这个 YAML 文件里描述的内容转换成 Kubernetes 里的一个 CronJob 对象。

那么，Kubernetes 是如何对 Resource、Group 和 Version 进行解析，从而在 Kubernetes 项目里找到 CronJob 对象的定义的呢?

首先，Kubernetes 会匹配 API 对象的组。需要明确的是，对于 Kubernetes 里的核心 API 对象，比如 Pod、Node 等，是不需要 Group 的（它们的 Group 是""）。所以，对于这些 API 对象来说，Kubernetes 会直接在/api 这个层级进行下一步的匹配过程。

对于 CronJob 等非核心 API 对象来说，Kubernetes 就必须在/apis 这个层级查找它对应的 Group，进而根据“batch”（离线业务）这个 Group 的名字找到/apis/batch。

不难发现，这些API Group是以对象功能进行分类的，比如Job和CronJob都属于“batch”这个Group。

然后，Kubernetes会进一步匹配API对象的版本号。

对于 CronJob 这个 API 对象来说，Kubernetes 在 batch 这个 Group 下匹配到的版本号就是 `v2alpha1`。

在Kubernetes中，同一种API对象可以有多个版本，这正是Kubernetes进行API版本化管理的重要手段。这样，比如在CronJob的开发过程中，对于会影响用户的变更，就可以通过升级新版本来处理，从而保证向后兼容。

最后，Kubernetes会匹配API对象的资源类型。

在前面匹配到正确的版本之后，Kubernetes就知道我要创建的原来是一个/apis/batch/v2alpha1下的CronJob对象。此时，API Server就可以继续创建这个CronJob对象了。图5-9总结了创建流程，以方便理解。

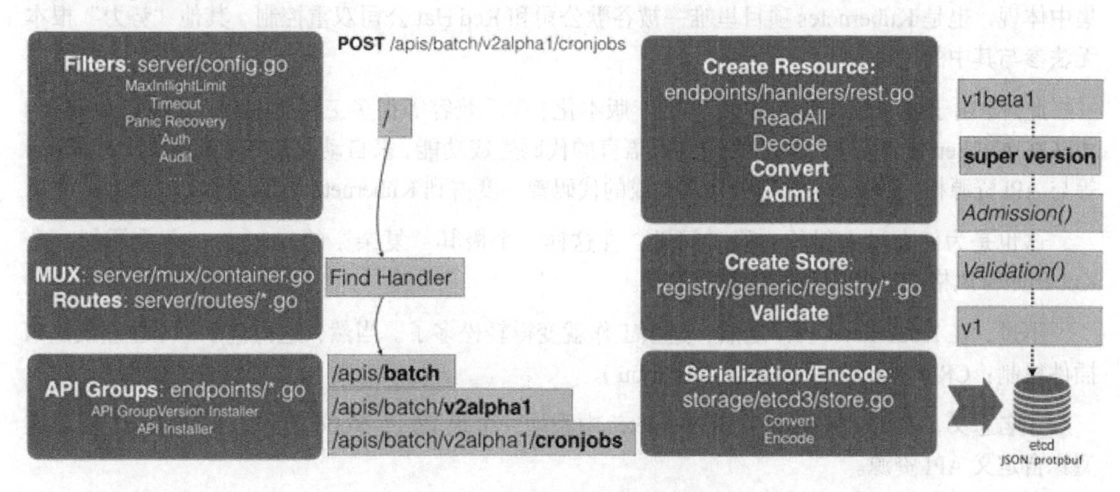

图5-9 CronJob对象创建流程图

首先，当我们发起了创建CronJob的POST请求之后，我们编写的YAML的信息就提交给了API Server。

API Server首先过滤这个请求，并完成一些前置性工作，比如授权、超时处理、审计等。

然后，请求会进入MUX和Routes流程。如果你编写过Web Server就会知道，MUX和Routes是API Server完成URL和Handler绑定的场所。而API Server的Handler要做的就是按照刚刚介绍的匹配过程，找到对应的CronJob类型定义。

接着，到了API Server最重要的职责：根据这个CronJob类型定义使用用户提交的YAML文件里的字段来创建一个CronJob对象。

在此过程中，API Server会进行一个Convert工作：把用户提交的YAML文件转换成一个名为Super Version的对象，它正是该API资源类型所有版本的字段全集。这样用户提交的不同版本的YAML文件就都可以用这个Super Version对象来进行处理了。

接下来，API Server会先后进行 `Admission()` 和 `Validation()` 操作。比如，上一节提到的Admission Controller和Initializer就都属于Admission的内容。

Validation则负责验证这个对象里的各个字段是否合法。经过验证的API对象保存在了API Server里一个叫作Registry的数据结构中。也就是说，只要一个API对象的定义能在Registry里查到，它就是有效的Kubernetes API对象。

最后，API Server会把经过验证的API对象转换成用户最初提交的版本，进行序列化操作，并调用etcd的API将其保存。

由此可见，声明式API对于Kubernetes来说非常重要。所以，API Server这样一个在其他项目里“平淡无奇”的组件，却成了Kubernetes项目的重中之重。它不仅是谷歌Borg设计思想的集中体现，也是Kubernetes项目里唯一被谷歌公司和Red Hat公司双重控制、其他“势力”根本无法参与其中的组件。

此外，由于要兼顾性能、API完备性、版本化、向后兼容等很多工程化指标，因此Kubernetes团队在API Server项目里大量使用了Go语言的代码生成功能，来自动化诸如Convert、DeepCopy等与API资源相关的操作。这部分自动生成的代码曾一度占到Kubernetes项目总代码的20%~30%。

这也是为何在过去很长一段时间里，在这样一个极其“复杂”的API Server中添加一个Kubernetes风格的API资源类型非常困难。

不过，在Kubernetes v1.7之后，这项工作就变得轻松多了。当然，这得益于一个全新的API插件机制：CRD（custom resource definition）。

顾名思义，CRD允许用户在Kubernetes中添加一个跟Pod、Node类似的、新的API资源类型：自定义API资源。

例如，我现在要为Kubernetes添加一个名为 `Network` 的API资源类型。它的作用是，一旦用户创建了一个 `Network` 对象，那么Kubernetes就应该使用这个对象定义的网络参数，调用真实的网络插件（比如Neutron项目）为用户创建一个真正的“网络”。这样，将来用户创建的Pod就可以声明使用这个“网络”了。

这个 `Network` 对象的YAML文件叫作example-network.yaml，其内容如下所示：

```
apiVersion: samplecrd.k8s.io/v1
kind: Network
metadata:
  name: example-network
spec:
  cidr: "192.168.0.0/16"
  gateway: "192.168.0.1"
```

可以看到，我想要描述“网络”的 API 资源类型是 `Network`，API 组是 `samplecrd.k8s.io`，API 版本是 v1。

那么，Kubernetes 又该如何知道这个 API（samplecrd.k8s.io/v1/network）的存在呢？

其实，上面这个 YAML 文件就是一个具体的“自定义 API 资源”的实例，也叫 CR（custom resource）。而为了能够让 Kubernetes 认识这个 CR，就需要让 Kubernetes 明白这个 CR 的宏观定义是什么，也就是 CRD。这就好比，要想让计算机识别各种兔子的照片，就得先让计算机明白兔子的普遍定义。比如，兔子“是哺乳动物”“有长耳朵和三瓣嘴”。

所以，接下来先编写一个 CRD 的 YAML 文件 network.yaml，其内容如下所示：

```
apiVersion: apiextensions.k8s.io/v1
kind: CustomResourceDefinition
metadata:
  name: networks.samplecrd.k8s.io
spec:
  group: samplecrd.k8s.io
  version: v1
  names:
    kind: Network
    plural: networks
  scope: Namespaced
```

可以看到，在这个 CRD 中，我指定了 `group: samplecrd.k8s.io`、`version: v1` 这样的 API 信息，也指定了这个 CR 的资源类型为 `Network`，复数（`plural`）是 `networks`。然后，我还声明了它的 `scope` 是 `Namespaced`，即我们定义的这个 `Network` 是一个属于 Namespace 的对象，类似于 Pod。

这就是一个 Network API 资源类型的 API 部分的宏观定义了。这就等同于告诉计算机“兔子是哺乳动物”。所以 Kubernetes 就能够认识和处理所有声明 API 类型是 `samplecrd.k8s.io/v1/network` 的 YAML 文件。

接下来，还需要让 Kubernetes“认识”这种 YAML 文件里描述的“网络”部分，比如 `cidr`（网段）、`gateway`（网关）这些字段的含义。这就相当于要告诉计算机“兔子有长耳朵和三瓣嘴”。此时就需要稍微做些代码工作了。

首先，我要在 GOPATH 下创建一个结构如下的项目。

说明

这里不要求你完全掌握 Go 语言知识，但假设你已了解 Golang 的一些基础知识（比如知道什么是 GOPATH）。若非如此，在涉及相关内容时可能需要查阅一些相关资料。

```
$ tree $GOPATH/src/github.com/<your-name>/k8s-controller-custom-resource
.
├── controller.go
├── crd
│   └── network.yaml
├── example
│   └── example-network.yaml
├── main.go
└── pkg
    └── apis
        └── samplecrd
            ├── register.go
            └── v1
                ├── doc.go
                ├── register.go
                └── types.go
```

其中，pkg/apis/samplecrd是API组的名字，v1是版本，而v1下面的types.go文件里定义了Network对象的完整描述。

然后，我在pkg/apis/samplecrd目录下创建了一个register.go文件，用来放置后面要用到的全局变量。这个文件的内容如下所示：

```
package samplecrd

const (
    GroupName = "samplecrd.k8s.io"
    Version   = "v1"
)
```

接着，需要在pkg/apis/samplecrd目录下添加一个doc.go文件（Golang的文档源文件）。这个文件里的内容如下所示：

```
// +k8s:deepcopy-gen=package

// +groupName=samplecrd.k8s.io
package v1
```

这个文件中包含`+<tag_name>[=value]`格式的注释，这就是Kubernetes进行代码生成要用的Annotation风格的注释。

其中，`+k8s:deepcopy-gen=package`意思是，请为整个v1包里的所有类型定义自动生成DeepCopy方法；`+groupName=samplecrd.k8s.io`则定义了这个包对应的API组的名字。

可以看到，这些定义在doc.go文件的注释的作用是全局的代码生成控制，所以也称为Global Tags。

接下来，需要添加types.go文件。顾名思义，它的作用就是定义一个`Network`类型到底有哪些字段（比如`spec`字段里的内容）。这个文件的主要内容如下所示：

```
package v1
...
// +genclient
// +genclient:noStatus
// +k8s:deepcopy-gen:interfaces=k8s.io/apimachinery/pkg/runtime.Object

type Network struct {
    metav1.ObjectMeta `json:"metadata,omitempty"`

    Spec networkspec `json:"spec"`
}

type networkspec struct {
    Cidr    string `json:"cidr"`
    Gateway string `json:"gateway"`
}

// +k8s:deepcopy-gen:interfaces=k8s.io/apimachinery/pkg/runtime.Object

type NetworkList struct {
    metav1.TypeMeta `json:",inline"`
    metav1.ListMeta `json:"metadata"`

    Items []Network `json:"items"`
}
```

在以上代码里，可以看到 Network 类型定义方法跟标准的 Kubernetes 对象一样，都包含 TypeMeta（API 元数据）和 ObjectMeta（对象元数据）字段。

其中的 Spec 字段就是需要自定义的部分。所以，我在 networkspec 里定义了 Cidr 和 Gateway 两个字段。其中，每个字段最后面的部分，比如 json:"cidr"，指的就是这个字段被转换成 JSON 格式之后的名字，也就是 YAML 文件里的字段名字。

说明

如果不熟悉这个用法，可以查阅 Golang 的文档。

此外，除了定义 Network 类型，还需要定义一个 NetworkList 类型，用来描述一组 Network 对象应该包括哪些字段。之所以需要这样一个类型，是因为在 Kubernetes 中获取所有 X 对象的 List()方法的返回值都是<X>List 类型，而不是 X 类型的数组。这是不一样的。

同样，在 Network 和 NetworkList 类型上也有代码生成注释。

其中，+genclient 的意思是，请为下面这个 API 资源类型生成对应的 Client 代码（马上会介绍这个 Client）。而+genclient:noStatus 的意思是，这个 API 资源类型定义里没有 Status 字段。否则，生成的 Client 就会自动带上 UpdateStatus 方法。

如果你的类型定义包括了 Status 字段，就不需要这句+genclient:noStatus 注释了，示例如下：

```
// +genclient

type Network struct {
    metav1.TypeMeta   `json:",inline"`
    metav1.ObjectMeta `json:"metadata,omitempty"`

    Spec   NetworkSpec   `json:"spec"`
    Status NetworkStatus `json:"status"`
}
```

需要注意的是，+genclient 只需要写在 Network 类型上，而不用写在 NetworkList 类型上。这是因为 NetworkList 只是一个返回值类型，Network 才是“主类型”。

由于我在 Global Tags 里已经定义了为所有类型生成 DeepCopy 方法，因此这里不需要再显式地加上+k8s:deepcopy-gen=true 了。当然，这也就意味着可以用+k8s:deepcopy-gen=false 来阻止为某些类型生成 DeepCopy。

你可能已经注意到了，在这两个类型上面还有一句注释：+k8s:deepcopy-gen:interfaces=k8s.io/apimachinery/pkg/runtime.Object。它的意思是，请在生成 DeepCopy 时实现 Kubernetes 提供的 runtime.Object 接口。否则，在某些版本的 Kubernetes 里，这个类型定义会出现编译错误。这是一个固定的操作，记住即可。

不过，你或许有这样的顾虑：这些代码生成注释这么灵活，该如何掌握呢？其实，上述内容已经足以应对 99%的场景了。当然，如果你对代码生成感兴趣，推荐阅读 Stefan Schimanski 的博客文章“Kubernetes Deep Dive: Code Generation for CustomResources”，文中详细介绍了 Kubernetes 的代码生成语法。

最后，需要再编写的一个 pkg/apis/samplecrd/v1/register.go 文件。

前面讲解 API Server 工作原理时提过，“registry”的作用是注册一个类型给 API Server。其中，Network 资源类型在服务器端的注册工作，API Server 会自动帮我们完成。但与之对应的，还需要让客户端也能“知道”Network 资源类型的定义。这就需要我们在项目里添加一个 register.go 文件。它最主要的功能就是定义如下所示的 addKnownTypes()方法：

```
package v1
...

// Network 和 NetworkList
func addKnownTypes(scheme *runtime.Scheme) error {
    scheme.AddKnownTypes(
        SchemeGroupVersion,
        &Network{},
        &NetworkList{},
    )
```

```
    metav1.AddToGroupVersion(scheme, SchemeGroupVersion)
    return nil
}
```

有了这个方法，Kubernetes 就能在后面生成客户端时“知道”Network 以及 NetworkList 类型的定义了。

像上面这种 register.go 文件里的内容其实是非常固定的，你可以直接使用我提供的这部分代码作为模板，然后把其中的资源类型、GroupName 和 Version 替换成自己的定义即可。

至此，Network 对象的定义工作就全部完成了。可以看到，它其实定义了两部分内容。

- 第一部分是自定义资源类型的 API 描述，包括组、版本、资源类型等。这相当于告诉计算机“兔子是哺乳动物”。
- 第二部分是自定义资源类型的对象描述，包括 Spec、Status 等。这相当于告诉计算机“兔子有长耳朵和三瓣嘴”。

接下来，我就要使用 Kubernetes 提供的代码生成工具，为前面定义的 Network 资源类型自动生成 clientset、informer 和 lister。其中，clientset 就是操作 Network 对象所需要使用的客户端，而 informer 和 lister 这两个包的主要功能，会在下一节重点讲解。

这个代码生成工具叫 k8s.io/code-generator，使用方法如下所示：

```
# 代码生成的工作目录，也就是我们的项目路径
$ ROOT_PACKAGE="github.com/resouer/k8s-controller-custom-resource"
# API Group
$ CUSTOM_RESOURCE_NAME="samplecrd"
# API Version
$ CUSTOM_RESOURCE_VERSION="v1"

# 安装 k8s.io/code-generator
$ go get -u k8s.io/code-generator/...
$ cd $GOPATH/src/k8s.io/code-generator

# 执行代码自动生成，其中 pkg/client 是生成目标目录，pkg/apis 是类型定义目录
$ ./generate-groups.sh all "$ROOT_PACKAGE/pkg/client" "$ROOT_PACKAGE/pkg/apis"
"$CUSTOM_RESOURCE_NAME:$CUSTOM_RESOURCE_VERSION"
```

代码生成工作完成之后，再查看一下这个项目的目录结构：

```
$ tree
.
├── controller.go
├── crd
│   └── network.yaml
├── example
│   └── example-network.yaml
├── main.go
└── pkg
```

```
├── apis
│   └── samplecrd
│       ├── constants.go
│       └── v1
│           ├── doc.go
│           ├── register.go
│           ├── types.go
│           └── zz_generated.deepcopy.go
└── client
    ├── clientset
    ├── informers
    └── listers
```

其中，pkg/apis/samplecrd/v1 下面的 zz_generated.deepcopy.go 文件就是自动生成的 DeepCopy 代码文件。

整个 client 目录以及下面的 3 个包（clientset、informers 和 listers），都是 Kubernetes 为 Network 类型生成的客户端库，后面编写自定义控制器时会用到这些库。

可以看到，到目前为止的这些工作其实不要求你写多少代码，而主要考验"复制、粘贴、替换"这样的基本功。

有了这些内容，你就可以在 Kubernetes 集群里创建一个 Network 类型的 API 对象了。不妨实验一下。

首先，使用 network.yaml 文件，在 Kubernetes 中创建 Network 对象的 CRD：

```
$ kubectl apply -f crd/network.yaml
customresourcedefinition.apiextensions.k8s.io/networks.samplecrd.k8s.io created
```

这个操作就相当于告诉 Kubernetes：我现在要添加一个自定义的 API 对象。而这个对象的 API 信息正是 network.yaml 里定义的内容。我们可以通过 kubectl get 命令查看这个 CRD：

```
$ kubectl get crd
NAME                          CREATED AT
networks.samplecrd.k8s.io     2020-09-15T10:57:12Z
```

然后，就可以创建一个 Network 对象，这里用到的是 example-network.yaml：

```
$ kubectl apply -f example/example-network.yaml
network.samplecrd.k8s.io/example-network created
```

通过这个操作，你就在 Kubernetes 集群里创建了一个 Network 对象。它的 API 资源路径是 samplecrd.k8s.io/v1/networks。

这样，就可以通过 kubectl get 命令查看新创建的 Network 对象：

```
$ kubectl get network
NAME              AGE
example-network   8s
```

还可以通过 kubectl describe 命令查看这个 Network 对象的细节：

```
$ kubectl describe network example-network
Name:         example-network
Namespace:    default
Labels:       <none>
...API Version:  samplecrd.k8s.io/v1
Kind:         Network
Metadata:
  ...
  Generation:          1
  Resource Version:    468239
  ...
Spec:
  Cidr:     192.168.0.0/16
  Gateway:  192.168.0.1
```

当然，你也可以编写更多 YAML 文件来创建更多 Network 对象，这和创建 Pod、Deployment 的操作没有任何区别。

小结

本节详细解析了 Kubernetes 声明式 API 的工作原理，讲解了如何遵循声明式 API 的设计，为 Kubernetes 添加名为 Network 的 API 资源类型。从而实现通过标准的 kubectl create 和 get 操作，来管理自定义 API 对象。

不过，创建出这样一个自定义 API 对象，我们只是完成了 Kubernetes 声明式 API 的一半工作。剩下的另一半工作是，为这个 API 对象编写一个自定义控制器。这样，Kubernetes 才能根据 Network API 对象的"增、删、改"操作，在真实环境中做出相应的响应。比如，"创建、删除、修改"真正的 Neutron 网络。而这正是 Network 这个 API 对象所关注的"业务逻辑"。

下一节会讲解这个业务逻辑的实现过程，及其使用的 Kubernetes API 编程库的工作原理。

5.13 API 编程范式的具体原理

上一节详细介绍了 Kubernetes 中声明式 API 的工作原理，并通过一个添加 Network 对象的实例展示了在 Kubernetes 里添加 API 资源的过程。本节将继续剖析 Kubernetes API 编程范式的具体原理，并完成剩下的一半工作：为 Network 这个自定义 API 对象编写一个自定义控制器。

上一节末提到，声明式 API 并不像命令式 API 那样有明显的执行逻辑。因此基于声明式 API 的业务功能实现往往需要通过控制器模式来"监视"API 对象的变化（比如创建或者删除 Network），然后据此决定实际要执行的具体工作。

接下来通过编写代码来实现这个过程。这个项目和上一节中的代码是同一个项目。代码里包含丰富的注释，供随时参考。

总的来说，编写自定义控制器代码的过程包括 3 个部分：编写 main 函数、编写自定义控制器的定义，以及编写控制器的业务逻辑。

1. 编写 main 函数

main 函数的主要工作是定义并初始化一个自定义控制器然后启动它。代码主体如下所示：

```
func main() {
  ...

  cfg, err := clientcmd.BuildConfigFromFlags(masterURL, kubeconfig)
  ...
  kubeClient, err := kubernetes.NewForConfig(cfg)
  ...
  networkClient, err := clientset.NewForConfig(cfg)
  ...

  networkInformerFactory := informers.NewSharedInformerFactory(networkClient, ...)

  controller := NewController(kubeClient, networkClient,
  networkInformerFactory.Samplecrd().V1().Networks())

  go networkInformerFactory.Start(stopCh)

  if err = controller.Run(2, stopCh); err != nil {
    glog.Fatalf("Error running controller: %s", err.Error())
  }
}
```

可以看到，这个 main 函数主要通过三步完成初始化并启动一个自定义控制器的工作。

第一步：main 函数根据我提供的 Master 配置（API Server 的地址端口和 kubeconfig 的路径），创建一个 Kubernetes 的 client（kubeClient）和 Network 对象的 client（networkClient）。

但是，如果我没有提供 Master 配置呢？这时，main 函数会直接使用一种名为 InClusterConfig 的方式来创建这个 client。该方式会假设你的自定义控制器是以 Pod 的方式在 Kubernetes 集群里运行的。

5.3 节曾提到，Kubernetes 里所有的 Pod 都会以 Volume 的方式自动挂载 Kubernetes 的默认 ServiceAccount。所以，这个控制器就会直接使用默认 ServiceAccount Volume 里的授权信息来访问 API Server。

第二步：main 函数为 Network 对象创建一个叫作 InformerFactory（networkInformer-Factory）的工厂，并使用它生成一个 Network 对象的 Informer，传递给控制器。

第三步：main 函数启动上述的 Informer，然后执行 controller.Run，启动自定义控制器。

至此，main 函数就结束了。

看到这里，你可能会感到非常困惑：编写自定义控制器的过程难道就这么简单吗？这个 Informer 又是什么？别急，接下来详细解释这个自定义控制器的工作原理。

在 Kubernetes 项目中，自定义控制器的工作原理可以用图 5-10 所示的流程图来表示。

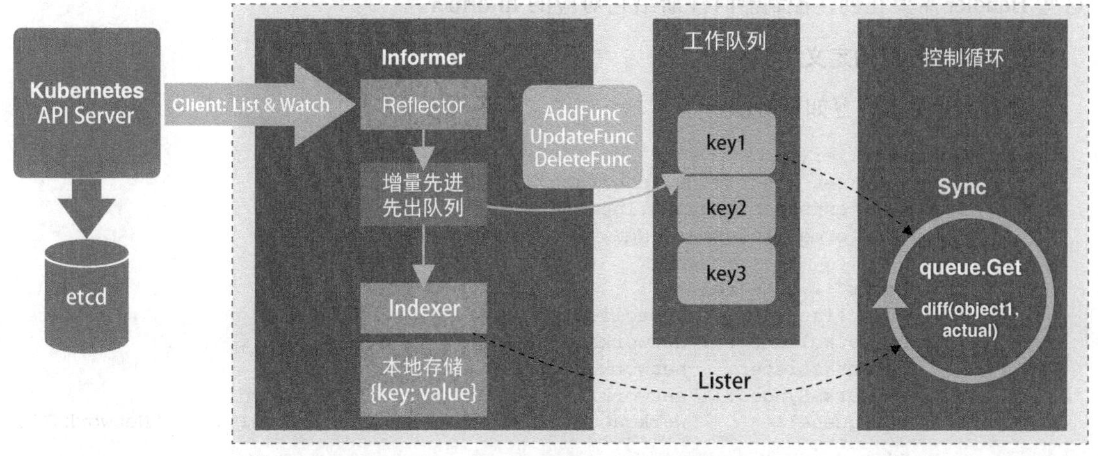

图 5-10　自定义控制器的工作流程示意图

我们从图 5-10 的最左边看起。

这个控制器首先要做的，是从 Kubernetes 的 API Server 里获取它所关心的对象，也就是我定义的 `Network` 对象。这个操作依靠的是一个叫作 Informer 的代码库完成的。Informer 与 API 对象是一一对应的，所以我传递给自定义控制器的正是一个 `Network` 对象的 Informer（`Network` Informer）。

不知你是否已经注意到，我在创建这个 Informer 工厂时，需要给它传递一个 `networkClient`。事实上，`Network` Informer 正是使用这个 `networkClient` 跟 API Server 建立了连接。不过，真正负责维护这个连接的是 Informer 所使用的 Reflector 包。具体而言，Reflector 使用的是一种叫作 ListAndWatch 的方法，来"获取"并"监听"这些 `Network` 对象实例的变化。

在 ListAndWatch 机制下，一旦 API Server 端有新的 `Network` 实例被创建、删除或者更新，Reflector 都会收到"事件通知"。这时，该事件及其对应的 API 对象这个组合，就称为**增量**（delta），它会被放进一个**增量先进先出队列**（delta FIFO queue）中。

另外，Informer 会不断地从这个增量先进先出队列里读取（Pop）增量。每拿到一个增量，Informer 就会判断这个增量里的事件类型，然后创建或者更新本地对象的缓存。在 Kubernetes 里这个缓存一般称为 Store。

如果事件类型是 `Added`（添加对象），那么 Informer 就会通过一个叫作 Indexer 的库把这个增量里的 API 对象保存在本地缓存中，并为它创建索引。相反，如果增量的事件类型是 `Deleted`（删除对象），那么 Informer 就会从本地缓存中删除这个对象。这个同步本地缓存的工作是 Informer 的首要职责。

Informer 的第二个职责，是根据这些事件的类型触发事先注册好的 ResourceEventHandler。这些 Handler 需要在创建控制器时注册给它对应的 Informer。

2. 编写控制器的定义

这部分的主要内容如下所示：

```
func NewController(
    kubeclientset kubernetes.Interface,
    networkclientset clientset.Interface,
    networkInformer informers.NetworkInformer) *Controller {
  ...
    controller := &Controller{
        kubeclientset:    kubeclientset,
        networkclientset: networkclientset,
        networksLister:   networkInformer.Lister(),
        networksSynced:   networkInformer.Informer().HasSynced,
        workqueue:        workqueue.NewNamedRateLimitingQueue(...,  "Networks"),
        ...
    }
   networkInformer.Informer().AddEventHandler(cache.ResourceEventHandlerFuncs{
        AddFunc: controller.enqueueNetwork,
        UpdateFunc: func(old, new interface{}) {
            oldNetwork    :=    old.(*samplecrdv1.Network)
            newNetwork    := new.(*samplecrdv1.Network)
            if oldNetwork.ResourceVersion == newNetwork.ResourceVersion {
      return
            }
            controller.enqueueNetwork(new)
        },
        DeleteFunc: controller.enqueueNetworkForDelete,
   return controller
}
```

前面在 main 函数里创建了两个 client（kubeclientset 和 networkclientset），然后在这段代码里使用这两个 client 和前面创建的 Informer 初始化了自定义控制器。

值得注意的是，在这个自定义控制器里，我还设置了一个工作队列（位于图 5-10 中间位置）。这个工作队列负责同步 Informer 和控制循环之间的数据。

实际上，Kubernetes 项目为我们提供了很多工作队列的实现，你可以根据需要选择合适的库直接使用。

然后，我为 networkInformer 注册了 3 个 Handler（AddFunc、UpdateFunc 和 DeleteFunc），分别对应 API 对象的“添加”“更新”和“删除”事件。而具体的处理操作都是将该事件对应的 API 对象加入工作队列。注意，实际入队的并不是 API 对象，而是它们的 Key，即该 API 对象的 <namespace>/<name>。

后面即将编写的控制循环会不断地从这个工作队列里拿到这些 Key，然后开始执行真正的控制逻辑。

综上所述，所谓 Informer，其实就是带有本地缓存和索引机制的、可以注册 `EventHandler` 的 client。它是自定义控制器跟 API Server 进行数据同步的重要组件。

更具体地说，Informer 通过一种叫作 ListAndWatch 的方法，把 API Server 中的 API 对象缓存在了本地，并负责更新和维护这个缓存。

其中，ListAndWatch 方法的含义是，首先通过 API Server 的 LIST API“获取”所有最新版本的 API 对象；然后通过 WATCH API 来“监听”所有这些 API 对象的变化。而通过监听到的事件变化，Informer 就可以实时更新本地缓存，并且调用这些事件对应的 `EventHandler` 了。

此外，在此过程中，每经过 `resyncPeriod` 指定的时间，Informer 维护的本地缓存都会使用最近一次 LIST 返回的结果强制更新一次，从而保证缓存的有效性。在 Kubernetes 中，这个缓存强制更新的操作叫作 resync。

需要注意的是，这个定时 resync 操作也会触发 Informer 注册的“更新”事件。但此时，这个“更新”事件对应的 `Network` 对象实际上并没有发生变化，即新、旧两个 `Network` 对象的版本（ResourceVersion）是一样的。在这种情况下，Informer 就不需要对这个更新事件做进一步的处理了。

这也是为什么我在上面的 `UpdateFunc` 方法里，先判断新、旧两个 `Network` 对象的版本是否发生了变化，然后才开始进行入队操作。

以上就是 Kubernetes 中的 Informer 库的工作原理。

接下来解释图 5-10 中右侧的控制循环部分，也正是我在 `main` 函数最后调用 `controller.Run()`启动的“控制循环”。它的主要内容如下所示：

```
func (c *Controller) Run(threadiness int, stopCh <-chan struct{}) error {
    ...
    if ok := cache.WaitForCacheSync(stopCh, c.networksSynced); !ok {
        return fmt.Errorf("failed to wait for caches to sync")
    }

    ...
    for i := 0; i < threadiness; i++ {
        go wait.Until(c.runWorker, time.Second, stopCh)
    }

    ...
    return nil
}
```

可以看到，启动控制循环的逻辑非常简单：

- ❑ 首先，等待 Informer 完成一次本地缓存的数据同步操作；
- ❑ 然后，直接通过 Goroutine 启动一个（或者并发启动多个）“无限循环”的任务。

而这个“无限循环”任务的每一个循环周期，执行的正是我们真正关心的业务逻辑。

3. 编写控制器的业务逻辑

它的主要内容如下所示：

```
func (c *Controller) runWorker() {
  for c.processNextWorkItem() {
  }
}

func (c *Controller) processNextWorkItem() bool {
  obj, shutdown := c.workqueue.Get()

  ...

  err := func(obj interface{}) error {
    ...
    if err := c.syncHandler(key); err != nil {
     return fmt.Errorf("error syncing '%s': %s", key, err.Error())
    }

    c.workqueue.Forget(obj)
    ...
    return nil
  }(obj)

  ...

    return true
}

func (c *Controller) syncHandler(key string) error {

  namespace, name, err := cache.SplitMetaNamespaceKey(key)
  ...

  network, err := c.networksLister.Networks(namespace).Get(name)
  if err != nil {
    if errors.IsNotFound(err) {
      glog.Warningf("Network does not exist in local cache: %s/%s, will delete it from
Neutron ...",
      namespace, name)

      glog.Warningf("Network: %s/%s does not exist in local cache, will delete it from
Neutron ...",
                namespace, name)

              // FIX ME: call Neutron API to delete this network by name.
              //
              // neutron.Delete(namespace, name)

    return nil
```

```
    }
    ...

          return err
    }

    glog.Infof("[Neutron] Try to process network: %#v ...", network)

    // FIX ME: Do diff().
    //
    // actualNetwork, exists := neutron.Get(namespace, name)
    //
    // if !exists {
    //      neutron.Create(namespace, name)
    // } else if !reflect.DeepEqual(actualNetwork, network) {
    //    neutron.Update(namespace, name)
    // }

    return nil
}
```

可以看到，在这个执行周期（processNextWorkItem）里，我们首先从工作队列里出队（workqueue.Get）一个成员，即一个 Key（Network 对象的 namespace/name）。然后，在 syncHandler 方法中，我尝试使用这个 Key 从 Informer 维护的缓存中拿到了它所对应的 Network 对象。

可以看到，这里使用了 networksLister 来尝试获取这个 Key 对应的 Network 对象。该操作其实就是在访问本地缓存的索引。实际上，在 Kubernetes 的源码中，控制器从各种 Lister 里获取对象很常见，比如 podLister、nodeLister 等，它们使用的都是 Informer 和缓存机制。

如果控制循环从缓存中取不到这个对象（networkLister 返回了 IsNotFound 错误），就意味着这个 Network 对象的 Key 是通过前面的"删除"事件加入工作队列的。所以，尽管队列里有这个 Key，但是对应的 Network 对象已被删除。这时候，就需要调用 Neutron 的 API 从真实的集群里删除这个 Key 对应的 Neutron 网络。

如果能够获取对应的 Network 对象，就可以执行控制器模式里的对比期望状态和实际状态的逻辑了。

其中，自定义控制器"千辛万苦"拿到的这个 Network 对象，正是 API Server 里保存的"期望状态"，即用户通过 YAML 文件提交到 API Server 里的信息。当然，在这个例子里，它已经被 Informer 缓存在本地了。

那么，"实际状态"从何而来？当然是来自实际的集群了。所以，我们的控制循环需要通过 Neutron API 来查询实际的网络情况。

比如，可以先通过 Neutron 来查询这个 Network 对象对应的真实网络是否存在。

- 如果不存在，这就是典型的“期望状态”与“实际状态”不一致的情形。这时，就需要使用这个 Network 对象里的信息（比如 CIDR 和 Gateway），调用 Neutron API 来创建真实的网络。
- 如果存在，就要读取这个真实网络的信息，判断它是否跟 Network 对象里的信息一致，从而决定是否要通过 Neutron 来更新这个已经存在的真实网络。

这样，我就通过对比“期望状态”和“实际状态”之间的差异，完成了一次调协的过程。

至此，一个完整的自定义 API 对象和它所对应的自定义控制器就编写完了。

说明

与 Neutron 相关的业务代码并不是本节的重点，所以我仅仅通过注释里的伪代码表述了这部分内容。如果你对这些代码感兴趣，可以自行完成。例如，你可以自己编写一个 Neutron Mock，然后输出对应的操作日志。

接下来运行这个项目，查看一下它的工作情况。你可以自己编译这个项目，也可以直接使用我编译好的二进制文件（samplecrd-controller）。编译并启动这个项目的具体流程如下所示：

```
# 克隆仓库
$ git clone https://github.com/resouer/k8s-controller-custom-resource$ cd
k8s-controller-custom-resource

### 如果不想构建可略过这部分
# 安装依赖
$ go get github.com/tools/godep
$ godep restore
# 构建
$ go build -o samplecrd-controller .

$ ./samplecrd-controller -kubeconfig=$HOME/.kube/config -alsologtostderr=true
I0915 12:50:29.051349   27159 controller.go:84] Setting up event handlers
I0915 12:50:29.051615   27159 controller.go:113] Starting Network control loop
I0915 12:50:29.051630   27159 controller.go:116] Waiting for informer caches to sync
E0915 12:50:29.066745   27159 reflector.go:134]
github.com/resouer/k8s-controller-custom-resource/pkg/client/informers/externalversions/
factory.go:117: Failed to list *v1.Network: the server could not find the requested resource
(get networks.samplecrd.k8s.io)
...
```

可以看到，自定义控制器启动后，一开始会报错。这是因为，此时 Network 对象的 CRD 还未创建，所以 Informer 去 API Server 里“获取”（List）Network 对象时，并不能找到 Network 这个 API 资源类型的定义，即：

```
Failed to list *v1.Network: the server could not find the requested resource (get
networks.samplecrd.k8s.io)
```

所以，接下来需要创建 Network 对象的 CRD，上一节介绍过该操作。

在另一个 shell 窗口里执行：

```
$ kubectl apply -f crd/network.yaml
```

此时就会看到控制器的日志恢复了正常，控制循环启动成功：

```
...
I0915 12:50:29.051630   27159 controller.go:116] Waiting for informer caches to sync
...
I0915 12:52:54.346854   25245 controller.go:121] Starting workers
I0915 12:52:54.346914   25245 controller.go:127] Started workers
```

接下来，就可以进行 Network 对象的增、删、改、查操作了。

首先，创建一个 Network 对象：

```
$ cat example/example-network.yaml
apiVersion: samplecrd.k8s.io/v1
kind: Network
metadata:
  name: example-network
spec:
  cidr: "192.168.0.0/16"
  gateway: "192.168.0.1"

$ kubectl apply -f example/example-network.yaml
network.samplecrd.k8s.io/example-network created
```

查看控制器的输出：

```
...
I0915 12:50:29.051349   27159 controller.go:84] Setting up event handlers
I0915 12:50:29.051615   27159 controller.go:113] Starting Network control loop
I0915 12:50:29.051630   27159 controller.go:116] Waiting for informer caches to sync
...
I0915 12:52:54.346854   25245 controller.go:121] Starting workers
I0915 12:52:54.346914   25245 controller.go:127] Started workers
I0915 12:53:18.064409   25245 controller.go:229] [Neutron] Try to process network:
&v1.Network{TypeMeta:v1.TypeMeta{Kind:"", APIVersion:""},
ObjectMeta:v1.ObjectMeta{Name:"example-network", GenerateName:"",
Namespace:"default", ... ResourceVersion:"479015", ...
Spec:v1.NetworkSpec{Cidr:"192.168.0.0/16", Gateway:"192.168.0.1"}} ..
I0915 12:53:18.064650   25245 controller.go:183] Successfully synced
'default/example-network'
...
```

可以看到，我们上面创建 example-network 的操作，触发了 EventHandler 的“添加”事件，从而被加入工作队列。

紧接着，控制循环就从队列里拿到了这个对象，并且打印出了正在“处理”这个 Network 对象的日志。

可以看到，这个 Network 的 ResourceVersion，也就是 API 对象的版本号是 479015，而它的 Spec 字段的内容跟我提交的 YAML 文件一模一样，比如它的 CIDR 网段是：192.168.0.0/16。

此时修改一下这个 YAML 文件的内容，如下所示：

```
$ cat example/example-network.yaml
apiVersion: samplecrd.k8s.io/v1
kind: Network
metadata:
  name: example-network
spec:
  cidr: "192.168.1.0/16"
  gateway: "192.168.1.1"
```

可以看到，我把这个 YAML 文件里的 CIDR 和 Gateway 字段修改成了 192.168.1.0/16 网段。

然后，执行 kubectl apply 命令来提交这次更新，如下所示：

```
$ kubectl apply -f example/example-network.yaml
network.samplecrd.k8s.io/example-network configured
```

此时可以查看一下控制器的输出：

```
...
I0915 12:53:51.126029   25245 controller.go:229] [Neutron] Try to process network:
&v1.Network{TypeMeta:v1.TypeMeta{Kind:"", APIVersion:""},
ObjectMeta:v1.ObjectMeta{Name:"example-network", GenerateName:"",
Namespace:"default", ...  ResourceVersion:"479062", ...
Spec:v1.NetworkSpec{Cidr:"192.168.1.0/16", Gateway:"192.168.1.1"}} ...
I0915 12:53:51.126348   25245 controller.go:183] Successfully synced
'default/example-network'
```

可以看到，这一次 Informer 注册的“更新”事件被触发，更新后的 Network 对象的 Key 被添加到了工作队列中。

所以，接下来控制循环从工作队列里获取的 Network 对象，与前一个对象是不同的：它的 ResourceVersion 的值变成了 479062；Spec 里的字段则变成了 192.168.1.0/16 网段。

最后，删除这个对象：

```
$ kubectl delete -f example/example-network.yaml
```

控制器的输出显示，Informer 注册的“删除”事件被触发，并且控制循环“调用”Neutron API“删除”了真实环境中的网络。这个输出如下所示：

```
W0915 12:54:09.738464  25245 controller.go:212] Network: default/example-network does
not exist in local cache, will delete it from Neutron ...
I0915 12:54:09.738832   25245 controller.go:215] [Neutron] Deleting network:
default/example-network ...
I0915 12:54:09.738854   25245 controller.go:183] Successfully synced
'default/example-network'
```

以上就是编写和使用自定义控制器的全部流程。

实际上，这套流程不仅可以应用于自定义 API 资源，而且完全可以应用于 Kubernetes 原生的默认 API 对象。

比如，在 main 函数里，除了创建一个 Network Informer，还可以初始化一个 Kubernetes 默认 API 对象的 Informer 工厂，比如 Deployment 对象的 Informer。具体做法如下所示：

```
func main() {
  ...

  kubeInformerFactory := kubeinformers.NewSharedInformerFactory(kubeClient,
time.Second*30)

  controller := NewController(kubeClient, exampleClient,
        kubeInformerFactory.Apps().V1().Deployments(),
        networkInformerFactory.Samplecrd().V1().Networks())

  go kubeInformerFactory.Start(stopCh)
  ...
}
```

在这段代码中，我们首先使用 Kubernetes 的 client（kubeClient）创建了一个工厂。

然后，我用跟 Network 类似的处理方法，生成了一个 Deployment Informer。

接着，我把 Deployment Informer 传递给了自定义控制器；当然，需要调用 Start 方法来启动这个 Deployment Informer。

有了这个 Deployment Informer 后，这个控制器也就拥有了所有 Deployment 对象的信息。接下来，它既可以通过 deploymentInformer.Lister()来获取 etcd 里的所有 Deployment 对象，也可以为这个 Deployment Informer 注册具体的 Handler。

更重要的是，在这个自定义控制器里面，就可以通过对自定义 API 对象和默认 API 对象进行协同，来实现更复杂的编排功能。比如，用户每创建一个新的 Deployment，这个自定义控制器就可以为它创建一个对应的 Network 供它使用。

对 Kubernetes API 编程范式的更高级应用，就留给你在实际场景中去探索和实践了。

小结

本节剖析了 Kubernetes API 编程范式的具体原理，并编写了一个自定义控制器。其中，需要掌握如下概念和机制。

所谓 Informer，就是一个自带缓存和索引机制，可以触发 Handler 的客户端库。这个本地缓存在 Kubernetes 中一般被称为 Store，索引一般被称为 Index。

Informer 使用了 Reflector 包，它是一个可以通过 ListAndWatch 机制获取并监视 API 对象变化的客户端封装。

Reflector 和 Informer 之间通过“增量先进先出队列”进行协同，而 Informer 与你要编写的控制循环之间通过一个工作队列来进行协同。

在实际应用中，除控制循环外的所有代码，实际上都是 Kubernetes 为你自动生成的，即 pkg/client/{informers, listers, clientset}里的内容。而这些自动生成的代码，为我们提供了一个可靠且高效地获取 API 对象“期望状态”的编程库。

所以，作为开发者，你只需要关注如何获取“实际状态”，并与“期望状态”做对比，从而决定接下来要做的业务逻辑即可。

以上就是 Kubernetes API 编程范式的核心思想。

思考题

思考一下，为什么 Informer 和你编写的控制循环之间，一定要使用一个工作队列来进行协作呢？

5.14　基于角色的权限控制：RBAC

前面讲解了 Kubernetes 内置的多种编排对象，以及对应的控制器模式的实现原理，还剖析了自定义 API 资源类型和控制器的编写方式。

你可能冒出了这样一个想法：控制器模式好像也不难嘛，我能否自己写编排对象呢？当然可以。而且，这才是 Kubernetes 项目最具吸引力的地方。

毕竟，在互联网级别的大规模集群里，Kubernetes 内置的编排对象很难做到满足所有需求。所以，很多实际的容器化工作需要自己设计编排对象，实现自己的控制器模式。而在 Kubernetes 项目里，我们可以基于插件机制来实现，完全不需要修改任何一行代码。

不过，在 Kubernetes 中要通过外部插件新增和操作 API 对象，就必须先了解一个非常重要的知识：RBAC（role-based access control，基于角色的权限控制）。

我们知道，Kubernetes 中所有的 API 对象都保存在 etcd 里。可是，对这些 API 对象的操作一定都是通过访问 kube-apiserver 实现的。其中一个非常重要的原因是，需要 API Server 来帮忙做授权工作。而在 Kubernetes 项目中，负责完成授权工作的机制是 RBAC。

如果你直接查看 Kubernetes 项目中关于 RBAC 的文档，可能会感觉非常复杂，不妨等到需要了解相关细节时再去查阅。

这里需要明确 3 个基本概念。

(1) `Role`：角色，它其实是一组规则，定义了一组对 Kubernetes API 对象的操作权限。

(2) `Subject`：被作用者，既可以是“人”，也可以是“机器”，也可以是你在 Kubernetes 里定义的“用户”。

(3) RoleBinding：定义了“被作用者”和“角色”间的绑定关系。

这 3 个概念就是整个 RBAC 体系的核心所在。下面具体讲解。

Role 实际上就是一个 Kubernetes 的 API 对象，定义如下所示：

```
kind: Role
apiVersion: rbac.authorization.k8s.io/v1
metadata:
  namespace: mynamespace
  name: example-role
rules:
- apiGroups: [""]
  resources: ["pods"]
  verbs: ["get", "watch", "list"]
```

首先，这个 Role 对象指定了它能产生作用的 Namepace 是：mynamespace。Namespace 是 Kubernetes 项目里的一个逻辑管理单位。不同 Namespace 的 API 对象在通过 kubectl 命令进行操作时是互相隔离的。比如，kubectl get pods -n mynamespace。当然，这仅限于逻辑上的“隔离”，Namespace 并不会提供任何实际的隔离或者多租户能力。前面大多数例子没有指定 Namespace，而使用默认 Namespace：default。

然后，这个 Role 对象的 rules 字段就是它所定义的权限规则。在上面的例子里，这条规则的含义就是，允许“被作用者”对 mynamespace 下面的 Pod 对象进行 GET、WATCH 和 LIST 操作。

那么，这个具体的“被作用者”是如何指定的呢？这就需要通过 RoleBinding 来实现了。当然，RoleBinding 本身也是 Kubernetes 的一个 API 对象。它的定义如下所示：

```
kind: RoleBinding
apiVersion: rbac.authorization.k8s.io/v1
metadata:
  name: example-rolebinding
  namespace: mynamespace
subjects:
- kind: User
  name: example-user
  apiGroup: rbac.authorization.k8s.io
roleRef:
  kind: Role
  name: example-role
  apiGroup: rbac.authorization.k8s.io
```

可以看到，这个 RoleBinding 对象里定义了一个 subjects 字段，即“被作用者”。它的类型是 User，即 Kubernetes 里的用户。这个用户的名字是 example-user。

可是，在 Kubernetes 中其实并没有名为 User 的 API 对象。而且，前面和部署使用 Kubernetes 的流程里，既不需要 User，也没有创建过 User。那这个 User 到底从何而来？

实际上，Kubernetes 里的“User”，即“用户”，只是授权系统里的一个逻辑概念。它需要通过外部认证服务（比如 Keystone）来提供。或者，你也可以直接给 API Server 指定一个用户名、密码文件。那么 Kubernetes 的授权系统就能够从这个文件里找到对应的“用户”了。当然，在大多数私有的使用环境中，使用 Kubernetes 提供的内置“用户”就足够了，稍后会介绍这些内容。

接下来，可以看到一个 roleRef 字段。正是通过该字段，RoleBinding 对象可以直接通过名字来引用前面定义的 Role 对象（example-role），从而定义了“被作用者”和“角色”之间的绑定关系。

需要再次提醒的是，Role 和 RoleBinding 对象都是 Namespaced 对象，它们对权限的限制规则仅在它们自己的 Namespace 内有效，roleRef 也只能引用当前 Namespace 里的 Role 对象。

那么，对于非 Namespaced 对象（比如 Node），或者某个 Role 想作用于所有 Namespace 时，又该如何授权呢？此时就必须使用 ClusterRole 和 ClusterRoleBinding 这两个组合了。这两个 API 对象的用法跟 Role 和 RoleBinding 完全一样。只不过，它们的定义里没有了 Namespace 字段，如下所示：

```
kind: ClusterRole
apiVersion: rbac.authorization.k8s.io/v1
metadata:
  name: example-clusterrole
rules:
- apiGroups: [""]
  resources: ["pods"]
  verbs: ["get", "watch", "list"]
kind: ClusterRoleBinding
apiVersion: rbac.authorization.k8s.io/v1
metadata:
  name: example-clusterrolebinding
subjects:
- kind: User
  name: example-user
  apiGroup: rbac.authorization.k8s.io
roleRef:
  kind: ClusterRole
  name: example-clusterrole
  apiGroup: rbac.authorization.k8s.io
```

上面例子里的 ClusterRole 和 ClusterRoleBinding 的组合，意味着名叫 example-user 的用户拥有对 Namespace 里的所有 Pod 进行 GET、WATCH 和 LIST 操作的权限。

更进一步，在 Role 或者 ClusterRole 中，如果要赋予用户 example-user 所有权限，就可以给它指定一个 verbs 字段的全集，如下所示：

```
verbs: ["get", "list", "watch", "create", "update", "patch", "delete"]
```

这些就是当前 Kubernetes（v1.18）里能够对 API 对象进行的所有操作。

类似地，Role 对象的 rules 字段也可以进一步细化。比如，可以只针对某个具体对象设置权限，如下所示：

```
rules:
- apiGroups: [""]
  resources: ["configmaps"]
  resourceNames: ["my-config"]
  verbs: ["get"]
```

这个例子表示，这条规则的被作用者只对名叫 my-config 的 ConfigMap 对象有进行 GET 操作的权限。

如前所述，大多数时候我们其实不太使用“用户”这个功能，而是直接使用 Kubernetes 里的“内置用户”。这个由 Kubernetes 负责管理的“内置用户”，正是前面曾提到的 ServiceAccount。

接下来，通过实例讲解为 ServiceAccount 分配权限的过程。

首先，定义一个 ServiceAccount。它的 API 对象非常简单，如下所示：

```
apiVersion: v1
kind: ServiceAccount
metadata:
  namespace: mynamespace
  name: example-sa
```

可以看到，一个最简单的 ServiceAccount 对象只需要 Name 和 Namespace 这两个最基本的字段。

然后，通过编写 RoleBinding 的 YAML 文件来为这个 ServiceAccount 分配权限：

```
kind: RoleBinding
apiVersion: rbac.authorization.k8s.io/v1
metadata:
  name: example-rolebinding
  namespace: mynamespace
subjects:
- kind: ServiceAccount
  name: example-sa
  namespace: mynamespace
roleRef:
  kind: Role
  name: example-role
  apiGroup: rbac.authorization.k8s.io
```

可以看到，在这个 RoleBinding 对象里，subjects 字段的类型（kind）不再是一个 User，而是一个名叫 example-sa 的 ServiceAccount。而 roleRef 引用的 Role 对象依然名叫 example-role，也就是本节开头定义的 Role 对象。

接着，我们用 kubectl 命令创建这 3 个对象：

```
$ kubectl create -f svc-account.yaml
$ kubectl create -f role-binding.yaml
$ kubectl create -f role.yaml
```

然后，查看这个 ServiceAccount 的详细信息：

```
$ kubectl get sa -n mynamespace -o yaml
- apiVersion: v1
  kind: ServiceAccount
  metadata:
    creationTimestamp: 2020-09-18T12:59:17Z
    name: example-sa
    namespace: mynamespace
    resourceVersion: "409327"
    ...
  secrets:
  - name: example-sa-token-vmfg6
```

可以看到，Kubernetes 会为一个 ServiceAccount 自动创建并分配一个 Secret 对象，即上述 ServiceAcount 定义里最下面的 secrets 字段。

这个 Secret 就是这个 ServiceAccount 对应的、用来跟 API Server 进行交互的授权文件，通常称为 Token。Token 文件的内容一般是证书或者密码，它以 Secret 对象的方式保存在 etcd 当中。

这时候，用户的 Pod 就可以声明使用这个 ServiceAccount 了，示例如下：

```
apiVersion: v1
kind: Pod
metadata:
  namespace: mynamespace
  name: sa-token-test
spec:
  containers:
  - name: nginx
    image: nginx:1.7.9
  serviceAccountName: example-sa
```

在这个例子里，我定义了 Pod 要使用的 ServiceAccount 的名字是 example-sa。

当这个 Pod 运行起来之后，就可以看到，该 ServiceAccount 的 Token，即一个 Secret 对象，被 Kubernetes 自动挂载到了容器的/var/run/secrets/kubernetes.io/serviceaccount 目录下，如下所示：

```
$ kubectl describe pod sa-token-test -n mynamespace
Name:               sa-token-test
Namespace:          mynamespace
...
Containers:
  nginx:
    ...
    Mounts:
      /var/run/secrets/kubernetes.io/serviceaccount from example-sa-token-vmfg6
(ro)
```

此时可以通过 kubectl exec 查看这个目录里的文件：

```
$ kubectl exec -it sa-token-test -n mynamespace -- /bin/bash
root@sa-token-test:/# ls /var/run/secrets/kubernetes.io/serviceaccount
ca.crt    namespace  token
```

如上所示，容器里的应用就可以使用这个 ca.crt 来访问 API Server 了。更重要的是，此时它只能进行 GET、WATCH 和 LIST 操作。这是因为 `example-sa` 这个 `ServiceAccount` 的权限已经被绑定了 `Role` 而做了限制。

此外，5.3 节曾提到，如果一个 Pod 没有声明 `serviceAccountName`，Kubernetes 会自动在它的 Namespace 下创建一个名为 `default` 的默认 `ServiceAccount`，然后分配给这个 Pod。

但在这种情况下，这个默认 `ServiceAccount` 并没有关联任何 `Role`。也就是说，此时它有访问 API Server 的绝大多数权限。当然，这个访问所需要的 Token 还是默认 `ServiceAccount` 对应的 Secret 对象为它提供的，如下所示。

```
$kubectl describe sa default
Name:                default
Namespace:           default
Labels:              <none>
Annotations:         <none>
Image pull secrets:  <none>
Mountable secrets:   default-token-s8rbq
Tokens:              default-token-s8rbq
Events:              <none>

$ kubectl get secret
NAME                   TYPE                                  DATA      AGE
kubernetes.io/service-account-token   3         82d

$ kubectl describe secret default-token-s8rbq
Name:         default-token-s8rbq
Namespace:    default
Labels:       <none>
Annotations:  kubernetes.io/service-account.name=default
              kubernetes.io/service-account.uid=ffcb12b2-917f-11e8-abde-42010aa80002

Type:  kubernetes.io/service-account-token

Data
====
ca.crt:      1025 bytes
namespace:   7 bytes
token:       <TOKEN 数据>
```

可以看到，Kubernetes 会自动为默认 `ServiceAccount` 创建并绑定一个特殊的 Secret：它的类型是 `kubernetes.io/service-account-token`。它的 `Annotation` 字段声明了 `kubernetes.io/service-account.name=default`，即这个 Secret 会跟同一 Namespace 下的 `default ServiceAccount` 进行绑定。

所以，在生产环境中，强烈建议为所有 Namespace 下默认的 `ServiceAccount` 绑定一个只读权限的 `Role`。具体怎么做，就留给你作为思考题吧。

除了前面使用的“用户”，Kubernetes 还有“用户组”（user group）的概念，指一组“用户”。如果你为 Kubernetes 配置了外部认证服务，这个“用户组”的概念就会由外部认证服务提供。而对于 Kubernetes 的内置“用户” `ServiceAccount` 来说，上述“用户组”的概念同样适用。

实际上，一个 `ServiceAccount` 在 Kubernetes 里对应的“用户”的名字是：

```
system:serviceaccount:<ServiceAccount 名字>
```

它对应的内置“用户组”的名字是：

```
system:serviceaccounts:<Namespace 名字>
```

务必牢记这两个对应关系。

比如，现在我们可以在 `RoleBinding` 里定义如下的 `subjects`：

```
subjects:
- kind: Group
  name: system:serviceaccounts:mynamespace
  apiGroup: rbac.authorization.k8s.io
```

这就意味着这个 `Role` 的权限规则作用于 `mynamespace` 里所有的 `ServiceAccount`。这就用到了“用户组”的概念。

下面这个例子则意味着这个 `Role` 的权限规则作用于整个系统里的所有 `ServiceAccount`：

```
subjects:
- kind: Group
  name: system:serviceaccounts
  apiGroup: rbac.authorization.k8s.io
```

最后，值得一提的是，在 Kubernetes 中已经内置了很多为系统保留的 `ClusterRole`，它们的名字都以 `system:`开头。可以通过 `kubectl get clusterroles` 查看它们。一般来说，这些系统 `ClusterRole` 是绑定给 Kubernetes 系统组件对应的 `ServiceAccount` 使用的。

比如，其中一个名叫 `system:kube-scheduler` 的 `ClusterRole`，定义的权限规则是 kube-scheduler（Kubernetes 的调度器组件）运行所需的必要权限。可以通过如下指令查看这些权限：

```
$ kubectl describe clusterrole system:kube-scheduler
Name:         system:kube-scheduler
...
PolicyRule:
  Resources                  Non-Resource URLs  Resource Names  Verbs
  ---------                  -----------------  --------------  -----
...
  services                   []                 []              [get list watch]
  replicasets.apps           []                 []              [get list watch]
```

```
  statefulsets.apps                   []                 []                 [get list watch]
  replicasets.extensions              []                 []                 [get list watch]
  poddisruptionbudgets.policy         []                 []                 [get list watch]
  pods/status                         []                 []                 [patch update]
```

这个 system:kube-scheduler 的 ClusterRole，就会被绑定给 kube-system Namespace 下名叫 kube-scheduler 的 ServiceAccount，它正是 Kubernetes 调度器的 Pod 声明使用的 ServiceAccount。

除此之外，Kubernetes 还提供了 4 个预先定义好的 ClusterRole 供用户直接使用：

(1) cluster-admin;

(2) admin;

(3) edit;

(4) view。

通过它们的名字，你应该能大致猜出它们都定义了哪些权限。比如，这个名叫 view 的 ClusterRole，规定了"被作用者"只有 Kubernetes API 的只读权限。

还需注意，上面这个 cluster-admin 角色对应的是整个 Kubernetes 项目中的最高权限（verbs=*），如下所示：

```
$ kubectl describe clusterrole cluster-admin -n kube-system
Name:         cluster-admin
Labels:       kubernetes.io/bootstrapping=rbac-defaults
Annotations:  rbac.authorization.kubernetes.io/autoupdate=true
PolicyRule:
  Resources  Non-Resource URLs  Resource Names  Verbs
  ---------  -----------------  --------------  -----
  *.*        []                 []              [*]
             [*]                []              [*]
```

所以，使用 cluster-admin 时务必谨慎小心。

小结

本节主要讲解了 RBAC。所谓角色（Role），其实就是一组权限规则列表。而我们分配这些权限的方式，就是通过创建 RoleBinding 对象，将被作用者和权限列表进行绑定。

另外，与之对应的 ClusterRole 和 ClusterRoleBinding，则是 Kubernetes 集群级别的 Role 和 RoleBinding，它们的作用范围不受 Namespace 限制。

尽管权限的被作用者可以有多种（比如 User、Group 等），但在日常使用中，最普遍的用法还是 ServiceAccount。所以，Role+RoleBinding+ServiceAccount 的权限分配方式是需要掌握的重点内容。后面编写和安装各种插件时会经常用到这个组合。

思考题

如何为所有 Namespace 下默认的 ServiceAccount（default ServiceAccount）绑定一个只读权限的 Role 呢？请提供 ClusterRoleBinding（或者 RoleBinding）的 YAML 文件。

5.15　聪明的微创新：Operator 工作原理解读

Operator 的工作原理实际上是利用自定义 API 资源来描述我们想要部署的“有状态应用”，然后在自定义控制器里，根据自定义 API 对象的变化完成具体的部署和运维工作。

前面介绍了 Kubernetes 项目中的大部分编排对象（比如 Deployment、StatefulSet、DaemonSet 以及 Job）和“有状态应用”的管理方法，还阐述了为 Kubernetes 添加自定义 API 对象和编写自定义控制器的原理和流程。

可能你已经感觉到了，在 Kubernetes 中管理“有状态应用”比较复杂，尤其是在编写 Pod 模板时，总有一种“在 YAML 文件里编程”的感觉，让人很不舒服。

在 Kubernetes 生态中，还有一个相对更灵活、更为编程友好的管理“有状态应用”的解决方案——Operator。接下来就以 etcd Operator 为例讲解 Operator 的工作原理和编写方法。

etcd Operator 的使用方法非常简单，只需两步即可完成。

第一步，将这个 Operator 的代码克隆到本地：

```
$ git clone https://github.com/coreos/etcd-operator
```

第二步，将这个 etcd Operator 部署到 Kubernetes 集群里。

不过，在部署 etcd Operator 的 Pod 之前，需要先执行如下脚本：

```
$ example/rbac/create_role.sh
```

无须多言，这个脚本的作用就是为 etcd Operator 创建 RBAC 规则。这是因为 etcd Operator 需要访问 Kubernetes 的 API Server 来创建对象。

具体而言，上述脚本为 etcd Operator 定义了如下权限。

(1) 对 Pod、Service、PVC、Deployment、Secret 等 API 对象拥有所有权限。

(2) 对 CRD 对象拥有所有权限。

(3) 对属于 etcd.database.coreos.com 这个 API Group 的 CR 对象拥有所有权限。

etcd Operator 本身其实就是一个 Deployment，它的 YAML 文件如下所示：

```
apiVersion: extensions/v1beta1
kind: Deployment
metadata:
  name: etcd-operator
```

```
spec:
  replicas: 1
  template:
    metadata:
      labels:
        name: etcd-operator
    spec:
      containers:
      - name: etcd-operator
        image: quay.io/coreos/etcd-operator:v0.9.2
        command:
        - etcd-operator
        env:
        - name: MY_POD_NAMESPACE
          valueFrom:
            fieldRef:
              fieldPath: metadata.namespace
        - name: MY_POD_NAME
          valueFrom:
            fieldRef:
              fieldPath: metadata.name
...
```

所以，我们就可以使用上述 YAML 文件来创建 etcd Operator，如下所示：

```
$ kubectl create -f example/deployment.yaml
```

一旦 etcd Operator 的 Pod 进入了 Running 状态，就会自动创建出来一个 CRD，如下所示：

```
$ kubectl get pods
NAME                              READY     STATUS      RESTARTS   AGE
etcd-operator-649dbdb5cb-bzfzp    1/1       Running     0          20s

$ kubectl get crd
NAME                                    CREATED AT
etcdclusters.etcd.database.coreos.com   2018-09-18T11:42:55Z
```

这个 CRD 名叫 etcdclusters.etcd.database.coreos.com 。你可以通过 kubectl describe 命令查看它的细节，如下所示：

```
$ kubectl describe crd  etcdclusters.etcd.database.coreos.com
...
Group:   etcd.database.coreos.com
  Names:
    Kind:       EtcdCluster
    List Kind:  EtcdClusterList
    Plural:     etcdclusters
    Short Names:
      etcd
    Singular:  etcdcluster
  Scope:      Namespaced
  Version:    v1beta2
...
```

可以看到，这个CRD相当于告诉Kubernetes：接下来，如果有API组是`etcd.database.coreos.com`、API资源类型是`EtcdCluster`的YAML文件被提交上来，一定要认识。

所以，通过上述两步操作，你实际上在Kubernetes里添加了一个名叫`EtcdCluster`的自定义资源类型。而etcd Operator就是这个自定义资源类型对应的自定义控制器。

etcd Operator部署好之后，接下来在这个Kubernetes里创建一个etcd集群的工作就非常简单了。只需要编写一个`EtcdCluster`的YAML文件，然后把它提交给Kubernetes即可，如下所示：

```
$ kubectl apply -f example/example-etcd-cluster.yaml
```

这个example-etcd-cluster.yaml文件里描述的，是一个三节点etcd集群。它被提交给Kubernetes之后，etcd的3个Pod就会运行起来，如下所示：

```
$ kubectl get pods
NAME                              READY     STATUS    RESTARTS   AGE
example-etcd-cluster-dp8nqtjznc   1/1       Running     0          1m
example-etcd-cluster-mbzlg6sd56   1/1       Running     0          2m
example-etcd-cluster-v6v6s6stxd   1/1       Running     0          2m
```

那么，究竟发生了什么，让创建一个etcd集群的工作变得如此简单？

当然，这还得从这个example-etcd-cluster.yaml文件说起。不难想到，这个文件里定义的正是`EtcdCluster`这个CRD的一个具体实例，也就是一个CR。它的内容非常简单，如下所示：

```
apiVersion: "etcd.database.coreos.com/v1beta2"
kind: "EtcdCluster"
metadata:
  name: "example-etcd-cluster"
spec:
  size: 3
  version: "3.2.13"
```

可以看到，`EtcdCluster`的`spec`字段非常简单。其中，`size=3`指定了它所描述的etcd集群的节点个数，而`version="3.2.13"`指定了etcd的版本，仅此而已。而真正把这样一个etcd集群创建出来的逻辑，就是etcd Operator要做的主要工作了。

看到这里，相信你应该已经对Operator有了初步的认知：

> Operator的工作原理，实际上是利用Kubernetes的CRD来描述我们想要部署的“有状态应用”；然后在自定义控制器里根据自定义API对象的变化，来完成具体的部署和运维工作。所以，编写etcd Operator与前面编写自定义控制器的过程并无不同。

不过，鉴于有的读者可能不太清楚etcd集群的组建方式，所以这里简单介绍这部分知识。

etcd Operator部署etcd集群，采用的是静态（static）集群的方式。静态集群的好处是，不必依赖额外的服务发现机制来组建集群，非常适合本地容器化部署。它的难点在于你必须在部署时就规划好这个集群的拓扑结构，并且能够知道这些节点的固定 IP 地址。比如下面这个例子：

```
$ etcd --name infra0 --initial-advertise-peer-urls http://10.0.1.10:2380 \
  --listen-peer-urls http://10.0.1.10:2380 \
...
  --initial-cluster-token etcd-cluster-1 \
  --initial-cluster infra0=http://10.0.1.10:2380,infra1=http://10.0.1.11:2380,
infra2=http://10.0.1.12:2380 \
  --initial-cluster-state new

$ etcd --name infra1 --initial-advertise-peer-urls http://10.0.1.11:2380 \
  --listen-peer-urls http://10.0.1.11:2380 \
...
  --initial-cluster-token etcd-cluster-1 \
  --initial-cluster infra0=http://10.0.1.10:2380,infra1=http://10.0.1.11:2380,
infra2=http://10.0.1.12:2380 \
  --initial-cluster-state new

$ etcd --name infra2 --initial-advertise-peer-urls http://10.0.1.12:2380 \
  --listen-peer-urls http://10.0.1.12:2380 \
...
  --initial-cluster-token etcd-cluster-1 \
  --initial-cluster infra0=http://10.0.1.10:2380,infra1=http://10.0.1.11:2380,
infra2=http://10.0.1.12:2380 \
  --initial-cluster-state new
```

在这个例子中，我启动了 3 个 etcd 进程，组成了一个三节点 etcd 集群。其中，这些节点启动参数里的--initial-cluster 参数非常值得关注。它的含义是当前节点启动时集群的拓扑结构。说得更详细一点，就是当前这个节点启动时，需要跟哪些节点通信来组成集群。

举个例子，看看上述 infra2 节点的--initial-cluster 的值，如下所示：

```
...
--initial-cluster
infra0=http://10.0.1.10:2380,infra1=http://10.0.1.11:2380,infra2=http://10.0.1.12:
2380 \
```

可以看到，--initial-cluster 参数是由<节点名字>=<节点地址>格式组成的一个数组。上面这个配置的意思就是，当 infra2 节点启动之后，这个 etcd 集群里就会有 infra0、infra1 和 infra2 这 3 个节点。

同时，这些 etcd 节点需要通过 2380 端口进行通信以便组成集群，这也正是上述配置中--listen-peer-urls 字段的含义。此外，一个 etcd 集群还需要用--initial-cluster-token 字段来声明一个该集群独一无二的 Token 名字。

像这样为每一个 etcd 节点配置好对应的启动参数之后并启动，一个 etcd 集群就可以自动组建起来了。

而我们要编写的 etcd Operator 就是要把上述过程自动化。这其实等同于用代码生成每个 etcd

节点 Pod 的启动命令，然后把它们启动起来。接下来实践一下这个流程。

当然，在编写自定义控制器之前，首先需要完成 EtcdCluster 这个 CRD 的定义，它对应的 types.go 文件的主要内容如下所示：

```
// +genclient
// +k8s:deepcopy-gen:interfaces=k8s.io/apimachinery/pkg/runtime.Object

type EtcdCluster struct {
  metav1.TypeMeta   `json:",inline"`
  metav1.ObjectMeta `json:"metadata,omitempty"`
  Spec              ClusterSpec   `json:"spec"`
  Status            ClusterStatus `json:"status"`
}

type ClusterSpec struct {
 Size int `json:"size"`
 ...
}
```

可以看到，EtcdCluster 是一个有 Status 字段的 CRD。这里不必关心 ClusterSpec 里的其他字段，只关注 Size（etcd 集群的大小）字段即可。Size 字段存在就意味着将来如果想调整集群大小，应该直接修改 YAML 文件里 size 的值，并执行 kubectl apply -f。

这样，Operator 就会帮我们完成 etcd 节点的增删操作。这种“scale”能力，也是 etcd Operator 自动化运维 etcd 集群需要实现的主要功能。为了能够支持这个功能，我们就不再像前面那样在 --initial-cluster 参数里固定拓扑结构。

所以，etcd Operator 的实现，虽然选择的也是静态集群，但这个集群的具体组建过程是逐个节点动态添加。

首先，etcd Operator 会创建一个“种子节点”。然后，etcd Operator 会不断创建新的 etcd 节点，并将它们逐一加入这个集群，直到集群的节点数等于 size。

这就意味着，在生成不同角色的 etcd Pod 时，Operator 需要能够区分种子节点与普通节点。而这两种节点的不同之处就在于一个名叫--initial-cluster-state 的启动参数。

- 当这个参数值设为 new 时，就代表该节点是种子节点。前面提到过，种子节点还必须通过--initial-cluster-token 声明一个独一无二的 Token。
- 如果这个参数值设为 existing，则说明该节点是一个普通节点，etcd Operator 需要把它加入已有集群。

接下来的问题就是，每个 etcd 节点的--initial-cluster 字段的值是如何生成的呢?

由于这个方案要求种子节点先启动，因此对于种子节点 infra0 来说，它启动后的集群只有它自己，即--initial-cluster=infra0=http://10.0.1.10:2380。

对于接下来要加入的节点，比如 infra1 来说，它启动后的集群就有两个节点了，所以它的`--initial-cluster` 参数的值应该是：`infra0=http://10.0.1.10:2380,infra1=http://10.0.1.11:2380`。其他节点以此类推。

现在，你就应该能在脑海中构想出上述三节点 etcd 集群的部署过程了。

首先，只要用户提交 YAML 文件时声明创建一个 `EtcdCluster` 对象（一个 etcd 集群），那么 etcd Operator 都应该先创建一个单节点的**种子集群**（seed member）并启动该种子节点。

以 `infra0` 节点为例，它的 IP 地址是 10.0.1.10，那么 etcd Operator 生成的种子节点的启动命令如下所示：

```
$ etcd
  --data-dir=/var/etcd/data
  --name=infra0
  --initial-advertise-peer-urls=http://10.0.1.10:2380
  --listen-peer-urls=http://0.0.0.0:2380
  --listen-client-urls=http://0.0.0.0:2379
  --advertise-client-urls=http://10.0.1.10:2379
  --initial-cluster=infra0=http://10.0.1.10:2380
  --initial-cluster-state=new
  --initial-cluster-token=4b5215fa-5401-4a95-a8c6-892317c9bef8
```

可以看到，这个种子节点的 `initial-cluster-state` 是 `new`，并且指定了唯一的 `initial-cluster-token` 参数。

我们可以把这个创建种子节点（集群）的阶段称为：Bootstrap。

然后，对于其他每一个节点，Operator 只需要执行如下两个操作即可，以 `infra1` 为例。

第一步：通过 etcd 命令行添加一个新成员：

```
$ etcdctl member add infra1 http://10.0.1.11:2380
```

第二步：为这个成员节点生成对应的启动参数，并启动它：

```
$ etcd
    --data-dir=/var/etcd/data
    --name=infra1
    --initial-advertise-peer-urls=http://10.0.1.11:2380
    --listen-peer-urls=http://0.0.0.0:2380
    --listen-client-urls=http://0.0.0.0:2379
    --advertise-client-urls=http://10.0.1.11:2379
    --initial-cluster=infra0=http://10.0.1.10:2380,infra1=http://10.0.1.11:2380
    --initial-cluster-state=existing
```

可以看到，对于这个 `infra1` 成员节点来说，它的 `initial-cluster-state` 是 `existing`，即要加入已有集群。而它的 `initial-cluster` 的值变成了 `infra0` 和 `infra1` 两个节点的 IP 地址。

所以，以此类推，不断地将 `infra2` 等后续成员加入集群，直到整个集群的节点数目等于用户指定的 `size`，部署就完成了。

在熟悉了这个部署思路之后，再讲解 etcd Operator 的工作原理就非常简单了。

跟所有自定义控制器一样，etcd Operator 的启动流程也是围绕 Informer 展开的，如下所示：

```
func (c *Controller) Start() error {
  for {
    err := c.initResource()
    ...
 time.Sleep(initRetryWaitTime)
  }
  c.run()
}

func    (c *Controller) run() {
 ...

 _, informer := cache.NewIndexerInformer(source, &api.EtcdCluster{}, 0,
cache.ResourceEventHandlerFuncs{
    AddFunc:    c.onAddEtcdClus,
    UpdateFunc: c.onUpdateEtcdClus,
    DeleteFunc: c.onDeleteEtcdClus,
  }, cache.Indexers{})

  ctx := context.TODO()
  // TODO: 使用工作队列以避免阻塞
  informer.Run(ctx.Done())
}
```

可以看到，etcd Operator 启动要做的第一件事（`c.initResource`）是创建 `EtcdCluster` 对象所需要的 CRD，即前面提到的 `etcdclusters.etcd.database.coreos.com`。这样 Kubernetes 就能够“认识” `EtcdCluster` 这个自定义 API 资源了。

接下来，etcd Operator 会定义一个 `EtcdCluster` 对象的 Informer。

不过，需要注意的是，由于 etcd Operator 的完成时间相对较早，因此其中有些代码的编写方式跟本书介绍的最新编写方式不太一样。在具体实践的时候，应以本书提供的模板为主。

比如，上面代码最后有这样一句注释：

```
// TODO: 使用工作队列以避免阻塞
...
```

也就是说，etcd Operator 并没有用工作队列来协调 Informer 和控制循环。这其实正是 5.13 节留给你的关于工作队列思考题的答案。

具体而言，我们在控制循环里执行的业务逻辑往往比较耗时。比如，创建一个真实的 etcd 集群。而 Informer 的 WATCH 机制对 API 对象变化的响应非常迅速。所以，控制器里的业务逻辑就很可能会拖慢 Informer 的执行周期，甚至可能“阻塞”它。而协调这样两个快、慢任务的一个典型解决方法就是引入一个工作队列。

说明

读者若有兴趣，可以给 etcd Operator 提一个 patch 来修复这个问题。提 PR（Pull Request，代码修改请求）修 TODO，是为开源项目做贡献的一个重要方式。

由于 etcd Operator 里没有工作队列，因此在它的 EventHandler 部分不会有入队操作，直接就是每种事件对应的具体业务逻辑。

不过，etcd Operator 在业务逻辑的实现方式上与常规的自定义控制器略有不同。图 5-11 以流程图的形式展示了这部分的工作原理。

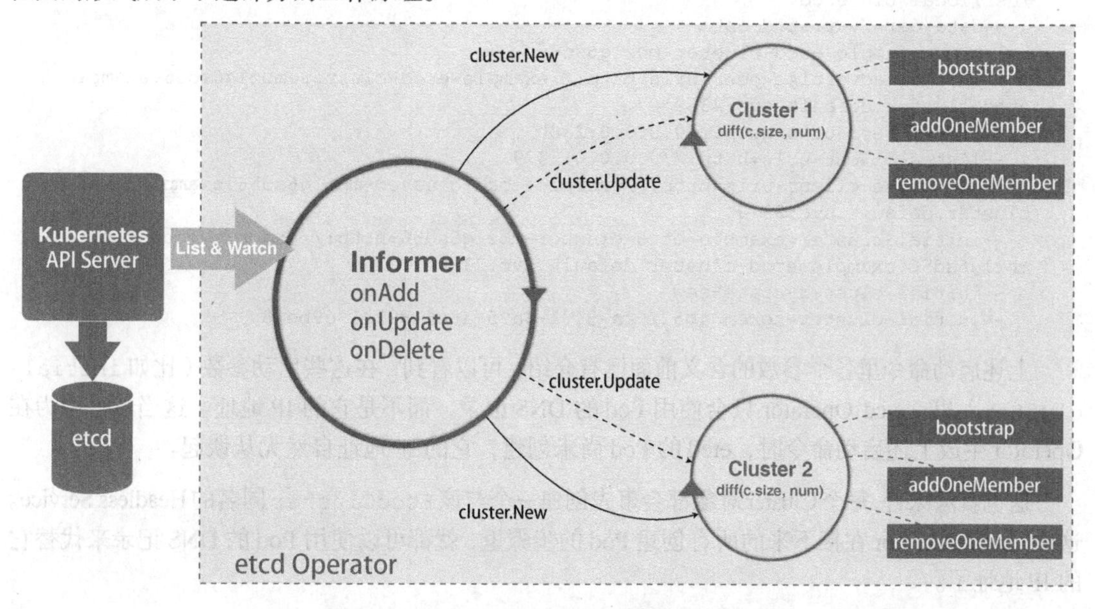

图 5-11　etcd Operator 业务逻辑实现流程图

可以看到，etcd Operator 的特殊之处在于，它为每一个 `EtcdCluster` 对象都启动了一个控制循环，“并发”地响应这些对象的变化。显然，这种做法不仅可以简化 etcd Operator 的代码实现，还有助于提高它的响应速度。

以本节开头的 example-etcd-cluster 的 YAML 文件为例。当这个 YAML 文件第一次被提交到 Kubernetes 之后，etcd Operator 的 Informer 就会立刻“感知”到一个新的 `EtcdCluster` 对象被创建了出来，所以 EventHandler 里的“添加”事件会被触发。

这个 Handler 要进行的操作也很简单，即在 etcd Operator 内部创建一个对应的 Cluster 对象（`cluster.New`），比如图 5-11 里的 Cluster 1。

这个Cluster对象就是一个etcd集群在Operator内部的描述，所以它与真实的etcd集群的生命周期是一致的。而一个Cluster对象需要具体负责两个工作。

其中，第一个工作只在该Cluster对象第一次被创建时才会执行。这个工作就是前面提到的Bootstrap，即创建一个单节点的种子集群。

由于种子集群只有一个节点，因此这一步会直接生成一个etcd的Pod对象。这个Pod里有一个`InitContainer`，负责检查Pod的DNS记录是否正常。如果检查通过，用户容器（etcd容器）就会启动。这个etcd容器最重要的部分当然是它的启动命令了。

以本节一开始部署的集群为例，它的种子节点的容器启动命令如下所示：

```
/usr/local/bin/etcd
  --data-dir=/var/etcd/data
  --name=example-etcd-cluster-mbzlg6sd56
  --initial-advertise-peer-urls=http://example-etcd-cluster-mbzlg6sd56.example-
etcd-cluster.default.svc:2380
  --listen-peer-urls=http://0.0.0.0:2380
  --listen-client-urls=http://0.0.0.0:2379
  --advertise-client-urls=http://example-etcd-cluster-mbzlg6sd56.example-etcd-
cluster.default.svc:2379
  --initial-cluster=example-etcd-cluster-mbzlg6sd56=http://example-etcd-cluster-
mbzlg6sd56.example-etcd-cluster.default.svc:2380
  --initial-cluster-state=new
  --initial-cluster-token=4b5215fa-5401-4a95-a8c6-892317c9bef8
```

上述启动命令里各个参数的含义前面已有介绍。可以看到，在这些启动参数（比如`initial-cluster`）里，etcd Operator只会使用Pod的DNS记录，而不是它的IP地址。这当然是因为在Operator生成上述启动命令时，etcd的Pod尚未创建，它的IP地址自然无从谈起。

这也就意味着，每个Cluster对象都会事先创建一个与该`EtcdCluster`同名的Headless Service。这样，etcd Operator在接下来的所有创建Pod的步骤里，就都可以使用Pod的DNS记录来代替它的IP地址了。

说明

Headless Service的DNS记录格式是：`<pod-name>.<svc-name>.<namespace>.svc.cluster.local`，相关内容见5.6节。

Cluster对象的第二个工作是启动该集群对应的控制循环。这个控制循环会定期执行下面的Diff流程。

首先，控制循环要获取所有正在运行的、属于该集群的Pod数量，也就是该etcd集群的“实际状态”。而这个etcd集群的“期望状态”，正是用户在`EtcdCluster`对象里定义的`size`。所以接下来，控制循环会对比这两个状态的差异。

如果实际的 Pod 数量不够，控制循环就会执行一个添加成员节点的操作（图 5-11 中的 addOneMember 方法）；反之，就会执行删除成员节点的操作（图 5-11 中的 removeOneMember 方法）。

以 addOneMember 方法为例，它执行的流程如下所示。

(1) 生成一个新节点的 Pod 的名字，比如 example-etcd-cluster-v6v6s6stxd。

(2) 调用 etcd Client，执行前面提到的 etcdctl member add example-etcd-cluster-v6v6s6stxd 命令。

(3) 使用这个 Pod 名字和已有的所有节点列表，组合成一个新的 initial-cluster 字段的值。

(4) 使用这个 initial-cluster 的值，生成这个 Pod 里 etcd 容器的启动命令。如下所示：

```
/usr/local/bin/etcd
  --data-dir=/var/etcd/data
  --name=example-etcd-cluster-v6v6s6stxd
  --initial-advertise-peer-urls=http://example-etcd-cluster-v6v6s6stxd.example-
etcd-cluster.default.svc:2380
  --listen-peer-urls=http://0.0.0.0:2380
  --listen-client-urls=http://0.0.0.0:2379
  --advertise-client-urls=http://example-etcd-cluster-v6v6s6stxd.example-etcd-
cluster.default.svc:2379
  --initial-cluster=example-etcd-cluster-mbzlg6sd56=http://example-etcd-cluster-
mbzlg6sd56.example-etcd-cluster.default.svc:2380,example-etcd-cluster-v6v6s6stxd=
http://example-etcd-cluster-v6v6s6stxd.example-etcd-cluster.default.svc:2380
  --initial-cluster-state=existing
```

这样，当这个容器启动之后，一个新的 etcd 成员节点就会加入集群。控制循环会重复这个过程，直到正在运行的 Pod 数量与 EtcdCluster 指定的 size 一致。

在有了这样一个与 EtcdCluster 对象一一对应的控制循环之后，后续对这个 EtcdCluster 的任何修改，比如修改 size 或者 etcd 的版本，它们对应的更新事件都会由这个 Cluster 对象的控制循环进行处理。

以上就是 etcd Operator 的工作原理。

如果对比 etcd Operator 与 5.8 节讲过的 MySQL StatefulSet，你可能会有两个问题。

第一个问题是，在 StatefulSet 里，它为 Pod 创建的名字是带编号的，这样就固定了整个集群的拓扑状态（比如一个三节点集群一定是由名叫 web-0、web-1 和 web-2 的 3 个 Pod 组成的）。可是，在 etcd Operator 里为什么使用随机名字就可以呢？

这是因为，etcd Operator 在每次添加 etcd 节点时，都会先执行 etcdctl member add <Pod 名字>；每次删除节点时，则会执行 etcdctl member remove <Pod 名字>。这些操作其实就会更新 etcd 内部维护的拓扑信息，所以 etcd Operator 无须在集群外部通过编号来固定这个拓扑关系。

第二个问题是，为什么我没有在 EtcdCluster 对象里声明 PV？难道不担心节点宕机之后 etcd 的数据丢失吗？

我们知道，etcd 是一个基于 Raft 协议实现的高可用 Key-Value 存储。根据 Raft 协议的设计原则，当 etcd 集群里只有半数以下（在我们的例子里，少于等于 1 个）的节点失效时，当前集群依然可以正常工作。此时，etcd Operator 只需要通过控制循环创建出新的 Pod，然后将它们加入现有集群，就完成了“期望状态”与“实际状态”的调谐工作。这个集群是一直可用的。

说明

关于 etcd 的工作原理和 Raft 协议的设计思想，可以阅读孙健波的博客文章《etcd：从应用场景到实现原理的全方位解读》。

但是，当这个 etcd 集群里有半数以上（在我们的例子里，多于等于两个）的节点失效时，这个集群就会丧失写入数据的能力，从而进入“不可用”状态。此时，即使 etcd Operator 创建出新的 Pod，etcd 集群本身也无法自动恢复。此时就必须使用 etcd 本身的备份数据来对集群进行恢复操作。

有了 Operator 机制之后，上述 etcd 的备份操作是由一个单独的 etcd Backup Operator 负责完成的。

创建和使用这个 Operator 的流程如下所示：

```
# 首先，创建 etcd-backup-operator
$ kubectl create -f example/etcd-backup-operator/deployment.yaml

# 确认 etcd-backup-operator 已经在正常运行
$ kubectl get pod
NAME                                    READY     STATUS    RESTARTS   AGE
etcd-backup-operator-1102130733-hhgt7   1/1       Running   0          3s

# 可以看到，Backup Operator 会创建一个叫 etcdbackups 的 CRD
$ kubectl get crd
NAME                                    KIND
etcdbackups.etcd.database.coreos.com
CustomResourceDefinition.v1beta1.apiextensions.k8s.io

# 这里要使用 AWS S3 来存储备份，所以需要在文件里配置 S3 的授权信息
$ cat $AWS_DIR/credentials
[default]
aws_access_key_id = XXX
aws_secret_access_key = XXX

$ cat $AWS_DIR/config
[default]
region = <region>
```

```
# 然后，将上述授权信息制作成一个 Secret
$ kubectl create secret generic aws --from-file=$AWS_DIR/credentials
--from-file=$AWS_DIR/config

# 使用上述 S3 的访问信息创建一个 EtcdBackup 对象
$ sed -e 's|<full-s3-path>|mybucket/etcd.backup|g' \
    -e 's|<aws-secret>|aws|g' \
    -e 's|<etcd-cluster-endpoints>|"http://example-etcd-cluster-client:2379"|g' \
    example/etcd-backup-operator/backup_cr.yaml \
    | kubectl create -f -
```

需要注意的是，每当创建一个 `EtcdBackup` 对象（backup_cr.yaml），就相当于为它指定的 etcd 集群做了一次备份。`EtcdBackup` 对象的 `etcdEndpoints` 字段会指定它要备份的 etcd 集群的访问地址。所以，在实际环境中，建议把最后这个备份操作编写成一个 Kubernetes 的 CronJob，以便定时运行。

当 etcd 集群发生故障之后，你就可以通过创建一个 `EtcdRestore` 对象来完成恢复操作。当然，这就意味着你需要事先启动 etcd Restore Operator。

这个流程的完整过程如下所示：

```
# 创建 etcd-restore-operator
$ kubectl create -f example/etcd-restore-operator/deployment.yaml

# 确认它已经正常运行
$ kubectl get pods
NAME                                     READY     STATUS    RESTARTS   AGE
etcd-restore-operator-4203122180-npn3g   1/1       Running   0          7s

# 创建一个 EtcdRestore 对象来帮助 Etcd Operator 恢复数据，记得替换模板里 S3 的访问信息
$ sed -e 's|<full-s3-path>|mybucket/etcd.backup|g' \
    -e 's|<aws-secret>|aws|g' \
    example/etcd-restore-operator/restore_cr.yaml \
    | kubectl create -f -
```

上面例子里的 `EtcdRestore` 对象（restore_cr.yaml）会指定它要恢复的 etcd 集群的名字和备份数据所在的 S3 存储的访问信息。

当一个 `EtcdRestore` 对象成功创建后，etcd Restore Operator 就会通过上述信息恢复一个全新的 etcd 集群。然后，etcd Operator 会直接接管这个新集群，从而重新进入可用状态。

`EtcdBackup` 和 `EtcdRestore` 这两个 Operator 的工作原理与 etcd Operator 的实现方式非常类似，你可以自行探索。

小结

本节以 etcd Operator 为例，介绍了一个 Operator 的工作原理和编写过程。可以看到，etcd 集群本身就拥有良好的分布式设计和一定的高可用能力。在这种情况下，StatefulSet “为 Pod 编号”

和“将Pod同PV绑定”这两个主要特性就不太有用武之地了。

相比之下，etcd Operator把一个etcd集群抽象成了一个具有一定“自治能力”的整体。而当这个“自治能力”本身不足以解决问题时，我们可以通过两个专门负责备份和恢复的Operator进行修正。这种实现方式不仅更贴近etcd的设计思想，编程上也更友好。

不过，如果现在要部署的应用既需要用StatefulSet的方式维持拓扑状态和存储状态，又要做大量编程工作，那该如何选择呢？

其实，Operator和StatefulSet并不是竞争关系。你完全可以编写一个Operator，然后在Operator的控制循环里创建和控制StatefulSet而不是Pod。比如，业界知名的Prometheus项目的Operator正是这么实现的。

此外，Red Hat公司收购CoreOS公司之后，已经把Operator的编写过程封装成了一个叫作Operator SDK的工具（整个项目叫作Operator Framework），它可以帮你生成Operator的框架代码。若有兴趣，可以试用一下。

思考题

在Operator的实现过程中，我们再次用到了CRD。可是，一定要明白，CRD并不是万能的，它对于很多场景不适用，还有性能瓶颈。你能列举出一些不适用CRD的场景吗？你知道造成CRD性能瓶颈的主要原因是什么吗？

第 6 章

Kubernetes 存储原理

6.1 持久化存储：PV 和 PVC 的设计与实现原理

上一章重点分析了 Kubernetes 的各种编排能力。从中你应该已经发现，容器化一个应用比较麻烦的地方莫过于管理其状态，而最常见的状态又莫过于存储状态了。

所以，从本节开始就专门剖析 Kubernetes 项目处理容器持久化存储的核心原理，帮助你更好地理解和掌握这部分内容。

首先，回忆一下 5.7 节讲解 StatefulSet 如何管理存储状态时，介绍过的 PV 和 PVC 这套持久化存储体系。其中，PV 描述的是持久化存储数据卷。这个 API 对象主要定义的是一个持久化存储在宿主机上的目录，比如一个 NFS 的挂载目录。

通常情况下，运维人员事先在 Kubernetes 集群里创建 PV 对象以待用。比如，运维人员可以定义一个 NFS 类型的 PV，如下所示：

```
apiVersion: v1
kind: PersistentVolume
metadata:
  name: nfs
spec:
  storageClassName: manual
  capacity:
    storage: 1Gi
  accessModes:
    - ReadWriteMany
  nfs:
    server: 10.244.1.4
    path: "/"
```

PVC 描述的是 Pod 所希望使用的持久化存储的属性。比如，Volume 存储的大小、可读写权限等。

PVC 对象通常由平台的用户创建，或者以 PVC 模板的方式成为 StatefulSet 的一部分，然后由 StatefulSet 控制器负责创建带编号的 PVC。

比如，用户可以声明一个 1 GiB 大小的 PVC，如下所示：

```
apiVersion: v1
kind: PersistentVolumeClaim
metadata:
  name: nfs
spec:
  accessModes:
    - ReadWriteMany
  storageClassName: manual
  resources:
    requests:
      storage: 1Gi
```

用户创建的 PVC 要真正被容器使用，就必须先和某个符合条件的 PV 进行绑定。这里要检查以下两个条件。

- 第一个条件当然是 PV 和 PVC 的 spec 字段。比如，PV 的存储（storage）大小必须满足 PVC 的要求。
- 第二个条件是 PV 和 PVC 的 storageClassName 字段必须一样。稍后会专门介绍该机制。

在成功地将 PVC 和 PV 进行绑定之后，Pod 就能够像使用 hostPath 等常规类型的 Volume 一样，在自己的 YAML 文件里声明使用这个 PVC 了，如下所示：

```
apiVersion: v1
kind: Pod
metadata:
  labels:
    role: web-frontend
spec:
  containers:
  - name: web
    image: nginx
    ports:
      - name: web
        containerPort: 80
    volumeMounts:
        - name: nfs
          mountPath: "/usr/share/nginx/html"
  volumes:
  - name: nfs
    persistentVolumeClaim:
      claimName: nfs
```

可以看到，Pod 需要做的，就是在 volumes 字段里声明自己要使用的 PVC 名字。接下来，等这个 Pod 创建之后，kubelet 就会把该 PVC 所对应的 PV，即一个 NFS 类型的 Volume，挂载在这个 Pod 容器内的目录上。

不难看出，PVC 和 PV 的设计其实跟“面向对象”的思想非常类似。可以把 PVC 理解为持久化存储的“接口”，它提供了对某种持久化存储的描述，但不提供具体的实现；而这个持久化存储的实现部分由 PV 负责完成。

这样做的好处是，平台的用户只需要跟 PVC 这个“接口”打交道，而不必关心具体的实现是 NFS 还是 Ceph。毕竟这些存储相关的知识太专业了，应该交给专业的人去做。

在以上讲述中，其实还有一种比较棘手的情况。比如，你在创建 Pod 时，系统里并没有合适的 PV 跟它定义的 PVC 绑定，即此时容器想使用的 Volume 不存在，这样 Pod 的启动就会报错。

但是，过了一会儿，平台运维人员也发现了这个情况，所以他赶紧创建了一个对应的 PV。此时，我们当然希望 Kubernetes 能够再次完成 PVC 和 PV 的绑定操作，从而启动 Pod。

所以，在 Kubernetes 中实际上存在一个专门处理持久化存储的控制器，叫作 Volume Controller。它维护着多个控制循环，其中一个循环扮演的就是撮合 PV 和 PVC 的“红娘”的角色，名叫 PersistentVolumeController。

PersistentVolumeController 会不断查看当前每一个 PVC 是否已经处于 Bound（已绑定）状态。如果不是，它就会遍历所有可用的 PV，并尝试将其与这个“单身”的 PVC 进行绑定。这样，Kubernetes 就可以保证用户提交的每一个 PVC，只要有合适的 PV 出现，就能很快地进入绑定状态，从而结束“单身”之旅。

所谓将一个 PV 与 PVC 进行“绑定”，其实就是将这个 PV 对象的名字填在了 PVC 对象的 `spec.volumeName` 字段上。所以，接下来 Kubernetes 只要获取这个 PVC 对象，就一定能够找到它所绑定的 PV。

那么，这个 PV 对象是如何变成容器里的一个持久化存储的呢？前面讲解容器基础时详细剖析了容器 Volume 的挂载机制。用一句话总结，所谓容器的 Volume，其实就是将一个宿主机上的目录跟一个容器里的目录绑定挂载在了一起。

所谓的“持久化 Volume”，指的就是该宿主机上的目录具备“持久性”，即该目录里面的内容既不会因为容器的删除而被清理，也不会跟当前的宿主机绑定。这样，当容器重启或在其他节点上重建之后，它仍能通过挂载这个 Volume 访问到这些内容。

显然，前面使用的 `hostPath` 和 `emptyDir` 类型的 Volume 并不具备这个特征：它们既可能被 kubelet 清理，也不能“迁移”到其他节点上。

所以，大多数情况下，持久化 Volume 的实现往往依赖一个远程存储服务，比如远程文件存储（像 NFS、GlusterFS）、远程块存储（像公有云提供的远程磁盘）等。

而 Kubernetes 需要做的，就是使用这些存储服务来为容器准备一个持久化的宿主机目录，以供将来进行绑定挂载时使用。所谓“持久化”，指的是容器在该目录里写入的文件都会保存在远程存储中，从而使得该目录具备了“持久性”。

可以把这个准备“持久化”宿主机目录的过程形象地称为“两阶段处理”。下面举例说明。

1. 第一阶段

当一个 Pod 调度到一个节点上之后，kubelet 就要负责为这个 Pod 创建它的 Volume 目录。默认情况下，kubelet 为 Volume 创建的目录是一个宿主机上的路径，如下所示：

```
/var/lib/kubelet/pods/<Pod 的 ID>/volumes/kubernetes.io~<Volume 类型>/<Volume 名字>
```

接下来，kubelet 要进行的操作就取决于你的 Volume 类型了。

如果你的 Volume 类型是远程块存储，比如 Google Cloud 的 Persistent Disk（GCE 提供的远程磁盘服务），那么 kubelet 就需要先调用 Goolge Cloud 的 API，将它提供的 Persistent Disk 挂载到 Pod 所在的宿主机上。

> **说明**
>
> 如果你不太了解块存储的话，可以简单地把它理解为一块磁盘。

这相当于执行：

```
$ gcloud compute instances attach-disk <虚拟机名字> --disk <远程磁盘名字>
```

这一步为虚拟机挂载远程磁盘的操作，对应的正是“两阶段处理”的第一阶段。在 Kubernetes 中，该阶段称为 Attach。

2. 第二阶段

Attach 阶段完成后，为了能够使用该远程磁盘，kubelet 还要格式化这个磁盘设备，然后把它挂载到宿主机指定的挂载点上。不难理解，这个挂载点正是前面反复提到的 Volume 的宿主机目录。所以，这一步相当于执行：

```
# 通过 lsblk 命令获取磁盘设备 ID
$ sudo lsblk
# 格式化成 ext4 格式
$ sudo mkfs.ext4 -m 0 -F -E lazy_itable_init=0,lazy_journal_init=0,discard /dev/<磁
盘设备 ID>
# 挂载到挂载点
$ sudo mkdir -p /var/lib/kubelet/pods/<Pod 的 ID>/volumes/kubernetes.io~<Volume 类
型>/<Volume 名字>
```

这个将磁盘设备格式化并挂载到 Volume 宿主机目录的操作，对应的正是“两阶段处理”的第二个阶段，一般称为 Mount。

Mount 阶段完成后，这个 Volume 的宿主机目录就是一个“持久化”的目录了，容器在其中写入的内容会保存在 Google Cloud 的远程磁盘中。

如果你的 Volume 类型是远程文件存储（比如 NFS），kubelet 的处理过程会更简单一些。

原因是在这种情况下，kubelet 可以跳过“第一阶段”（Attach）的操作，因为远程文件存储

一般没有一个“存储设备”需要挂载在宿主机上。所以，kubelet会直接从“第二阶段”（Mount）开始准备宿主机上的Volume目录。

在这一步，kubelet需要作为client将远端NFS服务器的目录（比如“/”目录）挂载到Volume的宿主机目录上，相当于执行如下命令：

```
$ mount -t nfs <NFS服务器地址>:/ /var/lib/kubelet/pods/<Pod的ID>/volumes/kubernetes.io~<Volume类型>/<Volume名字>
```

通过这个挂载操作，Volume的宿主机目录就成了一个远程NFS目录的挂载点，后面你在该目录里写入的所有文件都会保存在远程NFS服务器上。所以，我们也就完成了对这个Volume宿主机目录的“持久化”。

现在你可能会有疑问：Kubernetes是如何定义和区分这两个阶段的呢？

其实很简单，在具体的Volume插件的实现接口上，Kubernetes分别给这两个阶段提供了不同的参数列表。

- 对于“第一阶段”（Attach），Kubernetes提供的可用参数是`nodeName`，即宿主机的名字。
- 对于“第二阶段”（Mount），Kubernetes提供的可用参数是`dir`，即Volume的宿主机目录。

所以，只需要根据自己的需求选择和实现存储插件即可。后面关于编写存储插件的部分会深入讲解此过程。

经过了“两阶段处理”，我们就得到了一个“持久化”的Volume宿主机目录。所以，接下来kubelet只要把这个Volume目录通过CRI里的Mounts参数传递给Docker，然后就可以为Pod里的容器挂载这个“持久化”的Volume了。其实，这一步相当于执行了如下命令：

```
$ docker run -v /var/lib/kubelet/pods/<Pod的ID>/volumes/kubernetes.io~<Volume类型>/<Volume名字>:/<容器内的目标目录> 我的镜像...
```

以上就是Kubernetes处理PV的具体原理。

说明

相应地，在删除一个PV时，Kubernetes也需要Unmount和Detach两个阶段来处理。此过程不再赘述，“反向操作”即可。

实际上，你可能已经发现，这个PV的处理流程似乎跟Pod以及容器的启动流程没有太多耦合，只要kubelet在向Docker发起CRI请求之前，确保“持久化”的宿主机目录已经处理完毕即可。

所以，在Kubernetes中，上述关于PV的“两阶段处理”流程是靠独立于kubelet主控制循环（kubelet sync loop）的两个控制循环来实现的。

其中，“第一阶段”的 Attach（以及 Detach）操作，是由 Volume Controller 负责维护的，这个控制循环叫作 AttachDetachController。它的作用就是不断检查每一个 Pod 对应的 PV 和该 Pod 所在宿主机之间的挂载情况，从而决定是否需要对这个 PV 进行 Attach（或者 Detach）操作。

需要注意，作为 Kubernetes 内置的控制器，Volume Controller 自然是 kube-controller-manager 的一部分。所以，AttachDetachController 也一定是在 Master 节点上运行的。当然，Attach 操作只需要调用公有云或者具体存储项目的 API，无须在具体的宿主机上执行操作，所以这个设计没有任何问题。

“第二阶段”的 Mount（以及 Unmount）操作，必须发生在 Pod 对应的宿主机上，所以它必须是 kubelet 组件的一部分。这个控制循环叫作 VolumeManagerReconciler。它运行起来之后，是一个独立于 kubelet 主循环的 Goroutine。

通过将 Volume 的处理同 kubelet 的主循环解耦，Kubernetes 就避免了这些耗时的远程挂载操作拖慢 kubelet 的主控制循环，进而导致 Pod 的创建效率大幅下降的问题。实际上，kubelet 的一个主要设计原则就是，它的主控制循环绝对不可以被阻塞。后续讲解容器运行时的时候还会提到该思想。

在了解了 Kubernetes 的 Volume 处理机制之后，下面介绍这个体系里最后一个重要概念：StorageClass。

前面介绍 PV 和 PVC 时曾提到，PV 这个对象的创建是由运维人员完成的。但是，在大规模的生产环境中，这项工作其实非常麻烦。这是因为，一个大规模的 Kubernetes 集群里很可能有成千上万个 PVC，这就意味着运维人员必须事先创建出成千上万个 PV。更麻烦的是，随着新的 PVC 不断被提交，运维人员不得不继续添加新的、能满足条件的 PV，否则新的 Pod 就会因为 PVC 绑定不到 PV 而失败。在实际操作中，这几乎无法靠人工完成。

所以，Kubernetes 提供了一套可以自动创建 PV 的机制：Dynamic Provisioning。相比之下，前面人工管理 PV 的方式就叫作 Static Provisioning。Dynamic Provisioning 机制工作的核心在于一个名为 StorageClass 的 API 对象。StorageClass 对象的作用其实就是创建 PV 的模板。

具体而言，StorageClass 对象会定义如下两部分内容。

- PV 的属性，比如存储类型、Volume 的大小等。
- 创建这种 PV 需要用到的存储插件，比如 Ceph 等。

有了这样两项信息之后，Kubernetes 就能根据用户提交的 PVC 找到一个对应的 StorageClass 了。然后，Kubernetes 就会调用该 StorageClass 声明的存储插件，创建出需要的 PV。

举个例子，假如我们的 Volume 的类型是 GCE 的 Persistent Disk，运维人员就需要定义一个如下所示的 StorageClass：

```
apiVersion: storage.k8s.io/v1
kind: StorageClass
```

```
metadata:
  name: block-service
provisioner: kubernetes.io/gce-pd
parameters:
  type: pd-ssd
```

在这个 YAML 文件里，我们定义了一个名为 block-service 的 StorageClass。

该 StorageClass 的 provisioner 字段的值是 kubernetes.io/gce-pd，这正是 Kubernetes 内置的 GCE PD 存储插件的名字。而这个 StorageClass 的 parameters 字段，就是 PV 的参数。比如，上面例子中的 type=pd-ssd，指的是该 PV 的类型是“SSD 格式的 GCE 远程磁盘”。

需要注意的是，由于需要使用 GCE Persistent Disk，因此上面这个例子只有在 GCE 提供的 Kubernetes 服务里才能实践。如果你想使用之前部署在本地的 Kubernetes 集群以及 Rook 存储服务，你的 StorageClass 需要使用如下所示的 YAML 文件来定义：

```
apiVersion: ceph.rook.io/v1beta1
kind: Pool
metadata:
  name: replicapool
  namespace: rook-ceph
spec:
  replicated:
    size: 3
---
apiVersion: storage.k8s.io/v1
kind: StorageClass
metadata:
   name: block-service
provisioner: ceph.rook.io/block
parameters:
  pool: replicapool
  #The value of "clusterNamespace" MUST be the same as the one in which your rook cluster
exist
  clusterNamespace: rook-ceph
```

在这个 YAML 文件中，我们定义的还是一个名为 block-service 的 StorageClass，只不过它声明使用的存储插件是由 Rook 项目提供的。

有了 StorageClass 的 YAML 文件之后，运维人员就可以在 Kubernetes 里创建这个 StorageClass 了：

```
$ kubectl create -f sc.yaml
```

此时，作为应用开发者，我们只需要在 PVC 里指定要使用的 StorageClass 名字即可，如下所示：

```
apiVersion: v1
kind: PersistentVolumeClaim
metadata:
  name: claim1
```

```
spec:
  accessModes:
    - ReadWriteOnce
  storageClassName: block-service
  resources:
    requests:
      storage: 30Gi
```

可以看到，我们在这个 PVC 里添加了一个叫作 storageClassName 的字段，用于指定该 PVC 所要使用的 StorageClass 的名字是：block-service。

以 Google Cloud 为例。当我们通过 kubectl create 创建上述 PVC 对象之后，Kubernetes 就会调用 Google Cloud 的 API，创建出一块 SSD 格式的 Persistent Disk。然后，再使用这个 Persistent Disk 的信息，自动创建出一个对应的 PV 对象。

下面实践该过程（使用 Rook 的话流程相同，只不过 Rook 创建出的是 Ceph 类型的 PV）：

```
$ kubectl create -f pvc.yaml
```

可以看到，我们创建的 PVC 会绑定一个 Kubernetes 自动创建的 PV，如下所示：

```
$ kubectl describe pvc claim1
Name:           claim1
Namespace:      default
StorageClass:   block-service
Status:         Bound
Volume:         pvc-e5578707-c626-11e6-baf6-08002729a32b
Labels:         <none>
Capacity:       30Gi
Access Modes:   RWO
No Events.
```

而且，查看这个自动创建的 PV 的属性，可以看到它跟我们在 PVC 里声明的存储的属性一致，如下所示：

```
$ kubectl describe pv pvc-e5578707-c626-11e6-baf6-08002729a32b
Name:            pvc-e5578707-c626-11e6-baf6-08002729a32b
Labels:          <none>
StorageClass:    block-service
Status:          Bound
Claim:           default/claim1
Reclaim Policy:  Delete
Access Modes:    RWO
Capacity:        30Gi
...
No events.
```

这个自动创建出来的 PV 的 StorageClass 字段的值也是 block-service。这是因为 Kubernetes 只会将 StorageClass 相同的 PVC 和 PV 绑定在一起。

有了 Dynamic Provisioning 机制，运维人员只需在 Kubernetes 集群里创建出数量有限的 StorageClass 对象即可，这就好比运维人员在 Kubernetes 集群里创建出了各种 PV 模板。这样，当开发人员提交了包含 StorageClass 字段的 PVC 之后，Kubernetes 就会根据这个 StorageClass 创建出对应的 PV。

Kubernetes 的官方文档里列出了默认支持 Dynamic Provisioning 的内置存储插件。对于文档未涵盖的插件，比如 NFS 或者其他非内置存储插件，你可以通过 kubernetes-incubator/external-storage 这个库自己编写一个外部插件来完成这个工作。像之前部署的 Rook 已经内置了 external-storage 的实现，所以 Rook 完全支持 Dynamic Provisioning 特性。

需要注意的是，StorageClass 并不是专门为了 Dynamic Provisioning 而设计的。在本节开头的例子里，我在 PV 和 PVC 里都声明了 `storageClassName=manual`，而我的集群里实际上并没有一个名为 `manual` 的 StorageClass 对象。这完全没有问题，此时 Kubernetes 进行的是 Static Provisioning，但在做绑定决策时，它依然会考虑 PV 和 PVC 的 StorageClass 定义。

这么做的好处也很明显：这个 PVC 和 PV 的绑定关系完全在我的掌控之中。

你可能会有疑问：之前讲解 StatefulSet 存储状态的例子时，好像没有声明 StorageClass 啊？

实际上，如果你的集群已经开启了名为 DefaultStorageClass 的 Admission Plugin，它就会为 PVC 和 PV 自动添加一个默认的 StorageClass；否则，PVC 的 `storageClassName` 的值就是`""`，这意味着它只能跟 `storageClassName` 也是`""`的 PV 进行绑定。

小结

本节详细讲解了 PV 和 PVC 的设计与实现原理，并阐述了 StorageClass 的用途。图 6-1 展示了这些概念之间的关系。

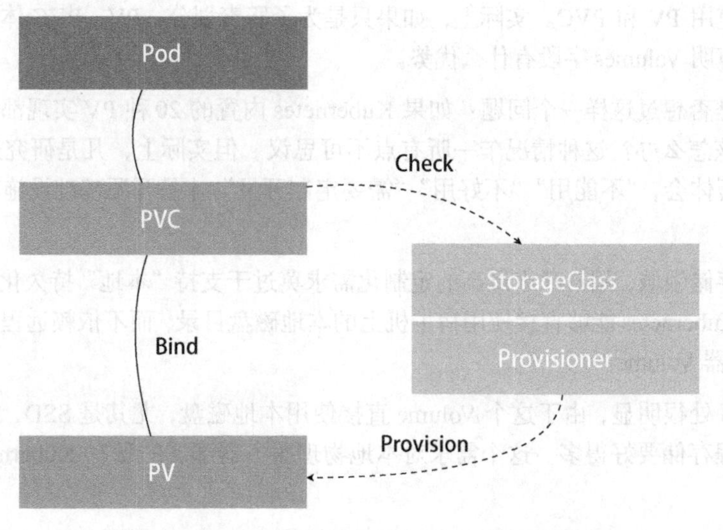

图 6-1 PV、PVC 以及 StorageClass 之间的关系

从图 6-1 中可以看到，在该体系中：

- PVC 描述的是 Pod 想使用的持久化存储的属性，比如存储的大小、读写权限等；
- PV 描述的则是一个具体的 Volume 的属性，比如 Volume 的类型、挂载目录、远程存储服务器地址等；
- StorageClass 的作用则是充当 PV 的模板，并且只有同属于一个 StorageClass 的 PV 和 PVC 才可以绑定在一起；
- 当然，StorageClass 的另一个重要作用是指定 PV 的 Provisioner（存储插件）。此时，如果你的存储插件支持 Dynamic Provisioning，Kubernetes 就可以自动为你创建 PV。

基于上述内容，为了统一概念和方便讲解，后文凡是提到“Volume”，指的就是一个远程存储服务挂载在宿主机上的持久化目录，而“PV”指的是该 Volume 在 Kubernetes 里的 API 对象。

需要注意的是，这套容器持久化存储体系完全是 Kubernetes 项目自己负责管理的，并不依赖 `docker volume` 命令和 Docker 的存储插件。当然，这个体系本身就比 `docker volume` 命令诞生的早得多。

6.2　深入理解本地持久化数据卷

上一节详细讲解了 PV、PVC 持久化存储体系在 Kubernetes 项目中的设计和实现原理，节末留了一个思考题：像 PV、PVC 这样的用法，是否有“过度设计”的嫌疑？

比如，公司的运维人员可以像往常一样维护一套 NFS 或者 Ceph 服务器，根本不必学习 Kubernetes。开发人员则完全可以靠“复制粘贴”的方式，在 Pod 的 YAML 文件里填上 Volumes 字段，而无须使用 PV 和 PVC。实际上，如果只是为了职责划分，PV、PVC 体系确实不见得比直接在 Pod 里声明 Volumes 字段有什么优势。

不过，你是否想过这样一个问题：如果 Kubernetes 内置的 20 种 PV 实现都无法满足你的容器存储需求，该怎么办？这种情况乍一听有点不可思议。但实际上，凡是研究过开源项目的读者，应该都有所体会，“不能用”“不好用”“需要定制开发”才是开源基础设施项目落地的三大常态。

在持久化存储领域，用户呼声最高的定制化需求莫过于支持“本地”持久化存储了。也就是说，用户希望 Kubernetes 能够直接使用宿主机上的本地磁盘目录，而不依赖远程存储服务来提供“持久化”的容器 Volume。

这样做的好处很明显，由于这个 Volume 直接使用本地磁盘，尤其是 SSD，因此它的读写性能比大多数远程存储要好得多。这个需求对本地物理服务器部署的私有 Kubernetes 集群来说很常见。

所以，Kubernetes 在 v1.10 之后就逐渐依靠 PV、PVC 体系实现了这个特性：Local PV（本地持久化数据卷）。

不过，首先需要明确的是，Local PV 并不适用于所有应用。事实上，它的适用范围非常固定，比如高优先级的系统应用，需要在多个节点上存储数据，并且对 I/O 有较高要求。典型的应用包括：分布式数据存储，比如 MongoDB、Cassandra 等，分布式文件系统，比如 GlusterFS、Ceph 等，以及需要在本地磁盘上进行大量数据缓存的分布式应用。

其次，相比正常的 PV，一旦这些节点宕机且不能恢复时，Local PV 的数据就可能丢失。这就要求使用 Local PV 的应用必须具备备份和恢复数据的能力，允许把这些数据定时备份在别处。

接下来深入讲解这个特性。

不难想象，Local PV 的设计主要面临两个难点。

第一个难点：如何把本地磁盘抽象成 PV。

可能你会说，Local PV 不就等同于 `hostPath` 加 `nodeAffinity` 吗？比如，一个 Pod 可以声明使用类型为 Local 的 PV，而该 PV 其实就是一个 `hostPath` 类型的 Volume。如果这个 `hostPath` 对应的目录已经在节点 A 上事先创建好了，那么只需要再给这个 Pod 加上一个 `nodeAffinity=nodeA`，不就可以使用这个 Volume 了吗？

事实上，绝不应该把宿主机上的目录用作 PV。这是因为这种本地目录的存储行为完全不可控，它所在的磁盘随时都可能被应用写满，甚至造成整个宿主机宕机。而且，不同本地目录之间也缺乏哪怕最基础的 I/O 隔离机制。

所以，一个 Local PV 对应的存储介质，一定是一块额外挂载在宿主机上的磁盘或者块设备（“额外”的意思是它不应该是宿主机根目录使用的主硬盘）。可以把这项原则称为“一个 PV 一块盘”。

第二个难点：调度器如何保证 Pod 始终能被正确地调度到它所请求的 Local PV 所在的节点上？

这个问题的根源在于，对于常规的 PV 来说，Kubernetes 都是先将 Pod 调度到某个节点上，然后通过“两阶段处理”来“持久化”这台机器上的 Volume 目录，进而完成 Volume 目录与容器的绑定挂载。

可是，对于 Local PV 来说，节点上可用的磁盘（或者块设备）必须是运维人员提前准备好的。它们在不同节点上的挂载情况可以完全不同，甚至有的节点可以没有这种磁盘。

所以，此时调度器就必须能够知道所有节点与 Local PV 对应的磁盘的关联关系，然后根据这项信息来调度 Pod。

可以把这项原则称为“在调度的时候考虑 Volume 分布”。在 Kubernetes 的调度器里，有一个叫作 VolumeBindingChecker 的过滤条件专门负责此事。在 Kubernetes v1.11 中，这个过滤条件已默认开启。

基于以上讲解，在开始使用 Local PV 之前，首先需要在集群里配置好磁盘或者块设备。在公有云上，这个操作等同于给虚拟机额外挂载一个磁盘，比如 GCE 的 Local SSD 类型的磁盘就是一个典型例子。

在我们部署的私有环境中，完成这个步骤有两种办法。

- 给宿主机挂载并格式化一个可用的本地磁盘，这也是最常规的操作。
- 对于实验环境，其实可以在宿主机上挂载几个内存盘来模拟本地磁盘。

接下来使用第二种方法在之前部署的 Kubernetes 集群上进行实践。

首先，在名叫 node-1 的宿主机上创建一个挂载点，比如/mnt/disks；然后，用几个内存盘模拟本地磁盘，如下所示：

```
# 在node-1上执行
$ mkdir /mnt/disks
$ for vol in vol1 vol2 vol3; do
    mkdir /mnt/disks/$vol
    mount -t tmpfs $vol /mnt/disks/$vol
done
```

需要注意的是，如果想让其他节点也能支持 Local PV，就需要对它们也执行上述操作，并且确保这些磁盘的名字（vol1、vol2 等）不重复。

接下来就可以为这些本地磁盘定义对应的 PV 了，如下所示：

```
apiVersion: v1
kind: PersistentVolume
metadata:
  name: example-pv
spec:
  capacity:
    storage: 5Gi
  volumeMode: Filesystem
  accessModes:
  - ReadWriteOnce
  persistentVolumeReclaimPolicy: Delete
  storageClassName: local-storage
  local:
    path: /mnt/disks/vol1
  nodeAffinity:
    required:
      nodeSelectorTerms:
      - matchExpressions:
        - key: kubernetes.io/hostname
          operator: In
          values:
          - node-1
```

可以看到，在这个 PV 的定义里，`local` 字段指定了它是一个 Local PV，`path` 字段指定了这个 PV 对应的本地磁盘的路径：/mnt/disks/vol1。

当然，这也就意味着如果 Pod 要想使用这个 PV，它就必须在 node-1 上运行。所以，在这个 PV 的定义里，需要有一个 nodeAffinity 字段指定 node-1 这个节点的名字。这样，调度器在调度 Pod 时，就能够知道一个 PV 与节点的对应关系，从而做出正确的选择。这正是 Kubernetes 实现“在调度的时候就考虑 Volume 分布”的主要方法。

接下来就可以使用 kubectl create 来创建这个 PV 了，如下所示：

```
$ kubectl create -f local-pv.yaml
persistentvolume/example-pv created

$ kubectl get pv
NAME       CAPACITY ACCESS MODES  RECLAIM POLICY  STATUS    CLAIM  STORAGECLASS   REASON  AGE
example-pv 5Gi      RWO           Delete          Available        local-storage          16s
```

可以看到，这个 PV 创建后进入了可用状态。

正如上一节建议的那样，使用 PV 和 PVC 的最佳实践是创建一个 StorageClass 来描述这个 PV，如下所示：

```
kind: StorageClass
apiVersion: storage.k8s.io/v1
metadata:
  name: local-storage
provisioner: kubernetes.io/no-provisioner
volumeBindingMode: WaitForFirstConsumer
```

这个 StorageClass 的名字叫作 local-storage。需要注意的是，在它的 provisioner 字段，我们指定的是 no-provisioner。这是因为 Local PV 目前尚不支持 Dynamic Provisioning，所以它无法在用户创建 PVC 时就自动创建对应的 PV。也就是说，前面创建 PV 的操作不可以省略。

与此同时，这个 StorageClass 还定义了一个 volumeBindingMode=WaitForFirstConsumer 的属性。它是 Local PV 里一个非常重要的特性：延迟绑定。

我们知道，当提交了 PV 和 PVC 的 YAML 文件之后，Kubernetes 就会根据二者的属性以及它们指定的 StorageClass 来进行绑定。只有绑定成功后，Pod 才能通过声明这个 PVC 来使用对应的 PV。

可是，如果你使用的是 Local PV，就会发现这个流程根本行不通。

比如，现在有一个 Pod，它声明使用的 PVC 叫作 pvc-1，并且我们规定这个 Pod 只能在 node-2 上运行。而在 Kubernetes 集群中，有两个属性（比如大小、读写权限）相同的 Local 类型的 PV。

其中，第一个 PV 叫作 pv-1，它对应的磁盘所在的节点是 node-1；第二个 PV 叫作 pv-2，它对应的磁盘所在的节点是 node-2。

假设 Kubernetes 的 Volume 控制循环里首先检查到 pvc-1 和 pv-1 的属性是匹配的，于是将二者绑定在一起。然后，你用 kubectl create 创建了这个 Pod。此时问题就出现了。

调度器发现这个 Pod 所声明的 pvc-1 已经绑定了 pv-1，而 pv-1 所在的节点是 node-1，根据“调度器必须在调度的时候就考虑 Volume 分布”的原则，这个 Pod 自然会被调度到 node-1 上。

可是，前面规定这个 Pod 不能在 node-1 上运行。所以，最终这个 Pod 的调度必然会失败。这就是为什么在使用 Local PV 时，必须设法推迟这个“绑定”操作。

那么，具体推迟到什么时候呢？答案是：推迟到调度的时候。

所以，`StorageClass` 里的 `volumeBindingMode=WaitForFirstConsumer` 的含义，就是告诉 Kubernetes 里的 Volume 控制循环（“红娘”）：虽然你已经发现这个 `StorageClass` 关联的 PVC 与 PV 可以绑定在一起，但请不要现在就执行绑定操作（设置 PVC 的 VolumeName 字段）。而要等到第一个声明使用该 PVC 的 Pod 出现在调度器之后，调度器再综合考虑所有调度规则（当然包括每个 PV 所在的节点位置）来统一决定这个 Pod 声明的 PVC 到底应该跟哪个 PV 绑定。

这样，在上面的例子中，由于不允许这个 Pod 在 pv-1 所在的节点 node-1 上运行，因此它的 PVC 最后会跟 pv-2 绑定，并且 Pod 也会被调度到 node-2 上。

所以，通过这个延迟绑定机制，原本实时发生的 PVC 和 PV 的绑定过程，就延迟到了 Pod 第一次调度的时候在调度器中进行，从而保证了这个绑定结果不会影响 Pod 的正常调度。

当然，在具体实现中，调度器实际上维护了一个与 Volume Controller 类似的控制循环，专门负责为那些声明了“延迟绑定”的 PV 和 PVC 进行绑定。

通过这样的设计，这个额外的绑定操作并不会拖慢调度器。而当一个 Pod 的 PVC 尚未完成绑定时，调度器也不会等待，而会直接把这个 Pod 重新放回待调度队列，等到下一个调度周期再处理。

明白了这个机制之后，就可以创建 `StorageClass` 了，如下所示：

```
$ kubectl create -f local-sc.yaml
storageclass.storage.k8s.io/local-storage created
```

接下来，只需要定义一个非常普通的 PVC，Pod 就能用上前面定义好的 Local PV 了，如下所示：

```
kind: PersistentVolumeClaim
apiVersion: v1
metadata:
  name: example-local-claim
spec:
  accessModes:
  - ReadWriteOnce
  resources:
    requests:
      storage: 5Gi
  storageClassName: local-storage
```

可以看到，这个 PVC 没有任何特别之处。唯一需要注意的是，它声明的 `storageClassName`

是 local-storage。所以，将来 Kubernetes 的 Volume Controller“看到”这个 PVC 时，不会为它进行绑定操作。

下面创建这个 PVC：

```
$ kubectl create -f local-pvc.yaml
persistentvolumeclaim/example-local-claim created

$ kubectl get pvc
NAME                  STATUS    VOLUME   CAPACITY   ACCESS MODES   STORAGECLASS    AGE
example-local-claim   Pending                                      local-storage   7s
```

可以看到，尽管此时 Kubernetes 里已经存在了一个可以与 PVC 匹配的 PV，但这个 PVC 依然处于 Pending 状态，即等待绑定的状态。

然后，我们编写一个 Pod 来声明使用这个 PVC，如下所示：

```
kind: Pod
apiVersion: v1
metadata:
  name: example-pv-pod
spec:
  volumes:
    - name: example-pv-storage
      persistentVolumeClaim:
       claimName: example-local-claim
  containers:
    - name: example-pv-container
      image: nginx
      ports:
        - containerPort: 80
          name: "http-server"
      volumeMounts:
        - mountPath: "/usr/share/nginx/html"
          name: example-pv-storage
```

这个 Pod 没有任何特别之处，你只需要注意，它的 volumes 字段声明要使用前面定义的、名叫 example-local-claim 的 PVC 即可。

而一旦使用 kubectl create 创建这个 Pod，就会发现前面定义的 PVC 会立刻变成 Bound 状态，与前面定义的 PV 绑定在了一起，如下所示：

```
$ kubectl create -f local-pod.yaml
pod/example-pv-pod created

$ kubectl get pvc
NAME                  STATUS   VOLUME       CAPACITY   ACCESS MODES   STORAGECLASS    AGE
example-local-claim   Bound    example-pv   5Gi        RWO            local-storage   6h
```

也就是说，在我们创建的 Pod 进入调度器之后，“绑定”操作才开始进行。

此时，我们可以尝试在这个 Pod 的 Volume 目录里创建一个测试文件，比如：

```
$ kubectl exec -it example-pv-pod -- /bin/sh
# cd /usr/share/nginx/html
# touch test.txt
```

然后，登录node-1这台机器，查看它的/mnt/disks/vol1目录下的内容，即可看到刚刚创建的这个文件：

```
# 在node-1上
$ ls /mnt/disks/vol1
test.txt
```

如果重新创建这个Pod，就会发现之前创建的测试文件依然保存在这个PV当中：

```
$ kubectl delete -f local-pod.yaml

$ kubectl create -f local-pod.yaml

$ kubectl exec -it example-pv-pod -- /bin/sh
# ls /usr/share/nginx/html
# touch test.txt
```

这表明像Kubernetes这样构建出来的、基于本地存储的Volume，完全可以提供容器持久化存储的功能。所以，像StatefulSet这样的有状态编排工具，也完全可以通过声明Local类型的PV和PVC来管理应用的存储状态。

需要注意的是，前面手动创建PV的方式，即Static的PV管理方式，在删除PV时需要按如下流程操作：

(1) 删除使用这个PV的Pod；

(2) 从宿主机移除本地磁盘（比如执行Umount操作）；

(3) 删除PVC；

(4) 删除PV。

如果不按照这个流程执行，删除这个PV的操作就会失败。

当然，上面这些创建和删除PV的操作比较烦琐，Kubernetes其实提供了一个Static Provisioner来方便管理这些PV。

比如，现在所有磁盘都挂载在宿主机的/mnt/disks目录下。那么，当Static Provisioner启动后，它就会通过DaemonSet自动检查每台宿主机的/mnt/disks目录；然后调用Kubernetes API，为这些目录下面的每一个挂载创建一个对应的PV对象。这些自动创建的PV如下所示：

```
$ kubectl get pv
NAME              CAPACITY   ACCESSMODES  RECLAIMPOLICY  STATUS      CLAIM
STORAGECLASS   REASON  AGE
local-pv-ce05be60  1024220Ki  RWO          Delete         Available
local-storage           26s
```

```
$ kubectl describe pv local-pv-ce05be60
Name:          local-pv-ce05be60
...
StorageClass:    local-storage
Status:        Available
Claim:
Reclaim Policy:  Delete
Access Modes:    RWO
Capacity:    1024220Ki
NodeAffinity:
  Required Terms:
      Term 0:  kubernetes.io/hostname in [node-1]
Message:
Source:
    Type:    LocalVolume (a persistent volume backed by local storage on a node)
    Path:    /mnt/disks/vol1
```

这个 PV 里的各种定义，比如 StorageClass 的名字、本地磁盘挂载点的位置，都可以通过 provisioner 的配置文件指定。当然，provisioner 也会负责前面提到的 PV 的删除工作。

这个 provisioner 其实也是一个前面提到过的 External Provisioner，它的部署方法在官方文档里有详细描述。这部分内容留给你自行探索。

小结

本节详细介绍了 Kubernetes 中 Local PV 的实现方式。

可以看到，正是通过 PV 和 PVC 以及 StorageClass 这套存储体系，这个后来加入的持久化存储方案对 Kubernetes 已有用户的影响几乎可以忽略不计。作为用户，你的 Pod 的 YAML 和 PVC 的 YAML 并没有发生任何特殊改变，这个特性所有的实现只会影响 PV 的处理，也就是由运维人员负责的那部分工作。而这正是这套存储体系带来的“解耦”的好处。

其实，Kubernetes 很多看起来比较“烦琐”的设计（比如声明式 API 以及本节讲解的 PV、PVC 体系）的主要目的，是希望为开发人员提供更多“可扩展性”，给使用者带来更多“稳定性”和“安全感”。这些是衡量开源基础设施项目水平的重要标准。

思考题

正是由于需要使用“延迟绑定”这个特性，Local PV 目前还不能支持 Dynamic Provisioning。那么为何“延迟绑定”会跟 Dynamic Provisioning 产生冲突呢？

6.3 开发自己的存储插件：FlexVolume 与 CSI

前面详细介绍了 Kubernetes 中的持久化存储体系，讲解了 PV 和 PVC 的具体实现原理，并提到了这样的设计实际上是出于对整个存储体系可扩展性的考虑。本节将介绍如何借助这些机制开发自己的存储插件。

在 Kubernetes 中，开发存储插件有两种方式：FlexVolume 和 CSI。

1. FlexVolume 的原理和使用方法

例如现在要编写一个使用 NFS 实现的 FlexVolume 插件。对于一个 FlexVolume 类型的 PV 来说，它的 YAML 文件如下所示：

```
apiVersion: v1
kind: PersistentVolume
metadata:
  name: pv-flex-nfs
spec:
  capacity:
    storage: 10Gi
  accessModes:
    - ReadWriteMany
  flexVolume:
    driver: "k8s/nfs"
    fsType: "nfs"
    options:
      server: "10.10.0.25" # 改成你自己的NFS服务器地址
      share: "export"
```

可以看到，这个 PV 定义的 Volume 类型是 `flexVolume`。并且，我们指定了这个 Volume 的 `driver` 叫作 `k8s/nfs`。这个名字很重要，稍后解释其含义。

Volume 的 `options` 字段是一个自定义字段。也就是说，它的类型其实是 `map[string]string`。所以，你可以在这一部分自由地加上自定义参数。

在这个例子中，`options` 字段指定了 NFS 服务器的地址（`server: "10.10.0.25"`）以及 NFS 共享目录的名字（`share: "export"`）。当然，这里定义的所有参数后面都会被 FlexVolume 获取。

说明

可以使用 Docker 镜像轻松地部署一个试验用的 NFS 服务器。

像这样的一个 PV 被创建后，一旦和某个 PVC 绑定，这个 FlexVolume 类型的 Volume 就会进入前面讲过的 Volume 处理流程。这个流程叫作“两阶段处理”，即“Attach 阶段”和“Mount 阶段”。它们的主要作用是在 Pod 所绑定的宿主机上完成这个 Volume 目录的持久化过程，比如为虚拟机挂载磁盘（Attach），或者挂载一个 NFS 的共享目录（Mount）。

而在具体的控制循环中，这两个操作实际上调用的正是 Kubernetes 的 pkg/volume 目录下的存储插件（Volume Plugin）。在这个例子里，就是 pkg/volume/flexvolume 这个目录里的代码。

当然了，这个目录其实只是 FlexVolume 插件的入口。以 Mount 阶段为例，在 FlexVolume 目录里，它的处理过程非常简单，如下所示：

```
// SetUpAt 创建新目录
func (f *flexVolumeMounter) SetUpAt(dir string, fsGroup *int64) error {
  ...
  call := f.plugin.NewDriverCall(mountCmd)

  // 接口参数
  call.Append(dir)

  extraOptions := make(map[string]string)

  // Pod metadata
  extraOptions[optionKeyPodName] = f.podName
  extraOptions[optionKeyPodNamespace] = f.podNamespace

  ...

  call.AppendSpec(f.spec, f.plugin.host, extraOptions)

  _, err = call.Run()
  ...

  return nil
}
```

上面这个名叫 SetUpAt()的方法，正是 FlexVolume 插件对 Mount 阶段的实现位置。SetUpAt()实际上只做了一件事：封装出了一行命令（NewDriverCall），由 kubelet 在 Mount 阶段执行。

在这个例子中，kubelet 要通过插件在宿主机上执行如下命令：

```
/usr/libexec/kubernetes/kubelet-plugins/volume/exec/k8s~nfs/nfs mount <mount dir>
<json param>
```

其中，/usr/libexec/kubernetes/kubelet-plugins/volume/exec/k8s~nfs/nfs 就是插件的可执行文件的路径。这个名叫 nfs 的文件正是你要编写的插件的实现。它可以是一个二进制文件，也可以是一个脚本，只要能在宿主机上执行即可。这个路径里的 k8s~nfs 部分正是这个插件在 Kubernetes 里的名字。它是从 driver="k8s/nfs"字段解析出来的。

这个 driver 字段的格式是：vendor/driver。比如，一家存储插件的提供商（vendor）的名字是 k8s，提供的存储驱动（driver）是 nfs，那么 Kubernetes 就会使用 k8s~nfs 来作为插件名。所以，当你编写完 FlexVolume 的实现之后，一定要把它的可执行文件放在每个节点的插件目录下。

紧跟在可执行文件后面的 mount 参数定义的就是当前操作。在 FlexVolume 里，这些操作参数的名字是固定的，比如 init、mount、unmount、attach 以及 detach 等，分别对应不同的

Volume 处理操作。

跟在 mount 参数后面的两个字段：<mount dir>和<json params>，是 FlexVolume 必须提供给这条命令的两个执行参数。

其中第一个执行参数<mount dir>正是 kubelet 调用 SetUpAt()方法传递来的 dir 的值。它代表当前正在处理的 Volume 在宿主机上的目录。在这个例子里，这条路径如下所示：

```
/var/lib/kubelet/pods/<Pod ID>/volumes/k8s~nfs/test
```

其中，test 是前面定义的 PV 的名字，k8s~nfs 是插件的名字。可以看到，插件的名字正是从你声明的 driver="k8s/nfs"字段里解析出来的。

第二个执行参数<json params>则是一个 JSON Map 格式的参数列表。我们在前面 PV 里定义的 options 字段的值，都会追加到这个参数里。此外，在 SetUpAt()方法里可以看到，这个参数列表里还包括了 Pod 的名字、Namespace 等元数据。

明白了存储插件的调用方式和参数列表之后，这个插件的可执行文件的实现部分就非常容易理解了。

在这个例子中，我直接编写了一个简单的 shell 脚本来作为插件的实现，它对 Mount 阶段的处理过程如下所示：

```
domount() {
    MNTPATH=$1

    NFS_SERVER=$(echo $2 | jq -r '.server')
    SHARE=$(echo $2 | jq -r '.share')

    .**..**

    mkdir -p ${MNTPATH} &> /dev/null

    mount -t nfs ${NFS_SERVER}:/${SHARE} ${MNTPATH} &> /dev/null
    if [ $? -ne 0 ]; then
        err "{ \"status\": \"Failure\", \"message\": \"Failed to mount
${NFS_SERVER}:${SHARE} at ${MNTPATH}\"}"
        exit 1
    fi
    log '{"status": "Success"}'
    exit 0
}
```

可以看到，当 kubelet 在宿主机上执行 nfs mount <mount dir> <json params>时，这个名叫 nfs 的脚本，就可以直接从<mount dir>参数里获取 Volume 在宿主机上的目录，即 MNTPATH=$1。而你在 PV 的 options 字段里定义的 NFS 的服务器地址（options.server）和共享目录名字（options.share）可以从第二个<json params>参数里解析出来。这里，我们使用了 jq 命令来进行解析。

有了这 3 个参数之后，这个脚本最关键的一步当然就是执行：`mount -t nfs ${NFS_SERVER}:/${SHARE} ${MNTPATH}`。这样，一个 NFS 的 Volume 就被挂载到了 MNTPATH，也就是 Volume 所在的宿主机目录上，一个持久化的 Volume 目录就处理完了。

需要注意的是，当这个 `mount -t nfs` 操作完成后，你必须把一个 JOSN 格式的字符串，比如`{"status": "Success"}`，返回给调用者，也就是 kubelet。这是 kubelet 判断这次调用是否成功的唯一依据。

综上所述，在 Mount 阶段，kubelet 的 VolumeManagerReconcile 控制循环里的一次“调谐”操作的执行流程如下所示：

```
kubelet --> pkg/volume/flexvolume.SetUpAt() -->
/usr/libexec/kubernetes/kubelet-plugins/volume/exec/k8s~nfs/nfs mount <mount dir>
<json param>
```

说明

这个 NFS 的 FlexVolume 的完整实现以及用 Go 语言编写 FlexVolume 的示例可见 GitHub。

当然，前面也提到，像 NFS 这样的文件系统存储，并不需要在宿主机上挂载磁盘或者块设备。所以，我们也就不需要实现 Attach 和 Detach 操作了。

不过，像这样的 FlexVolume 实现方式，虽然简单，局限性却很大。比如，跟 Kubernetes 内置的 NFS 插件类似，这个 NFS FlexVolume 插件也不支持 Dynamic Provisioning（为每个 PVC 自动创建 PV 和对应的 Volume）。除非你再为它编写一个专门的 External Provisioner。

再比如，我的插件在执行 Mount 操作时，可能会生成一些挂载信息。这些信息在后面执行 Unmount 操作时会用到。可是，在上述 FlexVolume 的实现里，无法把这些信息保存在一个变量里，等到 Unmount 时直接使用。

原因也很容易理解：FlexVolume 对插件可执行文件的每一次调用都是一次完全独立的操作。所以，我们只能把这些信息写在一个宿主机上的临时文件里，等到 Unmount 时再去读取。

这也是为什么需要有 CSI 这样更完善、更编程友好的插件方式。

2. CSI 插件的设计原理

其实，通过前面对 FlexVolume 的介绍，你应该能够明白，默认情况下，Kubernetes 里通过存储插件管理容器持久化存储的原理可以用图 6-2 来描述。

可以看到，在该体系下，无论是 FlexVolume，还是 Kubernetes 内置的其他存储插件，它们实际上仅仅是 Volume 管理中的 Attach 阶段和 Mount 阶段的具体执行者。而像 Dynamic Provisioning 这样的功能就不是存储插件的责任，而是 Kubernetes 本身存储管理功能的一部分。

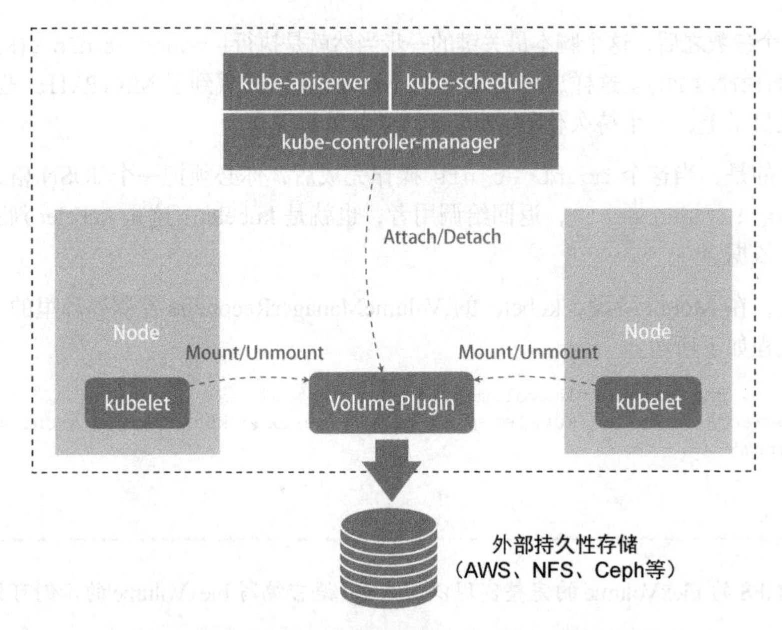

图 6-2　通过存储插件管理容器持久化存储的示意图

相比之下，CSI 插件体系的设计思想，就是把这个 Provision 阶段和 Kubernetes 里的一部分存储管理功能从主干代码里剥离，做成几个单独的组件。这些组件会通过 Watch API 监听 Kubernetes 里与存储相关的事件变化，比如 PVC 的创建，来执行具体的存储管理动作。

这些管理动作，比如 Attach 阶段和 Mount 阶段的具体操作，实际上就是通过调用 CSI 插件来完成的。图 6-3 描绘了这种设计思路。

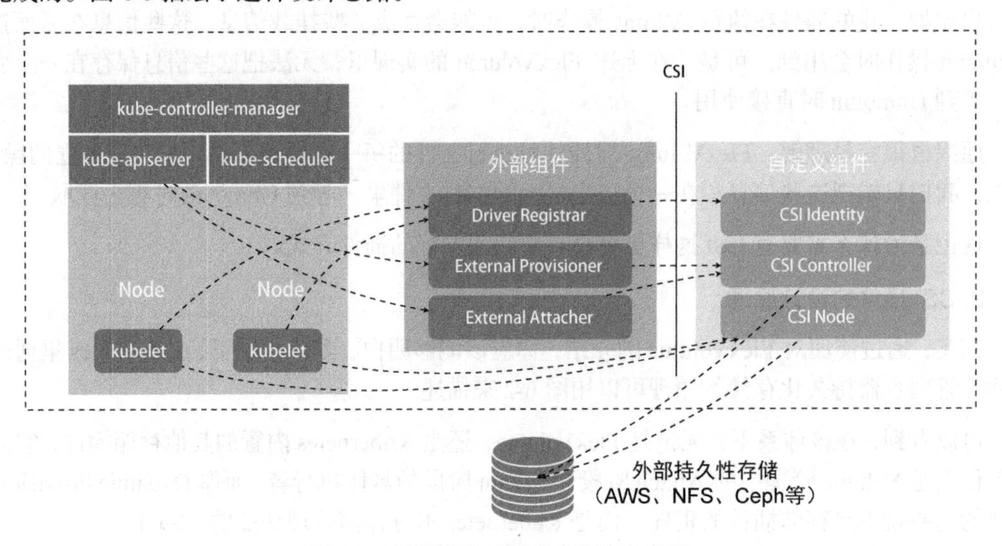

图 6-3　存储管理动作设计思路示意图

可以看到，这套存储插件体系多了 3 个独立的外部组件，即 Driver Registrar、External Provisioner 和 External Attacher，对应从 Kubernetes 项目中剥离出来的那部分存储管理功能。

需要注意的是，虽然叫外部组件，但依然由 Kubernetes 社区开发和维护。

图 6-3 中右侧部分就是需要我们编写代码来实现的 CSI 插件。一个 CSI 插件只有一个二进制文件，但它会以 gRPC 的方式对外提供 3 个服务（gRPC Service）：CSI Identity、CSI Controller 和 CSI Node。

下面讲解这 3 个外部组件。

其中，Driver Registrar 组件负责将插件注册到 kubelet 中（可以类比为将可执行文件放在插件目录下）。而在具体实现上，Driver Registrar 需要请求 CSI 插件的 Identity 服务来获取插件信息。

External Provisioner 组件负责 Provision 阶段。在具体实现上，External Provisioner 监听（Watch）API Server 里的 PVC 对象。当一个 PVC 被创建时，它就会调用 CSI Controller 的 CreateVolume 方法，为你创建对应 PV。

此外，如果你使用的存储是公有云提供的磁盘（或者块设备），这一步就需要调用公有云（或者块设备服务）的 API 来创建这个 PV 所描述的磁盘（或者块设备）了。

不过，由于 CSI 插件是独立于 Kubernetes 的，因此在 CSI 的 API 里不会直接使用 Kubernetes 定义的 PV 类型，而会自己定义一个单独的 Volume 类型。

说明

方便起见，本书把 Kubernetes 里的持久化卷类型叫作 PV，把 CSI 里的持久化卷类型叫作 CSI Volume，请务必区分清楚。

External Attacher 组件负责 Attach 阶段。在具体实现上，它监听 API Server 里 VolumeAttachment 对象的变化。VolumeAttachment 对象是 Kubernetes 确认一个 Volume 可以进入 Attach 阶段的重要标志，下一节会详细讲解。

一旦出现 VolumeAttachment 对象，External Attacher 就会调用 CSI Controller 服务的 ControllerPublish 方法，完成它对应的 Volume 的 Attach 阶段。

Volume 的 Mount 阶段并不属于外部组件的职责。当 kubelet 的 VolumeManagerReconciler 控制循环检查到它需要执行 Mount 操作时，会通过 pkg/volume/csi 包直接调用 CSI Node 服务完成 Volume 的 Mount 阶段。

在实际使用 CSI 插件时，我们会将这 3 个外部组件作为 sidecar 容器和 CSI 插件放置在同一个 Pod 中。由于外部组件对 CSI 插件的调用非常频繁，因此这种 sidecar 的部署方式非常高效。

接下来讲解 CSI 插件里的 3 个服务：CSI Identity、CSI Controller 和 CSI Node。其中，CSI

插件的 CSI Identity 服务负责对外暴露这个插件本身的信息，如下所示：

```
service Identity {
  rpc GetPluginInfo(GetPluginInfoRequest)
    returns (GetPluginInfoResponse) {}
  rpc GetPluginCapabilities(GetPluginCapabilitiesRequest)
    returns (GetPluginCapabilitiesResponse) {}
  rpc Probe (ProbeRequest)
    returns (ProbeResponse) {}
}
```

CSI Controller 服务定义的是对 CSI Volume（对应 Kubernetes 里的 PV）的管理接口，比如创建和删除 CSI Volume、对 CSI Volume 进行 Attach/Detach（在 CSI 里，这个操作叫作 Publish/Unpublish），以及对 CSI Volume 进行快照等，它们的接口定义如下所示：

```
service Controller {
  rpc CreateVolume (CreateVolumeRequest)
    returns (CreateVolumeResponse) {}

  rpc DeleteVolume (DeleteVolumeRequest)
    returns (DeleteVolumeResponse) {}

  rpc ControllerPublishVolume (ControllerPublishVolumeRequest)
    returns (ControllerPublishVolumeResponse) {}

  rpc ControllerUnpublishVolume (ControllerUnpublishVolumeRequest)
    returns (ControllerUnpublishVolumeResponse) {}

  ...

  rpc CreateSnapshot (CreateSnapshotRequest)
    returns (CreateSnapshotResponse) {}

  rpc DeleteSnapshot (DeleteSnapshotRequest)
    returns (DeleteSnapshotResponse) {}

  ...
}
```

不难发现，CSI Controller 服务里定义的这些操作有个共同特点：它们都无须在宿主机上进行，而是属于 Kubernetes 里 Volume Controller 的逻辑，即属于 Master 节点的一部分。

需要注意的是，如前所述，CSI Controller 服务的实际调用者并不是 Kubernetes（通过 pkg/volume/csi 发起 CSI 请求），而是 External Provisioner 和 External Attacher。这两个外部组件分别通过监听 PVC 和 VolumeAttachement 对象来跟 Kubernetes 进行协作。

CSI Volume 需要在宿主机上执行的操作都定义在了 CSI Node 服务中，如下所示：

```
service Node {
  rpc NodeStageVolume (NodeStageVolumeRequest)
    returns (NodeStageVolumeResponse) {}
```

```
  rpc NodeUnstageVolume (NodeUnstageVolumeRequest)
    returns (NodeUnstageVolumeResponse) {}

  rpc NodePublishVolume (NodePublishVolumeRequest)
    returns (NodePublishVolumeResponse) {}

  rpc NodeUnpublishVolume (NodeUnpublishVolumeRequest)
    returns (NodeUnpublishVolumeResponse) {}

  rpc NodeGetVolumeStats (NodeGetVolumeStatsRequest)
    returns (NodeGetVolumeStatsResponse) {}

  ...

  rpc NodeGetInfo (NodeGetInfoRequest)
    returns (NodeGetInfoResponse) {}
}
```

需要注意的是，Mount阶段在CSI Node里的接口是由NodeStageVolume和NodePublishVolume这两个接口共同实现的。下一节会详细介绍这个设计的目的和具体的实现方式。

小结

本节详细讲解了 FlexVolume 和 CSI 这两种自定义存储插件的工作原理。

可以看到，相比 FlexVolume，CSI 的设计思想是把插件的职责从“两阶段处理”扩展成了 Provision、Attach 和 Mount 这 3 个阶段。其中，Provision 等价于“创建磁盘”，Attach 等价于“挂载磁盘到虚拟机”，Mount 等价于“将该磁盘格式化后挂载到 Volume 的宿主机目录上”。

有了 CSI 插件之后，Kubernetes 依然按照上一节介绍的方式工作，区别如下。

- 当 AttachDetachController 需要进行“Attach”操作时（Attach 阶段），它实际上会执行到 pkg/volume/csi 目录中，创建一个 VolumeAttachment 对象，从而触发 External Attacher 调用 CSI Controller 服务的 ControllerPublishVolume 方法。
- 当 VolumeManagerReconciler 需要进行“Mount”操作时（Mount 阶段），它实际上也会执行到 pkg/volume/csi 目录中，直接向 CSI Node 服务发起调用 NodePublishVolume 方法的请求。

以上就是 CSI 插件最基本的工作原理，下一节会实践一个 CSI 存储插件的完整实现过程。

思考题

假设你的宿主机是阿里云的一台虚拟机，你要实现的容器持久化存储是基于阿里云提供的云盘。你能准确描述在 Provision、Attach 和 Mount 阶段，CSI 插件都需要进行哪些操作吗？

6.4　容器存储实践：CSI 插件编写指南

上一节详细讲解了 CSI 插件机制的设计原理，本节介绍如何编写 CSI 插件。为了覆盖 CSI 插件的所有功能，这次选择 DigitalOcean 的块存储服务来作为实践对象。

DigitalOcean 是业界知名的“最简”公有云服务：只提供虚拟机、存储、网络等几个基础功能，再无其他。而这恰恰使得 DigitalOcean 成了我们在公有云上实践 Kubernetes 的最佳选择。

这次编写的 CSI 插件的功能是，让在 DigitalOcean 上运行的 Kubernetes 集群能够使用它的块存储服务作为容器的持久化存储。

说明

在 DigitalOcean 上部署一个 Kubernetes 集群很简单。只需要先在 DigitalOcean 上创建几个虚拟机，然后按照 4.2 节介绍的步骤直接部署即可。

有了 CSI 插件之后，持久化存储的用法就非常简单了，只需要创建一个如下所示的 `StorageClass` 对象即可：

```
kind: StorageClass
apiVersion: storage.k8s.io/v1
metadata:
  name: do-block-storage
  namespace: kube-system
  annotations:
    storageclass.kubernetes.io/is-default-class: "true"
provisioner: com.digitalocean.csi.dobs
```

有了这个 `StorageClass`，External Provisoner 就会为集群中新出现的 PVC 自动创建 PV，然后调用 CSI 插件创建这个 PV 对应的 Volume，这正是 CSI 体系中 Dynamic Provisioning 的实现方式。

说明

`storageclass.kubernetes.io/is-default-class: "true"` 的意思是使用这个 `StorageClass` 作为默认的持久化存储提供者。

不难看出，这个 `StorageClass` 里唯一引人注意的是 `provisioner=com.digitalocean.csi.dobs` 这个字段。显然，这个字段告诉 Kubernetes 请使用名为 com.digitalocean.csi.dobs 的 CSI 插件来为我处理这个 `StorageClass` 相关的所有操作。

那么，Kubernetes 是如何知道一个 CSI 插件的名字的呢？这就需要从 CSI 插件的第一个服务 CSI Identity 说起了。

其实，一个 CSI 插件的代码结构非常简单，如下所示：

```
tree $GOPATH/src/github.com/digitalocean/csi-digitalocean/driver
$GOPATH/src/github.com/digitalocean/csi-digitalocean/driver
├── controller.go
├── driver.go
├── identity.go
├── mounter.go
└── node.go
```

其中，CSI Identity 服务的实现定义在 driver 目录下的 identity.go 文件里。

当然，为了能让 Kubernetes 访问到 CSI Identity 服务，我们需要先在 driver.go 文件里定义一个标准的 gRPC Server，如下所示：

```
func (d *Driver) Run() error {
    .**..**

 listener, err := net.Listen(u.Scheme, addr)
    .**..**

 d.srv = grpc.NewServer(grpc.UnaryInterceptor(errHandler))
 csi.RegisterIdentityServer(d.srv, d)
    csi.RegisterControllerServer(d.srv, d)
    csi.RegisterNodeServer(d.srv, d)

    d.ready = true // 准备就绪
 ...
    return d.srv.Serve(listener)
}
```

可以看到，只要把编写好的 gRPC Server 注册给 CSI，它就可以响应来自外部组件的 CSI 请求。

CSI Identity 服务中最重要的接口是 `GetPluginInfo`，它返回的就是这个插件的名字和版本号，如下所示。

说明

上一节介绍过 CSI 各个服务的接口，它的 protoc 文件可见 GitHub。

```
func (d *Driver) GetPluginInfo(ctx context.Context, req *csi.GetPluginInfoRequest)
(*csi.GetPluginInfoResponse, error) {
    resp := &csi.GetPluginInfoResponse{
        Name:          driverName,
        VendorVersion: version,
    }
    ...
}
```

其中，driverName 的值是"com.digitalocean.csi.dobs"。所以，Kubernetes 正是通过 GetPluginInfo 的返回值来找到你在 StorageClass 里声明要使用的 CSI 插件的。

说明

CSI 要求插件的名字遵循“反向 DNS”（reverse domain name notation）格式。

另外一个 GetPluginCapabilities 接口也很重要，它返回的是这个 CSI 插件的“能力”。例如，当你编写的 CSI 插件不准备实现“Provision 阶段”和“Attach 阶段”（比如一个最简单的 NFS 存储插件就不需要这两个阶段）时，就可以通过这个接口返回：本插件不提供 CSI Controller 服务，即没有 csi.PluginCapability_Service_CONTROLLER_SERVICE 这个“能力”。这样 Kubernetes 就知道这项信息了。

最后，CSI Identity 服务还提供了一个 Probe 接口，Kubernetes 会调用它来检查这个 CSI 插件是否正常工作。

一般情况下，建议你在编写插件时给它设置一个 Ready 标志，当插件的 gRPC Server 停止时，把这个 Ready 标志设置为 false。或者，你可以在这里访问插件的端口，类似于健康检查的做法。

说明

关于健康检查，可以回顾 5.3 节相关内容。

然后，我们开始编写 CSI 插件的第二个服务，即 CSI Controller 服务。它的代码实现在 controller.go 文件里。

上一节讲过，这个服务主要实现的是 Volume 管理流程中的“Provision 阶段”和“Attach 阶段”。

“Provision 阶段”对应的接口是 CreateVolume 和 DeleteVolume，它们的调用者是 External Provisoner。以 CreateVolume 为例，它的主要逻辑如下所示：

```
func (d *Driver) CreateVolume(ctx context.Context, req *csi.CreateVolumeRequest)
(*csi.CreateVolumeResponse, error) {
  .**..**

  volumeReq := &godo.VolumeCreateRequest{
    Region:         d.region,
    Name:           volumeName,
    Description:    createdByDO,
    SizeGigaBytes: size / GB,
  }
```

```
    .**..**

    vol, _, err := d.doClient.Storage.CreateVolume(ctx, volumeReq)

  ...

    resp := &csi.CreateVolumeResponse{
        Volume: &csi.Volume{
            Id:             vol.ID,
            CapacityBytes: size,
            AccessibleTopology: []*csi.Topology{
                {
                    Segments: map[string]string{
                        "region": d.region,
                    },
                },
            },
        },
    }

  return resp, nil
}
```

可见，对于 DigitalOcean 这样的公有云来说，`CreateVolume` 需要做的就是调用 DigitalOcean 块存储服务的 API，创建出一个存储卷（`d.doClient.Storage.CreateVolume`）。如果你使用的是其他类型的块存储（比如 Cinder、Ceph RBD 等），对应的操作也是类似地调用创建存储卷的 API。

“Attach 阶段”对应的接口是 `ControllerPublishVolume` 和 `ControllerUnpublishVolume`，它们的调用者是 External Attacher。以 `ControllerPublishVolume` 为例，它的逻辑如下所示：

```
func (d *Driver) ControllerPublishVolume(ctx context.Context, req *csi.
ControllerPublishVolumeRequest) (*csi.ControllerPublishVolumeResponse, error) {
  ...
  dropletID, err := strconv.Atoi(req.NodeId)

  _, resp, err := d.doClient.Storage.GetVolume(ctx, req.VolumeId)

  ...

  _, resp, err = d.doClient.Droplets.Get(ctx, dropletID)

  ...

  action, resp, err := d.doClient.StorageActions.Attach(ctx, req.VolumeId, dropletID)

...

  if action != nil {
  ll.Info("waiting until volume is attached")
```

```
    if err := d.waitAction(ctx, req.VolumeId, action.ID); err != nil {
        return nil, err
    }
    }

    ll.Info("volume is attached")
    return &csi.ControllerPublishVolumeResponse{}, nil
}
```

可以看到，对于 DigitalOcean 来说，`ControllerPublishVolume` 在“Attach 阶段”需要做的是调用 DigitalOcean 的 API，将前面创建的存储卷挂载到指定虚拟机（`d.doClient.StorageActions.Attach`）上。

其中，存储卷由请求中的 `VolumeId` 来指定。而虚拟机，也就是将要运行 Pod 的宿主机，由请求中的 `NodeId` 来指定。这些参数都是 External Attacher 在发起请求时需要设置的。

上一节介绍过，External Attacher 的工作原理是监听（Watch）一种名为 `VolumeAttachment` 的 API 对象。这种 API 对象的主要字段如下所示：

```
type VolumeAttachmentSpec struct {
    Attacher string

    Source VolumeAttachmentSource

    NodeName string
}
```

这个对象的生命周期正是由 AttachDetachController 负责管理的（详见 6.1 节相关内容）。

这个控制循环负责不断检查 Pod 对应的 PV 在它所绑定的宿主机上的挂载情况，从而决定是否需要对这个 PV 进行 Attach（或者 Detach）操作。

在 CSI 体系里，这个 Attach 操作就是创建出上面这样一个 `VolumeAttachment` 对象。可以看到，Attach 操作所需的 PV 的名字（Source）、宿主机的名字（NodeName）、存储插件的名字（Attacher）都是这个 `VolumeAttachment` 对象的一部分。

当 External Attacher 监听到这样的一个对象出现之后，就可以立即使用 `VolumeAttachment` 里的这些字段，封装出一个 gRPC 请求调用 CSI Controller 的 `ControllerPublishVolume` 方法。

接下来就可以编写 CSI Node 服务了。CSI Node 服务对应 Volume 管理流程里的 Mount 阶段。它的代码实现在 node.go 文件里。

上一节提到，kubelet 的 VolumeManagerReconciler 控制循环会直接调用 CSI Node 服务来完成 Volume 的 Mount 阶段。

不过，在具体的实现中，这个 Mount 阶段的处理其实被细分成了 `NodeStageVolume` 和 `NodePublishVolume` 这两个接口。

这里的原因也很容易理解，6.1 节介绍过，对于磁盘以及块设备来说，它们被 Attach 到宿主机上之后，就成了宿主机上的一个待用存储设备。而到了 Mount 阶段，我们首先需要格式化该设备，然后才能把它挂载到 Volume 对应的宿主机目录上。

在 kubelet 的 VolumeManagerReconciler 控制循环中，这两步操作分别叫作 MountDevice 和 SetUp。

其中，MountDevice 操作就是直接调用 CSI Node 服务里的 NodeStageVolume 接口。顾名思义，这个接口的作用就是格式化 Volume 在宿主机上对应的存储设备，然后挂载到一个临时目录（Staging 目录）上。

对于 DigitalOcean 来说，它对 `NodeStageVolume` 接口的实现如下所示：

```
func (d *Driver) NodeStageVolume(ctx context.Context, req
*csi.NodeStageVolumeRequest) (*csi.NodeStageVolumeResponse, error) {
    ...

    vol, resp, err := d.doClient.Storage.GetVolume(ctx, req.VolumeId)

 ...

 source := getDiskSource(vol.Name)
    target := req.StagingTargetPath

 ...
    if !formatted {
        ll.Info("formatting the volume for staging")
        if err := d.mounter.Format(source, fsType); err != nil {
            return nil, status.Error(codes.Internal, err.Error())
        }
    } else {
        ll.Info("source device is already formatted")
    }

...

    if !mounted {
        if err := d.mounter.Mount(source, target, fsType, options...); err != nil {
            return nil, status.Error(codes.Internal, err.Error())
        }
    } else {
        ll.Info("source device is already mounted to the target path")
    }

 ...
    return &csi.NodeStageVolumeResponse{}, nil
}
```

可以看到，在 `NodeStageVolume` 的实现里，我们首先通过 DigitalOcean 的 API 获取这个 Volume 对应的设备路径（`getDiskSource`），然后把这个设备格式化为指定格式（`d.mounter.Format`），

最后把格式化后的设备挂载到了一个临时的 Staging 目录（StagingTargetPath）下。

SetUp 操作会调用 CSI Node 服务的 NodePublishVolume 接口。经过以上对设备的预处理后，它的实现就非常简单了，如下所示：

```
func (d *Driver) NodePublishVolume(ctx context.Context, req
*csi.NodePublishVolumeRequest) (*csi.NodePublishVolumeResponse, error) {
    ...
    source := req.StagingTargetPath
    target := req.TargetPath

    mnt := req.VolumeCapability.GetMount()
    options := mnt.MountFlag
    ...

    if !mounted {
        ll.Info("mounting the volume")
        if err := d.mounter.Mount(source, target, fsType, options...); err != nil {
            return nil, status.Error(codes.Internal, err.Error())
        }
    } else {
        ll.Info("volume is already mounted")
    }

    return &csi.NodePublishVolumeResponse{}, nil
}
```

可以看到，在这一步实现中只需要一步操作：将 Staging 目录绑定挂载到 Volume 对应的宿主机目录上。

由于 Staging 目录正是 Volume 对应的设备被格式化后挂载在宿主机上的位置，因此当它和 Volume 的宿主机目录绑定挂载之后，这个 Volume 宿主机目录的“持久化”处理也就完成了。

当然，前文也曾提到，对于文件系统类型的存储服务（比如 NFS 和 GlusterFS 等）来说，宿主机上并不存在对应的磁盘“设备”，所以 kubelet 在 VolumeManagerReconciler 控制循环中会跳过 MountDevice 操作而直接执行 SetUp 操作。因此，对于它们来说也就不需要实现 NodeStageVolume 接口了。

在编写完 CSI 插件之后，就可以把该插件和外部组件一起部署起来。

首先，需要创建一个 DigitalOcean client 授权需要使用的 Secret 对象，如下所示：

```
apiVersion: v1
kind: Secret
metadata:
  name: digitalocean
  namespace: kube-system
stringData:
  access-token: "a05dd2f26b9b9ac2asdas__REPLACE_ME____123cb5d1ec17513e06da"
```

然后，通过一句指令即可完成 CSI 插件的部署：

```
$ kubectl apply -f https://raw.githubusercontent.com/digitalocean/csi-digitalocean/
master/deploy/kubernetes/releases/csi-digitalocean-v0.2.0.yaml
```

这个 CSI 插件的 YAML 文件的主要内容如下所示（略去了不重要的内容）：

```
kind: DaemonSet
apiVersion: apps/v1beta2
metadata:
  name: csi-do-node
  namespace: kube-system
spec:
  selector:
    matchLabels:
      app: csi-do-node
  template:
    metadata:
      labels:
        app: csi-do-node
        role: csi-do
    spec:
      serviceAccount: csi-do-node-sa
      hostNetwork: true
      containers:
        - name: driver-registrar
          image: quay.io/k8scsi/driver-registrar:v0.3.0
          ...
        - name: csi-do-plugin
          image: digitalocean/do-csi-plugin:v0.2.0
          args :
            - "--endpoint=$(CSI_ENDPOINT)"
            - "--token=$(DIGITALOCEAN_ACCESS_TOKEN)"
            - "--url=$(DIGITALOCEAN_API_URL)"
          env:
            - name: CSI_ENDPOINT
              value: unix:///csi/csi.sock
            - name: DIGITALOCEAN_API_URL
              value: https://api.digitalocean.com/
            - name: DIGITALOCEAN_ACCESS_TOKEN
              valueFrom:
                secretKeyRef:
                  name: digitalocean
                  key: access-token
          imagePullPolicy: "Always"
          securityContext:
            privileged: true
            capabilities:
              add: ["SYS_ADMIN"]
            allowPrivilegeEscalation: true
          volumeMounts:
            - name: plugin-dir
              mountPath: /csi
            - name: pods-mount-dir
              mountPath: /var/lib/kubelet
              mountPropagation: "Bidirectional"
```

```
          - name: device-dir
            mountPath: /dev
      volumes:
        - name: plugin-dir
          hostPath:
            path: /var/lib/kubelet/plugins/com.digitalocean.csi.dobs
            type: DirectoryOrCreate
        - name: pods-mount-dir
          hostPath:
            path: /var/lib/kubelet
            type: Directory
        - name: device-dir
          hostPath:
            path: /dev
---
kind: StatefulSet
apiVersion: apps/v1beta1
metadata:
  name: csi-do-controller
  namespace: kube-system
spec:
  serviceName: "csi-do"
  replicas: 1
  template:
    metadata:
      labels:
        app: csi-do-controller
        role: csi-do
    spec:
      serviceAccount: csi-do-controller-sa
      containers:
        - name: csi-provisioner
          image: quay.io/k8scsi/csi-provisioner:v0.3.0
          ...
        - name: csi-attacher
          image: quay.io/k8scsi/csi-attacher:v0.3.0
          .**..**
        - name: csi-do-plugin
          image: digitalocean/do-csi-plugin:v0.2.0
          args :
            - "--endpoint=$(CSI_ENDPOINT)"
            - "--token=$(DIGITALOCEAN_ACCESS_TOKEN)"
            - "--url=$(DIGITALOCEAN_API_URL)"
          env:
            - name: CSI_ENDPOINT
              value: unix:///var/lib/csi/sockets/pluginproxy/csi.sock
            - name: DIGITALOCEAN_API_URL
              value: https://api.digitalocean.com/
            - name: DIGITALOCEAN_ACCESS_TOKEN
              valueFrom:
                secretKeyRef:
                  name: digitalocean
                  key: access-token
          imagePullPolicy: "Always"
```

```
        volumeMounts:
        - name: socket-dir
          mountPath: /var/lib/csi/sockets/pluginproxy/
      volumes:
        - name: socket-dir
          emptyDir: {}
```

可以看到，我们编写的 CSI 插件只有一个二进制文件，它的镜像是 digitalocean/do-csi-plugin:v0.2.0。我们部署 CSI 插件的常用原则有以下两个。

第一，通过 DaemonSet 在每个节点上启动一个 CSI 插件，来为 kubelet 提供 CSI Node 服务。这是因为 CSI Node 服务需要被 kubelet 直接调用，所以它要和 kubelet“一对一”地部署起来。

此外，在上述 DaemonSet 的定义中，除了 CSI 插件，我们还以 sidecar 的方式运行着 driver-registrar 这个外部组件。它的作用是向 kubelet 注册这个 CSI 插件。这个注册过程使用的插件信息是通过访问同一个 Pod 里的 CSI 插件容器的 Identity 服务获取的。

需要注意的是，由于 CSI 插件在一个容器里运行，因此 CSI Node 服务在 Mount 阶段执行的挂载操作实际上发生在这个容器的 Mount Namespace 里。可是，我们真正希望执行挂载操作的对象都是宿主机/var/lib/kubelet 目录下的文件和目录。所以，在定义 DaemonSet Pod 时，我们需要把宿主机的/var/lib/kubelet 以 Volume 的方式挂载在 CSI 插件容器的同名目录下，然后设置这个 Volume `mountPropagation=Bidirectional`，即开启双向挂载传播，从而将容器在这个目录下进行的挂载操作“传播”给宿主机，反之亦然。

第二，通过 StatefulSet 在任意一个节点上再启动一个 CSI 插件，为外部组件提供 CSI Controller 服务。所以，作为 CSI Controller 服务的调用者，External Provisioner 和 External Attacher 这两个外部组件就需要以 sidecar 的方式和这次部署的 CSI 插件定义在同一个 Pod 里。

你可能好奇，为何用 StatefulSet 而不是 Deployment 来运行这个 CSI 插件呢？这是因为，由于 StatefulSet 需要确保应用拓扑状态的稳定性，因此它严格按照顺序更新 Pod，即只有在前一个 Pod 停止并删除之后，它才会创建并启动下一个 Pod。

像上面这样将 StatefulSet 的 `replicas` 设置为 1 的话，StatefulSet 就会确保 Pod 被删除重建时，永远有且只有一个 CSI 插件的 Pod 在集群中运行。这对 CSI 插件的正确性来说至关重要。

本节开头定义了这个 CSI 插件对应的 `StorageClass`（`do-block-storage`），所以接下来只需要定义一个声明使用这个 `StorageClass` 的 PVC 即可，如下所示：

```
apiVersion: v1
kind: PersistentVolumeClaim
metadata:
  name: csi-pvc
spec:
  accessModes:
  - ReadWriteOnce
  resources:
    requests:
```

```
    storage: 5Gi
  storageClassName: do-block-storage
```

当上述PVC提交给Kubernetes之后，你就可以在Pod里声明使用这个csi-pvc来作为持久化存储了。使用PV和PVC的内容这里不再赘述。

小结

本节以DigitalOcean的一个CSI插件为例介绍了编写CSI插件的具体流程。相信你现在应该对Kubernetes持久化存储体系有了更全面、更深入的认识。

例如，对于一个部署了CSI存储插件的Kubernetes集群来说，当用户创建了一个PVC之后，前面部署的StatefulSet里的External Provisioner容器就会监听到这个PVC的诞生，然后调用同一个Pod里的CSI插件的CSI Controller服务的CreateVolume方法，为你创建对应的PV。

此时，在Kubernetes Master节点上运行的Volume Controller就会通过PersistentVolumeController控制循环发现这对新创建出来的PV和PVC，并且看到它们声明的是同一个`StorageClass`。所以，它会把这对PV和PVC绑定起来，使PVC进入Bound状态。

然后，用户创建了一个声明使用上述PVC的Pod，并且这个Pod被调度器调度到了宿主机A上。此时Volume Controller的AttachDetachController控制循环就会发现，上述PVC对应的Volume需要Attach到宿主机A上。所以，AttachDetachController会创建一个VolumeAttachment对象，该对象携带了宿主机A和待处理的Volume的名字。

这样，StatefulSet里的External Attacher容器就会监听到这个VolumeAttachment对象的诞生。于是，它就会使用这个对象里的宿主机和Volume名字，调用同一个Pod里的CSI插件的CSI Controller服务的ControllerPublishVolume方法，完成Attach阶段。

上述过程完成后，在宿主机A上运行的kubelet就会通过VolumeManagerReconciler控制循环，发现当前宿主机上有一个Volume对应的存储设备（比如磁盘）已经被Attach到了某个设备目录下。于是kubelet就会调用同一台宿主机上的CSI插件的CSI Node服务的`NodeStageVolume`和`NodePublishVolume`方法，完成这个Volume的Mount阶段。

至此，一个完整的PV的创建和挂载流程就结束了。

思考题

请根据编写FlexVolume和CSI插件的流程，分析何时该使用FlexVolume，何时该使用CSI？

第 7 章

Kubernetes 网络原理

7.1 单机容器网络的实现原理

前面讲解容器基础时曾提到 Linux 容器能“看见”的“网络栈”，实际上是隔离在它自己的 Network Namespace 中的。

“网络栈”包括了**网卡**（network interface）、**回环设备**（loopback device）、**路由表**（routing table）和 iptables 规则。对于一个进程来说，这些要素其实构成了它发起和响应网络请求的基本环境。

需要指出的是，作为容器，它可以声明直接使用宿主机的网络栈（`-net=host`），即不开启 Network Namespace，比如：

```
$ docker run -d -net=host --name nginx-host nginx
```

在这种情况下，这个容器启动后直接监听的就是宿主机的 80 端口。

像这样直接使用宿主机网络栈的方式，虽然可以为容器提供良好的网络性能，但会不可避免地带来共享网络资源的问题，比如端口冲突。所以，在大多数情况下，我们希望容器进程能使用自己 Network Namespace 里的网络栈，即拥有自己的 IP 地址和端口。

此时，一个显而易见的问题就是，这个被隔离的容器进程该如何跟其他 Network Namespace 里的容器进程交互呢?

为了理解这个问题，可以把每个容器看作一台主机，它们都有一套独立的“网络栈”。如果想实现两台主机之间的通信，最直接的办法就是用一根网线把它们连接起来；而如果想实现多台主机之间的通信，就需要用网线把它们连接到一台交换机上。

在 Linux 中，能够起到虚拟交换机作用的网络设备是**网桥**（bridge）。它是一个在**数据链路层**（data link）工作的设备，主要功能是根据 MAC 地址学习将数据包转发到网桥的不同端口上。

当然，至于为什么这些主机之间需要 MAC 地址才能进行通信，就属于网络分层模型的基础知识了。相关内容参见 Bradley Mitchell 的文章“The Layers of the OSI Model Illustrated”。

为了实现上述目的，Docker 项目会默认在宿主机上创建一个名叫 docker0 的网桥，凡是与 docker0 网桥连接的容器，都可以通过它来进行通信。

那么如何把这些容器“连接”到 docker0 网桥上呢？这就需要使用一种名叫 Veth Pair 的虚拟设备了。

Veth Pair 设备的特点是：它被创建出来后，总是以两张虚拟网卡（Veth Peer）的形式成对出现。并且，从其中一张“网卡”发出的数据包可以直接出现在对应的“网卡”上，哪怕这两张“网卡”在不同的 Network Namespace 里。这就使得 Veth Pair 常用作连接不同 Network Namespace 的“网线”。

比如，现在启动了一个叫作 nginx-1 的容器：

```
$ docker run -d --name nginx-1 nginx
```

然后进入这个容器中查看它的网络设备：

```
# 在宿主机上
$ docker exec -it nginx-1 /bin/bash
# 在容器里
root@2b3c181aecf1:/# ifconfig
eth0: flags=4163<UP,BROADCAST,RUNNING,MULTICAST>  mtu 1500
        inet 172.17.0.2  netmask 255.255.0.0  broadcast 0.0.0.0
        inet6 fe80::42:acff:fe11:2  prefixlen 64  scopeid 0x20<link>
        ether 02:42:ac:11:00:02  txqueuelen 0  (Ethernet)
        RX packets 364  bytes 8137175 (7.7 MiB)
        RX errors 0  dropped 0  overruns 0  frame 0
        TX packets 281  bytes 21161 (20.6 KiB)
        TX errors 0  dropped 0 overruns 0  carrier 0  collisions 0

lo: flags=73<UP,LOOPBACK,RUNNING>  mtu 65536
        inet 127.0.0.1  netmask 255.0.0.0
        inet6 ::1  prefixlen 128  scopeid 0x10<host>
        loop  txqueuelen 1000  (Local Loopback)
        RX packets 0  bytes 0 (0.0 B)
        RX errors 0  dropped 0  overruns 0  frame 0
        TX packets 0  bytes 0 (0.0 B)
        TX errors 0  dropped 0 overruns 0  carrier 0  collisions 0

$ route
Kernel IP routing table
Destination     Gateway         Genmask         Flags Metric Ref    Use Iface
default         172.17.0.1      0.0.0.0         UG    0      0        0 eth0
172.17.0.0      0.0.0.0         255.255.0.0     U     0      0        0 eth0
```

可以看到，这个容器里有一张叫作 eth0 的网卡，它正是一个 Veth Pair 设备在容器里的这一端。

通过 route 命令查看 nginx-1 容器的路由表，可以看到这个 eth0 网卡是该容器里的默认路由设备；所有对 172.17.0.0/16 网段的请求，也会交给 eth0 来处理（第二条 172.17.0.0 路由规则）。

这个 Veth Pair 设备的另一端在宿主机上。可以通过查看宿主机的网络设备看到它，如下所示：

```
# 在宿主机上
$ ifconfig
...
docker0   Link encap:Ethernet  HWaddr 02:42:d8:e4:df:c1
          inet addr:172.17.0.1  Bcast:0.0.0.0  Mask:255.255.0.0
          inet6 addr: fe80::42:d8ff:fee4:dfc1/64 Scope:Link
          UP BROADCAST RUNNING MULTICAST  MTU:1500  Metric:1
          RX packets:309 errors:0 dropped:0 overruns:0 frame:0
          TX packets:372 errors:0 dropped:0 overruns:0 carrier:0
          collisions:0 txqueuelen:0
          RX bytes:18944 (18.9 KB)  TX bytes:8137789 (8.1 MB)
veth9c02e56 Link encap:Ethernet  HWaddr 52:81:0b:24:3d:da
          inet6 addr: fe80::5081:bff:fe24:3dda/64 Scope:Link
          UP BROADCAST RUNNING MULTICAST  MTU:1500  Metric:1
          RX packets:288 errors:0 dropped:0 overruns:0 frame:0
          TX packets:371 errors:0 dropped:0 overruns:0 carrier:0
          collisions:0 txqueuelen:0
          RX bytes:21608 (21.6 KB)  TX bytes:8137719 (8.1 MB)

$ brctl show
bridge name bridge id STP enabled interfaces
docker0  8000.0242d8e4dfc1 no  veth9c02e56
```

`ifconfig` 命令的输出显示，nginx-1 容器对应的 Veth Pair 设备在宿主机上是一张虚拟网卡，名叫 veth9c02e56。并且，`brctl show` 的输出显示，这张网卡被“插”在 docker0 上。

此时如果再在这台宿主机上另启一个 Docker 容器，比如 nginx-2：

```
$ docker run -d --name nginx-2 nginx

$ brctl show
bridge name      bridge id          STP enabled    interfaces
docker0          8000.0242d8e4dfc1     no          veth9c02e56
                               vethb4963f3
```

就会发现一个新的、名叫 vethb4963f3 的虚拟网卡也被“插”在 docker0 网桥上。

此时如果在 nginx-1 容器里 ping 一下 nginx-2 容器的 IP 地址（172.17.0.3），就会发现同一台宿主机上的两个容器默认相互连通。

原理非常简单。当你在 nginx-1 容器里访问 nginx-2 容器的 IP 地址（比如 ping 172.17.0.3）时，这个目的 IP 地址会匹配到 nginx-1 容器里的第二条路由规则。可以看到，这条路由规则的网关是 0.0.0.0，这就意味着这是一条直连规则，即凡是匹配到这条规则的 IP 包，应该经过本机的 eth0 网卡通过二层网络直接发往目的主机。

要通过二层网络到达 nginx-2 容器，就需要有 172.17.0.3 这个 IP 地址对应的 MAC 地址。所以 nginx-1 容器的网络协议栈需要通过 eth0 网卡发送一个 ARP 广播，来通过 IP 地址查找对应的

MAC 地址。

说明

ARP（Address Resolution Protocol）是通过三层的 IP 地址找到对应的二层 MAC 地址的协议。

前面提到过，这个 eth0 网卡是一个 Veth Pair，它的一端在这个 nginx-1 容器的 Network Namespace 里，另一端位于宿主机（Host Namespace）上，并且被“插”在宿主机的 docker0 网桥上。

一旦一张虚拟网卡被“插”在网桥上，它就会变成该网桥的“从设备”。从设备会被“剥夺”调用网络协议栈处理数据包的资格，从而“降级”为网桥上的一个端口。该端口唯一的作用就是接收流入的数据包，然后把这些数据包的“生杀大权”（比如转发或者丢弃）全部交给对应的网桥。

所以，在收到这些 ARP 请求之后，docker0 网桥就会扮演二层交换机的角色，把 ARP 广播转发到其他“插”在 docker0 上的虚拟网卡上。这样，同样连接在 docker0 上的 nginx-2 容器的网络协议栈就会收到这个 ARP 请求，于是将 172.17.0.3 对应的 MAC 地址回复给 nginx-1 容器。

有了这个目的 MAC 地址，nginx-1 容器的 eth0 网卡就可以发出数据包了。而根据 Veth Pair 设备的原理，这个数据包会立刻出现在宿主机上的 veth9c02e56 虚拟网卡上。不过，此时这个 veth9c02e56 网卡的网络协议栈的资格已被“剥夺”，所以这个数据包直接流入 docker0 网桥里。

docker0 处理转发的过程则继续扮演二层交换机的角色。此时，docker0 网桥根据数据包的目的 MAC 地址（nginx-2 容器的 MAC 地址），在它的 CAM 表（交换机通过 MAC 地址学习维护的端口和 MAC 地址的对应表）里查到对应的端口为：vethb4963f3，然后把数据包发往该端口。

这个端口正是 nginx-2 容器“插”在 docker0 网桥上的另一块虚拟网卡。当然，它也是一个 Veth Pair 设备。这样，数据包就进入 nginx-2 容器的 Network Namespace 里了。

所以，nginx-2 容器“看到”自己的 eth0 网卡上出现流入的数据包。这样，nginx-2 的网络协议栈就会处理请求，最后将响应（pong）返回到 nginx-1。

以上就是同一台宿主机上的不同容器通过 docker0 网桥进行通信的流程，如图 7-1 所示。

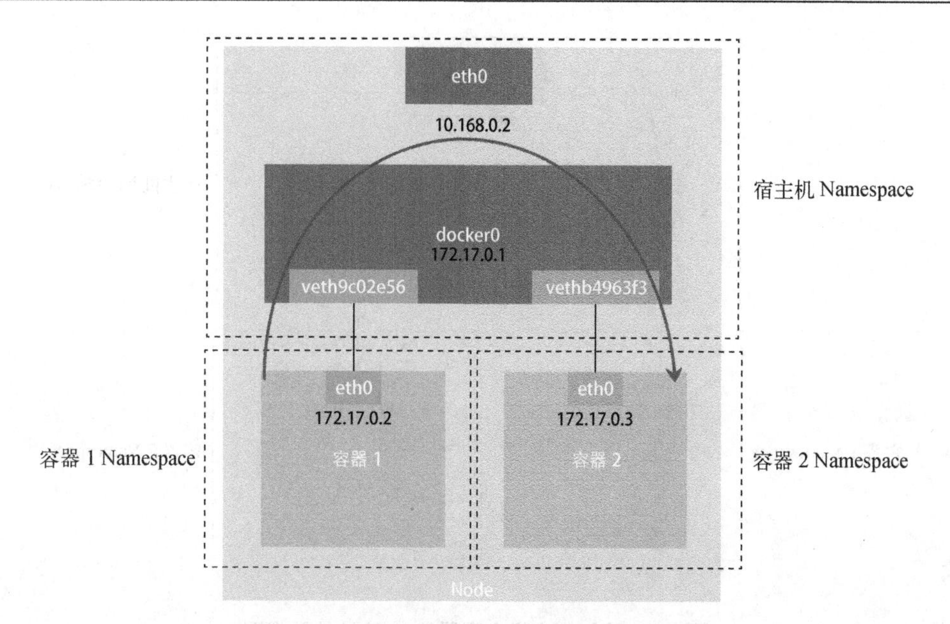

图 7-1 宿主机上不同容器通过网桥进行通信的示意图

需要注意的是，在实际的数据传递时，上述数据传递过程在网络协议栈的不同层次都有 Linux 内核 Netfilter 参与其中。若有兴趣，可以打开 iptables 的 TRACE 功能查看数据包的传输过程，具体方法如下所示：

```
# 在宿主机上执行
$ iptables -t raw -A OUTPUT -p icmp -j TRACE
$ iptables -t raw -A PREROUTING -p icmp -j TRACE
```

通过上述设置，就可以在/var/log/syslog 里看到数据包传输的日志了。你可以结合 iptables 的相关知识实践这部分内容，验证本书介绍的数据包传递流程。

熟悉了 docker0 网桥的工作方式，你就可以理解，在默认情况下被限制在 Network Namespace 里的容器进程，实际上是通过 Veth Pair 设备+宿主机网桥的方式，实现了跟其他容器的数据交换的。

类似地，当你在一台宿主机上访问该宿主机上的容器的 IP 地址时，这个请求的数据包也是先根据路由规则到达 docker0 网桥，然后转发到对应的 Veth Pair 设备，最后出现在容器里。这个过程如图 7-2 所示。

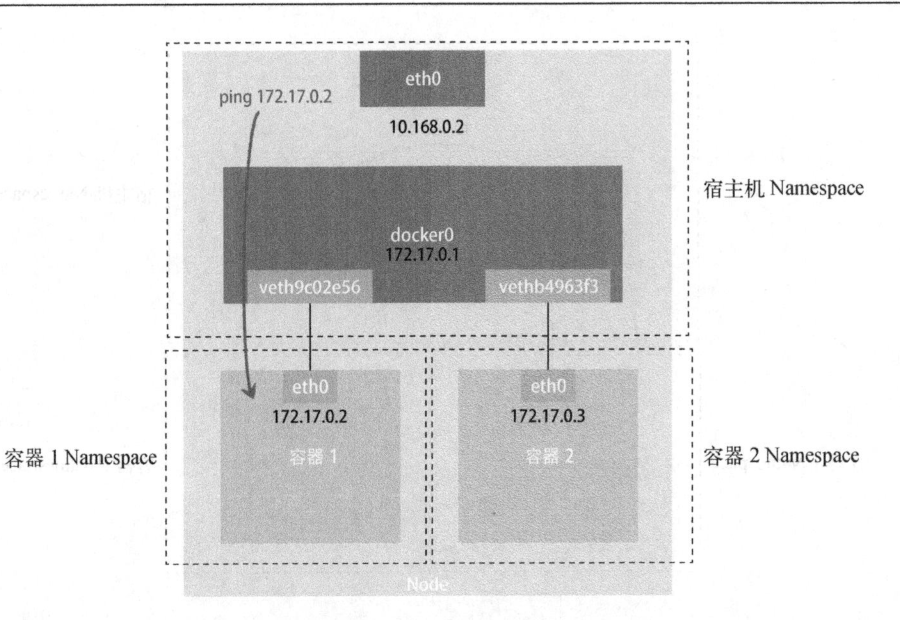

图 7-2 访问宿主机上容器的 IP 地址的示意图

同样，当一个容器试图连接其他宿主机时，比如 ping 10.168.0.3，它发出的请求数据包首先经过 docker0 网桥出现在宿主机上，然后根据宿主机的路由表里的直连路由规则（10.168.0.0/24 via eth0)），对 10.168.0.3 的访问请求就会交给宿主机的 eth0 处理。

所以接下来,这个数据包就会经宿主机的 eth0 网卡转发到宿主机网络上,最终到达 10.168.0.3 对应的宿主机上。当然，这个过程的实现要求这两台宿主机是连通的，该过程如图 7-3 所示。

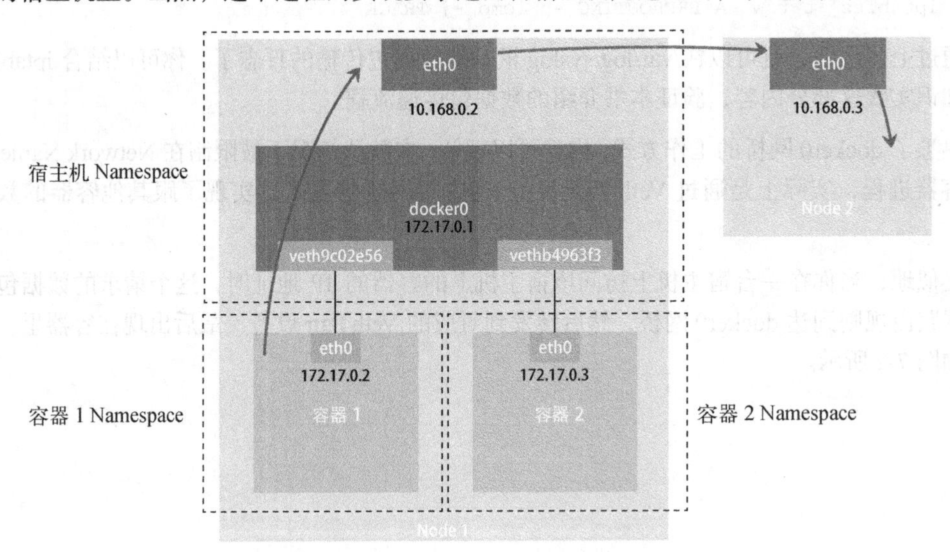

图 7-3 容器连接其他宿主机的过程示意图

所以，当容器无法连通“外网”时，应该先试试 docker0 网桥，然后查看跟 docker0 和 Veth Pair 设备相关的 iptables 规则是否有异常，往往能够找到问题的答案。

不过，在最后一个的例子里，你可能会联想到这样一个问题：如果另外一台宿主机（比如 10.168.0.3）上也有一个 Docker 容器，那么我们的 nginx-1 容器该如何访问它呢？

这个问题其实就是容器的“跨主通信”问题。在 Docker 的默认配置下，一台宿主机上的 docker0 网桥和其他宿主机上的 docker0 网桥没有任何关联，它们互相之间也无法连通。所以，连接在这些网桥上的容器自然也无法进行通信了。

不过，万变不离其宗。如果我们通过软件的方式创建一个整个集群“公用”的网桥，然后把集群里的所有容器都连接到这个网桥上，不就可以相互通信了吗？没错。这样一来，整个集群里的容器网络就会如图 7-4 所示。

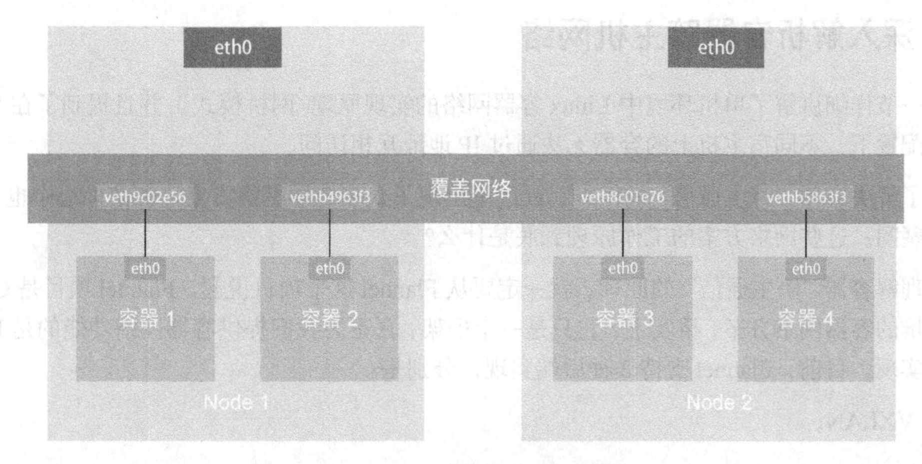

图 7-4 整个集群里的容器网络

可以看到，构建这种容器网络的核心在于，需要在已有的宿主机网络上再通过软件构建一个可以把所有容器连通起来的虚拟网络。这种技术称为**覆盖网络**（overlay network）。

这个覆盖网络可以由每台宿主机上的一个“特殊网桥”共同组成。比如，当 Node 1 上的容器 1 要访问 Node 2 上的容器 3 时，Node 1 上的“特殊网桥”在收到数据包之后，能够通过某种方式把数据包发送到正确的宿主机，比如 Node 2 上。而 Node 2 上的“特殊网桥”在收到数据包后，也能够通过某种方式把数据包转发给正确的容器，比如容器 3。

甚至每台宿主机上都不需要有一个这种特殊的网桥，而仅仅通过某种方式配置宿主机的路由表，就能够把数据包转发到正确的宿主机上。后面会详细介绍这些内容。

小结

本节主要介绍了在本地环境中单机容器网络的实现原理和 docker0 网桥的作用。

其中的关键在于，容器要想跟外界通信，它发出的 IP 包就必须从它的 Network Namespace 中出来，来到宿主机上。这个问题的解决方法就是，为容器创建一个一端在容器里充当默认网卡，另一端在宿主机上的 Veth Pair 设备。

本节单机容器网络的知识是后面学习多机容器网络的重要基础，请务必消化理解。

思考题

尽管容器的 Host Network 模式有一些缺点，但是它性能好、配置简单并且易于调试，所以很多团队直接使用 Host Network。如果要在生产环境中使用容器的 Host Network 模式，需要做哪些额外的准备工作呢？

7.2　深入解析容器跨主机网络

上一节详细讲解了单机环境中 Linux 容器网络的实现原理（网桥模式），并且提到了在 Docker 的默认配置下，不同宿主机上的容器无法通过 IP 地址互相访问。

为了解决容器"跨主通信"的问题，社区里出现了众多容器网络方案。相信你心中也萦绕着这样的疑问：这些网络方案的工作原理到底是什么？

要理解容器"跨主通信"的原理，就一定要从 Flannel 这个项目说起。Flannel 项目是 CoreOS 公司主推的容器网络方案，事实上，它只是一个框架，真正为我们提供容器网络功能的是 Flannel 的后端实现。目前，Flannel 支持 3 种后端实现，分别是：

(1) VXLAN；

(2) host-gw；

(3) UDP。

这 3 种后端实现代表了 3 种容器跨主网络的主流实现方法，其中 host-gw 模式留待下一节详述。

UDP 模式是 Flannel 项目最早支持的一种方式，也是性能最差的。所以，这个模式目前已被弃用。不过，Flannel 之所以最先选择 UDP 模式，就是因为这种模式是最直接，也是最容易理解的容器跨主网络实现。所以，本章从 UDP 模式开始讲解容器"跨主网络"的实现原理。

这个例子中有两台宿主机。

- 宿主机 Node 1 上有一个容器 container-1，它的 IP 地址是 100.96.1.2，对应的 docker0 网桥的地址是 100.96.1.1/24。
- 宿主机 Node 2 上有一个容器 container-2，它的 IP 地址是 100.96.2.3，对应的 docker0 网桥的地址是 100.96.2.1/24。

现在我们的任务是让 container-1 访问 container-2。

在这种情况下，container-1 里的进程发起的 IP 包，其源地址就是 100.96.1.2，目的地址就是 100.96.2.3。由于目的地址 100.96.2.3 并不在 Node 1 的 docker0 网桥的网段里，因此这个 IP 包会被交给默认路由规则，通过容器的网关进入 docker0 网桥（如果是同一台宿主机上的容器间通信，走的是直连规则），从而出现在宿主机上。

此时，这个 IP 包的下一个目的地就取决于宿主机上的路由规则了。此时，Flannel 已经在宿主机上创建出了一系列的路由规则。以 Node 1 为例，如下所示：

```
# 在Node 1上
$ ip route
default via 10.168.0.1 dev eth0
100.96.0.0/16 dev flannel0  proto kernel  scope link  src 100.96.1.0
100.96.1.0/24 dev docker0  proto kernel  scope link  src 100.96.1.1
10.168.0.0/24 dev eth0  proto kernel  scope link  src 10.168.0.2
```

可以看到，由于我们的 IP 包的目的地址是 100.96.2.3，因此它匹配不到本机 docker0 网桥对应的 100.96.1.0/24 网段，只能匹配到第二条，即 100.96.0.0/16 对应的这条路由规则，从而进入一个叫作 flannel0 的设备中。这个 flannel0 设备的类型很有意思：它是一个 **TUN 设备**（tunnel 设备）。

在 Linux 中，TUN 设备是一种在三层（网络层）工作的虚拟网络设备。TUN 设备的功能非常简单：在操作系统内核和用户应用程序之间传递 IP 包。

以 flannel0 设备为例。像上面提到的情况，当操作系统将一个 IP 包发送给 flannel0 设备之后，flannel0 就会把这个 IP 包交给创建该设备的应用程序，也就是 Flannel 进程。这是从内核态（Linux 操作系统）向用户态（Flannel 进程）的流动方向。

反之，如果 Flannel 进程向 flannel0 设备发送了一个 IP 包，这个 IP 包就会出现在宿主机网络栈中，然后根据宿主机的路由表进行下一步处理。这是从用户态向内核态的流动方向。

所以，当 IP 包从容器经过 docker0 出现在宿主机上，然后又根据路由表进入 flannel0 设备后，宿主机上的 flanneld 进程（Flannel 项目在每个宿主机上的主进程）就会收到这个 IP 包。然后，flanneld "看到"这个 IP 包的目的地址是 100.96.2.3，就把它发送给了 Node 2 宿主机。

等一下，flanneld 是如何知道这个 IP 地址对应的容器是在 Node 2 上运行的呢？

这就用到了 Flannel 项目里一个非常重要的概念：**子网**（subnet）。事实上，在由 Flannel 管理的容器网络里，一台宿主机上的所有容器都属于该宿主机被分配的一个"子网"。在这个例子中，Node 1 的子网是 100.96.1.0/24，container-1 的 IP 地址是 100.96.1.2。Node 2 的子网是 100.96.2.0/24，container-2 的 IP 地址是 100.96.2.3。

这些子网与宿主机的对应关系正是保存在 etcd 当中，如下所示：

```
$ etcdctl ls /coreos.com/network/subnets
/coreos.com/network/subnets/100.96.1.0-24
/coreos.com/network/subnets/100.96.2.0-24
/coreos.com/network/subnets/100.96.3.0-24
```

所以，flanneld 进程在处理由 flannel0 传入的 IP 包时，就可以根据目的 IP 的地址（比如 100.96.2.3），匹配到对应的子网（比如 100.96.2.0/24），从 etcd 中找到这个子网对应的宿主机的 IP 地址是 10.168.0.3，如下所示：

```
$ etcdctl get /coreos.com/network/subnets/100.96.2.0-24
{"PublicIP":"10.168.0.3"}
```

对于 flanneld 来说，只要 Node 1 和 Node 2 是互通的，flanneld 作为 Node 1 上的一个普通进程就一定可以通过上述 IP 地址（10.168.0.3）访问到 Node 2，这没有任何问题。

所以，flanneld 在收到 container-1 发给 container-2 的 IP 包之后，就会把这个 IP 包直接封装在一个 UDP 包里，然后发送给 Node 2。不难理解，这个 UDP 包的源地址就是 flanneld 所在的 Node 1 的地址，而目的地址是 container-2 所在的宿主机 Node 2 的地址。

当然，这个请求得以完成的原因是，每台宿主机上的 flanneld 都监听一个 8285 端口，所以 flanneld 只要把 UDP 包发往 Node 2 的 8285 端口即可。

通过这样一个普通的、宿主机之间的 UDP 通信，一个 UDP 包就从 Node 1 到达了 Node 2。而 Node 2 上监听 8285 端口的进程也是 flanneld，所以此时 flanneld 就可以从这个 UDP 包里解析出封装在其中的、container-1 发来的原 IP 包。

接下来 flanneld 的工作就非常简单了：flanneld 会直接把这个 IP 包发送给它所管理的 TUN 设备，即 flannel0 设备。

根据前面讲解的 TUN 设备的原理，这正是从用户态向内核态的流动方向（Flannel 进程向 TUN 设备发送数据包），所以 Linux 内核网络栈就会负责处理这个 IP 包，具体做法是通过本机的路由表来寻找这个 IP 包的下一步流向。

Node 2 上的路由表跟 Node 1 的非常类似，如下所示：

```
# 在 Node 2 上
$ ip route
default via 10.168.0.1 dev eth0
100.96.0.0/16 dev flannel0  proto kernel  scope link  src 100.96.2.0
100.96.2.0/24 dev docker0  proto kernel  scope link  src 100.96.2.1
10.168.0.0/24 dev eth0  proto kernel  scope link  src 10.168.0.3
```

由于这个 IP 包的目的地址是 100.96.2.3，它跟第三条，也就是 100.96.2.0/24 网段对应的路由规则匹配更加精确，因此 Linux 内核会按照这条路由规则把这个 IP 包转发给 docker0 网桥。

接下来的流程就如同上一节讲的那样，docker0 网桥会扮演二层交换机的角色，将数据包发送给正确的端口，进而通过 Veth Pair 设备进入 container-2 的 Network Namespace 里。而 container-2 返回给 container-1 的数据包，会经过与上述过程完全相反的路径回到 container-1 中。

需要注意的是，上述流程要正确工作，还有一个重要前提：docker0 网桥的地址范围必须是 Flannel 为宿主机分配的子网。这很容易实现，以 Node 1 为例，只需要给它上面的 Docker Daemon 启动时配置如下所示的 `bip` 参数即可：

```
$ FLANNEL_SUBNET=100.96.1.1/24
$ dockerd --bip=$FLANNEL_SUBNET ...
```

以上就是基于 Flannel UDP 模式的跨主通信的基本原理，示意图见图 7-5。

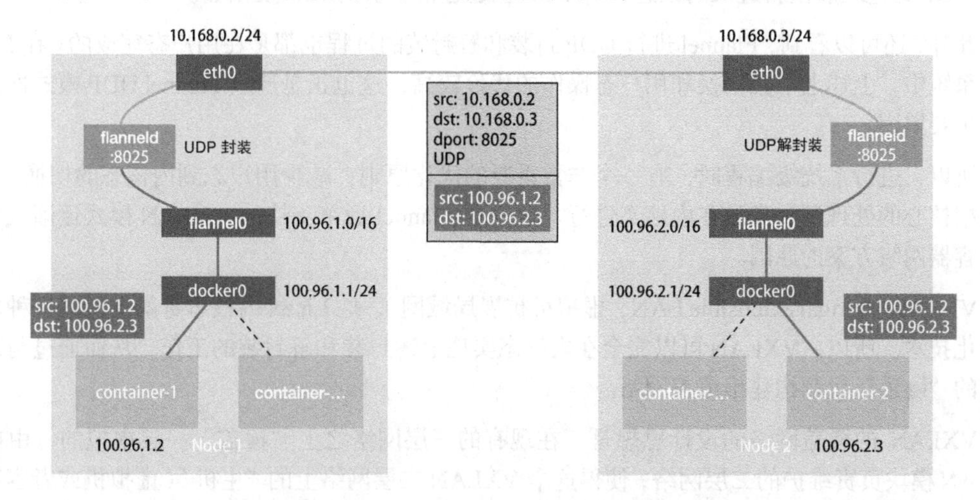

图 7-5 基于 Flannel UDP 模式的跨主通信的基本原理示意图

可以看到，Flannel UDP 模式提供的其实是一个三层的覆盖网络：它首先对发出端的 IP 包进行 UDP 封装，然后在接收端进行解封装拿到原始的 IP 包，接着把这个 IP 包转发给目标容器。这就好比，Flannel 在不同宿主机上的两个容器之间打通了一条"隧道"，使得这两个容器可以直接使用 IP 地址进行通信，而无须关心容器和宿主机的分布情况。

本节开头提到，UDP 模式有严重的性能问题，所以已被废弃。通过前面的讲述，你能否看出性能问题出现在哪里？

实际上，相比两台宿主机之间的直接通信，基于 Flannel UDP 模式的容器通信多了一个额外的步骤：flanneld 的处理过程。由于该过程用到了 flannel0 这个 TUN 设备，因此仅在发出 IP 包的过程中，就需要经过 3 次用户态与内核态之间的数据复制，如图 7-6 所示。

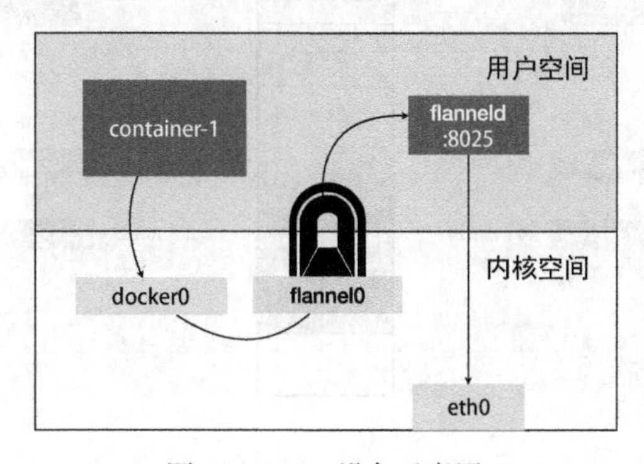

图 7-6 TUN 设备示意图

可以看到，第一次，用户态的容器进程发出的IP包经过docker0网桥进入内核态；第二次，IP包根据路由表进入TUN（flannel0）设备，从而回到用户态的flanneld进程；第三次，flanneld进行UDP封包之后重新进入内核态，将UDP包通过宿主机的eth0发出去。

此外，还可以看到，Flannel进行UDP封装和解封装的过程也都是在用户态完成的。在Linux操作系统中，上述上下文切换和用户态操作的代价较高，这也正是造成Flannel UDP模式性能不佳的主要原因。

所以，进行系统级编程时，有一个非常重要的优化原则：减少用户态到内核态的切换次数，并且把核心的处理逻辑都放在内核态进行。这也是Flannel后来支持的VXLAN模式逐渐成为主流的容器网络方案的原因。

VXLAN（virtual extensible LAN，虚拟可扩展局域网），是Linux内核本身就支持的一种网络虚似化技术。所以，VXLAN可以完全在内核态实现上述封装和解封装的工作，从而通过与前面相似的“隧道”机制构建出覆盖网络。

VXLAN的覆盖网络的设计思想是，在现有的三层网络之上“覆盖”一层虚拟的、由内核VXLAN模块负责维护的二层网络，使得这个VXLAN二层网络上的“主机”（虚拟机或者容器都可以）之间，可以像在同一个局域网里那样自由通信。当然，实际上，这些“主机”可能分布在不同的宿主机上，甚至是分布在不同的物理机房里。

为了能够在二层网络上打通“隧道”，VXLAN会在宿主机上设置一个特殊的网络设备作为“隧道”的两端。这个设备叫作VTEP（VXLAN tunnel end point，虚拟隧道端点）。

VTEP设备的作用其实跟前面的flanneld进程非常相似。只不过，它进行封装和解封装的对象是二层数据帧（Ethernet frame），而且这个工作的执行流程全部是在内核里完成的（因为VXLAN就是Linux内核中的一个模块）。

上述基于VTEP设备进行“隧道”通信的流程可以总结为图7-7。

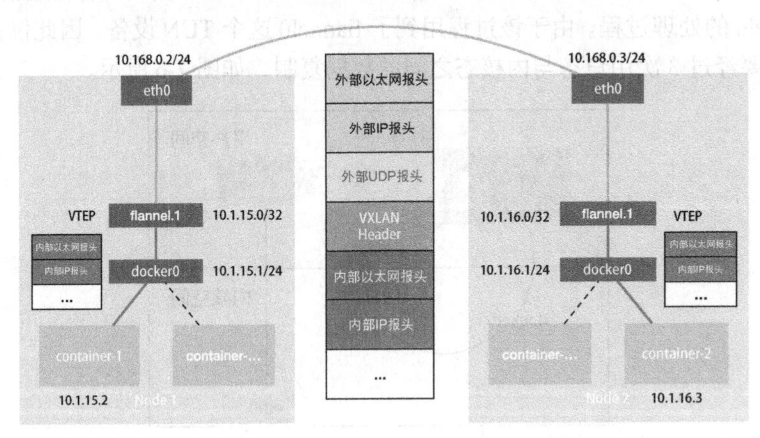

图7-7 基于Flannel VXLAN模式的跨主通信的基本原理

可以看到，图 7-7 中每台宿主机上名叫 flannel.1 的设备就是 VXLAN 所需的 VTEP 设备，它既有 IP 地址，也有 MAC 地址。

现在，我们的 container-1 的 IP 地址是 10.1.15.2，要访问的 container-2 的 IP 地址是 10.1.16.3。那么，与前面 UDP 模式的流程类似，当 container-1 发出请求之后，这个目的地址是 10.1.16.3 的 IP 包，会先出现在 docker0 网桥，然后被路由到本机 flannel.1 设备进行处理。也就是说，来到了“隧道”的入口。方便起见，接下来把这个 IP 包称为“原始 IP 包”。

为了能将“原始 IP 包”封装并且发送到正确的宿主机，VXLAN 就需要找到这条“隧道”的出口，即目的宿主机的 VTEP 设备。而这个设备的信息正是由每台宿主机上的 flanneld 进程负责维护的。

比如，当 Node 2 启动并加入 Flannel 网络之后，在 Node 1（以及其他所有节点）上，flanneld 就会添加一条如下所示的路由规则：

```
$ route -n
Kernel IP routing table
Destination     Gateway         Genmask         Flags Metric Ref    Use Iface
...
10.1.16.0       10.1.16.0       255.255.255.0   UG    0      0        0 flannel.1
```

这条规则的意思是，凡是发往 10.1.16.0/24 网段的 IP 包，都需要经 flannel.1 设备发出，并且它最后发往的网关地址是：10.1.16.0。从图 7-7 中可以看到，10.1.16.0 正是 Node 2 上的 VTEP 设备（flannel.1 设备）的 IP 地址。

方便起见，接下来把 Node 1 和 Node 2 上的 flannel.1 设备分别称为“源 VTEP 设备”和“目的 VTEP 设备”。这些 VTEP 设备之间需要想办法组成一个虚拟的二层网络，即通过二层数据帧进行通信。

所以在这个例子中，“源 VTEP 设备”收到“原始 IP 包”后，就要想办法给“原始 IP 包”加上一个目的 MAC 地址，封装成一个二层数据帧，然后发送给“目的 VTEP 设备”（当然，这么做还是因为这个 IP 包的目的地址不是本机）。

这里需要解决的问题就是，“目的 VTEP 设备”的 MAC 地址是什么？此时，根据前面的路由记录，我们已经知道了“目的 VTEP 设备”的 IP 地址。而要根据三层 IP 地址查询对应的二层 MAC 地址，这正是 ARP 表的功能。

这里要用到的 ARP 记录，也是 flanneld 进程在 Node 2 启动时自动添加到 Node 1 上的。可以通过 ip 命令查看它，如下所示：

```
# 在Node 1上
$ ip neigh show dev flannel.1
10.1.16.0 lladdr 5e:f8:4f:00:e3:37 PERMANENT
```

这条记录的意思非常明确：IP 地址 10.1.16.0 对应的 MAC 地址是 5e:f8:4f:00:e3:37。可以看到，最新版本的 Flannel 并不依赖 L3 MISS 事件和 ARP 学习，而会在每个节点启动时把它的 VTEP

设备对应的ARP记录直接下放到其他每台宿主机上。

有了这个“目的VTEP设备”的MAC地址，Linux内核就可以开始二层封包工作了。这个二层帧的格式如图7-8所示。

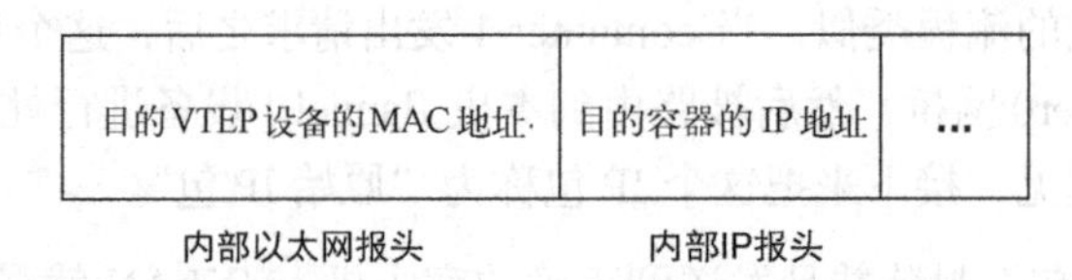

图7-8　Flannel VXLAN模式的内部数据帧

可以看到，Linux内核会把“目的VTEP设备”的MAC地址填写在图7-8中的内部以太网报头字段，得到一个二层数据帧。

需要注意的是，上述封包过程只是加一个二层头，不会改变“原始IP包”的内容。所以图7-8中的内部IP报头字段依然是container-2的IP地址，即10.1.16.3。

但是，上面提到的这些VTEP设备的MAC地址，对于宿主机网络来说并没有什么实际意义。所以上面封装出来的这个数据帧，并不能在我们的宿主机二层网络里传输。方便起见，下面把它称为“内部数据帧”。

所以，接下来Linux内核还需要再把“内部数据帧”进一步封装成为宿主机网络里的一个普通的数据帧，好让它“载着”“内部数据帧”通过宿主机的eth0网卡进行传输。我们把这次要封装出来的、宿主机对应的数据帧称为“外部数据帧”。

为了实现这个“搭便车”的机制，Linux内核会在“内部数据帧”前面加上一个特殊的VXLAN头，用来表示这个“乘客”实际上是VXLAN要使用的一个数据帧。

这个VXLAN头里有一个重要的标志，叫作VNI，它是VTEP设备识别某个数据帧是否应该归自己处理的重要标识。而在Flannel中，VNI的默认值是1，这也是宿主机上的VTEP设备都叫flannel.1的原因，这里的“1”其实就是VNI的值。

然后，Linux内核会把这个数据帧封装进一个UDP包里发出去。

所以，跟UDP模式类似，宿主机会以为自己的flannel.1设备只是在向另外一台宿主机的flannel.1设备发起了一次普通的UDP链接。它怎么会知道这个UDP包里面其实是一个完整的二层数据帧。这是不是跟特洛伊木马的故事非常像呢？

不过，不要忘了，一个flannel.1设备只知道另一端的flannel.1设备的MAC地址，却不知道对应的宿主机地址。那么，这个UDP包该发给哪台宿主机呢？

在这种场景中，flannel.1设备实际上要扮演一个“网桥”的角色，在二层网络进行UDP包的转发。而在Linux内核中，“网桥”设备进行转发的依据来自一个叫作FDB（forwarding database）的转发数据库。

不难想到，这个 flannel.1“网桥”对应的 FDB 信息也是由 flanneld 进程负责维护的。可以通过 `bridge fdb` 命令查看其内容，如下所示：

```
# 在 Node 1 上，使用“目的 VTEP 设备”的 MAC 地址进行查询
$ bridge fdb show flannel.1 | grep 5e:f8:4f:00:e3:37
5e:f8:4f:00:e3:37 dev flannel.1 dst 10.168.0.3 self permanent
```

可以看到，在上面这条 FDB 记录里，指定了这样一条规则：

> 发往前面提到的“目的 VTEP 设备”（MAC 地址是 5e:f8:4f:00:e3:37）的二层数据帧，应该通过 flannel.1 设备发往 IP 地址为 10.168.0.3 的主机。显然，这台主机正是 Node 2，UDP 包要发往的目的地就找到了。

所以接下来的流程就是正常的、宿主机网络上的封包工作。我们知道，UDP 包是一个四层数据包，所以 Linux 内核会在它前面加上一个 IP 头，即图 7-5 中的外部 IP 报头，组成一个 IP 包。并且，在这个 IP 头里会填上前面通过 FDB 查询出来的目的主机的 IP 地址，即 Node 2 的 IP 地址 10.168.0.3。

然后，Linux 内核再在这个 IP 包前面加上二层数据帧头，即图 7-5 中的内部以太网报头，并把 Node 2 的 MAC 地址填进去。这个 MAC 地址本身是 Node 1 的 ARP 表要学习的内容，无须 Flannel 维护。这样封装出来的“外部数据帧”的格式如图 7-9 所示。

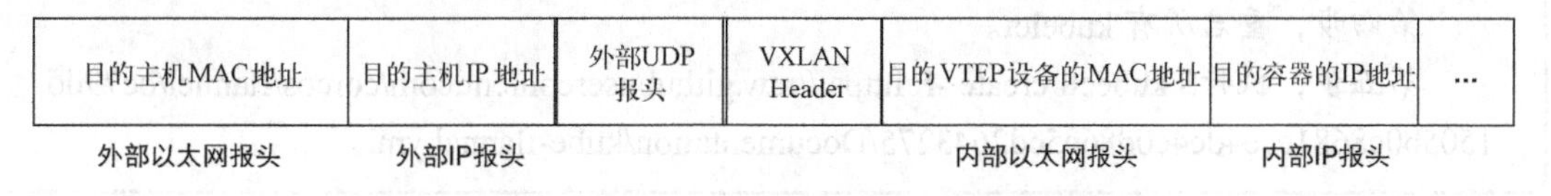

图 7-9　Flannel VXLAN 模式的外部数据帧

这样，封包工作就完成了。

接下来，Node 1 上的 flannel.1 设备就可以把这个数据帧从 Node 1 的 eth0 网卡发出去。显然，这个帧会经过宿主机网络来到 Node 2 的 eth0 网卡。

此时，Node 2 的内核网络栈会发现这个数据帧里有 VXLAN Header，并且 VNI=1。所以 Linux 内核会对它进行拆包，获取里面的内部数据帧，然后根据 VNI 的值把它交给 Node 2 上的 flannel.1 设备。

flannel.1 设备会进一步拆包，取出“原始 IP 包”。接下来就到了上一节介绍的单机容器网络的处理流程。最终，IP 包就进入了 container-2 容器的 Network Namespace 里。

以上就是 Flannel VXLAN 模式的具体工作原理。

小结

本节详细讲解了 Flannel UDP 和 VXLAN 模式的工作原理。这两种模式其实都可以称作“隧

道”机制，也是其他很多容器网络插件的基础。比如 Weave 的两种模式，以及 Docker 的 Overlay 模式。

此外，VXLAN 模式组建的覆盖网络其实就是一个由不同宿主机上的 VTEP 设备，也就是 flannel.1 设备组成的虚拟二层网络。对于 VTEP 设备来说，它发出的“内部数据帧”就仿佛一直在这个虚拟的二层网络上流动。这正是覆盖网络的含义。

说明

如果你想在前面部署的集群中实践 Flannel，可以在 Master 节点上执行如下命令来替换网络插件。

第一步，执行`$ rm -rf /etc/cni/net.d/*`。

第二步，执行`$ kubectl delete -f "https://cloud.weave.works/k8s/net?k8s-version=$(kubectl version | base64 | tr -d '\n')"`。

第三步，在/etc/kubernetes/manifests/kube-controller-manager.yaml 里为容器启动命令添加如下两个参数：

```
--allocate-node-cidrs=true
--cluster-cidr=10.244.0.0/16
```

第四步，重启所有 kubelet。

第五步，执行$ kubectl create -f https://raw.githubusercontent.com/coreos/flannel/bc79dd1505b0c8681ece4de4c0d86c5cd2643275/Documentation/kube-flannel.yml。

思考题

可以看到，Flannel 通过上述“隧道”机制实现了容器之间三层网络（IP 地址）的连通性。但是，根据该机制的工作原理，你认为 Flannel 能保证二层网络（MAC 地址）的连通性吗？为什么呢？

7.3　Kubernetes 网络模型与 CNI 网络插件

上一节以 Flannel 项目为例，详细讲解了容器跨主机网络的两种实现方法：UDP 和 VXLAN。

不难看出，它们有一个共性——用户的容器都连接在 docker0 网桥上。而网络插件在宿主机上创建了一个特殊设备（UDP 模式创建的是 TUN 设备，VXLAN 模式创建的是 VTEP 设备），docker0 与这个设备之间通过 IP 转发（路由表）进行协作。然后，网络插件真正要做的是通过某种方法把不同宿主机上的特殊设备连通，从而实现容器跨主机通信。

实际上，上述流程正是 Kubernetes 对容器网络的主要处理方法。只不过，Kubernetes 是通过一个叫作 CNI 的接口维护了一个单独的网桥来代替 docker0。这个网桥叫作 CNI 网桥，它在宿主机上的默认设备名称是 cni0。

以 Flannel 的 VXLAN 模式为例，在 Kubernetes 环境中它的工作方式跟上一节讲解的并无不同，只是 docker0 网桥换成了 CNI 网桥而已，如图 7-10 所示。

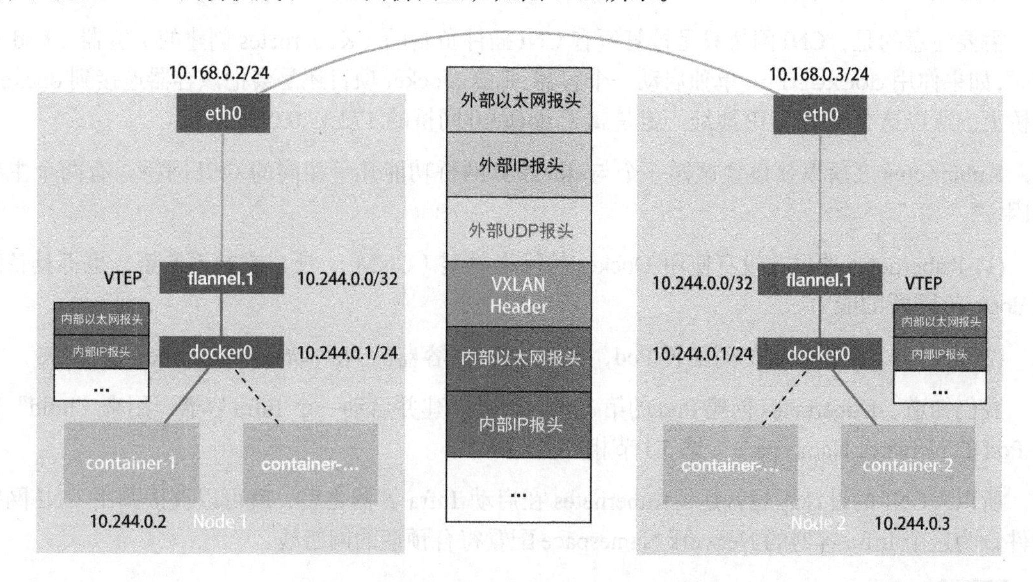

图 7-10 Flannel VXLAN 模式的工作原理

在这里，Kubernetes 为 Flannel 分配的子网范围是 10.244.0.0/16。这个参数可以在部署时指定，比如：

```
$ kubeadm init --pod-network-cidr=10.244.0.0/16
```

也可以在部署完成后通过修改 kube-controller-manager 的配置文件来指定。

现在假设 Infra-container-1 要访问 Infra-container-2（Pod-1 要访问 Pod-2），这个 IP 包的源地址就是 10.244.0.2，目的 IP 地址是 10.244.1.3。而此时 Infra-container-1 里的 eth0 设备同样是以 Veth Pair 的方式连接在 Node 1 的 cni0 网桥上的，所以这个 IP 包会经过 cni0 网桥出现在宿主机上。

此时 Node 1 上的路由表如下所示：

```
# 在Node 1上
$ route -n
Kernel IP routing table
Destination     Gateway         Genmask         Flags Metric Ref    Use Iface
...
10.244.0.0      0.0.0.0         255.255.255.0   U     0      0        0 cni0
10.244.1.0      10.244.1.0      255.255.255.0   UG    0      0        0 flannel.1
172.17.0.0      0.0.0.0         255.255.0.0     U     0      0        0 docker0
```

因为我们的 IP 包的目的 IP 地址是 10.244.1.3，所以它只能匹配到第二条规则，即 10.244.1.0 对应的这条路由规则。

可以看到，这条规则指定了本机的 flannel.1 设备进行处理。并且，flannel.1 在处理完后要将 IP 包转发到的网关，正是"隧道"另一端的 VTEP 设备，也就是 Node 2 的 flannel.1 设备。所以，接下来的流程跟上一节介绍的 Flannel VXLAN 模式完全相同。

需要注意的是，CNI 网桥只是接管所有 CNI 插件负责的（Kubernetes 创建的）容器（Pod）。此时，如果你用 `docker run` 单独启动一个容器，那么 Docker 项目还是会把该容器连接到 docker0 网桥上。所以这个容器的 IP 地址一定是属于 docker0 网桥的 172.17.0.0/16 网段。

Kubernetes 之所以要设置这样一个与 docker0 网桥功能几乎相同的 CNI 网桥，有两个主要原因。

(1) Kubernetes 项目并没有使用 Docker 的网络模型（CNM），所以它并不希望，也不具备配置 docker0 网桥的能力。

(2) 这还与 Kubernetes 如何配置 Pod，也就是 Infra 容器的 Network Namespace 密切相关。

我们知道，Kubernetes 创建 Pod 的第一步，就是创建并启动一个 Infra 容器，用来"hold"这个 Pod 的 Network Namespace（见 5.1 节相关内容）。

所以，CNI 的设计思想就是，Kubernetes 在启动 Infra 容器之后，就可以直接调用 CNI 网络插件，为这个 Infra 容器的 Network Namespace 配置符合预期的网络栈。

说明

7.1 节提到，一个 Network Namespace 的网络栈包括网卡、回环设备、路由表和 iptables 规则。

那么，这个网络栈的配置工作是如何完成的呢？这就要从 CNI 插件的部署和实现方式谈起了。

部署 Kubernetes 时有一个步骤是安装 kubernetes-cni 包，目的是在宿主机上安装 CNI 插件所需的基础可执行文件。安装完成后，可以在宿主机的/opt/cni/bin 目录下看到它们，如下所示：

```
$ ls -al /opt/cni/bin/
total 73088
-rwxr-xr-x 1 root root  3890407 Aug 17  2017 bridge
-rwxr-xr-x 1 root root  9921982 Aug 17  2017 dhcp
-rwxr-xr-x 1 root root  2814104 Aug 17  2017 flannel
-rwxr-xr-x 1 root root  2991965 Aug 17  2017 host-local
-rwxr-xr-x 1 root root  3475802 Aug 17  2017 ipvlan
-rwxr-xr-x 1 root root  3026388 Aug 17  2017 loopback
-rwxr-xr-x 1 root root  3520724 Aug 17  2017 macvlan
-rwxr-xr-x 1 root root  3470464 Aug 17  2017 portmap
-rwxr-xr-x 1 root root  3877986 Aug 17  2017 ptp
```

```
-rwxr-xr-x 1 root root  2605279 Aug 17  2017 sample
-rwxr-xr-x 1 root root  2808402 Aug 17  2017 tuning
-rwxr-xr-x 1 root root  3475750 Aug 17  2017 vlan
```

这些 CNI 的基础可执行文件按照功能可以分为三类。

Main 插件，它是用来创建具体网络设备的二进制文件。比如 bridge（网桥设备）、ipvlan、loopback（lo 设备）、macvlan、ptp（Veth Pair 设备）以及 vlan。前面提到的 Flannel、Weave 等项目都属于“网桥”类型的 CNI 插件。所以在具体的实现中，它们往往会调用 bridge 这个二进制文件。稍后会详细介绍该流程。

IPAM（IP address management）插件，它是负责分配 IP 地址的二进制文件。比如 dhcp 这个文件会向 DHCP 服务器发起请求，host-local 则会使用预先配置的 IP 地址段来进行分配。

由 CNI 社区维护的内置 CNI 插件。比如，flannel 就是专门为 Flannel 项目提供的 CNI 插件；tuning 是通过 sysctl 调整网络设备参数的二进制文件；portmap 是通过 iptables 配置端口映射的二进制文件；bandwidth 是使用 TBF（token bucket filter）来进行限流的二进制文件。

从这些二进制文件中可以看出，如果要实现一个面向 Kubernetes 的容器网络方案，其实需要做两部分工作，以 Flannel 项目为例。

首先，实现这个网络方案本身。这一部分需要编写的其实就是 flanneld 进程里的主要逻辑。比如，创建和配置 flannel.1 设备、配置宿主机路由、配置 ARP 和 FDB 表里的信息等。

然后，实现该网络方案对应的 CNI 插件。这一部分的主要工作是配置 Infra 容器里的网络栈并把它连接到 CNI 网桥上。

由于 Flannel 项目对应的 CNI 插件已经内置，因此无须再单独安装。而对于 Weave、Calico 等其他项目来说，我们就必须在安装插件时把对应的 CNI 插件的可执行文件放在/opt/cni/bin/目录下。

> 实际上，对于 Weave、Calico 这样的网络方案来说，它们的 DaemonSet 只需要挂载宿主机的/opt/cni/bin/，即可实现插件可执行文件的安装。具体应该怎么做，留给你自行实践。

接下来，需要在宿主机上安装 flanneld（网络方案本身）。而在此过程中，flanneld 启动后会在每台宿主机上生成它对应的 CNI 配置文件（它其实是一个 ConfigMap），从而告诉 Kubernetes：这个集群要使用 Flannel 作为容器网络方案。

这个 CNI 配置文件的内容如下所示：

```
$ cat /etc/cni/net.d/10-flannel.conflist
{
  "name": "cbr0",
  "plugins": [
    {
```

```
        "type": "flannel",
        "delegate": {
          "hairpinMode": true,
          "isDefaultGateway": true
        }
      },
      {
        "type": "portmap",
        "capabilities": {
          "portMappings": true
        }
      }
    ]
}
```

需要注意的是，在 Kubernetes 中，处理容器网络相关的逻辑不会在 kubelet 主干代码里执行，而会在具体的 CRI 实现里完成。对于 Docker 项目来说，它的 CRI 实现叫作 dockershim，位于 kubelet 的代码里。

所以，接下来 dockershim 会加载上述 CNI 配置文件。

需要注意，Kubernetes 目前不支持多个 CNI 插件混用。如果你在 CNI 配置目录（/etc/cni/net.d）里放置了多个 CNI 配置文件，dockershim 只会加载按字母顺序排序的第一个插件。但 CNI 允许你在一个 CNI 配置文件里通过 `plugins` 字段定义多个插件进行协作。比如，在上面这个例子中，Flannel 项目就指定了 flannel 和 portmap 这两个插件。

此时，dockershim 会加载这个 CNI 配置文件，并且把列表里的第一个插件（flannel 插件）设置为默认插件。而在后面的执行过程中，flannel 和 portmap 插件会按照定义顺序被调用，从而依次完成“配置容器网络”和“配置端口映射”这两步操作。

接下来讲解这样一个 CNI 插件的工作原理。

当 kubelet 组件需要创建 Pod 时，它首先创建的一定是 Infra 容器。所以在这一步，dockershim 会先调用 Docker API 创建并启动 Infra 容器，接着执行一个叫作 `SetUpPod` 的方法。这个方法用于为 CNI 插件准备参数，然后调用 CNI 插件为 Infra 容器配置网络。

这里要调用的 CNI 插件就是/opt/cni/bin/flannel，而调用它所需要的参数分为两部分。

第一部分是由 dockershim 设置的一组 CNI 环境变量。其中，最重要的环境变量参数叫作 `CNI_COMMAND`。它的取值只有两种：`ADD` 和 `DEL`。

`ADD` 和 `DEL` 操作就是 CNI 插件仅需要实现的两个方法。`ADD` 操作的含义是：把容器添加到 CNI 网络里；`DEL` 操作的含义则是：从 CNI 网络里移除容器。

对于网桥类型的 CNI 插件来说，这两个操作意味着把容器以 Veth Pair 的方式“插”到 CNI 网桥上，或者从网桥上“拔”掉。

接下来以 `ADD` 操作为重点进行讲解。

CNI 的 ADD 操作需要的参数包括：容器里网卡的名字 eth0（CNI_IFNAME）、Pod 的 Network Namespace 文件的路径（CNI_NETNS）、容器的 ID（CNI_CONTAINERID）等。这些参数都属于上述环境变量里的内容。其中，Pod（Infra 容器）的 Network Namespace 文件的路径在前面讲解容器基础时提到过，即/proc/<容器进程的 PID>/ns/net。

除此之外，在 CNI 环境变量里还有一个叫作 CNI_ARGS 的参数。通过该参数，CRI 实现（比如 dockershim）就可以以 Key-Value 的格式给网络插件传递自定义信息。这是用户将来自定义 CNI 协议的一个重要方法。

第二部分是 dockershim 从 CNI 配置文件里加载到的、默认插件的配置信息。

这项配置信息在 CNI 中叫作 Network Configuration，它的完整定义可以参考官方文档。dockershim 会把 Network Configuration 以 JSON 数据的格式，通过标准输入（stdin）的方式传递给 Flannel CNI 插件。

有了这两部分参数，Flannel CNI 插件实现 ADD 操作的过程就非常简单了。

不过，需要注意的是，Flannel 的 CNI 配置文件（/etc/cni/net.d/10-flannel.conflist）里有一个 delegate 字段：

```
...
     "delegate": {
        "hairpinMode": true,
        "isDefaultGateway": true
      }
```

delegate 字段的意思是，这个 CNI 插件并不会亲自上阵，而是会调用 delegate 指定的某种 CNI 内置插件来完成任务。对于 Flannel 来说，它调用的就是前面介绍的 CNI bridge 插件。

所以，dockershim 对 Flannel CNI 插件的调用其实就是走过场。Flannel CNI 插件唯一需要做的，就是对 dockershim 传来的 Network Configuration 进行补充。比如，将 delegate 的 type 字段设置为 bridge，将 delegate 的 ipam 字段设置为 host-local 等。

经过 Flannel CNI 插件补充的、完整的 delegate 字段如下所示：

```
{
    "hairpinMode":true,
    "ipMasq":false,
    "ipam":{
        "routes":[
            {
                "dst":"10.244.0.0/16"
            }
        ],
        "subnet":"10.244.1.0/24",
        "type":"host-local"
    },
    "isDefaultGateway":true,
    "isGateway":true,
```

```
    "mtu":1410,
    "name":"cbr0",
    "type":"bridge"
}
```

其中，ipam 字段里的信息，比如 10.244.1.0/24，读取自 Flannel 在宿主机上生成的 Flannel 配置文件，即宿主机上的/run/flannel/subnet.env 文件。

接下来，Flannel CNI 插件会调用 CNI bridge 插件，即执行/opt/cni/bin/bridge 二进制文件。

这一次，调用 CNI bridge 插件需要的两部分参数的第一部分，也就是 CNI 环境变量，并没有变化。所以，其中的 CNI_COMMAND 参数的值还是 ADD。而第二部分 Network Configration 正是上面补充好的 delegate 字段。Flannel CNI 插件会把 delegate 字段的内容以标准输入（stdin）的方式传递给 CNI bridge 插件。

此外，Flannel CNI 插件还会把 delegate 字段以 JSON 文件的方式保存在/var/lib/cni/flannel 目录下。这是为了给后面删除容器调用 DEL 操作使用的。

有了这两部分参数，接下来 CNI bridge 插件就可以"代表"Flannel，进行"将容器加入 CNI 网络"这一步操作了。这部分内容与容器 Network Namespace 密切相关，下面详细讲解。

首先，CNI bridge 插件会在宿主机上检查 CNI 网桥是否存在。如果不存在就创建它，这相当于在宿主机上执行：

```
# 在宿主机上
$ ip link add cni0 type bridge
$ ip link set cni0 up
```

然后，CNI bridge 插件会通过 Infra 容器的 Network Namespace 文件进入这个 Network Namespace 中，然后创建一对 Veth Pair 设备。

接着，它会把这个 Veth Pair 的其中一端"移动"到宿主机上。这相当于在容器里执行如下命令：

```
# 在容器里

# 创建一对 Veth Pair 设备。其中一个叫作 eth0，另一个叫作 vethb4963f3
$ ip link add eth0 type veth peer name vethb4963f3

# 启动 eth0 设备
$ ip link set eth0 up

# 将 Veth Pair 设备的另一端（vethb4963f3 设备）放到宿主机（Host Namespace）上
$ ip link set vethb4963f3 netns $HOST_NS

# 通过 Host Namespace 启动宿主机上的 vethb4963f3 设备
$ ip netns exec $HOST_NS ip link set vethb4963f3 up
```

这样，vethb4963f3 就出现在了宿主机上，而且这个 Veth Pair 设备的另一端就是容器里面的 eth0。

当然，你可能已经想到，上述创建 Veth Pair 设备的操作其实也可以先在宿主机上执行，然后再把该设备的一端放到容器的 Network Namespace 里，原理是一样的。

不过，CNI 插件之所以要反着来，是因为 CNI 里对 Namespace 操作函数的设计就是如此，如下所示：

```
err := containerNS.Do(func(hostNS ns.NetNS) error {
        ...
        return nil
})
```

这个设计其实很容易理解。在编程时，容器的 Namespace 是可以直接通过 Namespace 文件获取的，而 Host Namespace 是一个隐含在上下文中的参数。所以，像上面这样，先通过容器 Namespace 进入容器中，然后再反向操作 Host Namespace，对于编程来说更方便。

接下来，CNI bridge 插件就可以把 vethb4963f3 设备连接到 CNI 网桥上。这相当于在宿主机上执行：

```
# 在宿主机上
$ ip link set vethb4963f3 master cni0
```

在将 vethb4963f3 设备连接到 CNI 网桥之后，CNI bridge 插件还会为它设置 Hairpin Mode（发夹模式）。这是因为在默认情况下，网桥设备不允许一个数据包从一个端口进来后，再从该端口发出。但是，它允许你为这个端口开启 Hairpin Mode，从而取消这个限制。

这个特性主要用于容器需要通过 NAT（端口映射）的方式“自己访问自己”的场景。

举个例子，比如我们执行 `docker run -p 8080:80`，就是在宿主机上通过 iptables 设置了一条 DNAT（目的地址转换）转发规则。这条规则的作用是，当宿主机上的进程访问“<宿主机的 IP 地址>:8080”时，iptables 会把该请求直接转发到“<容器的 IP 地址>:80”上。也就是说，这个请求最终会经过 docker0 网桥进入容器中。

如果你是在容器中访问宿主机的 8080 端口，那么该容器里发出的 IP 包会经过 vethb4963f3 设备（端口）和 docker0 网桥来到宿主机上。此时，根据上述 DNAT 规则，这个 IP 包又需要回到 docker0 网桥，并且还是通过 vethb4963f3 端口进入容器中。所以，在这种情况下，就需要开启 vethb4963f3 端口的 Hairpin Mode 了。

因此，Flannel 插件要在 CNI 配置文件里声明 `hairpinMode=true`。这样，将来这个集群里的 Pod 才可以通过它自己的 Service 访问到自己。

接下来，CNI bridge 插件会调用 CNI ipam 插件，从 `ipam.subnet` 字段规定的网段里为容器分配一个可用的 IP 地址。然后，CNI bridge 插件会把这个 IP 地址添加到容器的 eth0 网卡上，同时为容器设置默认路由。这相当于在容器里执行：

```
# 在容器里
$ ip addr add 10.244.0.2/24 dev eth0
$ ip route add default via 10.244.0.1 dev eth0
```

最后，CNI bridge插件会为CNI网桥添加IP地址。这相当于在宿主机上执行：

```
# 在宿主机上
$ ip addr add 10.244.0.1/24 dev cni0
```

执行完上述操作后，CNI插件会把容器的IP地址等信息返回给dockershim，然后被kubelet添加到Pod的Status字段。

至此，CNI插件的`ADD`方法就宣告结束了。接下来的流程就跟上一节中容器跨主机通信的过程完全一致了。

需要注意的是，对于非网桥类型的CNI插件，上述“将容器添加到CNI网络”的操作流程，以及网络方案的原理就都不太一样了。后面会继续分析这部分内容。

小结

本节详细讲解了Kubernetes中CNI网络的实现原理。根据该原理，就很容易理解Kubernetes网络模型了。

(1) 所有容器都可以直接使用IP地址与其他容器通信，而无须使用NAT。

(2) 所有宿主机都可以直接使用IP地址与所有容器通信，而无须使用NAT，反之亦然。

(3) 容器自己“看到”的自己的IP地址，和别人（宿主机或者容器）“看到”的地址完全一样。

可见，这个网络模型其实可以用一个字来总结，那就是“通”。容器与容器之间要“通”，容器与宿主机之间也要“通”。并且，Kubernetes要求“通”必须是直接基于容器和宿主机的IP地址的。

当然，考虑到不同用户之间的隔离性，很多场景还要求容器之间的网络“不通”。后面会介绍这方面的知识。

思考题

请思考，为什么Kubernetes项目不自己实现容器网络，而要通过CNI做一个如此简单的假设呢？

7.4　解读Kubernetes三层网络方案

上一节以网桥类型的Flannel插件为例，讲解了Kubernetes里容器网络和CNI插件的主要工作原理。不过，除了这种模式，还有一种“纯三层”（pure layer 3）的网络方案值得注意。最典型例子莫过于Flannel的host-gw模式和Calico项目了。

1. Flannel的host-gw模式

Flannel的host-gw模式的工作原理非常简单，如图7-11所示。

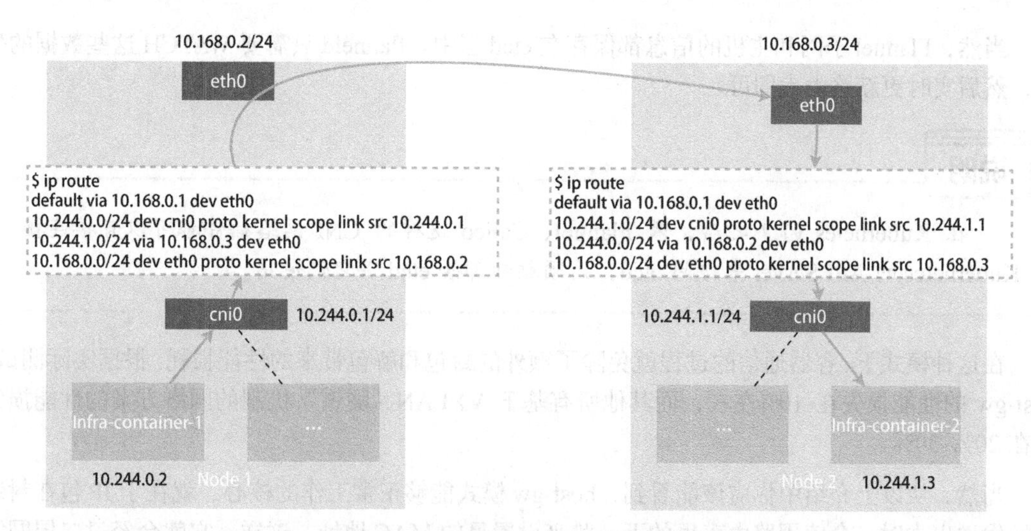

图 7-11　Flannel host-gw 示意图

假设现在 Node 1 上的 Infra-container-1 要访问 Node 2 上的 Infra-container-2。当你设置 Flannel 使用 host-gw 模式之后，flanneld 会在宿主机上创建这样一条规则，以 Node 1 为例：

```
$ ip route
...
10.244.1.0/24 via 10.168.0.3 dev eth0
```

这条路由规则的含义是，目的 IP 地址属于 10.244.1.0/24 网段的 IP 包应该经过本机的 eth0 设备（dev eth0）发出；并且，它下一跳（next-hop）地址是 10.168.0.3（via 10.168.0.3）。

所谓下一跳地址，就是如果 IP 包从主机 A 发送到主机 B，需要经过路由设备 X 的中转，那么 X 的 IP 地址就应该配置为主机 A 的下一跳地址。从图 7-11 中可以看到，这个下一跳地址对应的正是目的宿主机 Node 2。

一旦配置了下一跳地址，那么接下来当 IP 包从网络层进入链路层封装成帧时，eth0 设备就会使用下一跳地址对应的 MAC 地址，作为该数据帧的目的 MAC 地址。显然，这个 MAC 地址正是 Node 2 的 MAC 地址。这样，这个数据帧就会从 Node 1 通过宿主机的二层网络顺利到达 Node 2 上。

Node 2 的内核网络栈从二层数据帧里获取 IP 包后，会“看到”这个 IP 包的目的 IP 地址是 10.244.1.3，即 Infra-container-2 的 IP 地址。此时，根据 Node 2 上的路由表，该目的地址会匹配到第二条路由规则（10.244.1.0 对应的路由规则），从而进入 cni0 网桥，进而进入 Infra-container-2 当中。

由此可见，host-gw 模式的工作原理其实就是将每个 Flannel 子网（比如 10.244.1.0/24）的下一跳设置成了该子网对应的宿主机的 IP 地址。也就是说，这台“主机”会充当这条容器通信路径里的“网关”。这正是“host-gw”的含义。

当然，Flannel 子网和主机的信息都保存在 etcd 当中。flanneld 只需要 WATCH 这些数据的变化，然后实时更新路由表即可。

说明

在 Kubernetes v1.7 之后，像 Flannel、Calico 这样的 CNI 网络插件都可以直接连接 Kubernetes 的 API Server 来访问 etcd，无须额外部署 etcd 供它们使用。

在这种模式下，容器通信的过程就免除了额外的封包和解包带来的性能损耗。根据实际测试，host-gw 的性能损失在 10%左右，而其他所有基于 VXLAN“隧道”机制的网络方案的性能损失都在 20%~30%。

当然，从以上介绍中你应该能看到，host-gw 模式能够正常工作的核心，就在于 IP 包在封装成帧发送出去时，会使用路由表里的下一跳来设置目的 MAC 地址。这样，它就会经过二层网络到达目的宿主机。所以，Flannel host-gw 模式要求集群宿主机之间是二层连通的。

需要注意的是，宿主机之间二层不连通的情况也广泛存在。比如，宿主机分布在不同的子网（VLAN）中。但是，在一个 Kubernetes 集群里，宿主机之间必须可以通过 IP 地址进行通信，也就是说至少是三层可达的，否则集群将不满足上一节提到的宿主机之间 IP 互通的假设（Kubernetes 网络模型）。当然，“三层可达”也可以通过为几个子网设置三层转发来实现。

2. Calico 项目

在容器生态中，说到像 Flannel host-gw 这样的三层网络方案，就不得不提这个领域里的“龙头老大”Calico 项目了。

实际上，Calico 项目提供的网络解决方案与 Flannel 的 host-gw 模式几乎完全一样。也就是说，Calico 也会在每台宿主机上添加一条格式如下的路由规则：

```
<目的容器 IP 地址段> via <网关的 IP 地址> dev eth0
```

其中，网关的 IP 地址正是目的容器所在宿主机的 IP 地址。

如前所述，这个三层网络方案得以正常工作的核心，是为每个容器的 IP 地址找到对应的下一跳的网关。

不过，不同于 Flannel 通过 etcd 和宿主机上的 flanneld 来维护路由信息的做法，Calico 项目使用一个“重型武器”来自动地在整个集群中分发路由信息。这个“重型武器”就是 BGP（border gateway protocol，边界网关协议）。

BGP 是一个 Linux 内核原生支持的、专门用于在大规模数据中心维护不同“自治系统”之间路由信息的、无中心的路由协议。这个概念可能听起来有点“高深”，但实际上用一个非常简单的例子就能讲清楚，见图 7-12。

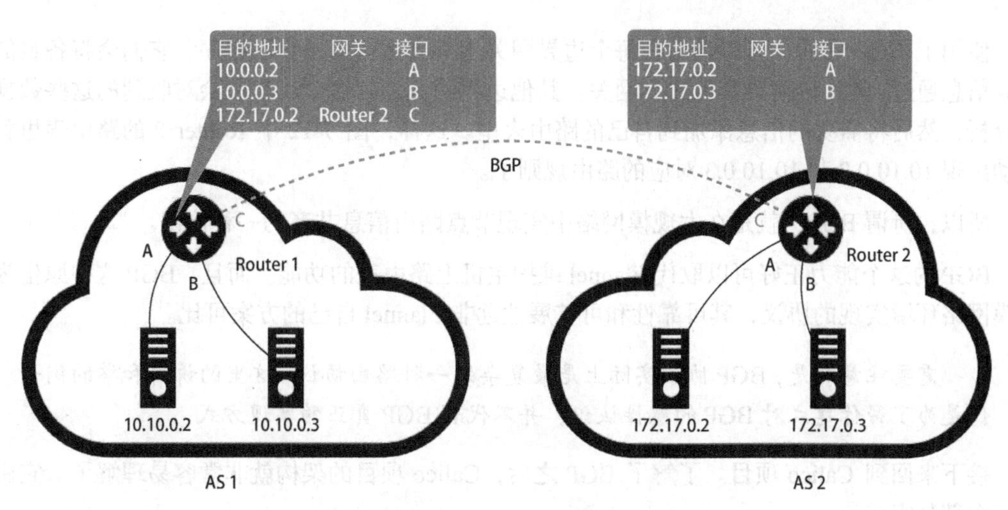

图 7-12　自治系统

图 7-12 中有两个自治系统（autonomous system，AS）。所谓自治系统，指的是一个组织管辖下的所有 IP 网络和路由器的全体。可以把它想象成一个小公司里的所有主机和路由器。正常情况下，自治系统之间不会有任何"来往"。

但是，如果这样两个自治系统里的主机要通过 IP 地址直接进行通信，我们就必须使用路由器把这两个自治系统连接起来。

比如，AS 1 里的主机 10.10.0.2 要访问 AS 2 里的主机 172.17.0.3 的话，它发出的 IP 包就会先到达自治系统 AS 1 上的路由器 Router 1。而在此时，Router 1 的路由表里有这样一条规则：目的地址是 172.17.0.2 包，应该经过 Router 1 的 C 接口发往网关 Router 2（自治系统 AS 2 上的路由器）。所以 IP 包会到达 Router 2，然后经过 Router 2 的路由表从 B 接口出来到达目的主机 172.17.0.3。

但是反过来，如果主机 172.17.0.3 要访问 10.10.0.2，那么这个 IP 包，在到达 Router 2 之后，就不知道该去哪儿了。这是因为在 Router 2 的路由表里，并没有关于 AS 1 自治系统的任何路由规则。所以，此时网络管理员就应该给 Router 2 也添加一条路由规则，比如：目标地址是 10.10.0.2 的 IP 包应该经过 Router 2 的 C 接口，发往网关 Router 1。

像上面这样负责把自治系统连接在一起的路由器，可以形象地称为：边界网关。它跟普通路由器的不同之处在于，它的路由表里拥有其他自治系统里的主机路由信息。

上面的这部分原理应该比较容易理解。毕竟，路由器这个设备本身的主要作用就是连通不同的网络。但是，假设现在的网络拓扑结构非常复杂，每个自治系统都有成千上万台主机、无数个路由器，甚至是由多个公司、多个网络提供商、多个自治系统组成的复合自治系统呢？

此时，如果还要依靠人工来配置和维护边界网关的路由表，是绝对不现实的。在这种情况下，就轮到 BGP 大显身手了。

使用了 BGP 之后，可以认为在每个边界网关上都会运行着一个小程序，它们会将各自的路由表信息通过 TCP 传输给其他边界网关。其他边界网关上的这个小程序会对收到的这些数据进行分析，然后将需要的信息添加到自己的路由表里。这样，图 7-12 中 Router 2 的路由表里就会自动出现 10.10.0.2 和 10.10.0.3 对应的路由规则了。

所以，所谓 BGP，就是在大规模网络中实现节点路由信息共享的一种协议。

BGP 的这个能力正好可以取代 Flannel 维护主机上路由表的功能。而且，BGP 这种原生为大规模网络环境实现的协议，其可靠性和可扩展性远非 Flannel 自己的方案可比。

需要注意的是，BGP 协议实际上是最复杂的一种路由协议。这里的讲解和举的例子仅是为了帮你建立对 BGP 的感性认识，并不代表 BGP 真正的实现方式。

接下来回到 Calico 项目。了解了 BGP 之后，Calico 项目的架构就非常容易理解了。它由以下三个部分组成。

(1) Calico 的 CNI 插件。这是 Calico 与 Kubernetes 对接的部分。上一节详细介绍了 CNI 插件的工作原理，这里不再赘述。

(2) Felix。它是一个 DaemonSet，负责在宿主机上插入路由规则（写入 Linux 内核的 FIB 转发信息库），以及维护 Calico 所需的网络设备等工作。

(3) BIRD。它就是 BGP 的客户端，专门负责在集群里分发路由规则信息。

除了对路由信息的维护方式，Calico 项目与 Flannel 的 host-gw 模式的另一个不同之处，就是它不会在宿主机上创建任何网桥设备。图 7-13 展示了 Calico 的工作原理。

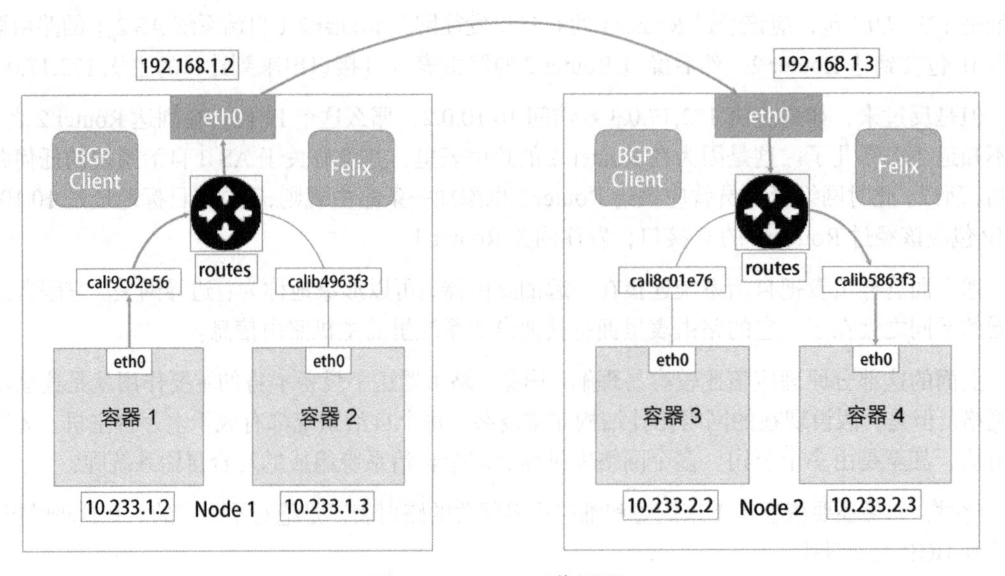

图 7-13 Calico 工作原理

图 7-13 中用粗实线标出的路径，就是一个 IP 包从 Node 1 上的容器 1 到达 Node 2 上的容器 4 的完整路径。可以看到，Calico 的 CNI 插件会为每个容器设置一个 Veth Pair 设备，然后把其中一端放置在宿主机上（它的名字以 cali 为前缀）。

此外，由于 Calico 没有使用 CNI 的网桥模式，因此 Calico 的 CNI 插件还需要在宿主机上为每个容器的 Veth Pair 设备配置一条路由规则，用于接收传入的 IP 包。比如，宿主机 Node 2 上的容器 4 对应的路由规则如下所示：

```
10.233.2.3 dev cali5863f3 scope link
```

它的意思是发往 10.233.2.3 的 IP 包应该进入 cali5863f3 设备。

基于上述原因，Calico 项目在宿主机上设置的路由规则肯定要比 Flannel 项目多得多。不过，Flannel host-gw 模式使用 CNI 网桥，主要是为了跟 VXLAN 模式保持一致，否则 Flannel 就需要维护两套 CNI 插件了。

有了这样的 Veth Pair 设备之后，容器发出的 IP 包就会经过 Veth Pair 设备出现在宿主机上。然后，宿主机网络栈就会根据路由规则的下一跳 IP 地址，把它们转发给正确的网关。接下来的流程就跟 Flannel host-gw 模式完全一致了。

其中，最核心的下一跳路由规则就是由 Calico 的 Felix 进程负责维护的。这些路由规则信息则是通过 BGP Client，也就是 BIRD 组件，使用 BGP 协议传输而来的。

可以把这些通过 BGP 协议传输的消息简单地理解为如下格式：

```
[BGP 消息]
我是宿主机 192.168.1.2
10.233.2.0/24 网段的容器都在我这里
这些容器的下一跳地址是我
```

不难发现，Calico 项目实际上将集群里的所有节点都当作边界路由器来处理，它们共同组成了一个全连通的网络，互相之间通过 BGP 协议交换路由规则。这些节点称为 BGP Peer。

需要注意的是，Calico 维护的网络在默认配置下，是一种被称为“Node-to-Node Mesh”的模式。此时，每台宿主机上的 BGP Client 都需要跟其他所有节点的 BGP Client 进行通信以便交换路由信息。但是，随着节点数量 N 的增加，这些连接的数量就会以 N^2 的规模快速增长，从而给集群的网络带来巨大压力。

所以，一般推荐将 Node-to-Node Mesh 模式用在少于 100 个节点的集群里。而在更大规模的集群中，需要使用 Route Reflector 模式。

在 Route Reflector 模式下，Calico 会指定一个或者几个专门的节点，来负责跟所有节点建立 BGP 连接，从而学习全局的路由规则。而其他节点只需要跟这几个专门的节点交换路由信息，即可获得整个集群的路由规则信息。

这些专门的节点就是所谓的 Route Reflector 节点，它们实际上扮演了“中间代理”的角色，从而把 BGP 连接的规模控制在 N 的数量级上。

此外，前面提到 Flannel host-gw 模式最主要的限制就是要求集群宿主机之间是二层连通的。对于 Calico 来说，这个限制同样存在。

假如有两台处于不同子网的宿主机 Node 1 和 Node 2，对应的 IP 地址分别是 192.168.1.2 和 192.168.2.2。需要注意的是，这两台机器通过路由器实现了三层转发，所以这两个 IP 地址之间是可以相互通信的。我们现在的需求还是容器 1 要访问容器 4。

如前所述，Calico 会尝试在 Node 1 上添加如下所示的一条路由规则：

```
10.233.2.0/16 via 192.168.2.2 eth0
```

但是，此时问题就出现了。上面这条规则里的下一跳地址是 192.168.2.2，但它对应的 Node 2 跟 Node 1 根本不在一个子网里，无法通过二层网络把 IP 包发送到下一跳地址。

在这种情况下，就需要为 Calico 打开 IPIP 模式。该模式下容器通信的原理可以总结为图 7-14。

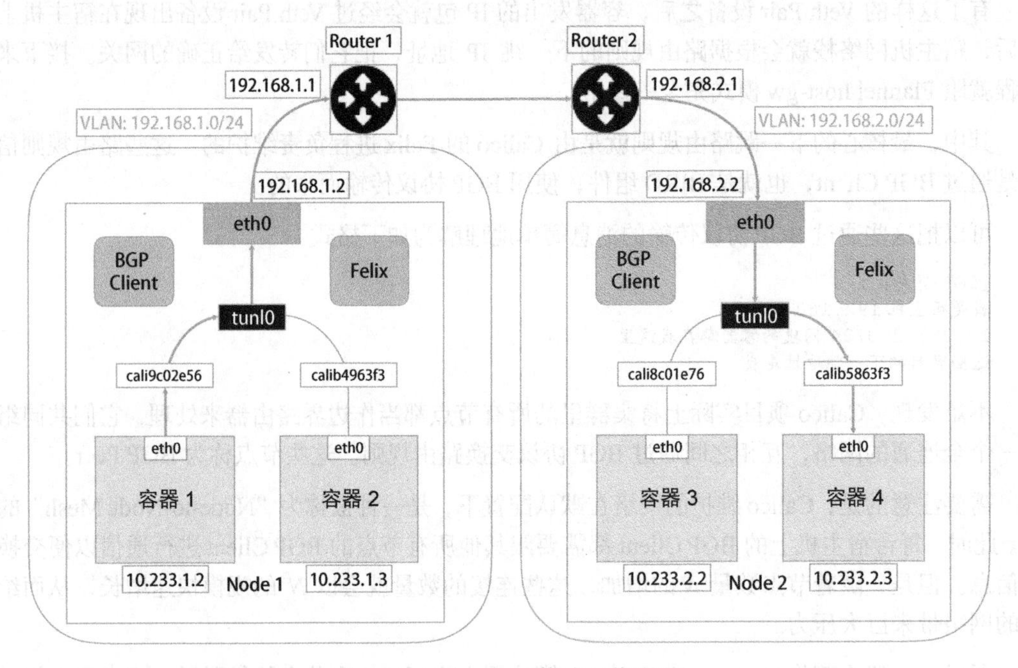

图 7-14　Calico IPIP 模式工作原理

在 Calico 的 IPIP 模式下，Felix 进程在 Node 1 上添加的路由规则会稍微不同，如下所示：

```
10.233.2.0/24 via 192.168.2.2 tunl0
```

可以看到，尽管这条规则的下一跳地址仍然是 Node 2 的 IP 地址，但这一次负责将 IP 包发出去的设备变成了 tunl0。注意，是 tunl0，不是 Flannel UDP 模式使用的 tun0，这两种设备的功能完全不同。Calico 使用的这个 tunl0 设备是一个 IP 隧道（IP tunnel）设备。

在上面的例子中，IP 包进入 IP 隧道设备之后，就会被 Linux 内核的 IPIP 驱动接管。IPIP 驱动会将这个 IP 包直接封装在一个宿主机网络的 IP 包中，如图 7-15 所示。

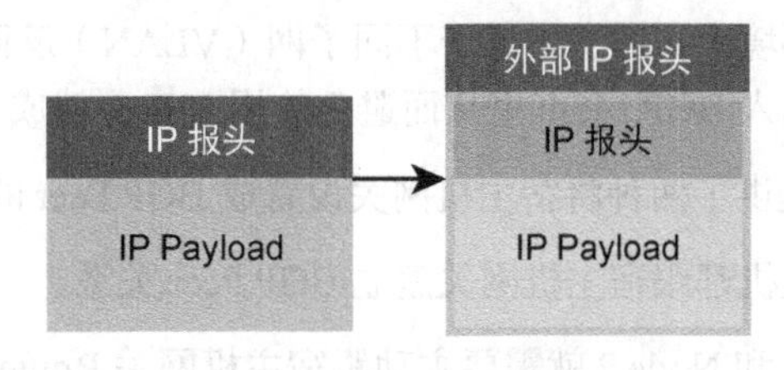

图 7-15　IPIP 封包方式

其中，封装后的新的 IP 包的目的地址（图 7-15 中的外部 IP 报头部分），正是原 IP 包的下一跳地址，即 Node 2 的 IP 地址：192.168.2.2。原 IP 包则会被直接封装成新 IP 包的 Payload。这样，原先从容器到 Node 2 的 IP 包，就被伪装成了一个从 Node 1 到 Node 2 的 IP 包。

由于宿主机之间已经使用路由器配置了三层转发，即设置了宿主机之间的下一跳，因此这个 IP 包在离开 Node 1 之后，就可以经过路由器最终"跳"到 Node 2 上。

这样，Node 2 的网络内核栈会使用 IPIP 驱动进行解包，从而拿到原始的 IP 包。然后，原始 IP 包就会经过路由规则和 Veth Pair 设备到达目的容器内部。

以上就是 Calico 项目主要的工作原理。

不难看出，当 Calico 使用 IPIP 模式时，集群的网络性能会因为额外的封包和解包工作而下降。在实际测试中，Calico IPIP 模式与 Flannel VXLAN 模式的性能大致相当。所以，在实际使用时，如非硬性需求，建议将所有宿主机节点放在一个子网里，避免使用 IPIP。

不过，通过上面对 Calico 工作原理的讲述，你应该能发现这样一个事实：

> 如果 Calico 项目能够让宿主机之间的路由设备（网关）也通过 BGP 协议"学习"到 Calico 网络里的路由规则，那么从容器发出的 IP 包不就可以通过这些设备路由到目的宿主机了吗？

比如，只要在图 7-15 中的 Node 1 上添加如下所示的一条路由规则：

```
10.233.2.0/24 via 192.168.1.1 eth0
```

然后，在 Router 1（192.168.1.1）上添加如下所示的一条路由规则：

```
10.233.2.0/24 via 192.168.2.1 eth0
```

那么容器 1 发出的 IP 包就可以通过两次下一跳到达 Router 2（192.168.2.1）了。以此类推，我们可以继续在 Router 2 上添加下一跳路由，最终把 IP 包转发到 Node 2 上。

然而，上述流程虽然简单明了，但是在 Kubernetes 被广泛使用的公有云场景中完全不可行。原因在于，公有云环境中宿主机之间的网关肯定不允许用户进行干预和设置。

当然，在大多数公有云环境中，宿主机（公有云提供的虚拟机）本身往往就是二层连通的，所以这个需求也不强烈。

不过，在私有部署的环境中，宿主机属于不同子网（VLAN）反而是更常见的部署状态。此时，设法将宿主机网关也加入 BGP Mesh 里从而避免使用 IPIP，就成了非常迫切的需求。

在 Calico 项目中已经提供了两种将宿主机网关设置成 BGP Peer 的解决方案。

第一种方案是所有宿主机都跟宿主机网关建立 BGP Peer 关系。

在这种方案下，Node 1 和 Node 2 就需要主动跟宿主机网关 Router 1 和 Router 2 建立 BGP 连接，从而将类似于 10.233.2.0/24 这样的路由信息同步到网关。

需要注意的是，在这种方式下，Calico 要求宿主机网关必须支持一种叫作 Dynamic Neighbors 的 BGP 配置方式。这是因为在常规的路由器 BGP 配置里，运维人员必须明确给出所有 BGP Peer 的 IP 地址。考虑到 Kubernetes 集群可能会有成百上千台宿主机，而且还会动态添加和删除节点，这种情况下再手动管理路由器的 BGP 配置就非常麻烦了。而 Dynamic Neighbors 允许你给路由器配置一个网段，然后路由器会自动跟该网段里的主机建立起 BGP Peer 关系。

不过，相比之下，我更推荐第二种方案。

这种方案是使用一个或多个独立组件负责搜集整个集群里的所有路由信息，然后通过 BGP 协议同步给网关。而前面提到，在大规模集群中，Calico 就推荐使用 Route Reflector 节点的方式进行组网。所以，这里负责跟宿主机网关进行通信的独立组件，直接由 Route Reflector 兼任即可。

更重要的是，这种情况下网关的 BGP Peer 个数有限且固定。所以我们可以直接把这些独立组件配置成路由器的 BGP Peer，而无须 Dynamic Neighbors 的支持。

当然，这些独立组件的工作原理也很简单：它们只需要 WATCH etcd 里的宿主机和对应网段的变化信息，然后把这些信息通过 BGP 协议分发给网关即可。

小结

本节详细讲解了 Fannel host-gw 模式和 Calico 这两种纯三层网络方案的工作原理。

需要注意的是，在大规模集群里，三层网络方案在宿主机上的路由规则可能会非常多，因此错误排查变得很困难。此外，在系统发生故障时，路由规则出现重叠冲突的概率也会升高。

基于上述原因，如果是在公有云上，由于宿主机网络本身比较“直白”，一般推荐使用更简单的 Flannel host-gw 模式。

但不难看到，在私有部署环境中，Calico 项目能够覆盖更多场景，并能提供更可靠的组网方案和架构思路。

思考题

你能否总结出三层网络方案和“隧道模式”的异同以及各自的优缺点？

7.5 Kubernetes 中的网络隔离：NetworkPolicy

前面详细讲解了 Kubernetes 生态中主流容器网络方案的工作原理。不难发现，Kubernetes 的网络模型以及这些网络方案的实现，都只关注容器之间网络的“连通”，而不关心容器之间网络的“隔离”。这跟传统的 IaaS 层的网络方案有明显区别。

你肯定会问，Kubernetes 的网络方案到底是如何考虑“隔离”的呢？难道 Kubernetes 就不管网络“多租户”的需求吗？本节就来回答这些问题。

在 Kubernetes 里，网络隔离能力的定义是依靠一种专门的 API 对象来描述的，它就是 NetworkPolicy。

下面是一个完整的 NetworkPolicy 对象示例：

```
apiVersion: networking.k8s.io/v1
kind: NetworkPolicy
metadata:
  name: test-network-policy
  namespace: default
spec:
  podSelector:
    matchLabels:
      role: db
  policyTypes:
  - Ingress
  - Egress
  ingress:
  - from:
    - ipBlock:
        cidr: 172.17.0.0/16
        except:
        - 172.17.1.0/24
    - namespaceSelector:
        matchLabels:
          project: myproject
    - podSelector:
        matchLabels:
          role: frontend
    ports:
    - protocol: TCP
      port: 6379
  egress:
  - to:
    - ipBlock:
        cidr: 10.0.0.0/24
```

```
    ports:
    - protocol: TCP
      port: 5978
```

7.3节讲过，Kubernetes里的Pod默认都是“允许所有”（accept all）的，即Pod可以接收来自任何发送方的请求，或者向任何接收方发送请求。而如果要对这种情况做出限制，就必须通过NetworkPolicy对象来指定。

在上面这个例子中，你首先会看到podSelector字段。它的作用是定义这个NetworkPolicy的限制范围，比如当前Namespace里携带了role=db标签的Pod。

如果把podSelector字段留空：

```
spec:
  podSelector: {}
```

那么这个NetworkPolicy就会作用于当前Namespace下的所有Pod。而一旦Pod被NetworkPolicy选中，那么这个Pod就会进入“拒绝所有”（deny all）的状态，即这个Pod既不允许外界访问，也不允许对外界发起访问。

NetworkPolicy定义的规则其实就是“白名单”。例如，在上面这个例子里，我在policyTypes字段定义了这个NetworkPolicy的类型是ingress和egress，即它既会影响“流入”（ingress）请求，也会影响“流出”（egress）请求。

然后，我在ingress字段定义了from和ports，即允许流入的“白名单”和端口。在这个允许流入的“白名单”里，我指定了3种并列的情况，分别是ipBlock、namespaceSelector和podSelector。

我在egress字段定义了to和ports，即允许流出的“白名单”和端口。这里允许流出的“白名单”的定义方法与ingress类似。只是这次ipblock字段指定的是目的地址的网段。

综上所述，这个NetworkPolicy对象指定的隔离规则如下所示。

(1) 该隔离规则只对default Namespace下携带了role=db标签的Pod有效。限制的请求类型包括ingress和egress。

(2) Kubernetes会拒绝任何对被隔离Pod的访问请求，除非请求来自以下“白名单”里的对象，并且访问的是被隔离Pod的6379端口。这些“白名单”对象包括：

1) default Namespace里携带了role=fronted标签的Pod；

2) 任何Namespace里携带了project=myproject标签的Pod；

3) 任何源地址属于172.17.0.0/16网段，且不属于172.17.1.0/24网段的请求。

(3) Kubernetes会拒绝被隔离Pod对外发起任何请求，除非请求的目的地址属于10.0.0.0/24网段，并且访问的是该网段地址的5978端口。

需要注意的是，定义一个 NetworkPolicy 对象的过程中容易出错的是“白名单”部分（from 和 to 字段）。

举个例子：

```
...
ingress:
- from:
  - namespaceSelector:
      matchLabels:
        user: alice
  - podSelector:
      matchLabels:
        role: client
...
```

像上面这样定义的 namespaceSelector 和 podSelector 是“或”（OR）的关系。所以，这个 from 字段定义了两种情况，无论是 Namespace 满足条件，还是 Pod 满足条件，这个 NetworkPolicy 都会生效。

下面这个例子虽然看起来类似，但它定义的规则完全不同：

```
...
ingress:
- from:
  - namespaceSelector:
      matchLabels:
        user: alice
    podSelector:
      matchLabels:
        role: client
...
```

注意看，这样定义的 namespaceSelector 和 podSelector，其实是“与”（AND）的关系。所以，这个 from 字段只定义了一种情况，只有 Namespace 和 Pod 同时满足条件时，这个 NetworkPolicy 才会生效。这两种定义方式的区别，请务必区分清楚。

此外，如果要使上面定义的 NetworkPolicy 在 Kubernetes 集群里真正生效，你的 CNI 网络插件就必须支持 Kubernetes 的 NetworkPolicy。在具体实现上，凡是支持 NetworkPolicy 的 CNI 网络插件，都维护着一个 NetworkPolicy Controller，通过控制循环的方式对 NetworkPolicy 对象的增、删、改、查做出响应，然后在宿主机上完成 iptables 规则的配置工作。

在 Kubernetes 生态里，目前已经实现了 NetworkPolicy 的网络插件包括 Calico、Weave 和 kube-router 等多个项目，但是不包括 Flannel 项目。所以，如果想在使用 Flannel 的同时使用 NetworkPolicy，就需要额外安装一个网络插件，比如 Calico 项目，来负责执行 NetworkPolicy。安装 Flannel+Calico 的流程非常简单，可以参考 Calico 项目官方文档的“一键安装”。

那么，这些网络插件是如何根据 NetworkPolicy 对 Pod 进行隔离的呢？接下来以三层网络插件为例（比如Calico和kube-router）分析其中原理。

为了方便讲解，这一次我编写了一个比较简单的NetworkPolicy对象，如下所示：

```
apiVersion: networking.k8s.io/v1
kind: NetworkPolicy
metadata:
  name: test-network-policy
  namespace: default
spec:
  podSelector:
    matchLabels:
      role: db
  ingress:
   - from:
     - namespaceSelector:
         matchLabels:
           project: myproject
     - podSelector:
         matchLabels:
           role: frontend
     ports:
       - protocol: TCP
         port: 6379
```

可以看到，我们指定的ingress“白名单”是任何Namespace里携带project=myproject标签的Pod，以及default Namespace里携带role=frontend标签的Pod。允许被访问的端口是6379，而被隔离的对象是所有携带role=db标签的Pod。

这样，Kubernetes的网络插件就会使用这个NetworkPolicy的定义，在宿主机上生成iptables规则。此过程可以通过一段Go语言风格的伪代码来描述，如下所示：

```
for dstIP := range 所有被networkpolicy.spec.podSelector选中的Pod的IP地址
  for srcIP := range 所有被ingress.from.podSelector选中的Pod的IP地址
    for port, protocol := range ingress.ports {
      iptables -A KUBE-NWPLCY-CHAIN -s $srcIP -d $dstIP -p $protocol -m $protocol
--dport $port -j ACCEPT
    }
  }
}
```

可以看到，这是一条最基本的、通过匹配条件决定下一步动作的iptables规则。这条规则的名字是KUBE-NWPLCY-CHAIN，其含义是：当IP包的源地址是srcIP、目的地址是dstIP、协议是protocol、目的端口是port时，就允许它通过（ACCEPT）。正如这段伪代码所示，匹配这条规则所需的这4个参数都是从NetworkPolicy对象里读取的。

可以看到，Kubernetes网络插件对Pod进行隔离，其实是靠在宿主机上生成NetworkPolicy对应的iptable规则实现的。

此外，在设置好上述“隔离”规则之后，网络插件还需要想办法将所有对被隔离Pod的访问请求，都转发到上述 KUBE-NWPLCY-CHAIN 规则上进行匹配。如果匹配失败，则应该“拒绝”这个请求。

在 CNI 网络插件中，上述需求可以通过设置两组 iptables 规则来实现。第一组规则负责“拦截”对被隔离 Pod 的访问请求。生成这组规则的伪代码如下所示：

```
for pod := range 该Node上的所有Pod {
    if pod 是networkpolicy.spec.podSelector选中的 {
        iptables -A FORWARD -d $podIP -m physdev --physdev-is-bridged -j
KUBE-POD-SPECIFIC-FW-CHAIN
        iptables -A FORWARD -d $podIP -j KUBE-POD-SPECIFIC-FW-CHAIN
        ...
    }
}
```

可以看到，这里的 iptables 规则使用到了内置链 `FORWARD`。它是什么意思呢？

说到这里，有必要简单介绍 iptables 的知识。实际上，iptables 只是一个操作 Linux 内核 Netfilter 子系统的“界面”。顾名思义，Netfilter 子系统的作用相当于 Linux 内核里挡在“网卡”和“用户进程”之间的一道“防火墙”。它们之间的关系如图 7-16 所示。

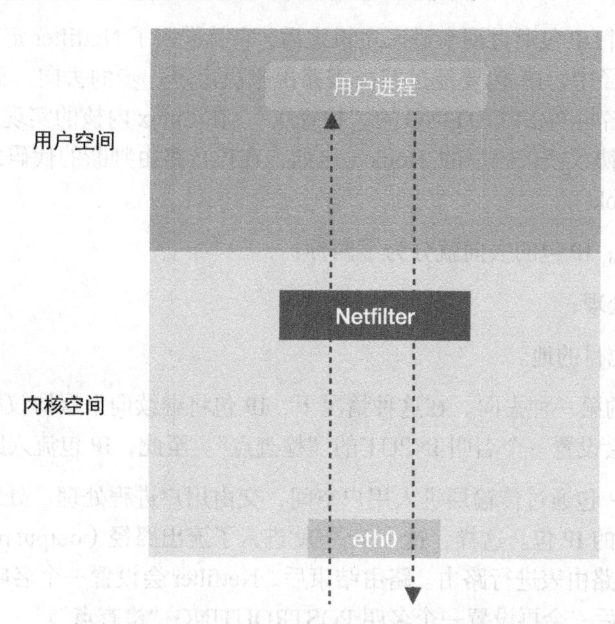

图 7-16　Netfilter、网卡和用户进程之间的关系

可以看到，在图 7-16 中，IP 包“一进一出”的两条路径上有几个关键的“检查点”，它们正是 Netfilter 设置“防火墙”的地方。在 iptables 中，这些“检查点”称为**链**（chain）。这是因为这些“检查点”对应的 iptables 规则是按照定义顺序依次进行匹配的。这些“检查点”的具体工作原理可以总结为图 7-17。

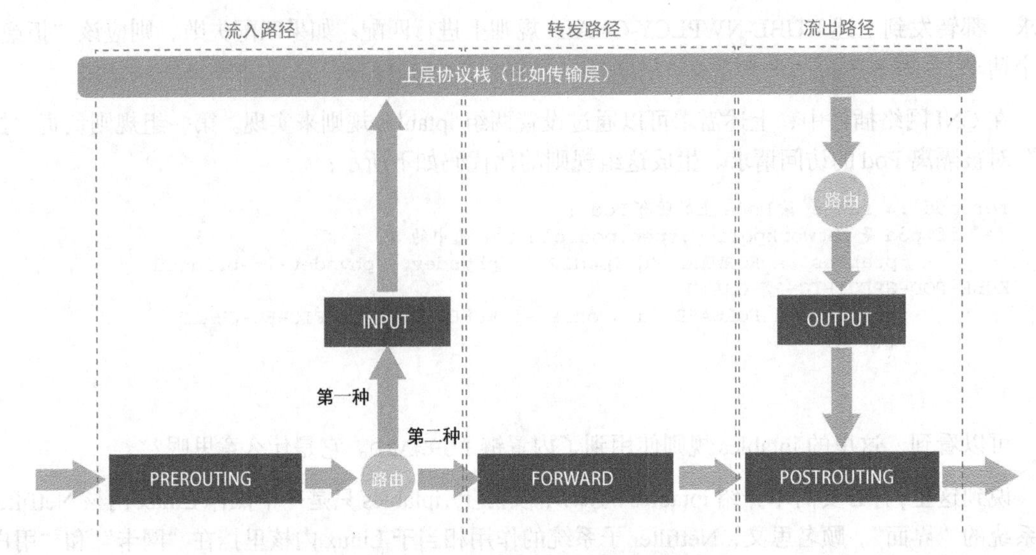

图 7-17　“检查点”的工作原理示意图

可以看到，当一个 IP 包通过网卡进入主机之后，它就进入了 Netfilter 定义的**流入路径**（input path）中。在这条路径中，IP 包要经过路由表路由来决定下一步的去向。而在这次路由之前，Netfilter 设置了一个名叫 PREROUTING 的“检查点”。在 Linux 内核的实现里，所谓“检查点”实际上就是内核网络协议栈代码里的 Hook（比如，在执行路由判断的代码之前，内核会先调用 PREROUTING 的 Hook）。

在经过路由之后，IP 包的去向就分为了两种：

(1) 继续在本机处理；

(2) 被转发到其他目的地。

首先讨论 IP 包的第一种去向。在这种情况下，IP 包将继续向上层协议栈流动。在它进入传输层之前，Netfilter 会设置一个名叫 INPUT 的“检查点”。至此，IP 包流入路径结束。

接下来，这个 IP 包通过传输层进入用户空间，交由用户进程处理。处理完成后，用户进程会通过本机发出返回的 IP 包。这样，这个 IP 包就进入了**流出路径**（output path）。此时，IP 包首先还是会经过主机的路由表进行路由。路由结束后，Netfilter 会设置一个名叫 OUTPUT 的“检查点”；在 OUTPUT 之后，会再设置一个名叫 POSTROUTING“检查点”。

你可能会觉得奇怪，为什么在流出路径结束后，Netfilter 会连设两个“检查点”呢？这就要说到在流入路径中，路由判断后的第二种去向了。在这种情况下，这个 IP 包不会进入传输层，而是会继续在网络层流动，从而进入**转发路径**（forward path）。在转发路径中，Netfilter 会设置一个名叫 FORWARD 的“检查点”。在 FORWARD“检查点”完成后，IP 包就会进入流出路径。而转发的 IP 包由于目的地已经确定，因此不会再经过路由，自然也不会经过 OUTPUT，而会直接来到 POSTROUTING“检查点”。

所以，POSTROUTING 的作用其实就是上述两条路径最终汇聚在一起的“最终检查点”。

需要注意的是，在有网桥参与的情况下，上述 Netfilter 设置“检查点”的流程实际上也会出现在链路层（二层），并且会跟前面介绍的网络层（三层）的流程有交互。

这些链路层的“检查点”对应的操作界面叫作 ebtables。所以，准确地说，数据包在 Linux Netfilter 子系统里完整的流动过程其实应该如图 7-18[①]所示。

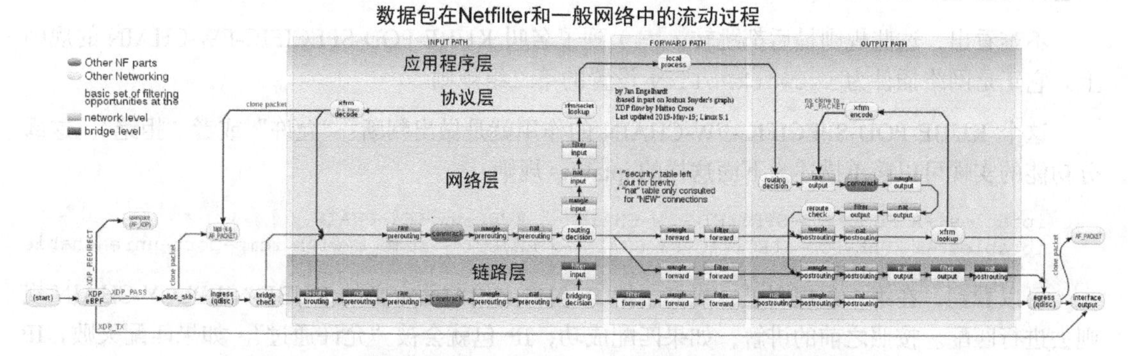

图 7-18　数据包在 Linux Netfilter 子系统里完整的流动过程

可以看到，前面介绍的正是图 7-18 的中间部分，也就是网络层的 iptables 链的工作流程。另外，还能看到，每一个白色的“检查点”上还有一个深色的“标签”，比如 raw、nat、filter 等。

在 iptables 里，这些标签叫作表。比如，同样是 OUTPUT 这个“检查点”，filter Output 和 nat Output 在 iptables 里的语法和参数完全不同，实现的功能也完全不同。所以，iptables 表的作用就是在某个具体的“检查点”（比如 Output）上，按顺序执行几个不同的检查动作（比如先执行 nat，再执行 filter）。

理解了 iptables 的工作原理之后，回到 `NetworkPolicy` 上来。至此，前面由网络插件设置的、负责“拦截”进入 Pod 的请求的 3 条 iptables 规则就很容易理解了：

```
iptables -A FORWARD -d $podIP -m physdev --physdev-is-bridged -j
KUBE-POD-SPECIFIC-FW-CHAIN
iptables -A FORWARD -d $podIP -j KUBE-POD-SPECIFIC-FW-CHAIN
...
```

其中，第一条 FORWARD 链“拦截”的是一种特殊情况：它对应的是同一台宿主机上容器之间经过 CNI 网桥进行通信的流入数据包。其中，`--physdev-is-bridged` 的意思是，这个 FORWARD 链匹配的是通过本机上的网桥设备发往目的地址是 podIP 的 IP 包。

当然，如果是像 Calico 这样的非网桥模式的 CNI 插件，则不存在这种情况。

① 请访问图灵社区（ituring.com.cn/book/2760）下载大图。——编者注

说明

kube-router 其实是一个简化版的 Calico，它也使用 BGP 来维护路由信息，但是使用 CNI bridge 插件来跟 Kubernetes 进行交互。

第二条 FORWARD 链“拦截”的则是最普遍的情况：容器跨主通信。此时，流入容器的数据包都是经过路由转发（FORWARD检查点）来的。

不难看出，这些规则最后都跳转（-j）到了名叫 KUBE-POD-SPECIFIC-FW-CHAIN 的规则上。它正是网络插件为 NetworkPolicy 设置的第二组规则。

这个 KUBE-POD-SPECIFIC-FW-CHAIN 的作用就是做出判断：“允许”或者“拒绝”。这部分功能的实现可以简单描述为下面这样的 iptables 规则：

```
iptables -A KUBE-POD-SPECIFIC-FW-CHAIN -j KUBE-NWPLCY-CHAIN
iptables -A KUBE-POD-SPECIFIC-FW-CHAIN -j REJECT --reject-with icmp-port-unreachable
```

可以看到，在第一条规则里，我们会把 IP 包转交给前面定义的 KUBE-NWPLCY-CHAIN 规则去进行匹配。按照之前的讲解，如果匹配成功，IP 包就会被“允许通过”。如果匹配失败，IP 包就会来到第二条规则上。可以看到，它是一条 REJECT 规则。根据这条规则，不满足 NetworkPolicy 定义的请求会被拒绝，从而实现了对该容器的“隔离”。

以上就是 CNI 网络插件实现 NetworkPolicy 的基本方法。当然，对于不同的插件来说，上述实现过程可能有不同的手段，但根本原理不变。

小结

本节主要介绍了 Kubernetes 对 Pod 进行“隔离”的手段——NetworkPolicy。NetworkPolicy 实际上只是宿主机上的一系列 iptables 规则。这跟传统 IaaS 中的安全组（security group）非常类似。

基于以上讲解，可以发现这样一个事实：

> Kubernetes 的网络模型以及大多数容器网络实现，其实既不会保证容器之间二层网络的互通，也不会实现容器之间的二层网络隔离。这跟 IaaS 项目管理虚拟机的方式完全不同。

所以，Kubernetes 的底层设计和实现上更倾向于假设你已经有了一套完整的物理基础设施。然后，Kubernetes 负责在此基础上提供一种 soft multi-tenancy（弱多租户）的能力。

并且，基于上述思路，Kubernetes 将来也不大可能把 Namespace 变成具有实质意义的隔离机制，或者把它映射为“子网”或者“租户”。毕竟 NetworkPolicy 对象的描述能力要比基于

Namespace的划分丰富得多。

这也是为什么，到目前为止，Kubernetes项目在云计算生态里的定位其实是基础设施与PaaS之间的中间层。这非常符合"容器"这个本质上就是进程的抽象粒度。

当然，随着Kubernetes社区以及CNCF生态的不断发展，Kubernetes项目也已经开始逐步下探，"吃"掉了基础设施领域中的很多"蛋糕"。这也是容器生态继续发展的一个必然方向。

思考题

请编写这样一个`NetworkPolicy`：它使得指定的Namespace（比如`my-namespace`）里的所有Pod都不能接收任何Ingress请求。然后，请谈谈这样的`NetworkPolicy`有什么实际作用。

7.6 找到容器不容易：Service、DNS与服务发现

前面多次使用了Service这个Kubernetes里重要的服务对象。Kubernetes之所以需要Service，一方面是因为Pod的IP不是固定的，另一方面是因为一组Pod实例之间总会有负载均衡的需求。

一个典型的Service的定义如下所示：

```
apiVersion: v1
kind: Service
metadata:
  name: hostnames
spec:
  selector:
    app: hostnames
  ports:
  - name: default
    protocol: TCP
    port: 80
    targetPort: 9376
```

这个Service的例子，相信你不会陌生。其中，我使用了`selector`字段来声明这个Service只代理携带`app: hostnames`标签的Pod。并且，这个Service的80端口代理的是Pod的9376端口。

我们的应用的Deployment如下所示：

```
apiVersion: apps/v1
kind: Deployment
metadata:
  name: hostnames
spec:
  selector:
    matchLabels:
      app: hostnames
  replicas: 3
```

```
  template:
    metadata:
      labels:
        app: hostnames
    spec:
      containers:
      - name: hostnames
        image: k8s.gcr.io/serve_hostname
        ports:
        - containerPort: 9376
          protocol: TCP
```

该应用的作用是每次访问 9376 端口时返回自己的 hostname。

被 selector 选中的 Pod 称为 Service 的 Endpoints，你可以使用 kubectl get ep 命令查看，如下所示：

```
$ kubectl get endpoints hostnames
NAME        ENDPOINTS
hostnames   10.244.0.5:9376,10.244.0.6:9376,10.244.0.7:9376
```

需要注意的是，只有处于 Running 状态，且 readinessProbe 检查通过的 Pod，才会出现在 Service 的 Endpoints 列表里。并且，当某一个 Pod 出现问题时，Kubernetes 会自动从 Service 里将其移除。

此时，通过该 Service 的 VIP 地址 10.0.1.175，就可以访问到它所代理的 Pod 了：

```
$ kubectl get svc hostnames
NAME        TYPE        CLUSTER-IP   EXTERNAL-IP   PORT(S)   AGE
hostnames   ClusterIP   10.0.1.175   <none>        80/TCP    5s

$ curl 10.0.1.175:80
hostnames-0uton

$ curl 10.0.1.175:80
hostnames-yp2kp

$ curl 10.0.1.175:80
hostnames-bvc05
```

这个 VIP 地址是 Kubernetes 自动为 Service 分配的。而像上面这样，通过 3 次连续访问 Service 的 VIP 地址和代理端口 80，它就为我们依次返回了 3 个 Pod 的 hostname。这也印证了 Service 提供的是轮询（Round Robin，rr）方式的负载均衡。这种方式称为 ClusterIP 模式的 Service。

你可能一直比较好奇：Kubernetes 里的 Service 究竟是如何工作的呢？实际上，Service 是由 kube-proxy 组件加上 iptables 共同实现的。

举个例子，对于前面创建的名叫 hostnames 的 Service 来说，一旦它被提交给 Kubernetes，那么 kube-proxy 就可以通过 Service 的 Informer 感知到这样一个 Service 对象的添加。而作为对该事件的响应，它会在宿主机上创建一条 iptables 规则（可以通过 iptables-save 查看），如下所示：

```
-A KUBE-SERVICES -d 10.0.1.175/32 -p tcp -m comment --comment "default/hostnames:
cluster IP" -m tcp --dport 80 -j KUBE-SVC-NWV5X2332I4OT4T3
```

可以看到，这条 iptables 规则的含义是，凡是目的地址是 10.0.1.175、目的端口是 80 的 IP 包，都应该跳转到另外一条名叫 `KUBE-SVC-NWV5X2332I4OT4T3` 的 iptables 链进行处理。

如前所示，10.0.1.175 正是这个 Service 的 VIP。所以这条规则就为这个 Service 设置了一个固定的入口地址。并且，由于 10.0.1.175 只是一条 iptables 规则上的配置，并没有真正的网络设备，因此 ping 这个地址不会有任何响应。

那么，我们即将跳转到的 `KUBE-SVC-NWV5X2332I4OT4T3` 规则又有什么作用呢？

实际上，它是一组规则的集合，如下所示：

```
-A KUBE-SVC-NWV5X2332I4OT4T3 -m comment --comment "default/hostnames:" -m statistic
--mode random --probability 0.33332999982 -j KUBE-SEP-WNBA2IHDGP2BOBGZ
-A KUBE-SVC-NWV5X2332I4OT4T3 -m comment --comment "default/hostnames:" -m statistic
--mode random --probability 0.50000000000 -j KUBE-SEP-X3P2623AGDH6CDF3
-A KUBE-SVC-NWV5X2332I4OT4T3 -m comment --comment "default/hostnames:" -j
KUBE-SEP-57KPRZ3JQVENLNBR
```

可以看到，这一组规则实际上是一组随机模式（`--mode random`）的 iptables 链。而随机转发的目的地，分别是 `KUBE-SEP-WNBA2IHDGP2BOBGZ`、`KUBE-SEP-X3P2623AGDH6CDF3` 和 `KUBE-SEP-57KPRZ3JQVENLNBR`。

这 3 条链指向的最终目的地，其实就是这个 Service 代理的 3 个 Pod。所以，这一组规则就是 Service 实现负载均衡的位置。

需要注意的是，iptables 规则的匹配是从上到下逐条进行的，所以为了保证上述 3 条规则每条被选中的概率都相同，我们应该将它们的 `probability` 字段的值分别设置为 1/3（0.333...）、1/2 和 1。

这么设置的原理很简单：第一条规则被选中的概率是 1/3；而如果第一条规则没被选中，那么就只剩下两条规则了，所以第二条规则的 `probability` 就必须设置为 1/2；类似地，最后一条必须设置为 1。

设想一下，如果把这 3 条规则的 `probability` 字段的值都设置成 1/3，最终每条规则被选中的概率会变成多少？

通过查看上述 3 条链的明细，Service 进行转发的具体原理就很容易理解了，如下所示：

```
-A KUBE-SEP-57KPRZ3JQVENLNBR -s 10.244.3.6/32 -m comment --comment
"default/hostnames:" -j MARK --set-xmark 0x00004000/0x00004000
-A KUBE-SEP-57KPRZ3JQVENLNBR -p tcp -m comment --comment "default/hostnames:"
-m tcp -j DNAT --to-destination 10.244.3.6:9376

-A KUBE-SEP-WNBA2IHDGP2BOBGZ -s 10.244.1.7/32 -m comment --comment
"default/hostnames:" -j MARK --set-xmark 0x00004000/0x00004000
-A KUBE-SEP-WNBA2IHDGP2BOBGZ -p tcp -m comment --comment "default/hostnames:"
```

```
-m tcp -j DNAT --to-destination 10.244.1.7:9376

-A KUBE-SEP-X3P2623AGDH6CDF3 -s 10.244.2.3/32 -m comment --comment
"default/hostnames:" -j MARK --set-xmark 0x00004000/0x00004000
-A KUBE-SEP-X3P2623AGDH6CDF3 -p tcp -m comment --comment "default/hostnames:"
-m tcp -j DNAT --to-destination 10.244.2.3:9376
```

可以看到，这 3 条链其实是 3 条 DNAT 规则。但在 DNAT 规则之前，iptables 对流入的 IP 包还设置了一个“标志”（--set-xmark）。下一节会讲解这个“标志”的作用。

DNAT 规则的作用就是在 PREROUTING 检查点之前，也就是在路由之前，将流入 IP 包的目的地址和端口改成--to-destination 指定的新目的地址和端口。可以看到，这个目的地址和端口正是被代理 Pod 的 IP 地址和端口。

这样，访问 Service VIP 的 IP 包经过上述 iptables 处理之后，就已经变成了访问某一个具体后端 Pod 的 IP 包了。不难理解，这些 Endpoints 对应的 iptables 规则正是 kube-proxy 通过监听 Pod 的变化事件，在宿主机上生成并维护的。

以上就是 Service 最基本的工作原理。

此外，你可能听说过，Kubernetes 的 kube-proxy 还支持一种叫作 IPVS 的模式。这又是怎么一回事儿呢？

其实，通过以上讲解可以看到，kube-proxy 通过 iptables 处理 Service 的过程，其实需要在宿主机上设置相当多的 iptables 规则。而且，kube-proxy 还需要在控制循环里不断刷新这些规则来确保它们始终是正确的。

显然，当你的宿主机上有大量 Pod 时，成百上千条 iptables 规则不断被刷新，会大量占用该宿主机的 CPU 资源，甚至会让宿主机“卡”在此过程中。所以，一直以来，基于 iptables 的 Service 实现都是制约 Kubernetes 项目承载更多量级的 Pod 的主要障碍。

IPVS 模式的 Service 就是解决这个问题的一个行之有效的方法。IPVS 模式的工作原理其实跟 iptables 模式类似。当我们创建了前面的 Service 之后，kube-proxy 首先会在宿主机上创建一个虚拟网卡（叫作 kube-ipvs0），并为它分配 Service VIP 作为 IP 地址，如下所示：

```
# ip addr
  ...
  73：kube-ipvs0：<BROADCAST,NOARP>  mtu 1500 qdisc noop state DOWN qlen 1000
  link/ether  1a:ce:f5:5f:c1:4d brd ff:ff:ff:ff:ff:ff
  inet 10.0.1.175/32  scope global kube-ipvs0
  valid_lft forever  preferred_lft forever
```

接下来，kube-proxy 就会通过 Linux 的 IPVS 模块为这个 IP 地址设置 3 台 IPVS 虚拟主机，并设置这 3 台虚拟主机之间使用轮询模式来作为负载均衡策略。可以通过 ipvsadm 查看该设置，如下所示：

```
# ipvsadm -ln
  IP Virtual Server version 1.2.1 (size=4096)
```

```
Prot LocalAddress:Port Scheduler Flags
  -> RemoteAddress:Port           Forward  Weight ActiveConn InActConn
TCP  10.102.128.4:80 rr
  -> 10.244.3.6:9376    Masq    1       0           0
  -> 10.244.1.7:9376    Masq    1       0           0
  -> 10.244.2.3:9376    Masq    1       0           0
```

可以看到，这3台IPVS虚拟主机的IP地址和端口对应的正是3个被代理的Pod。此时，任何发往10.102.128.4:80的请求，就都会被IPVS模块转发到某一个后端Pod上。

相比于iptables，IPVS在内核中的实现其实也基于Netfilter的NAT模式，所以在转发这一层上，理论上IPVS并没有显著的性能提升。但是，IPVS并不需要在宿主机上为每个Pod设置iptables规则，而是把对这些“规则”的处理放到了内核态，从而极大地减少了维护这些规则的代价。这也印证了前面提到的“将重要操作放入内核态”是提高性能的重要手段。

不过需要注意的是，IPVS模块只负责上述的负载均衡和代理功能。而一个完整的Service流程正常工作所需要的包过滤、SNAT等操作，还是要靠iptables来实现。只不过，这些辅助性的iptables规则数量有限，也不会随着Pod数量的增加而增加。

所以，在大规模集群里，建议为kube-proxy设置`--proxy-mode=ipvs`来开启这个功能。它能为Kubernetes集群规模带来巨大提升。

此外，前面也介绍过Service与DNS的关系。在Kubernetes中，Service和Pod都会被分配对应的DNS A记录（从域名解析IP的记录）。

对于ClusterIP模式的Service来说（比如上面的例子），它的A记录的格式是`<my-svc>.<my-namespace>.svc.cluster.local`。当你访问这条A记录时，它解析到的就是该Service的VIP地址。

对于指定了`clusterIP=None`的Headless Service来说，它的A记录的格式也是`<my-svc>.<my-namespace>.svc.cluster.local`。但是，当你访问这条A记录时，它返回的是所有被代理的Pod的IP地址的集合。当然，如果你的客户端无法解析这个集合，它可能只会拿到第一个Pod的IP地址。

此外，对于ClusterIP模式的Service来说，它代理的Pod被自动分配的A记录的格式是`<pod-ip>.<my-namespace>.pod.cluster.local`。这条记录指向Pod的IP地址。

而对Headless Service来说，它代理的Pod被自动分配的A记录的格式是`<my-pod-name>.<my-service-name>.<my-namespace>.svc.cluster.local`。这条记录也指向Pod的IP地址。

但如果你为Pod指定了Headless Service，并且Pod本身声明了`hostname`和`subdomain`字段，此时Pod的A记录就会变成`<pod 的 hostname>.<subdomain>.<my-namespace>.svc.cluster.local`，比如：

```
apiVersion: v1
kind: Service
metadata:
  name: default-subdomain
spec:
  selector:
    name: busybox
  clusterIP: None
  ports:
  - name: foo
    port: 1234
    targetPort: 1234
---
apiVersion: v1
kind: Pod
metadata:
  name: busybox1
  labels:
    name: busybox
spec:
  hostname: busybox-1
  subdomain: default-subdomain
  containers:
  - image: busybox
    command:
      - sleep
      - "3600"
    name: busybox
```

在上面这个 Service 和 Pod 被创建之后，你就可以通过 `busybox-1.default-subdomain.default.svc.cluster.local` 解析到这个 Pod 的 IP 地址了。

需要注意的是，在 Kubernetes 里，/etc/hosts 文件是单独挂载的，这也是为什么 kubelet 能够对 hostname 进行修改并且 Pod 重建后依然有效。这跟 Docker 的 Init 层原理相同。

小结

本节详细讲解了 Service 的工作原理。实际上，Service 机制以及 Kubernetes 里的 DNS 插件，都是在帮助你解决同一个问题：如何找到我的某一个容器？

在平台级项目中，这个问题往往称作**服务发现**，即当我的一个服务（Pod）的 IP 地址不固定且无法提前获知时，该如何通过一个固定的方式访问到这个 Pod 呢？

本节讲解的 ClusterIP 模式的 Service 能为你提供一个 Pod 的稳定 IP 地址，即 VIP。并且，这里 Pod 和 Service 的关系可以通过 Label 确定。而 Headless Service 能为你提供一个 Pod 的稳定的 DNS 名字，并且这个名字可以通过 Pod 名字和 Service 名字拼接出来。

在实际场景中，应该根据自己的具体需求做出合理选择。

思考题

请问 Kubernetes 的 Service 的负载均衡策略在 iptables 和 IPVS 模式下都有哪几种？具体工作模式是怎样的？

7.7 从外界连通 Service 与 Service 调试“三板斧”

上一节介绍了 Service 机制的工作原理。通过这些讲解，你应该能够明白：Service 的访问信息在 Kubernetes 集群之外其实是无效的。

这其实很容易理解：所谓 Service 的访问入口，其实就是每台宿主机上由 kube-proxy 生成的 iptables 规则，以及由 kube-dns 生成的 DNS 记录。而一旦离开了这个集群，这些信息对用户来说自然也就没有作用了。

所以，使用 Kubernetes 的 Service 时，一个必须要面对和解决的问题就是，如何从外部（Kubernetes 集群之外）访问 Kubernetes 里创建的 Service？

最常用的一种方式是 NodePort，示例如下。

```
apiVersion: v1
kind: Service
metadata:
  name: my-nginx
  labels:
    run: my-nginx
spec:
  type: NodePort
  ports:
  - nodePort: 8080
    port: 30080
    targetPort: 80
    protocol: TCP
    name: http
  - nodePort: 443
    port: 30443
    protocol: TCP
    name: https
  selector:
    run: my-nginx
```

在这个 Service 的定义里，我们声明它的类型是 `type=NodePort`。然后，我在 `ports` 字段里声明了 Service 的 8080 端口代理 Pod 的 80 端口，Service 的 443 端口代理 Pod 的 443 端口。

当然，如果不显式声明 `nodePort` 字段，Kubernetes 就会为你分配随机的可用端口来设置代理。这个端口的范围默认是 30000~32767，你可以通过 kube-apiserver 的`--service-node-port-range` 参数来修改它。

此时要访问这个Service，只需要访问：

```
<k8s 集群中任何一台宿主机的 IP 地址>:8080
```

这样就可以访问到某一个被代理的Pod的80端口了。

在理解了上一节讲解的Service的工作原理之后，NodePort模式就非常容易理解了。显然，kube-proxy要做的就是在每台宿主机上生成这样一条iptables规则：

```
-A KUBE-NODEPORTS -p tcp -m comment --comment "default/my-nginx: nodePort" -m tcp
--dport 8080 -j KUBE-SVC-67RL4FN6JRUPOJYM
```

如上一节所述，KUBE-SVC-67RL4FN6JRUPOJYM其实就是一组随机模式的iptables规则。所以，接下来的流程就跟ClusterIP模式完全一样了。

需要注意的是，在NodePort方式下，Kubernetes会在IP包离开宿主机发往目的Pod时，对该IP包进行一次SNAT操作，如下所示：

```
-A KUBE-POSTROUTING -m comment --comment "kubernetes service traffic requiring SNAT"
-m mark --mark 0x4000/0x4000 -j MASQUERADE
```

可以看到，这条规则设置在POSTROUTING检查点，也就是说，它对即将离开这台主机的IP包进行了一次SNAT操作，将这个IP包的源地址替换成了这台宿主机上的CNI网桥地址，或者宿主机本身的IP地址（若CNI网桥不存在）。

当然，这个SNAT操作只需要对Service转发出来的IP包进行（否则普通的IP包会受影响）。而iptables做这个判断的依据就是查看该IP包是否有一个 `0x4000` 的“标志”。之前讲过，这个标志正是在IP包被执行DNAT操作之前加上去的。

可是，为何一定要对流出的包进行NAT操作呢？其中原理其实很简单，如下所示：

```
           client
             \ ^
              \ \
               v \
   node 1 <--- node 2
    | ^   SNAT
    | |   --->
    v |
 endpoint
```

当一个外部的client通过 `node 2` 的地址访问一个Service时，`node 2` 上的负载均衡规则就可能把这个IP包转发给 `node 1` 上的一个Pod。这里没有任何问题。

当 `node 1` 上的这个Pod处理完请求之后，它就会按照这个IP包的源地址发出回复。

可是，如果没有进行SNAT操作，此时IP包的源地址就是client的IP地址。所以，此时Pod会直接将回复发给client。对于client来说，它的请求明明发给了 `node 2`，回复却来自 `node 1`，这个client很可能会报错。

所以，当 IP 包离开 node 2 之后，它的源 IP 地址就会被 SNAT 改成 node 2 的 CNI 网桥地址或者 node 2 自己的地址。这样，Pod 在处理完成之后会先回复给 node 2（而不是 client），然后由 node 2 发送给 client。

当然，这也就意味着这个 Pod 只知道该 IP 包来自 node 2，而不是外部的 client。对于 Pod 需要明确知道所有请求来源的场景来说，这是不可行的。

所以，此时可以将 Service 的 spec.externalTrafficPolicy 字段设置为 local，这样就保证了所有 Pod 通过 Service 收到请求之后，一定可以“看到”真正的、外部 client 的源地址。

该机制的实现原理也非常简单：此时，一台宿主机上的 iptables 规则会设置为只将 IP 包转发给在这台宿主机上运行的 Pod。这样 Pod 就可以直接使用源地址发出回复包，无须事先进行 SNAT 操作了。这个流程如下所示：

```
      client
      ^ / \
    / /     \
   / v       X
 node 1     node 2
  ^ |
  | |
  | v
endpoint
```

当然，这就意味着如果一台宿主机上不存在任何被代理的 Pod，比如上面的 node 2，那么使用 node 2 的 IP 地址访问这个 Service 就是无效的。此时，请求会直接被 DROP。

从外部访问 Service 的第二种方式适用于公有云上的 Kubernetes 服务。此时你可以指定一个 LoadBalancer 类型的 Service，如下所示：

```
---
kind: Service
apiVersion: v1
metadata:
  name: example-service
spec:
  ports:
  - port: 8765
    targetPort: 9376
  selector:
    app: example
  type: LoadBalancer
```

在公有云提供的 Kubernetes 服务里，都使用了一个叫作 CloudProvider 的转接层来跟公有云本身的 API 进行对接。所以，在上述 LoadBalancer 类型的 Service 提交后，Kubernetes 就会调用 CloudProvider 在公有云上为你创建一个负载均衡服务，并且把被代理的 Pod 的 IP 地址配置给负载均衡服务作为后端。

第三种方式是 Kubernetes 在 v1.7 之后支持的一个新特性，叫作 ExternalName。举个例子：

```
kind: Service
apiVersion: v1
metadata:
  name: my-service
spec:
  type: ExternalName
  externalName: my.database.example.com
```

在上述 Service 的 YAML 文件中，我指定了一个 externalName=my.database.example.com 的字段。你应该会注意到，这个 YAML 文件里不需要指定 selector。

此时，当你通过 Service 的 DNS 名字访问它时，比如访问 my-service.default.svc.cluster.local，Kubernetes 返回的就是 my.database.example.com。所以，ExternalName 类型的 Service 其实是在 kube-dns 里为你添加了一条 CNAME 记录。这时，访问 my-service.default.svc.cluster.local 就和访问 my.database.example.com 这个域名效果相同了。

此外，Kubernetes 的 Service 还允许你为 Service 分配公有 IP 地址，示例如下：

```
kind: Service
apiVersion: v1
metadata:
  name: my-service
spec:
  selector:
    app: MyApp
  ports:
  - name: http
    protocol: TCP
    port: 80
    targetPort: 9376
  externalIPs:
  - 80.11.12.10
```

在上述 Service 中，我为它指定了 externalIPs=80.11.12.10，这样就可以通过访问 80.11.12.10:80 访问到被代理的 Pod 了。不过，这里 Kubernetes 要求 externalIPs 必须是至少能够路由到一个 Kubernetes 的节点。你可以想一想原因。

实际上，在理解了 Kubernetes Service 机制的工作原理之后，很多与 Service 相关的问题其实可以通过分析 Service 在宿主机上对应的 iptables 规则（或者 IPVS 配置）来解决。

比如，当你的 Service 无法通过 DNS 访问时，就需要区分到底是 Service 本身的配置问题，还是集群的 DNS 出了问题。一个行之有效的方法是检查 Kubernetes 自己的 Master 节点的 Service DNS 是否正常：

```
# 在一个 Pod 里执行
$ nslookup kubernetes.default
Server:    10.0.0.10
Address 1: 10.0.0.10 kube-dns.kube-system.svc.cluster.local

Name:      kubernetes.default
Address 1: 10.0.0.1 kubernetes.default.svc.cluster.local
```

如果上面访问 kubernetes.default 返回的值都有问题，就需要检查 kube-dns 的运行状态和日志，否则应该检查自己的 Service 定义是否有问题。

如果你的 Service 无法通过 ClusterIP 访问到的话，首先应该检查这个 Service 是否有 Endpoints：

```
$ kubectl get endpoints hostnames
NAME        ENDPOINTS
hostnames   10.244.0.5:9376,10.244.0.6:9376,10.244.0.7:9376
```

需要注意的是，如果你的 Pod 的 readniessProbe 没通过，它也不会出现在 Endpoints 列表里。

如果 Endpoints 正常，就需要确认 kube-proxy 是否在正确运行。在我们通过 kubeadm 部署的集群里，应该看到 kube-proxy 输出如下日志：

```
I1027 22:14:53.995134    5063 server.go:200] Running in resource-only container
"/kube-proxy"
I1027 22:14:53.998163    5063 server.go:247] Using iptables Proxier.
I1027 22:14:53.999055    5063 server.go:255] Tearing down userspace rules. Errors
here are acceptable.
I1027 22:14:54.038140    5063 proxier.go:352] Setting endpoints for
"kube-system/kube-dns:dns-tcp" to [10.244.1.3:53]
I1027 22:14:54.038164    5063 proxier.go:352] Setting endpoints for
"kube-system/kube-dns:dns" to [10.244.1.3:53]
I1027 22:14:54.038209    5063 proxier.go:352] Setting endpoints for
"default/kubernetes:https" to [10.240.0.2:443]
I1027 22:14:54.038238    5063 proxier.go:429] Not syncing iptables until
Services and Endpoints have been received from master
I1027 22:14:54.040048    5063 proxier.go:294] Adding new service
"default/kubernetes:https" at 10.0.0.1:443/TCP
I1027 22:14:54.040154    5063 proxier.go:294] Adding new service
"kube-system/kube-dns:dns" at 10.0.0.10:53/UDP
I1027 22:14:54.040223    5063 proxier.go:294] Adding new service
"kube-system/kube-dns:dns-tcp" at 10.0.0.10:53/TCP
```

如果 kube-proxy 一切正常，就应该仔细查看宿主机上的 iptables。上一节和本节介绍了 iptables 模式的 Service 对应的所有规则，它们包括：

(1) KUBE-SERVICES 或者 KUBE-NODEPORTS 规则对应的 Service 的入口链，这些规则应该与 VIP 和 Service 端口一一对应；

(2) KUBE-SEP-(hash)规则对应的 DNAT 链，这些规则应该与 Endpoints 一一对应；

(3) KUBE-SVC-(hash)规则对应的负载均衡链，这些规则的数目应该与 Endpoints 数目一致；

(4) 如果是 NodePort 模式，还涉及 POSTROUTING 处的 SNAT 链。

通过查看这些链的数量、转发目的地址、端口、过滤条件等信息，很容易发现一些异常的蛛丝马迹。

当然，还有一种典型问题：Pod 无法通过 Service 访问自己。这往往是因为 kubelet 的

hairpin-mode 没有被正确设置。前面介绍过 Hairpin 的原理，这里不再赘述。你只需要确保将 kubelet 的 hairpin-mode 设置为 hairpin-veth 或者 promiscuous-bridge 即可。

其中，在 hairpin-veth 模式下，应该能看到 CNI 网桥对应的各个 VETH 设备都将 Hairpin 模式设置为了 1，如下所示：

```
$ for d in /sys/devices/virtual/net/cni0/brif/veth*/hairpin_mode; do echo "$d = $(cat
$d)"; done
/sys/devices/virtual/net/cni0/brif/veth4bfbfe74/hairpin_mode = 1
/sys/devices/virtual/net/cni0/brif/vethfc2a18c5/hairpin_mode = 1
```

如果是 promiscuous-bridge 模式的话，应该看到 CNI 网桥的混杂模式（PROMISC）被开启，如下所示：

```
$ ifconfig cni0 |grep PROMISC
UP BROADCAST RUNNING PROMISC MULTICAST  MTU:1460  Metric:1
```

小结

本节详细讲解了从外部访问 Service 的 3 种方式（NodePort、LoadBalancer 和 ExternalName）和具体的工作原理，以及当 Service 出现故障时，如何根据工作原理按照一定的思路去定位问题的可行之道。

通过以上讲解不难看出，所谓 Service，其实就是 Kubernetes 为 Pod 分配的、固定的、基于 iptables（或者 IPVS）的访问入口。这些访问入口代理的 Pod 信息则来自 etcd，由 kube-proxy 通过控制循环来维护。

并且，可以看到，Kubernetes 里面的 Service 和 DNS 机制也都不具备强多租户能力。比如，在多租户情况下，每个租户应该拥有一套独立的 Service 规则（Service 只应该“看到”和代理同一个租户下的 Pod）。再比如 DNS，在多租户情况下，每个租户应该拥有自己的 kube-dns（kube-dns 只应该为同一个租户下的 Service 和 Pod 创建 DNS Entry）。

当然，在 Kubernetes 中，kube-proxy 和 kube-dns 其实只是普通的插件而已。你完全可以根据自己的需求实现符合自己预期的 Service。

思考题

为什么 Kubernetes 要求 externalIPs 必须是至少能够路由到一个 Kubernetes 的节点？

7.8　Kubernetes 中的 Ingress 对象

上一节详细讲解了对外暴露 Service 的 3 种方法。其中 LoadBalancer 类型的 Service 会为你在 Cloud Provider（比如 Google Cloud 或者 OpenStack）中创建一个与该 Service 对应的负载均衡服务。

但是，相信你也能感受到，由于每个 Service 都要有一个负载均衡服务，因此这种做法实际上既浪费资源，成本又高。用户更希望 Kubernetes 内置一个全局的负载均衡器，然后通过访问的 URL 把请求转发给不同的后端 Service。

这种全局的、为了代理不同后端 Service 而设置的负载均衡服务，就是 Kubernetes 里的 Ingress 服务。所以，Ingress 的功能其实很容易理解：所谓 Ingress，就是 Service 的“Service”。

举个例子，假如有一个站点：https://cafe.example.com，其中 https://cafe.example.com/coffee 对应“咖啡点餐系统”，而 https://cafe.example.com/tea 对应“茶水点餐系统”。这两个系统分别由名叫 coffee 和 tea 的两个 Deployment 来提供服务。

那么如何使用 Kubernetes 的 Ingress 来创建一个统一的负载均衡器，从而实现当用户访问不同的域名时，能够访问到不同的 Deployment 呢？

上述功能在 Kubernetes 里就需要通过 Ingress 对象来描述，如下所示：

```
apiVersion: extensions/v1beta1
kind: Ingress
metadata:
  name: cafe-ingress
spec:
  tls:
  - hosts:
    - cafe.example.com
    secretName: cafe-secret
  rules:
  - host: cafe.example.com
    http:
      paths:
      - path: /tea
        backend:
          serviceName: tea-svc
          servicePort: 80
      - path: /coffee
        backend:
          serviceName: coffee-svc
          servicePort: 80
```

在上面这个名叫 cafe-ingress.yaml 文件中，最值得关注的是 `rules` 字段。在 Kubernetes 里，这个字段叫作 `IngressRule`。`IngressRule` 的 Key 叫作 `host`。它必须是标准的域名格式（fully qualified domain name）的字符串，而不能是 IP 地址。

说明

关于标准的域名格式的具体细节，可以参考 RFC 3986 标准。

`host` 字段定义的值就是这个 Ingress 的入口。这就意味着，当用户访问 cafe.example.com 时，实际上访问到的是这个 Ingress 对象。这样，Kubernetes 就能使用 `IngressRule` 来对你的请求进行下一步转发了。

接下来 `IngressRule` 规则的定义则依赖 `path` 字段。可以简单地理解为，这里的每一个 `path` 都对应一个后端 Service。所以，在这个例子里我定义了两个 path，它们分别对应 coffee 和 tea 这两个 Deployment 的 Service（`coffee-svc` 和 `tea-svc`）。

通过以上讲解不难看出，所谓 Ingress 对象，其实就是 Kubernetes 项目对"反向代理"的一种抽象。

一个 Ingress 对象的主要内容，实际上就是一个"反向代理"服务（比如 Nginx）的配置文件的描述。而这个代理服务对应的转发规则，就是 `IngressRule`。

这就是为什么在每条 `IngressRule` 里，需要有一个 `host` 字段作为这条 `IngressRule` 的入口，还需要有一系列 `path` 字段来声明具体的转发策略。这其实跟 Nginx、HAproxy 等项目的配置文件的写法是一致的。

有了 Ingress 这样一个统一的抽象，Kubernetes 的用户就无须关心 Ingress 的具体细节了。在实际使用中，你只需要从社区里选择一个具体的 Ingress Controller，把它部署到 Kubernetes 集群里即可。

然后，这个 Ingress Controller 会根据你定义的 Ingress 对象提供对应的代理能力。目前，业界常用的各种反向代理项目，比如 Nginx、HAProxy、Envoy、Traefik 等，都已经为 Kubernetes 专门维护了对应的 Ingress Controller。

接下来以最常用的 Nginx Ingress Controller 为例，在前面用 kubeadm 部署的 Bare-metal 环境中实践 Ingress 机制的用法。

部署 Nginx Ingress Controller 的方法非常简单，如下所示：

```
$ kubectl apply -f
https://raw.githubusercontent.com/kubernetes/ingress-nginx/master/deploy/mandatory
.yaml
```

其中，mandatory.yaml 这个文件里正是 Nginx 官方维护的 Ingress Controller 的定义。它的内容如下所示：

```
kind: ConfigMap
apiVersion: v1
metadata:
  name: nginx-configuration
  namespace: ingress-nginx
  labels:
    app.kubernetes.io/name: ingress-nginx
    app.kubernetes.io/part-of: ingress-nginx
---
apiVersion: apps/v1
kind: Deployment
```

```
metadata:
  name: nginx-ingress-controller
  namespace: ingress-nginx
  labels:
    app.kubernetes.io/name: ingress-nginx
    app.kubernetes.io/part-of: ingress-nginx
spec:
  replicas: 1
  selector:
    matchLabels:
      app.kubernetes.io/name: ingress-nginx
      app.kubernetes.io/part-of: ingress-nginx
  template:
    metadata:
      labels:
        app.kubernetes.io/name: ingress-nginx
        app.kubernetes.io/part-of: ingress-nginx
      annotations:
        ...
    spec:
      serviceAccountName: nginx-ingress-serviceaccount
      containers:
        - name: nginx-ingress-controller
          image: quay.io/kubernetes-ingress-controller/nginx-ingress-controller:
0.20.0
          args:
            - /nginx-ingress-controller
            - --configmap=$(POD_NAMESPACE)/nginx-configuration
            - --publish-service=$(POD_NAMESPACE)/ingress-nginx
            - --annotations-prefix=nginx.ingress.kubernetes.io
          securityContext:
            capabilities:
              drop:
                - ALL
              add:
                - NET_BIND_SERVICE
            # www-data -> 33
            runAsUser: 33
          env:
            - name: POD_NAME
              valueFrom:
                fieldRef:
                  fieldPath: metadata.name
            - name: POD_NAMESPACE
              valueFrom:
                fieldRef:
                  fieldPath: metadata.namespace
          ports:
            - name: http
              containerPort: 80
            - name: https
              containerPort: 443
```

可以看到，在上述 YAML 文件中，我们定义了一个使用 nginx-ingress-controller 镜像的 Pod。需要注意的是，这个 Pod 的启动命令需要使用该 Pod 所在的 Namespace 作为参数。这项信息当然是通过 Downward API 获取的，即 Pod 的 `env` 字段里的定义（`env.valueFrom.fieldRef.fieldPath`）。而这个 Pod 就是一个监听 Ingress 对象及其代理的后端 Service 变化的控制器。

当用户创建了一个新的 Ingress 对象后，nginx-ingress-controller 就会根据 Ingress 对象里定义的内容，生成一份对应的 Nginx 配置文件（/etc/nginx/nginx.conf），并使用该配置文件启动一个 Nginx 服务。

一旦 Ingress 对象更新，nginx-ingress-controller 就会更新这个配置文件。需要注意的是，如果这里只是被代理的 Service 对象更新，nginx-ingress-controller 所管理的 Nginx 服务无须重新加载。这是因为 nginx-ingress-controller 通过 Nginx Lua 方案实现了 Nginx Upstream 的动态配置。

此外，nginx-ingress-controller 还允许你通过 Kubernetes 的 ConfigMap 对象来定制上述 Nginx 配置文件。这个 ConfigMap 的名字需要以参数的方式传递给 nginx-ingress-controller。你在这个 ConfigMap 里添加的字段会被合并到最后生成的 Nginx 配置文件中。

由此可见，一个 Nginx Ingress Controller 为你提供的服务，其实是一个可以根据 Ingress 对象和被代理后端 Service 的变化，来自动进行更新的 Nginx 负载均衡器。

当然，为了让用户能够用到这个 Nginx，就需要创建一个 Service 对外暴露 Nginx Ingress Controller 管理的 Nginx 服务，如下所示：

```
$ kubectl apply -f
https://raw.githubusercontent.com/kubernetes/ingress-nginx/master/deploy/provider/
baremetal/service-nodeport.yaml
```

由于我们使用的是 Bare-metal 环境，因此 service-nodeport.yaml 文件里的内容是一个 `NodePort` 类型的 Service，如下所示：

```
apiVersion: v1
kind: Service
metadata:
  name: ingress-nginx
  namespace: ingress-nginx
  labels:
    app.kubernetes.io/name: ingress-nginx
    app.kubernetes.io/part-of: ingress-nginx
spec:
  type: NodePort
  ports:
    - name: http
      port: 80
      targetPort: 80
      protocol: TCP
    - name: https
      port: 443
      targetPort: 443
```

```
    protocol: TCP
  selector:
    app.kubernetes.io/name: ingress-nginx
    app.kubernetes.io/part-of: ingress-nginx
```

可以看到，这个 Service 的唯一工作就是将所有携带 `ingress-nginx` 标签的 Pod 的 80 端口和 433 端口对外暴露。

说明

如果是在公有云环境中，就需要创建 LoadBalancer 类型的 Service。

上述操作完成后，一定要记录这个 Service 的访问入口，即宿主机的地址和 `NodePort` 的端口，如下所示：

```
$ kubectl get svc -n ingress-nginx
NAME            TYPE       CLUSTER-IP     EXTERNAL-IP  PORT(S)                     AGE
ingress-nginx   NodePort   10.105.72.96   <none>       80:30044/TCP,443:31453/TCP  3h
```

为了方便后面使用，我会把上述访问入口设置为环境变量：

```
$ IC_IP=10.168.0.2 # 任意一台宿主机的地址
$ IC_HTTPS_PORT=31453 # NodePort 端口
```

在 Ingress Controller 和它所需要的 Service 部署完成后，就可以使用它了。

说明

这个“咖啡厅”Ingress 的所有示例文件见 GitHub。

首先，在集群里部署我们的应用 Pod 及其对应的 Service，如下所示：

```
$ kubectl create -f cafe.yaml
```

然后，创建 Ingress 所需的 SSL 证书（tls.crt）和密钥（tls.key），这些信息都是通过 Secret 对象定义好的，如下所示：

```
$ kubectl create -f cafe-secret.yaml
```

这一步完成后，就可以创建本节开头定义的 Ingress 对象了，如下所示：

```
$ kubectl create -f cafe-ingress.yaml
```

此时可以查看这个 Ingress 对象的信息，如下所示：

```
$ kubectl get ingress
NAME           HOSTS              ADDRESS   PORTS     AGE
cafe-ingress   cafe.example.com             80, 443   2h
```

```
$ kubectl describe ingress cafe-ingress
Name:             cafe-ingress
Namespace:        default
Address:
Default backend:  default-http-backend:80 (<none>)
TLS:
  cafe-secret terminates cafe.example.com
Rules:
  Host              Path  Backends
  ----              ----  --------
  cafe.example.com
                    /tea      tea-svc:80 (<none>)
                    /coffee   coffee-svc:80 (<none>)
Annotations:
Events:
  Type    Reason  Age   From                         Message
  ----    ------  ----  ----                         -------
  Normal  CREATE  4m    nginx-ingress-controller  Ingress default/cafe-ingress
```

可以看到，这个 Ingress 对象最核心的部分正是 `Rules` 字段。其中，我们定义的 `Host` 是 `cafe.example.com`，它有两条转发规则（`Path`），分别转发给 `tea-svc` 和 `coffee-svc`。

当然，在 Ingress 的 YAML 文件里还可以定义多个 `Host`，比如 `restaurant.example.com`、`movie.example.com` 等，来为更多域名提供负载均衡服务。

接下来，就可以通过访问这个 Ingress 的地址和端口访问到前面部署的应用了。比如，当我们访问 https://cafe.example.com:443/coffee 时，应该是 coffee 这个 Deployment 负责响应请求。下面尝试一下：

```
$ curl --resolve cafe.example.com:$IC_HTTPS_PORT:$IC_IP
https://cafe.example.com:$IC_HTTPS_PORT/coffee --insecureServer address:
10.244.1.56:80
Server name: coffee-7dbb5795f6-vglbv
Date: 03/Nov/2018:03:55:32 +0000
URI: /coffee
Request ID: e487e672673195c573147134167cf898
```

我们可以看到，访问这个 URL，收到的返回信息是：`Server name: coffee-7dbb5795f6-vglbv`。这正是 coffee 这个 Deployment 的名字。

当访问 https://cafe.example.com:433/tea 时，则应该是 tea 这个 Deployment 负责响应请求（`Server name: tea-7d57856c44-lwbnp`），如下所示：

```
$ curl --resolve cafe.example.com:$IC_HTTPS_PORT:$IC_IP
https://cafe.example.com:$IC_HTTPS_PORT/tea --insecure
Server address: 10.244.1.58:80
Server name: tea-7d57856c44-lwbnp
Date: 03/Nov/2018:03:55:52 +0000
URI: /tea
Request ID: 32191f7ea07cb6bb44a1f43b8299415c
```

可以看到，Nginx Ingress Controller 为我们创建的 Nginx 负载均衡器已经成功地将请求转发给了对应的后端 Service。

以上就是 Kubernetes 中 Ingress 的设计思想和使用方法。

你可能会有疑问：如果我的请求没有匹配到任何一条 `IngressRule`，那么会发生什么呢？既然 Nginx Ingress Controller 是用 Nginx 实现的，那么它当然会返回一个 Nginx 的 404 页面。

不过，Ingress Controller 也允许你通过 Pod 启动命令里的`--default-backend-service` 参数来设置一条默认规则，比如`--default-backend-service=nginx-default-backend`。这样，任何匹配失败的请求都会被转发给这个名叫 `nginx-default-backend` 的 Service。这样，你就可以通过部署一个专门的 Pod 来为用户返回自定义的 404 页面了。

小结

本节详细讲解了 Kubernetes 里 Ingress 这个概念的本质：Ingress 实际上就是 Kubernetes 对"反向代理"的抽象。

目前，Ingress 只能在七层工作，而 Service 只能在四层工作。所以当你想要在 Kubernetes 里为应用进行 TLS 配置等 HTTP 相关的操作时，都必须通过 Ingress 来进行。

当然，正如同很多负载均衡项目可以同时提供七层代理和四层代理一样，将来 Ingress 的进化中也会增加四层代理的能力。这样，这个"反向代理"机制就更成熟、更完善了。

Kubernetes 提出 Ingress 概念的原因其实也非常容易理解，有了 Ingress 这个抽象，用户就可以根据自己的需求自由选择 Ingress Controller 了。比如，如果你的应用对代理服务的中断非常敏感，就应该考虑选择像 Traefik 这样支持"热加载"的 Ingress Controller 实现。

更重要的是，如果你对社区里现有的 Ingress 方案感到不满意，或者你已经有了自己的负载均衡方案，只需要很少的编程工作，即可实现自己的 Ingress Controller。

在实际的生产环境中，Ingress 带来的灵活度和自由度对于使用容器的用户来说非常有意义。要知道，当年在 Cloud Foundry 项目里，不知道有多少人为了给 Gorouter 组件配置一个 TLS 而绞尽脑汁。

思考题

如果我的需求是，当访问 mysite 官网和 mysite 论坛时，分别访问到不同的 Service（比如 site-svc 和 forums-svc）。那么这个 Ingress 该如何定义呢？请描述 YAML 文件中的 `rules` 字段。

第 8 章

Kubernetes 调度与资源管理

8.1 Kubernetes 的资源模型与资源管理

作为一个容器集群编排与管理项目，Kubernetes 为用户提供的基础设施能力不仅包括前面介绍的应用定义和描述，还包括对应用的资源管理和调度的处理。本节详细讲解后面这部分内容。

作为 Kubernetes 的资源管理与调度部分的基础，就要从它的资源模型开始说起。

如前所述，在 Kubernetes 里 Pod 是最小的原子调度单位。这就意味着，所有跟调度和资源管理相关的属性都应该是属于 Pod 对象的字段。其中最重要的部分就是 Pod 的 CPU 和内存配置，如下所示：

```
apiVersion: v1
kind: Pod
metadata:
  name: frontend
spec:
  containers:
  - name: db
    image: mysql
    env:
    - name: MYSQL_ROOT_PASSWORD
      value: "password"
    resources:
      requests:
        memory: "64Mi"
        cpu: "250m"
      limits:
        memory: "128Mi"
        cpu: "500m"
  - name: wp
    image: wordpress
    resources:
      requests:
```

```
      memory: "64Mi"
      cpu: "250m"
    limits:
      memory: "128Mi"
      cpu: "500m"
```

说明

关于哪些属性属于 Pod 对象，哪些属性属于 Container，见 5.2 节相关内容。

在 Kubernetes 中，像 CPU 这样的资源被称作**可压缩资源**（compressible resources）。可压缩资源的典型特点是，当它不足时，Pod 只会“饥饿”，不会退出。

像内存这样的资源则被称作**不可压缩资源**（incompressible resources）。当不可压缩资源不足时，Pod 就会因为 OOM（out of memory）被内核结束。

由于 Pod 可以由多个 Container 组成，因此 CPU 和内存资源的限额是要配置在每个 Container 的定义上的。这样，Pod 整体的资源配置就由这些 Container 的配置值累加得到。

其中，Kubernetes 里为 CPU 设置的单位是“CPU 的个数”。比如，`cpu=1` 指这个 Pod 的 CPU 限额是 1 个 CPU。当然，具体“1 个 CPU”在宿主机上如何解释，是 1 个 CPU 核心，还是 1 个 vCPU，还是 1 个 CPU 的**超线程**（hyperthread），完全取决于宿主机的 CPU 实现方式。Kubernetes 只负责保证 Pod 能够使用“1 个 CPU”的计算能力。

此外，Kubernetes 允许你将 CPU 限额设置为分数，比如在这个例子中，CPU `limits` 的值就是 500 m。所谓 500 m，指的就是 500 millicpu，即 0.5 个 CPU。这样，这个 Pod 就会被分配 1 个 CPU 一半的计算能力。

当然，你也可以直接把这个配置写成 `cpu=0.5`。但在实际使用时，还是推荐 500 m 的写法，毕竟这才是 Kubernetes 内部通用的 CPU 表示方式。

对于内存资源来说，它的单位自然就是 byte。Kubernetes 支持使用 Ei、Pi、Ti、Gi、Mi、Ki（或者 E、P、T、G、M、K）来作为 byte 的值。比如，在这个例子中，Memory `requests` 的值就是 64 MiB (2^{26} byte)。这里要注意区分 MiB（mebibyte）和 MB（megabyte）。

说明

1Mi=1024×1024，1M=1000×1000。

此外，不难看到，Kubernetes 里 Pod 的 CPU 和内存资源，实际上还要分为 `limits` 和 `requests` 两种情况，如下所示：

```
spec.containers[].resources.limits.cpu
spec.containers[].resources.limits.memory
spec.containers[].resources.requests.cpu
spec.containers[].resources.requests.memory
```

二者的区别其实非常简单：在调度的时候，kube-scheduler 只会按照 `requests` 的值进行计算；而在真正设置 Cgroups 限制时，kubelet 会按照 `limits` 的值来进行设置。

更确切地说，当你指定了 `requests.cpu=250m` 之后，相当于将 Cgroups 的 `cpu.shares` 的值设置为(250/1000)×1024。而当你没有设置 `requests.cpu` 时，`cpu.shares` 默认是 1024。这样，Kubernetes 就通过 `cpu.shares` 完成了对 CPU 时间的按比例分配。

如果你指定了 `limits.cpu=500m`，则相当于将 Cgroups 的 `cpu.cfs_quota_us` 的值设置为(500/1000)×100 ms，而 `cpu.cfs_period_us` 的值始终是 100 ms。这样，Kubernetes 就为你设置了这个容器只能用到 CPU 的 50%。

对于内存来说，当你指定了 `limits.memory=128Mi` 之后，相当于将 Cgroups 的 `memory.limit_in_bytes` 设置为 128×1024×1024。需要注意的是，在调度的时候，调度器只会使用 `requests.memory=64Mi` 来进行判断。

Kubernetes 这种对 CPU 和内存资源限额的设计，实际上参考了 Borg 论文中对“动态资源边界”的定义，调度系统不是必须严格遵循容器化作业在提交时设置的资源边界，这是因为在实际场景中，大多数作业用到的资源其实远少于它所请求的资源限额。

基于这种假设，Borg 在作业被提交后，会主动减少它的资源限额配置，以便容纳更多作业、提升资源利用率。而当作业资源使用量增加到一定阈值时，Borg 会通过“快速恢复”过程还原作业原始的资源限额，防止出现异常。

Kubernetes 的 `requests+limits` 的做法，其实就是上述思路的一个简化版：用户在提交 Pod 时，可以声明一个相对较小的 `requests` 值供调度器使用，而 Kubernetes 真正给容器 Cgroups 设置的 `limits` 值相对较大。不难看出，这跟 Borg 的思路是相通的。

理解了 Kubernetes 资源模型的设计之后，下面谈谈 Kubernetes 里的 QoS 模型。在 Kubernetes 中，不同的 `requests` 和 `limits` 的设置方式其实会将这个 Pod 划分到不同的 QoS 级别。

当 Pod 里的每一个 Container 都同时设置了 `requests` 和 `limits`，并且 `requests` 和 `limits` 值相等时，这个 Pod 就属于 Guaranteed 类别，如下所示：

```
apiVersion: v1
kind: Pod
metadata:
  name: qos-demo
  namespace: qos-example
spec:
  containers:
  - name: qos-demo-ctr
    image: nginx
```

```
    resources:
      limits:
        memory: "200Mi"
        cpu: "700m"
      requests:
        memory: "200Mi"
        cpu: "700m"
```

当这个Pod创建之后，它的qosClass字段就会被Kubernetes自动设置为Guaranteed。需要注意的是，当Pod仅设置了limits，没有设置requests时，Kubernetes会自动为它设置与limits相同的requests值，所以，这也属于Guaranteed情况。

当Pod不满足Guaranteed的条件，但至少有一个Container设置了requests，这个Pod就会被划分到Burstable类别，示例如下：

```
apiVersion: v1
kind: Pod
metadata:
  name: qos-demo-2
  namespace: qos-example
spec:
  containers:
  - name: qos-demo-2-ctr
    image: nginx
    resources:
      limits:
        memory: "200Mi"
      requests:
        memory: "100Mi"
```

如果一个Pod既没有设置requests，也没有设置limits，它的QoS类别就是BestEffort，示例如下：

```
apiVersion: v1
kind: Pod
metadata:
  name: qos-demo-3
  namespace: qos-example
spec:
  containers:
  - name: qos-demo-3-ctr
    image: nginx
```

那么，Kubernetes为Pod设置这样3个QoS类别，具体有什么作用呢？

实际上，QoS划分的主要应用场景，是当宿主机资源紧张时，kubelet对Pod进行Eviction（资源回收）时需要用到的。具体而言，当Kubernetes所管理的宿主机上不可压缩资源短缺时，就有可能触发Eviction。比如，可用内存（memory.available）、可用宿主机磁盘空间（nodefs.available），以及容器运行时镜像存储空间（imagefs.available）等。

目前，Kubernetes的Eviction的默认阈值如下所示：

```
memory.available<100Mi
nodefs.available<10%
nodefs.inodesFree<5%
imagefs.available<15%
```

当然，上述各个触发条件在 kubelet 里都是可配置的，示例如下：

```
kubelet
--eviction-hard=imagefs.available<10%,memory.available<500Mi,nodefs.available<5%,
nodefs.inodesFree<5% --eviction-soft=imagefs.available<30%,nodefs.available<10%
--eviction-soft-grace-period=imagefs.available=2m,nodefs.available=2m
--eviction-max-pod-grace-period=600
```

在这个配置中，可以看到 Eviction 在 Kubernetes 里其实分为 Soft 和 Hard 两种模式。

Soft Eviction 允许你为 Eviction 过程设置一段“优雅时间”，比如上面例子中的 `imagefs.available=2m`，就意味着当达到 `imagefs` 不足的阈值超过 2 分钟，kubelet 才会开始 Eviction 的过程。而在 Hard Eviction 模式下，Eviction 过程会在达到阈值之后立刻开始。

Kubernetes 计算 Eviction 阈值的数据来源，主要依赖从 Cgroups 读取的值以及使用 cAdvisor 监控到的数据。

当宿主机的 Eviction 阈值达到后，就会进入 MemoryPressure 或者 DiskPressure 状态，从而避免新的 Pod 被调度到这台宿主机上。

当 Eviction 发生时，kubelet 具体会挑选哪些 Pod 进行删除，就需要参考这些 Pod 的 QoS 类别了。

- 首当其冲的，自然是 BestEffort 类别的 Pod。
- 其次，是属于 Burstable 类别，并且发生“饥饿”的资源使用量已经超出 `requests` 的 Pod。
- 最后，才是 Guaranteed 类别。并且，Kubernetes 会保证只有当 Guaranteed 类别的 Pod 的资源使用量超过其 `limits` 的限制，或者宿主机本身正处于 Memory Pressure 状态时，Guaranteed 类别的 Pod 才可能被选中进行 Eviction 操作。

当然，对于同 QoS 类别的 Pod 来说，Kubernetes 还会根据 Pod 的优先级来进一步地排序和选择。

理解了 Kubernetes 里的 QoS 类别的设计之后，下面讲解 Kubernetes 里一个非常有用的特性：`cpuset` 的设置。

我们知道，在使用容器时，可以通过设置 `cpuset` 把容器绑定到某个 CPU 的核上，而不是像 `cpushare` 那样共享 CPU 的计算能力。

在这种情况下，由于操作系统在 CPU 之间进行上下文切换的次数大大减少，因此容器里应用的性能会大幅提升。事实上，`cpuset` 方式是生产环境中部署在线应用类型的 Pod 的一种常用方式。

那么，这样的需求在 Kubernetes 里该如何实现呢？其实非常简单。

- 首先，你的 Pod 必须是 Guaranteed 的 QoS 类型。
- 然后，只需要将 Pod 的 CPU 资源的 `requests` 和 `limits` 设置为相等的整数值即可。

比如下面这个例子：

```
spec:
  containers:
  - name: nginx
    image: nginx
    resources:
      limits:
        memory: "200Mi"
        cpu: "2"
      requests:
        memory: "200Mi"
        cpu: "2"
```

这样，该 Pod 就会被绑定到两个独占的 CPU 核上。当然，具体是哪两个 CPU 核，是由 kubelet 分配的。

以上就是 Kubernetes 的资源模型和 QoS 类别相关的主要内容。

小结

本节首先详细讲解了 Kubernetes 里对资源的定义方式和资源模型的设计，然后介绍了 Kubernetes 里对 Pod 进行 Eviction 的具体策略和实践方式。

基于以上讲解，在实际使用中，强烈建议你将 DaemonSet 的 Pod 都设置为 Guaranteed 的 QoS 类型。否则，一旦 DaemonSet 的 Pod 被回收，它会立即在原宿主机上被重建出来，那么前面资源回收的动作就完全没有意义了。

思考题

为何宿主机进入 MemoryPressure 或者 DiskPressure 状态后，新的 Pod 不会被调度到这台宿主机上呢？

8.2　Kubernetes 的默认调度器

上一节主要介绍了 Kubernetes 里关于资源模型和资源管理的设计方法。本节介绍 Kubernetes 的**默认调度器**（default scheduler）。

在 Kubernetes 项目中，默认调度器的主要职责是为新创建出来的 Pod 寻找一个最合适的节点。这里“最合适”的含义包括两层：

(1) 从集群所有的节点中根据调度算法选出所有可以运行该 Pod 的节点；

(2) 从第一步的结果中，再根据调度算法挑选一个最符合条件的节点作为最终结果。

所以在具体的调度流程中，默认调度器会首先调用一组叫作 Predicate 的调度算法来检查每节点。然后，再调用一组叫作 Priority 的调度算法，来给上一步得到的结果里的每个节点打分。得分最高的那个节点就是最终的调度结果。

前面介绍过，调度器对一个 Pod 调度成功，实际上就是将它的 `spec.nodeName` 字段填上调度结果的节点名字。

在 Kubernetes 中，上述调度机制的工作原理可以总结为图 8-1。

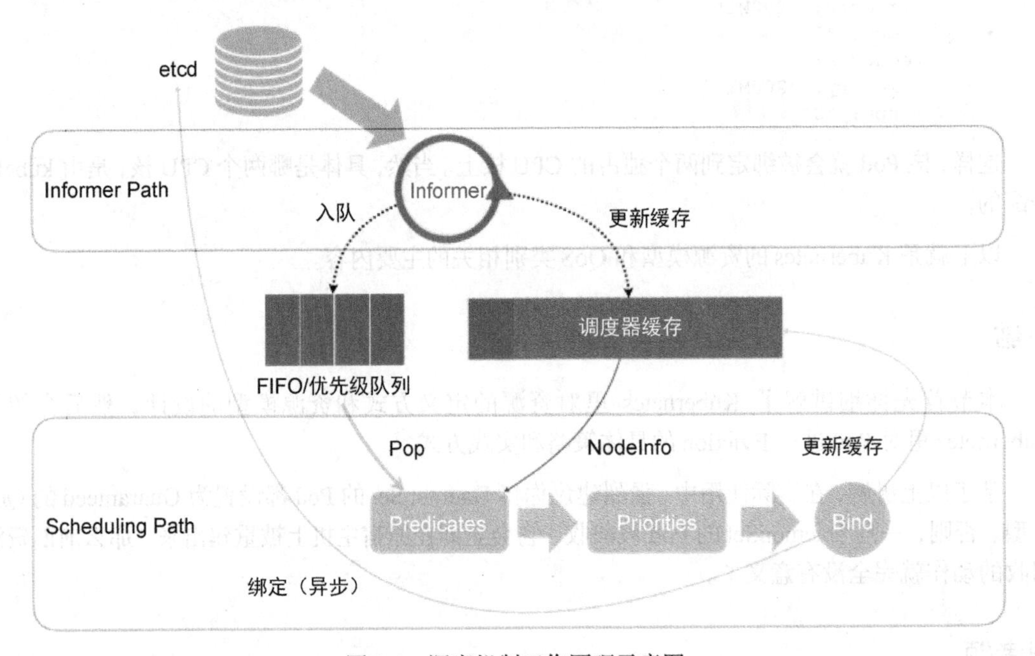

图 8-1 调度机制工作原理示意图

可以看到，Kubernetes 的调度器的核心，实际上就是两个相互独立的控制循环。

其中，可以把第一个控制循环称为 Informer Path。它的主要目的是启动一系列 Informer，用于监听（Watch）etcd 中 Pod、Node、Service 等与调度相关的 API 对象的变化。比如，当一个待调度 Pod（它的 `nodeName` 字段为空）被创建出来之后，调度器就会通过 Pod Informer 的 Handler 将这个待调度 Pod 添加到调度队列。

在默认情况下，Kubernetes 的调度队列是一个 PriorityQueue（优先级队列），并且当集群的某些信息发生变化时，调度器还会对调度队列里的内容进行一些特殊操作。这里的设计主要是出于调度优先级和抢占的考虑，后面会详细介绍这部分内容。

此外，Kubernetes 的默认调度器还要负责更新**调度器缓存**（scheduler cache）。事实上，Kubernetes 调度部分优化性能的一个根本原则，就是尽可能地将集群信息缓存化，以便从根本上提高 Predicate 和 Priority 调度算法的执行效率。

第二个控制循环是调度器负责 Pod 调度的主循环，可以称之为 Scheduling Path（调度路径）。Scheduling Path 的主要逻辑就是不断地从调度队列里出队一个 Pod，然后调用 Predicates 算法进行"过滤"。这一步"过滤"得到的一组节点，就是所有可以运行这个 Pod 的宿主机列表。当然，Predicates 算法需要的节点信息，都是从 Scheduler Cache 里直接获取的，这是调度器保证算法执行效率的主要手段之一。

接下来，调度器会再调用 Priorities 算法为上述列表里的节点打分，分数从 0 到 10。得分最高的节点就会作为这次调度的结果。

调度算法执行完成后，调度器就需要将 Pod 对象的 `nodeName` 字段的值修改为上述节点的名字。在 Kubernetes 中这个步骤被称作 Bind。

但是，为了不在关键调度路径中远程访问 API Server，Kubernetes 的默认调度器在 Bind 阶段只会更新 Scheduler Cache 里的 Pod 和 Node 的信息。这种基于"乐观"假设的 API 对象更新方式，在 Kubernetes 里被称作 Assume。

Assume 完成后，调度器才会创建一个 Goroutine 来异步地向 API Server 发起更新 Pod 的请求，来真正完成 Bind 操作。如果这次异步的 Bind 过程失败了，也没有太大关系，等 Scheduler Cache 同步之后一切都会恢复正常。

当然，正是由于上述 Kubernetes 调度器的"乐观"绑定的设计，当一个新的 Pod 完成调度需要在某个节点上运行起来之前，该节点上的 kubelet 还会通过一个叫作 Admit 的操作来再次验证该 Pod 能否在该节点上运行。这一步 Admit 操作，实际上就是把一组叫作 GeneralPredicates 的、最基本的调度算法，比如"资源是否可用""端口是否冲突"等再执行一遍，作为 kubelet 端的二次确认。

关于 Kubernetes 默认调度器的调度算法，下一节会讲解。

除了上述的"缓存化"和"乐观绑定"，Kubernetes 默认调度器还有一个重要的设计——无锁化。

在 Scheduling Path 上，调度器会启动多个 Goroutine 以节点为粒度并发执行 Predicates 算法，从而提高该阶段的执行效率。类似地，Priorities 算法也会以 MapReduce 的方式并行计算然后汇总。而在所有需要并发的路径上，调度器会避免设置任何全局的竞争资源，免除了使用锁进行同步产生的巨大性能损耗。

所以，在这种思想的指导下，如果再查看图 8-1，就会发现 Kubernetes 调度器只有对调度队列和 Scheduler Cache 进行操作时，才需要加锁。而这两部分操作都不在 Scheduling Path 的算法执行路径上。

当然，Kubernetes 调度器的上述设计思想，也是在集群规模不断增长的演进过程中逐步形成的。尤其是“缓存化”，这个变化其实是近几年 Kubernetes 调度器性能得以提升的一个关键演化。

不过，随着 Kubernetes 项目的发展，它的默认调度器也来到了一个关键的十字路口。事实上，Kubernetes 现今发展的主旋律，是整个开源项目的“民主化”。也就是说，Kubernetes 下一步的发展方向，是组件的轻量化、接口化和插件化。所以，我们才有了 CRI、CNI、CSI、CRD、Aggregated API Server、Initializer、Device Plugin 等各个层级的可扩展能力。可是，默认调度器却成了 Kubernetes 项目里最后一个没有对外暴露良好定义过的、可扩展接口的组件。

当然，其中有一定的历史原因。过去几年 Kubernetes 的发展都是以功能性需求的实现和完善为核心。在此过程中，它的很多决策仍以优先服务公有云的需求为主，性能和规模则居于相对次要的位置。

现在，随着 Kubernetes 项目逐步趋于稳定，越来越多的用户开始把 Kubernetes 用在规模更大、业务更复杂的私有集群中。很多以前的 Mesos 用户也开始尝试使用 Kubernetes 来替代其原有架构。在这些场景中，扩展和重新实现默认调度器就成了社区对 Kubernetes 项目的最主要诉求之一。

所以，Kubernetes 的默认调度器，是目前该项目中为数不多的、正在经历大规模重构的核心组件之一。这些正在进行的重构，一方面是为了清理默认调度器里大量的“技术债”，另一方面是为默认调度器的可扩展性设计做铺垫。

Kubernetes 默认调度器的可扩展性设计如图 8-2 所示。

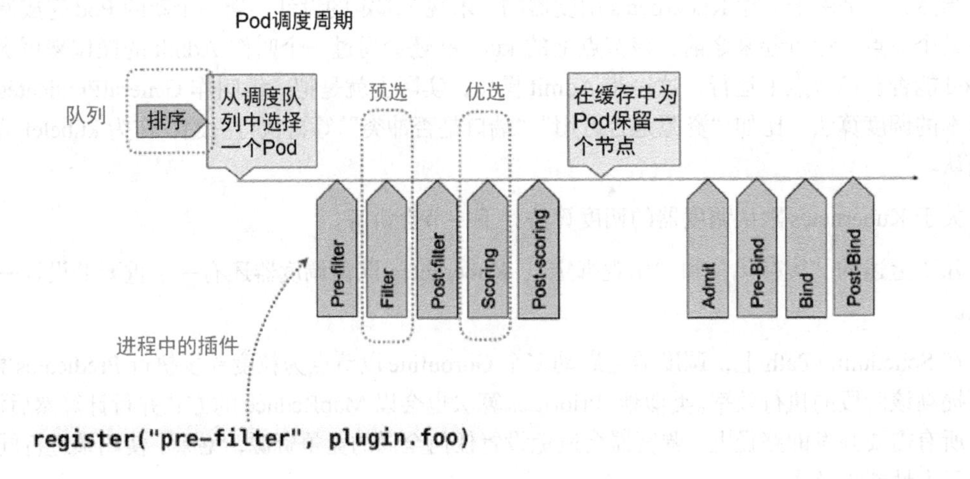

图 8-2　Kubernetes 默认调度器的可扩展性设计示意图

在 Kubernetes 中默认调度器的可扩展机制叫作 Scheduler Framework。顾名思义，这个设计的主要目的就是在调度器生命周期的各个关键点上，向用户暴露可以进行扩展和实现的接口，从而赋予用户自定义调度器的能力。

图 8-2 中每一个宽箭头都是一个可以插入自定义逻辑的接口。比如，其中的队列部分意味着你可以在这里提供一个自己的调度队列的实现，从而控制每个 Pod 开始被调度（出队）的时机。预选（Predicates）部分则意味着你可以提供自己的过滤算法实现，根据自己的需求选择机器。

需要注意的是，上述这些可插拔式逻辑都是标准的 Go 语言插件机制，也就是说，需要在编译的时候选择把哪些插件编译进去。

有了上述设计之后，扩展和自定义 Kubernetes 的默认调度器就非常容易了。这也意味着默认调度器在之后的发展过程中，必然不会在现有实现上再添加太多功能，反而会精简现有实现，最终使其成为 Scheduler Framework 的一个最小实现。这样调度领域更多的创新和工程工作，就可以交给整个社区来完成了。这个思路完全符合前面提到的 Kubernetes 的“民主化”设计。

不过，这样的 Scheduler Framework 也有一个不小的问题：一旦这些插入点的接口设计不合理，就会导致整个生态无法很好地运用这个插件机制。此外，这些接口的变更耗时费力，一旦把控不好，很可能会把社区推向另一个极端：Scheduler Framework 无法实际落地，大家只好再次 fork kube-scheduler。

小结

本节详细讲解了 Kubernetes 里默认调度器的设计与实现，分析了它现在正在经历的重构以及未来的走向。

不难看出，在 Kubernetes 的整体架构中，kube-scheduler 虽然责任重大，但它其实是社区里受到关注最少的组件之一。其中的原因也很简单，调度在不同的公司和团队里的实际需求一定是大相径庭的，上游社区不可能提供一个大而全的方案。所以，将默认调度器进一步轻量化、插件化，才是 kube-scheduler 正确的演进方向。

思考题

请问 Kubernetes 默认调度器与 Mesos 的“两级”调度器有何异同？

8.3 Kubernetes 默认调度器调度策略解析

上一节讲解了 Kubernetes 默认调度器的设计原理和架构。本节重点介绍调度过程中预选（Predicates）和优选（Priorities）这两个调度策略主要发生作用的阶段。首先讨论预选策略。

预选在调度过程中的作用可以理解为 Filter，即它按照调度策略从当前集群的所有节点中“过滤”出一系列符合条件的节点。这些节点都是可以运行待调度 Pod 的宿主机。

在 Kubernetes 中，默认的调度策略有如下 4 种。

第一种叫作 GeneralPredicates。顾名思义，这一组过滤规则负责最基础的调度策略。比如，PodFitsResources 计算的就是宿主机的 CPU 和内存资源等是否够用。

当然，如前所述，PodFitsResources 检查的只是 Pod 的 `requests` 字段。需要注意的是，Kubernetes 的调度器并没有为 GPU 等硬件资源定义具体的资源类型，而是统一用一种名叫 Extended Resource 的、Key-Value 格式的扩展字段来描述。举个例子：

```
apiVersion: v1
kind: Pod
metadata:
  name: extended-resource-demo
spec:
  containers:
  - name: extended-resource-demo-ctr
    image: nginx
    resources:
      requests:
        requests.nvidia.com/gpu: 2
      limits:
        requests.nvidia.com/gpu: 2
```

可以看到，这个 Pod 通过 `requests.nvidia.com/gpu=2` 这样的定义方式声明使用了两个 NVIDIA 类型的 GPU。

在 PodFitsResources 中，调度器其实并不知道这个字段 Key 的含义是 GPU，而是直接使用后面的 Value 进行计算。当然，在 Node 的 Capacity 字段里也要相应地加上这台宿主机上 GPU 的总数，比如 `requests.nvidia.com/gpu=4`。后面讲解 Device Plugin 时会详细介绍这些流程。

PodFitsHost 检查宿主机的名字是否跟 Pod 的 `spec.nodeName` 一致。PodFitsHostPorts 检查 Pod 申请的宿主机端口（`spec.nodePort`）是否跟已被使用的端口有冲突。PodMatchNodeSelector 检查 Pod 的 `nodeSelector` 或者 `nodeAffinity` 指定的节点是否与待考察节点匹配，等等。

可以看到，像上面这样一组 GeneralPredicates，正是 Kubernetes 考察一个 Pod 能否在一个节点上运行最基本的过滤条件。所以，GeneralPredicates 也会被其他组件（比如 kubelet）直接调用。上一节提到，kubelet 在启动 Pod 前，会执行 Admit 操作来进行二次确认。二次确认的规则就是执行一遍 GeneralPredicates。

第二种是与 Volume 相关的过滤规则。这一组过滤规则负责跟容器 PV 相关的调度策略。

其中，NoDiskConflict 检查多个 Pod 声明挂载的 PV 是否有冲突。比如，AWS EBS 类型的 Volume 不允许被两个 Pod 同时使用。所以，当一个名叫 A 的 EBS Volume 已经挂载在某个节点上时，另一个同样声明使用这个 A Volume 的 Pod 就不能被调度到这个节点上了。

MaxPDVolumeCountPredicate 检查一个节点上某个类型的 PV 是否超过了一定数目，若是，则声明使用该类型 PV 的 Pod 不能再调度到该节点上。VolumeZonePredicate 检查 PV 的 Zone（高可用域）标签是否与待考察节点的Zone标签相匹配。此外，还有VolumeBindingPredicate规则，它负责检查该Pod对应的PV的`nodeAffinity`字段是否跟某个节点的标签相匹配。

6.1节讲解过，Local PV必须使用`nodeAffinity`来跟某个具体的节点绑定。这其实也就意味着，在Predicates阶段，Kubernetes必须能够根据Pod的Volume属性来进行调度。

此外，如果该Pod的PVC还未跟具体的PV绑定，调度器还要负责检查所有待绑定PV，当有可用的PV存在并且该PV的`nodeAffinity`与待考察节点一致时，这条规则才会返回“成功”，示例如下：

```
apiVersion: v1
kind: PersistentVolume
metadata:
  name: example-local-pv
spec:
  capacity:
    storage: 500Gi
  accessModes:
  - ReadWriteOnce
  persistentVolumeReclaimPolicy: Retain
  storageClassName: local-storage
  local:
    path: /mnt/disks/vol1
  nodeAffinity:
    required:
      nodeSelectorTerms:
      - matchExpressions:
        - key: kubernetes.io/hostname
          operator: In
          values:
          - my-node
```

可以看到，这个PV对应的持久化目录只会出现在名叫`my-node`的宿主机上。所以，任何一个通过PVC使用这个PV的Pod，都必须被调度到`my-node`上才可以正常工作。VolumeBindingPredicate正是调度器里完成该决策的位置。

第三种是宿主机相关的过滤规则。这一组规则主要考察待调度Pod是否满足节点本身的某些条件。比如，PodToleratesNodeTaints负责检查前面经常用到的节点的“污点”机制。只有当Pod的Toleration字段与Node的Taint字段匹配时，这个Pod才能被调度到该节点上。

NodeMemoryPressurePredicate检查当前节点的内存是否不够，若是，则待调度Pod不能被调度到该节点上。

第四种是Pod相关的过滤规则。这一组规则跟GeneralPredicates大多是重合的。比较特殊的是PodAffinityPredicate。该规则的作用是检查待调度Pod与节点上的已有Pod之间的**亲密**（affinity）和**反亲密**（anti-affinity）关系，示例如下：

```
apiVersion: v1
kind: Pod
metadata:
  name: with-pod-antiaffinity
spec:
  affinity:
    podAntiAffinity:
      requiredDuringSchedulingIgnoredDuringExecution:
      - weight: 100
        podAffinityTerm:
          labelSelector:
            matchExpressions:
            - key: security
              operator: In
              values:
              - S2
          topologyKey: kubernetes.io/hostname
  containers:
  - name: with-pod-affinity
    image: docker.io/ocpqe/hello-pod
```

这个例子里的 podAntiAffinity 规则就指定了该 Pod 不希望跟任何携带了 security=S2 标签的 Pod 存在于同一个节点上。需要注意的是，PodAffinityPredicate 是有作用域的，比如上面这条规则，就仅对携带了 Key 是 kubernetes.io/hostname 标签的节点有效。这正是 topologyKey 这个关键词的作用。

podAffinity 与 podAntiAffinity 相反，示例如下：

```
apiVersion: v1
kind: Pod
metadata:
  name: with-pod-affinity
spec:
  affinity:
    podAffinity:
      requiredDuringSchedulingIgnoredDuringExecution:
      - labelSelector:
          matchExpressions:
          - key: security
            operator: In
            values:
            - S1
        topologyKey: failure-domain.beta.kubernetes.io/zone
  containers:
  - name: with-pod-affinity
    image: docker.io/ocpqe/hello-pod
```

这个例子中的 Pod 就只会被调度到已经有携带 security=S1 标签的 Pod 运行的节点上。这条规则的作用域则是所有携带 Key 是 failure-domain.beta.kubernetes.io/zone 标签的节点。

此外，上面这两个例子中的 requiredDuringSchedulingIgnoredDuringExecution 字

段的含义是：这条规则必须在 Pod 调度时进行检查（`requiredDuringScheduling`）；但是如果是已经在运行的 Pod 发生变化，比如 Label 被修改，使得该 Pod 不再适合在该节点上运行时，Kubernetes 不会主动修正（IgnoredDuringExecution）。

上述 4 种预选策略就构成了调度器确定一个节点可以运行待调度 Pod 的基本策略。

在具体执行时，当开始调度一个 Pod 时，Kubernetes 调度器会同时启动 16 个 Goroutine，来并发地为集群里的所有节点计算预选策略，最后返回可以运行这个 Pod 的宿主机列表。

需要注意的是，在为每个节点执行预选时，调度器会按照固定顺序进行检查。该顺序是按照预选的含义来确定的。比如，宿主机相关的预选会优先进行检查。否则，在一台资源已经严重不足的宿主机上，一上来就计算 PodAffinityPredicate 是没有实际意义的。

接下来讨论优选策略。

在预选阶段完成了节点的“过滤”之后，优选阶段的工作就是为这些节点打分。打分的范围是 0~10 分，得分最高的节点就是最后被 Pod 绑定的最佳节点。

优选策略里最常使用的打分规则是 LeastRequestedPriority。它的计算方法可以简单地总结为如下公式：

```
score = (cpu((capacity-sum(requested))10/capacity) +
memory((capacity-sum(requested))10/capacity))/2
```

可以看到，该算法实际上就是在选择空闲资源（CPU 和内存）最多的宿主机。

与 LeastRequestedPriority 一起发挥作用的还有 BalancedResourceAllocation。它的计算公式如下所示：

```
score = 10 - variance(cpuFraction,memoryFraction,volumeFraction)*10
```

其中，每种资源的 Fraction 的定义是，Pod 请求的资源/节点上的可用资源。`variance` 算法的作用则是计算每两种资源 Fraction 之间的“距离”。最后选择的是资源 Fraction 差距最小的节点。

所以，BalancedResourceAllocation 选择的其实是调度完成后，所有节点里各种资源分配最均衡的那个节点，从而避免一个节点上 CPU 被大量分配，而内存大量剩余的情况。

此外，还有 3 种优选策略：NodeAffinityPriority、TaintTolerationPriority 和 InterPodAffinityPriority。顾名思义，它们与前面的 PodMatchNodeSelector、PodToleratesNodeTaints 和 PodAffinityPredicate 这 3 种预选策略的含义和计算方法类似。但是作为优选策略，一个节点满足上述规则的字段数目越多，它的得分就会越高。

在默认优选策略里，还有一个叫作 ImageLocalityPriority 的策略。它是在 Kubernetes v1.12 里新开启的调度规则，即如果待调度 Pod 需要使用很大的镜像，并且已经存在于某些节点上，那么这些节点的得分就会比较高。

当然，为了避免该算法引发调度堆叠，调度器在计算得分时还会根据镜像的分布进行优化，即如果大镜像分布的节点数目很少，那么这些节点的权重就会被调低，从而“对冲”引起调度堆叠的风险。

以上就是 Kubernetes 调度器的预选和优选默认调度策略的主要工作原理。

在实际的执行过程中，调度器里关于集群和 Pod 的信息都已经缓存化了，所以这些算法的执行过程还是比较快的。

此外，对于比较复杂的调度算法来说，比如 PodAffinityPredicate，它们在计算时不只关注待调度 Pod 和待考察节点，还需要关注整个集群的信息，比如遍历所有节点、读取它们的 Label。此时，Kubernetes 调度器在为每个待调度 Pod 执行该调度算法之前，会先将算法需要的集群信息初步计算一遍，然后缓存起来。这样，在真正执行该算法时，调度器只需要读取缓存信息进行计算即可，从而避免了为每个节点计算预选规则时反复获取和计算整个集群的信息。

小结

本节介绍了 Kubernetes 默认调度器里的主要调度策略和算法。

除了本节介绍的这些策略，Kubernetes 调度器里其实还有一些默认不会开启的策略。你可以通过为 kube-scheduler 指定一个配置文件或者创建一个 ConfigMap 来配置规则的开启或关闭，还可以通过为预选策略设置权重来控制调度器的调度行为。

思考题

请问，如何让 Kubernetes 的调度器尽可能地将 Pod 分布在不同机器上来避免“堆叠”呢？请简单描述你的算法。

8.4 Kubernetes 默认调度器的优先级和抢占机制

上一节详细讲解了 Kubernetes 默认调度器的主要调度策略的工作原理。本节讲解 Kubernetes 调度器中另一个重要机制：**优先级**（Priority）和**抢占**（Preemption）机制。

首先需要明确，优先级和抢占机制解决的是 Pod 调度失败时该怎么办的问题。正常情况下，当一个 Pod 调度失败后，它会被暂时“搁置”，直到 Pod 被更新或者集群状态发生变化，调度器才会对这个 Pod 进行重新调度。

但有时我们希望当一个高优先级的 Pod 调度失败后，该 Pod 不会被“搁置”，而是“挤走”某个节点上一些低优先级的 Pod，以此保证这个高优先级 Pod 调度成功。其实这个特性是存在于 Borg 和 Mesos 等项目里的一个基本功能。

而在 Kubernetes 里，优先级和抢占机制是在 1.10 版本后才逐步可用的。要使用该机制，首先需要在 Kubernetes 里提交一个 PriorityClass 的定义，如下所示：

```
apiVersion: scheduling.k8s.io/v1
kind: PriorityClass
metadata:
  name: high-priority
value: 1000000
globalDefault: false
description: "This priority class should be used for high priority service pods only."
```

上面这个 YAML 文件定义了一个名叫 high-priority 的 PriorityClass，其中 value 为 1000000（100万）。

Kubernetes 规定，优先级是一个 32 bit 的整数，最大值不超过 1 000 000 000（10亿），并且值越大代表优先级越高。超出 10亿的值其实是 Kubernetes 留着分配给系统 Pod 使用的。显然，这样做旨在避免系统 Pod 被用户抢占。

一旦上述 YAML 文件里的 globalDefault 被设置为 true，就意味着这个 PriorityClass 的值会成为系统的默认值。而如果这个值是 false，就表示我们只希望声明使用该 PriorityClass 的 Pod 拥有值为 1000000 的优先级；而对于没有声明 PriorityClass 的 Pod 来说，它们的优先级就是 0。

在创建了 PriorityClass 对象之后，Pod 就可以声明使用它了，如下所示：

```
apiVersion: v1
kind: Pod
metadata:
  name: nginx
  labels:
    env: test
spec:
  containers:
  - name: nginx
    image: nginx
    imagePullPolicy: IfNotPresent
  priorityClassName: high-priority
```

可以看到，这个 Pod 通过 priorityClassName 字段声明了要使用名为 high-priority 的 PriorityClass。当这个 Pod 被提交给 Kubernetes 之后，Kubernetes 的 PriorityAdmission-Controller 就会自动将这个 Pod 的 spec.priority 字段设置为 1000000。

前面介绍过，调度器里维护着一个调度队列。所以，当 Pod 拥有优先级之后，高优先级的 Pod 就可能比低优先级的 Pod 提前出队，从而尽早完成调度过程。此过程就是"优先级"这个概念在 Kubernetes 里的主要体现。

当一个高优先级的 Pod 调度失败时，调度器的抢占能力就会被触发。此时，调度器就会试图从当前集群里寻找一个节点：当该节点上的一个或者多个低优先级 Pod 被删除后，待调度的高优先级 Pod 可以被调度到该节点上。此过程就是"抢占"这个概念在 Kubernetes 里的主要体现。

方便起见，接下来把待调度的高优先级 Pod 称为“抢占者”（preemptor）。

当上述抢占过程发生时，抢占者并不会立刻被调度到被抢占的节点上。事实上，调度器只会将抢占者的 `spec.nominatedNodeName` 字段设置为被抢占的节点的名字。然后，抢占者会重新进入下一个调度周期，然后在新的调度周期里决定是否要在被抢占的节点上运行。这当然也就意味着，即使在下一个调度周期内，调度器也不会保证抢占者一定会在被抢占的节点上运行。

这样设计的一个重要原因是，调度器只会通过标准的 DELETE API 来删除被抢占的 Pod，所以，这些 Pod 必然有一定的“优雅退出”时间（默认是 30 s）。而在这段时间里，其他节点也有可能变成可调度的，或者有新节点直接被添加到这个集群中。所以，鉴于优雅退出期间集群的可调度性可能会发生变化，把抢占者交给下一个调度周期处理是非常合理的选择。

在抢占者等待被调度的过程中，如果有其他优先级更高的 Pod 要抢占同一个节点，调度器就会清空原抢占者的 `spec.nominatedNodeName` 字段，从而允许优先级更高的抢占者抢占，这也使得原抢占者也有机会重新抢占其他节点。这些都是设置 `nominatedNodeName` 字段的主要目的。

那么，Kubernetes 调度器里的抢占机制是如何设计的呢？接下来详细介绍其中的原理。

前面提到抢占发生的原因一定是一个高优先级的 Pod 调度失败。这一次，我们还是称这个 Pod 为“抢占者”，称被抢占的 Pod 为“牺牲者”（victim）。

Kubernetes 调度器实现抢占算法的一个最重要的设计，就是在调度队列的实现里使用了两个不同的队列。

第一个队列叫作 activeQ。凡是 activeQ 里的 Pod，都是下一个调度周期需要调度的对象。所以，当你在 Kubernetes 集群里新建一个 Pod 时，调度器会将该 Pod 入队到 activeQ 中。前面提到调度器不断从队列里出队（Pop）一个 Pod 进行调度，实际上都是从 activeQ 里出队的。

第二个队列叫作 unschedulableQ，专门用来存放调度失败的 Pod。注意，当一个 unschedulableQ 里的 Pod 更新后，调度器会自动把这个 Pod 移动到 activeQ 里，从而给这些调度失败的 Pod“重新做人”的机会。

下面回到我们的抢占者调度失败这个时间点。调度失败之后，抢占者就会被放进 unschedulableQ 中。然后，这次失败事件就会触发调度器为抢占者寻找牺牲者的流程。

第一步，调度器会检查事件的失败原因，以确认抢占能否帮助抢占者找到一个新节点。这是因为很多 Predicates 的失败是不能通过抢占来解决的。比如，PodFitsHost 算法（负责检查 Pod 的 `nodeSelector` 与节点的名字是否匹配）。在这种情况下，除非节点的名字发生变化，否则即使删除再多 Pod，抢占者也不可能调度成功。

第二步，如果确定可以抢占，调度器就会把自己缓存的所有节点信息复制一份，然后使用这个副本来模拟抢占过程。

这里的抢占过程很容易理解。调度器会检查缓存副本里的每一个节点，然后从一个节点上优先级最低的Pod开始，逐一“删除”这些Pod。而每删除一个低优先级Pod，调度器都会检查抢占者能否在该节点上运行。如果可以运行，调度器就记录下该节点的名字和被删除Pod的列表，这就是一次抢占过程的结果。

当遍历完所有节点之后，调度器会从上述模拟产生的所有抢占结果里选出最佳结果。这一步的判断原则就是尽量减少抢占对整个系统的影响。比如，需要抢占的Pod越少越好，需要抢占的Pod的优先级越低越好，等等。

在得到最佳抢占结果之后，这个结果里的节点就是即将被抢占的节点，被删除的Pod列表就是牺牲者。所以接下来，调度器就可以真正开始抢占操作了，这个过程可以分为3步。

- 第一步，调度器会检查牺牲者列表，清理这些Pod所携带的`nominatedNodeName`字段。
- 第二步，调度器会把抢占者的`nominatedNodeName`设置为被抢占的节点的名字。
- 第三步，调度器遍历牺牲者列表，向API Server发起请求，逐一删除牺牲者。

第二步对抢占者Pod的更新操作就会触发前面提到的“重新做人”的流程，从而让抢占者在下一个调度周期重新进入调度流程。

所以，接下来调度器就会通过正常的调度流程把抢占者调度成功。这也是为什么前面说调度器并不保证抢占的结果：在这个正常的调度流程里，一切皆有可能。

不过，对于任意一个待调度Pod来说，因为有上述抢占者存在，所以它的调度过程其实有一些特殊情况需要特殊处理。

具体来说，在为某一对Pod和节点执行Predicates算法时，如果待检查的节点是一个即将被抢占的节点，即调度队列里存在`nominatedNodeName`字段值是该节点名字的Pod（可以称之为“潜在的抢占者”）。那么，调度器就会对该节点运行两遍同样的预选（Predicates）算法。

- 第一遍，调度器会假设上述“潜在的抢占者”已经在该节点上运行，然后执行预选算法。
- 第二遍，调度器会正常执行预选算法，即不考虑任何“潜在的抢占者”。

只有这两遍预选算法都能通过，这个Pod和节点才会被视为可以绑定。

不难想到，这里需要执行第一遍预选算法是由于`InterPodAntiAffinity`规则的存在。由于`InterPodAntiAffinity`规则关心待考察节点上所有Pod之间的互斥关系，因此执行调度算法时必须考虑，如果抢占者已经存在于待考察节点上，待调度Pod能否调度成功。

当然，这就意味着，这一步只需要考虑那些优先级等于或者高于待调度Pod的抢占者。毕竟对于其他优先级较低的Pod来说，待调度Pod总是可以通过抢占在待考察节点上运行。

需要执行第二遍预选算法的原因是“潜在的抢占者”最后不一定会在待考察的节点运行上。前面讲解过这一点：Kubernetes调度器并不保证抢占者一定会在当初选定的被抢占的节点上运行。

以上就是Kubernetes默认调度器里优先级和抢占机制的实现原理。

小结

本节详细介绍了Kubernetes里关于Pod的优先级和抢占机制的设计与实现。

这个特性在Kubernetes v1.18之后已经稳定了。所以，建议你在Kubernetes集群中开启这两个特性，以便提高资源使用率。

思考题

当整个集群发生可能会影响调度结果的变化（比如添加或者更新节点，添加和更新 PV、Service 等）时，调度器会执行一个名为 MoveAllToActiveQueue 的操作，把调度失败的 Pod 从 unscheduelableQ 移动到 activeQ 中，请解释原因。

类似地，当一个已经调度成功的Pod更新时，调度器会将unschedulableQ里所有跟该Pod有Affinity/Anti-affinity关系的Pod移动到activeQ中，请解释原因。

8.5 Kubernetes GPU管理与Device Plugin机制

2016年，随着AlphaGo的走红和TensorFlow项目的异军突起，一场名为AI的技术革命迅速从学术界蔓延到了工业界，所谓的AI元年就此拉开帷幕。

当然，机器学习或者说AI并不是什么新鲜概念。而在这波热潮的背后，云计算服务的普及与成熟以及算力的巨大提升，其实正是将AI从象牙塔带到工业界的重要推手。

相应地，从2016年开始，Kubernetes社区就不断收到来自不同渠道的大量诉求，希望能在Kubernetes集群上运行TensorFlow等机器学习框架所创建的训练（training）和服务（serving）任务。在这些诉求中，除了前面讲解过的Job、Operator等离线作业管理需要用到的编排概念，还有一个亟待实现的功能——对GPU等硬件加速设备管理的支持。

不过，正如TensorFlow之于谷歌的战略意义一样，GPU支持对于Kubernetes项目来说，其实也有着超越技术的意义。所以，尽管在硬件加速器这个领域里，Kubernetes上游有着不少来自NVIDIA和Intel等芯片厂商的工程师，但该特性从一开始就是以Google Cloud的需求为主导来推进的。

对于云的用户来说，在GPU的支持上，他们最基本的诉求其实非常简单：我只要在Pod的YAML中声明某容器需要的GPU个数，Kubernetes为我创建的容器里就应该出现对应的GPU设备以及驱动目录。

以NVIDIA的GPU设备为例，上述需求就意味着当用户的容器被创建之后，这个容器里必须出现如下设备和目录：

(1) GPU设备，比如/dev/nvidia0；

(2) GPU驱动目录，比如/usr/local/nvidia/*。

其中，GPU 设备路径正是该容器启动时的 Devices 参数，驱动目录则是该容器启动时的 Volume 参数。所以，在 Kubernetes 的 GPU 支持的实现里，kubelet 实际上就是将上述两部分内容设置在了创建该容器的 CRI 参数中。这样，等到该容器启动之后，对应的容器里就会出现 GPU 设备和驱动的路径了。

不过，Kubernetes 在 Pod 的 API 对象里并没有为 GPU 专门设置一个资源类型字段，而是使用了一种叫作 Extended Resource 的特殊字段来负责传递 GPU 的信息，示例如下：

```
apiVersion: v1
kind: Pod
metadata:
  name: cuda-vector-add
spec:
  restartPolicy: OnFailure
  containers:
    - name: cuda-vector-add
      image: "k8s.gcr.io/cuda-vector-add:v0.1"
      resources:
        limits:
          nvidia.com/gpu: 1
```

可以看到，在上述 Pod 的 `limits` 字段里，这个资源的名称是 `nvidia.com/gpu`，它的值是 1。也就是说，这个 Pod 声明了自己要使用一个 NVIDIA 类型的 GPU。

在 kube-scheduler 中，它其实并不关心该字段的具体含义，而会在计算时一律将调度器里保存的该类型资源的可用量直接减去 Pod 声明的数值。所以，Extended Resource 其实是 Kubernetes 为用户设置的一种对自定义资源的支持。

当然，为了能让调度器知道这个自定义类型的资源在每台宿主机上的可用量，宿主机节点必须能够向 API Server 汇报该类型资源的可用数量。在 Kubernetes 里，各种资源可用量其实是 `Node` 对象 `Status` 字段的内容，示例如下：

```
apiVersion: v1
kind: Node
metadata:
  name: node-1
...
Status:
  Capacity:
   cpu:  2
   memory:  2049008Ki
```

为了能够在上述 `Status` 字段里添加自定义资源的数据，就必须使用 PATCH API 来更新该 `Node` 对象，加上自定义资源的数量。可以简单地使用 `curl` 命令来发起这个 PATCH 操作，如下所示：

```
# 启动 Kubernetes 的客户端 proxy，这样就可以直接使用 curl 来跟 Kubernetes 的 API Server 进行交互了
$ kubectl proxy
```

```
# 执行 PACTH 操作
$ curl --header "Content-Type: application/json-patch+json" \
--request PATCH \
--data '[{"op": "add", "path": "/status/capacity/nvidia.com/gpu", "value": "1"}]' \
http://localhost:8001/api/v1/nodes/<your-node-name>/status
```

PATCH 操作完成后，Node 的 Status 变成了如下所示的内容：

```
apiVersion: v1
kind: Node
...
Status:
  Capacity:
   cpu:  2
   memory:  2049008Ki
   nvidia.com/gpu: 1
```

这样在调度器里，它就能够在缓存里记录 node-1 上的 nvidia.com/gpu 类型的资源数量是 1。

当然，在 Kubernetes 的 GPU 支持方案里，用户并不需要真正去做上述关于 Extended Resource 的这些操作。在 Kubernetes 中，对所有硬件加速设备进行管理的功能，都由一种叫作 Device Plugin 的插件负责，其中当然包括对该硬件的 Extended Resource 进行汇报的逻辑。

图 8-3 展示了 Kubernetes 的 Device Plugin 机制。

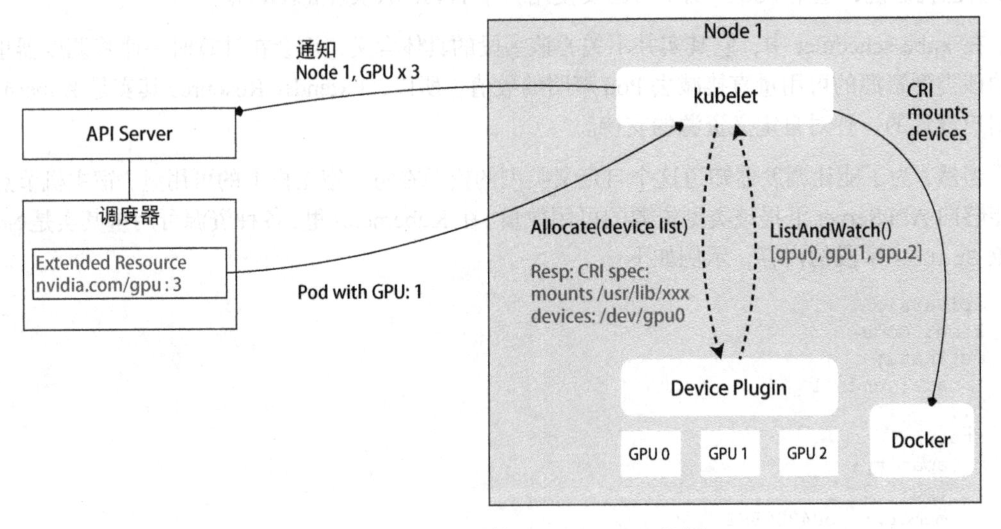

图 8-3 Kubernetes 的 Device Plugin 机制

我们从图 8-3 的右侧开始看起。

首先，每种硬件设备都需要由它对应的 Device Plugin 进行管理，这些 Device Plugin 都通过 gRPC 的方式同 kubelet 连接起来。比如，NVIDIA GPU 对应的插件叫作 NVIDIA GPU device plugin。

这个 Device Plugin 会通过一个叫作 ListAndWatch 的 API 定期向 kubelet 汇报该节点上 GPU

的列表。比如，这个例子中一共有 3 个 GPU（GPU0、GPU1 和 GPU2）。这样，kubelet 在拿到这个列表之后，就可以直接在它向 API Server 发送的心跳里以 Extended Resource 的方式加上这些 GPU 的数量，比如 `nvidia.com/gpu=3`。所以，这里用户无须关心 GPU 信息向上的汇报流程。

需要注意的是，ListAndWatch 向上汇报的信息只有本机上 GPU 的 ID 列表，不会有任何关于 GPU 设备本身的信息。而且 kubelet 在向 API Server 汇报时，只会汇报该 GPU 对应的 Extended Resource 的数量。当然，kubelet 本身会将这个 GPU 的 ID 列表保存在自己的内存里，并通过 ListAndWatch API 定时更新。

当一个 Pod 想使用一个 GPU 时，它只需要像本节开头给出的例子一样，在 Pod 的 `limits` 字段声明 `nvidia.com/gpu: 1`。那么接下来，Kubernetes 的调度器就会从它的缓存里寻找 GPU 数量满足条件的节点，然后将缓存里的 GPU 数量减 1，完成 Pod 与节点的绑定。

调度成功后的 Pod 信息自然会被对应的 kubelet 拿来进行容器操作。而当 kubelet 发现这个 Pod 的容器请求一个 GPU 时，kubelet 就会从自己持有的 GPU 列表里为该容器分配一个 GPU。此时，kubelet 就会向本机的 Device Plugin 发起一个 `Allocate()` 请求。该请求携带的参数正是即将分配给该容器的设备 ID 列表。

当 Device Plugin 收到 `Allocate()` 请求之后，它就会根据 kubelet 传递过来的设备 ID 从 Device Plugin 里找到这些设备对应的设备路径和驱动目录。当然，这些信息正是 Device Plugin 定期从本机查询到的。比如，在 NVIDIA Device Plugin 的实现里，它会定期访问 nvidia-docker 插件，从而获取本机的 GPU 信息。

被分配 GPU 对应的设备路径和驱动目录信息返回给 kubelet 之后，kubelet 就完成了为一个容器分配 GPU 的操作。接下来，kubelet 会把这些信息追加到创建该容器所对应的 CRI 请求当中。这样，当这个 CRI 请求发给 Docker 之后，Docker 为你创建出来的容器里就会出现这个 GPU 设备，并把它需要的驱动目录挂载进去。

至此，Kubernetes 为一个 Pod 分配一个 GPU 的流程就完成了。

对于其他类型的硬件来说，要想在 Kubernetes 所管理的容器里使用这些硬件的话，也需要遵循上述 Device Plugin 的流程来实现如下所示的 Allocate 和 ListAndWatch API：

```
service DevicePlugin {
        rpc ListAndWatch(Empty) returns (stream ListAndWatchResponse) {}

        rpc Allocate(AllocateRequest) returns (AllocateResponse) {}
}
```

目前 Kubernetes 社区里已经实现了很多硬件插件，比如 FPGA、SRIOV、RDMA 等。

小结

本节详细介绍了 Kubernetes 对 GPU 的管理方式以及它所需要使用的 Device Plugin 机制。

需要指出的是，Device Plugin 的设计长期以来都是以 Google Cloud 的用户需求为主导的，所以它的整套工作机制和流程实际上跟学术界和工业界的真实场景有着不小的差异。

其中最大的问题在于，GPU 等硬件设备的调度工作实际上是由 kubelet 完成的，即 kubelet 会负责从它所持有的硬件设备列表中为容器挑选硬件设备，然后调用 Device Plugin 的 Allocate API 来完成这个分配操作。可以看出，在整条链路中，调度器扮演的角色仅仅是为 Pod 寻找可用的、支持这种硬件设备的节点而已。

这就使得 Kubernetes 里对硬件设备的管理，只能处理“设备个数”这种情况。一旦你的设备是异构的，不能简单地用数目去描述具体的使用需求时，比如我的 Pod 想在计算能力最强的那个 GPU 上运行，Device Plugin 就完全不能处理了。更不用说，在很多场景中，我们其实希望在调度器进行调度的时候，可以根据整个集群里的某种硬件设备的全局分布做出最佳的调度选择。

此外，上述 Device Plugin 的设计也使得 Kubernetes 里缺乏一种能对设备进行描述的 API 对象。如果你的硬件设备属性比较复杂，并且 Pod 也关心这些硬件的属性的话，那么 Device Plugin 也是完全无法支持的。

更棘手的是，在 Device Plugin 的设计和实现中，谷歌的工程师一直不太愿意为 Allocate 和 ListAndWatch API 添加可扩展性的参数。那么当你需要处理一些比较复杂的硬件设备使用需求时，是无法通过扩展 Device Plugin 的 API 来实现的。

针对这些问题，Red Hat 在社区里曾经大力推进过 ResourceClass 的设计，试图将硬件设备的管理功能上浮到 API 层和调度层。但是，由于各方势力的反对，这个提议最后不了了之了。

所以，目前 Kubernetes 本身的 Device Plugin 的设计实际上能覆盖的场景非常单一，处于“可用”但是“不好用”的状态。并且，Device Plugin 的 API 的可扩展性也不佳。这也就解释了为什么像 NVIDIA 这样的硬件厂商，实际上并没有完全基于上游的 Kubernetes 代码来实现自己的 GPU 解决方案，而是做了一些改动，也就是 fork。这实属不得已而为之。

思考题

请结合自己的需求想一想，你希望如何改进当前的 Device Plugin？或者说，你觉得当前的设计已经完全够用了吗？

第 9 章

容器运行时

9.1 幕后英雄：SIG-Node 与 CRI

前面详细讲解了 Kubernetes 的调度和资源管理。实际上，在调度这一步完成后，Kubernetes 需要负责将这个调度成功的 Pod 在宿主机上创建出来，并启动它所定义的各个容器。而这些是 kubelet 这个核心组件的主要功能。

下面深入 kubelet 内部，详细剖析 Kubernetes 对容器运行时的管理能力。

在 Kubernetes 社区中，与 kubelet 和容器运行时管理相关的内容都属于 SIG-Node 的范畴。如果你关注社区动态，可能会觉得相比其他每天都热闹非凡的 SIG 小组，SIG-Node 是 Kubernetes 里相对沉寂也不太发声的一个小组，小组成员也很少在外面公开宣讲。

不过，如前所述，SIG-Node 和 kubelet 其实是 Kubernetes 整个体系的核心部分。毕竟，它们才是 Kubernetes 这样一个容器编排与管理系统跟容器打交道的主要“场所”。

kubelet 这个组件是 Kubernetes 中第二个不可替代的组件（第一个不可替代的组件当然是 kube-apiserver）。也就是说，无论如何，都不宜对 kubelet 的代码做大量改动。保持 kubelet 跟上游基本一致的重要性，就跟保持 kube-apiserver 跟上游一致是一个道理。

当然，kubelet 本身也是按照“控制器模式”工作的，其工作原理如图 9-1 所示。

可以看到，kubelet 的工作核心是一个控制循环——SyncLoop（图 9-1 中的大圆圈）。驱动该控制循环运行的事件包括 4 种：

(1) Pod 更新事件；

(2) Pod 生命周期变化；

(3) kubelet 本身设置的执行周期；

(4) 定时的清理事件。

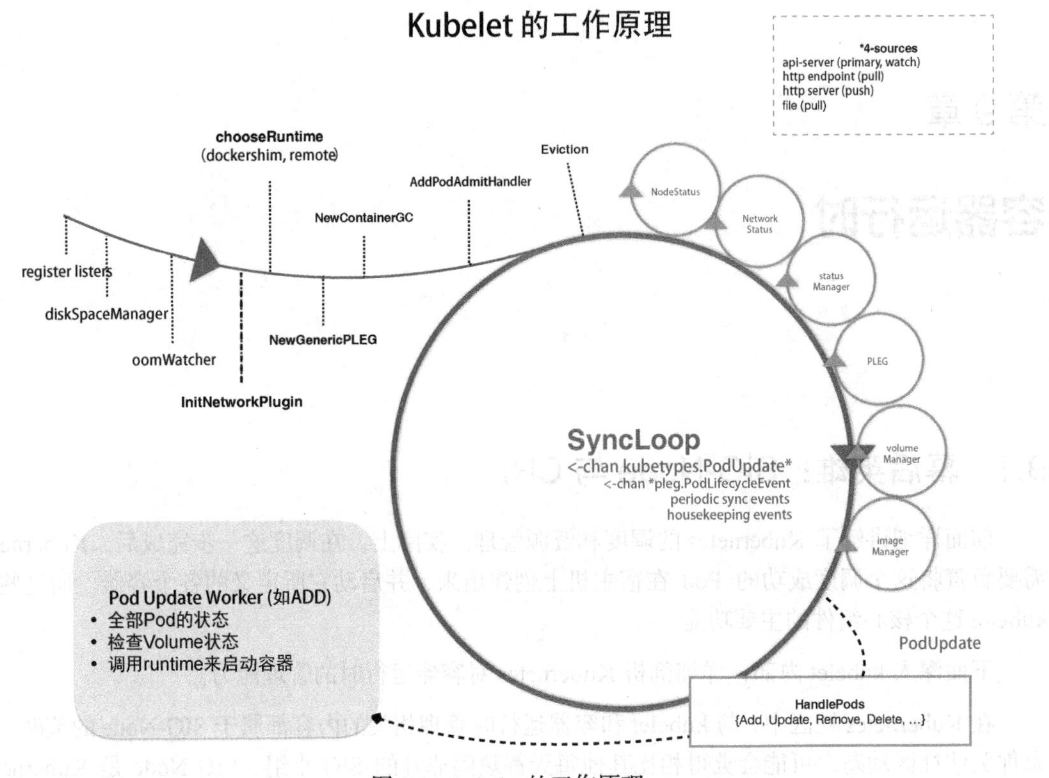

图 9-1　kubelet 的工作原理

所以，和其他控制器类似，kubelet启动时首先要做的就是设置 Listers，即注册它所关心的各种事件的 Informer。这些 Informer，就是 SyncLoop 需要处理的数据的来源。

此外，kubelet 还负责维护其他很多子控制循环（图 9-2 中的小圆圈）。这些控制循环一般称作某某 Manager，比如 Volume Manager、Image Manager、Node Status Manager 等。

不难想到，这些控制循环的责任就是通过控制器模式完成 kubelet 的某项具体任务。比如，Node Status Manager 就负责响应节点的状态变化，然后收集节点的状态信息，并通过心跳的方式上报给 API Server。再比如 CPU Manager 负责维护该节点的 CPU 核的信息，以便在 Pod 通过 `cpuset` 的方式请求 CPU 核时，能正确管理 CPU 核的使用量和可用量。

那么，这个 SyncLoop 是如何根据 Pod 对象的变化来进行容器操作的呢？

实际上，kubelet 也是通过 Watch 机制，监听与自己相关的 Pod 对象的变化。当然，这个 Watch 的过滤条件是该 Pod 的 `nodeName` 字段与自己的相同。kubelet 会把这些 Pod 的信息缓存在自己的内存里。

当一个 Pod 完成调度，与一个节点绑定之后，这个 Pod 的变化就会触发 kubelet 在控制循环里注册的 Handler，也就是图 9-1 中的 HandlePods 部分。此时，通过检查该 Pod 在 kubelet 内存中的状态，kubelet 就能判断出这是新调度过来的 Pod，从而触发 Handler 里 ADD 事件对应的处理逻辑。

在具体的处理过程中，kubelet 会启动一个名叫 Pod Update Worker 的、单独的 Goroutine 来完成对 Pod 的处理工作。

比如，如果是 ADD 事件，kubelet 就会为这个新的 Pod 生成对应的 Pod Status，检查 Pod 所声明使用的 Volume 是否已准备好。然后，调用下层的容器运行时（比如 Docker），开始创建这个 Pod 定义的容器。如果是 UPDATE 事件，kubelet 就会根据 Pod 对象具体的变更情况，调用下层容器运行时进行容器的重建工作。

这里需要注意的是，kubelet 调用下层容器运行时的执行过程并不会直接调用 Docker 的 API，而是通过一组叫作 CRI 的 gRPC 接口来间接执行的。

Kubernetes 项目之所以要在 kubelet 中引入这样一层单独的抽象，当然是为了对 Kubernetes 屏蔽下层容器运行时的差异。实际上，对于 1.6 版本之前的 Kubernetes 来说，它就是直接调用 Docker 的 API 来创建和管理容器的。

但是，正如本书开篇介绍容器背景时提到的，Docker 项目风靡全球后不久，CoreOS 公司就推出了 rkt 项目来与 Docker 正面竞争。在此背景下，Kubernetes 项目的默认容器运行时自然也就成了两家公司角逐的重要战场。

毋庸置疑，Docker 项目必然是 Kubernetes 项目最依赖的容器运行时。但凭借与谷歌公司非同一般的关系，CoreOS 公司还是在 2016 年成功地将对 rkt 容器的支持直接添加进了 kubelet 的主干代码。

不过，这个“赶鸭子上架”的举动并没有为 rkt 项目带来更多用户，反而给 kubelet 的维护人员带来了巨大的负担。在这种情况下，kubelet 任何一次重要功能的更新，都不得不考虑 Docker 和 rkt 这两种容器运行时的处理场景，然后分别更新 Docker 和 rkt 两部分代码。

更让人为难的是，由于 rkt 项目实在太小众，kubelet 团队所有与 rkt 相关的代码修改都必须依赖 CoreOS 的员工才能完成。这不仅拖慢了 kubelet 的开发周期，也给项目的稳定性埋下了巨大隐患。

与此同时，2016 年 Kata Containers 项目的前身 runV 项目逐渐成熟。这种基于虚拟化技术的强隔离容器，与 Kubernetes 和 Linux 容器项目之间具有良好的互补关系。所以，在 Kubernetes 上游，对虚拟化容器的支持很快就被提上了日程。

不过，虽然虚拟化容器运行时有诸多优点，但它与 Linux 容器截然不同的实现方式，使得它跟 Kubernetes 的集成工作要比跟 rkt 复杂得多。如果此时再把对 runV 支持的代码也一起添加到 kubelet 中，那么接下来 kubelet 的维护工作基本无法正常进行了。

所以，2016 年 SIG-Node 开始动手解决上述问题。解决办法也很容易想到，那就是把 kubelet 对容器的操作统一地抽象成接口。这样，kubelet 就只需要跟这个接口打交道了。而作为具体的容器项目，比如 Docker、rkt、runV，它们只需要提供一个该接口的实现，然后对 kubelet 暴露 gRPC 服务即可。

这一层统一的容器操作接口就是CRI。它的设计与实现原理将在下一节详细讲解。

有了CRI之后，Kubernetes和kubelet本身的架构就如图9-2所示了。

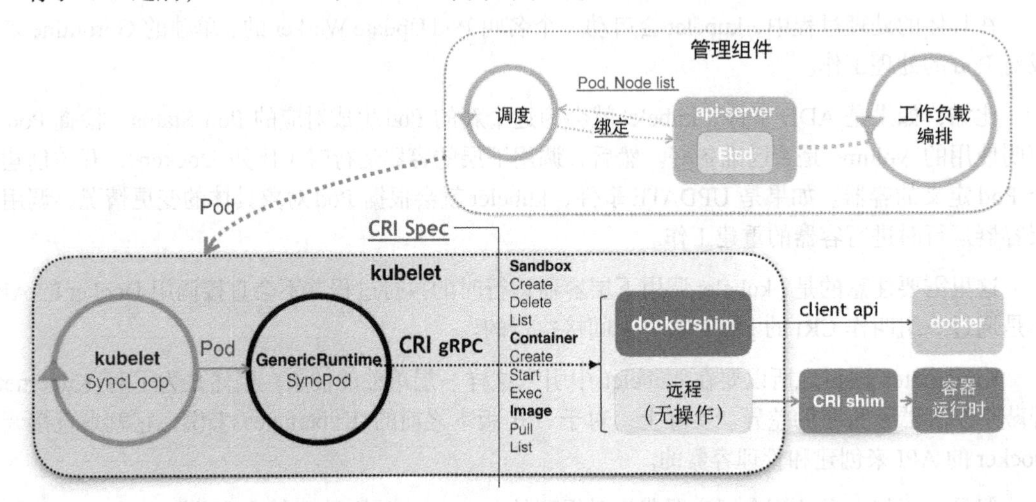

图9-2　Kubernetes和kubelet的架构

可以看到，当Kubernetes通过编排能力创建了一个Pod之后，调度器会为这个Pod选择一个具体的节点来运行。此时，kubelet当然会通过前面讲过的SyncLoop来判断需要执行的具体操作，比如创建一个Pod。那么此时，kubelet实际上就会调用一个叫作GenericRuntime的通用组件来发起创建Pod的CRI请求。

那么，这个CRI请求该由谁来响应呢？如果你使用的容器项目是Docker，那么负责响应这个请求的就是一个叫作dockershim的组件。它会把CRI请求里的内容取出，然后组装成Docker API请求发给Docker Daemon。

需要注意的是，在Kubernetes目前的实现里，dockershim依然是kubelet代码的一部分。当然，将来dockershim肯定会从kubelet里移出，甚至直接被废弃。

更普遍的场景是，你需要在每台宿主机上单独安装一个负责响应CRI的组件，一般称之为CRI shim。顾名思义，CRI shim的工作就是扮演kubelet与容器项目之间的“垫片”（shim）。所以它的作用非常单一——实现CRI规定的每个接口，然后把具体的CRI请求“翻译”成对后端容器项目的请求或者操作。

小结

本节首先介绍了SIG-Node的职责以及kubelet这个组件的工作原理，然后重点讲解了kubelet究竟是如何将Kubernetes对应用的定义，一步步转换成最终对Docker或者其他容器项目的API请求的。

不难看出，在此过程中，kubelet 的 SyncLoop 和 CRI 的设计是其中最重要的两个关键点。正是基于以上设计，SyncLoop 要求这个控制循环绝对不可以被阻塞。所以，凡是在 kubelet 里有可能会耗费大量时间的操作，比如准备 Pod 的 Volume、拉取镜像等，SyncLoop 都会开启单独的 Goroutine 来进行操作。

思考题

你在项目中是如何部署 kubelet 这个组件的？为何要这么做？

9.2 解读 CRI 与容器运行时

上一节详细讲解了 kubelet 的工作原理和 CRI 的来龙去脉，本节将深入讲解 CRI 的设计与工作原理。

首先简要回顾有了 CRI 之后 Kubernetes 的架构，参见图 9-2。

上一节提到，CRI 机制能够发挥作用，其核心就在于每种容器项目现在都可以自己实现一个 CRI shim，自行对 CRI 请求进行处理。这样，Kubernetes 就有了一个统一的容器抽象层，使得下层容器运行时可以自由地对接进入 Kubernetes 当中。所以，这里的 CRI shim 就是容器项目的维护者自由发挥的“场地”。除了 dockershim，其他容器运行时的 CRI shim 都需要额外部署在宿主机上。

例如，CNCF 里的 containerd 项目就可以提供一个典型的 CRI shim 的能力：把 Kubernetes 发出的 CRI 请求转换成对 containerd 的调用，然后创建出 runC 容器。而 runC 项目才是负责执行前面讲过的设置容器 Namespace、Cgroups 和 chroot 等基础操作的组件。图 9-3 展示了这几层的组合关系。

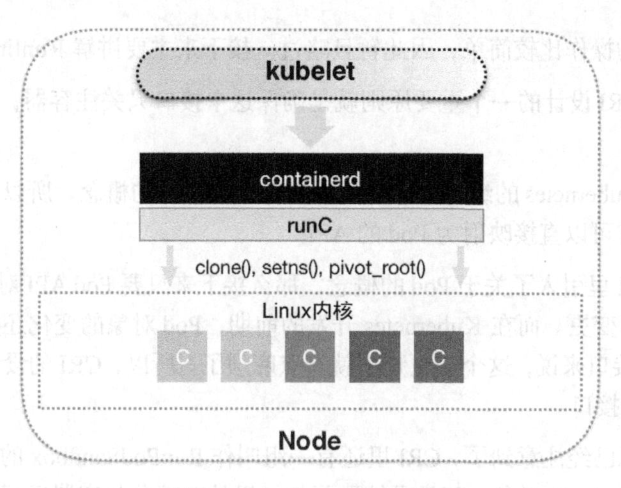

图 9-3 CRI shim 示意图

作为一个 CRI shim，containerd 对 CRI 的具体实现又是怎样的呢？首先看看 CRI 这个接口的定义。图 9-4 展示了 CRI 里主要的待实现接口。

```
type RuntimeService interface {
    RunPodSandbox(config *kubeapi.PodSandboxConfig) (string, error)
    StopPodSandbox(podSandboxID string) error
    RemovePodSandbox(podSandboxID string) error
    PodSandboxStatus(podSandboxID string) (*kubeapi.PodSandboxStatus, error)
    ListPodSandbox(filter *kubeapi.PodSandboxFilter) ([]*kubeapi.PodSandbox, error)

    CreateContainer(podSandboxID string, config *kubeapi.ContainerConfig,
        sandboxConfig *kubeapi.PodSandboxConfig) (string, error)
    StartContainer(rawContainerID string) error
    StopContainer(rawContainerID string, timeout int64) error
    RemoveContainer(rawContainerID string) error
    ListContainers(filter *kubeapi.ContainerFilter) ([]*kubeapi.Container, error)
    ContainerStatus(rawContainerID string) (*kubeapi.ContainerStatus, error)

    ExecSync(rawContainerID string, cmd []string, timeout time.Duration) ([]byte, []byte, error)
    Exec(req *kubeapi.ExecRequest) (*kubeapi.ExecResponse, error)
    Attach(req *kubeapi.AttachRequest) (*kubeapi.AttachResponse, error)
    PortForward(req *kubeapi.PortForwardRequest) (*kubeapi.PortForwardResponse, error)
}

type ImageService interface {
    ListImages(filter *kubeapi.ImageFilter) ([]*kubeapi.Image, error)
    ImageStatus(image *kubeapi.ImageSpec) (*kubeapi.Image, error)
    PullImage(image *kubeapi.ImageSpec, auth *kubeapi.AuthConfig) (string, error)
    RemoveImage(image *kubeapi.ImageSpec) error
}
```

图 9-4　CRI 里主要的待实现接口

具体而言，可以把 CRI 分为两组。

- 第一组是 RuntimeService。它提供的接口主要是跟容器相关的操作，比如创建和启动容器、删除容器、执行 exec 命令等。
- 第二组是 ImageService。它提供的接口主要是容器镜像相关的操作，比如拉取镜像、删除镜像等。

关于容器镜像的操作比较简单，因此暂且略过。接下来主要讲解 RuntimeService 部分。

在这一部分，CRI 设计的一个重要原则就是确保这个接口只关注容器，不关注 Pod，原因也很容易理解。

第一，Pod 是 Kubernetes 的编排概念，而不是容器运行时的概念。所以，不能假设所有下层容器项目都能够暴露可以直接映射为 Pod 的 API。

第二，如果 CRI 里引入了关于 Pod 的概念，那么接下来只要 Pod API 对象的字段发生变化，CRI 就很有可能需要变更。而在 Kubernetes 开发的前期，Pod 对象的变化还是比较频繁的，但对于 CRI 这样的标准接口来说，这个变更频率就有点麻烦了。所以，CRI 的设计里并没有直接创建 Pod 或者启动 Pod 的接口。

不过，相信你也已经注意到了，CRI 里还有一组叫作 RunPodSandbox 的接口。它对应的并不是 Kubernetes 里的 Pod API 对象，而只是抽取了 Pod 里的一部分与容器运行时相关的字段，比如

HostName、DnsConfig、CgroupParent 等。所以，这个接口描述的其实是 Kubernetes 将 Pod 这个概念映射到容器运行时层面所需要的字段，或者说是一个 Pod 对象子集。

作为具体的容器项目，你需要自己决定如何使用这些字段来实现一个 Kubernetes 期望的 Pod 模型。其中的原理如图 9-5 所示。

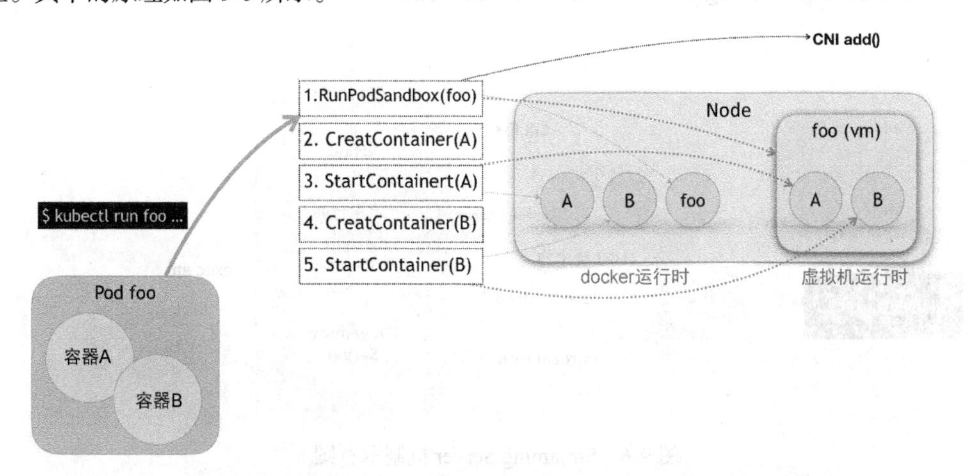

图 9-5　用容器运行时相关字段实现 Kubernetes 期望的 Pod 模型

比如，当我们执行 `kubectl run` 创建了一个名为 foo 的、包括 A、B 两个容器的 Pod 之后。这个 Pod 的信息最后来到 kubelet，kubelet 就会按照图 9-6 中的顺序调用 CRI 接口。

在具体的 CRI shim 中，这些接口的实现可以完全不同。如果是 Docker 项目，dockershim 就会创建出一个名为 foo 的 Infra 容器（pause 容器），用来“hold”整个 Pod 的 Network Namespace。

如果是基于虚拟化技术的容器，比如 Kata Containers 项目，它的 CRI 实现就会直接创建出一个轻量级虚拟机来充当 Pod。

此外，需要注意的是，在 RunPodSandbox 这个接口的实现中，你还需要调用 `networkPlugin.SetUpPod(...)` 来为这个 Sandbox 设置网络。这个 `SetUpPod(...)` 方法实际上就在执行 CNI 插件里的 `add(...)` 方法，也就是前面讲过的 CNI 插件为 Pod 创建网络，并且把 Infra 容器加入网络中的操作。

接下来，kubelet 继续调用 CreateContainer 和 StartContainer 接口来创建和启动容器 A 和容器 B。对应 dockershim，就是直接启动 A、B 两个 Docker 容器。所以，最后宿主机上会出现 3 个 Docker 容器组成这一个 Pod。

如果是 Kata Containers、CreateContainer 和 StartContainer 接口的实现，就只会在前面创建的轻量级虚拟机里创建 A、B 两个容器对应的 Mount Namespace。所以，最后宿主机上只会有一个叫作 foo 的轻量级虚拟机在运行。关于像 Kata Containers 或者 gVisor 这种所谓的安全容器项目，下一节会详细介绍。

除了上述对容器生命周期的实现，CRI shim 还有一个重要的工作，就是如何实现 exec、logs 等接口。这些接口跟前面的操作有一个很大的区别：在这些 gRPC 接口调用期间，kubelet 需要跟容器项目维护一个长连接来传输数据。这种 API 称为 Streaming API。

CRI shim 里对 Streaming API 的实现依赖一套独立的 Streaming Server 机制，原理如图 9-6 所示。

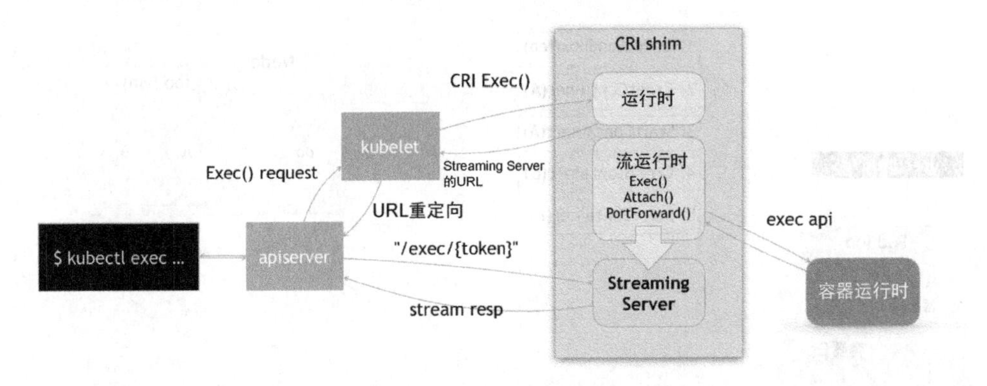

图 9-6　Streaming Server 机制示意图

可以看到，当我们对一个容器执行 `kubectl exec` 命令，这个请求首先会交给 API Server，然后 API Server 会调用 kubelet 的 Exec API。这样，kubelet 就会调用 CRI 的 Exec 接口，而负责响应这个接口的自然就是具体的 CRI shim。

但在这一步，CRI shim 不会直接调用后端的容器项目（比如 Docker）来进行处理，而只会返回一个 URL 给 kubelet。这个 URL 就是该 CRI shim 对应的 Streaming Server 的地址和端口。

kubelet 拿到这个 URL 之后，就会把它以 Redirect 的方式返回给 API Server。所以此时 API Server 就会通过重定向来向 Streaming Server 发起真正的/exec 请求，与它建立长连接。

当然，这个 Streaming Server 本身是需要使用 SIG-Node 为你维护的 Streaming API 库来实现的。并且，Streaming Server 会与 CRI shim 同时启动。此外，Streaming Server 这一部分具体如何实现，完全可以由 CRI shim 的维护者自行决定。比如，对于 Docker 项目来说，dockershim 就是直接调用 Docker 的 Exec API 来实现的。

以上就是 CRI 的设计以及具体的工作原理。

小结

本节详细解读了 CRI 的设计和具体工作原理，并梳理了实现 CRI 接口的核心流程。

不难看出，CRI 这个接口的设计实际上还是比较宽松的。这就意味着，容器项目的维护者在实现 CRI 的具体接口时往往拥有很高的自由度。这不仅包括容器的生命周期管理，也包括如何将

Pod 映射为自己的实现，还包括如何调用 CNI 插件来为 Pod 设置网络的过程。

所以，当你对容器这一层有特殊需求时，建议优先考虑实现一个自己的 CRI shim，而不是修改 kubelet 甚至容器项目的代码。这种通过插件的方式定制 Kubernetes 的做法，也是 Kubernetes 社区最鼓励和推崇的最佳实践。这也正是像 Kata Containers、gVisor 甚至虚拟机这样的“非典型”容器，都可以无缝接入 Kubernetes 项目的重要原因。

思考题

前面讲过的 Device Plugin 为容器分配的 GPU 信息，是通过 CRI 的哪个接口传递给 dockershim，最后交给 Docker API 的呢？

9.3 绝不仅仅是安全：Kata Containers 与 gVisor

上一节详细讲解了 kubelet 和 CRI 的设计和具体工作原理。前面讲解 CRI 的诞生背景时曾提到，这其中的一个重要推动力就是基于虚拟化或者独立内核的安全容器项目的逐渐成熟。

使用虚拟化技术来开发一个像 Docker 一样的容器项目，并不是一个新鲜的主意。早在 Docker 项目发布之后，谷歌公司就开源了一个实验性的项目：novm。这可以算是试图使用常规虚拟化技术来运行 Docker 镜像的首次尝试。不过，novm 开源后不久就被放弃了，这对于谷歌公司来说或许不算什么新鲜事，但是 novm 的昙花一现还是激发了很多内核开发者的灵感。

所以在 2015 年，几乎在同一周，Intel OTC（Open Source Technology Center）和国内的 HyperHQ 团队各自开源了基于虚拟化技术的容器实现，分别叫作 Intel Clear Container 和 runV 项目。

2017 年，借着 Kubernetes 的东风，这两个相似的容器运行时项目在中立基金会的撮合下最终合并，成了现在大家耳熟能详的 Kata Containers 项目。由于本质上是一个精简后的轻量级虚拟机，因此它“像虚拟机一样安全，像容器一样敏捷”。

2018 年，谷歌公司发布了一个名为 gVisor 的项目。gVisor 项目给容器进程配置了一个用 Go 语言实现的、在用户态运行的、极小的“独立内核”。这个内核对容器进程暴露 Linux 内核 ABI，扮演着“客户机内核”的角色，从而实现了容器和宿主机的隔离。

不难看出，无论是 Kata Containers 还是 gVisor，它们实现安全容器的方法其实殊途同归。这两种容器实现的本质，都是给进程分配一个独立的操作系统内核，从而避免让容器共享宿主机的内核。这样，容器进程能够“看到”的攻击面，就从整个宿主机内核变成了一个极小的、独立的、以容器为单位的内核，从而有效地解决了容器进程“逃逸”或者夺取整个宿主机控制权的问题。图 9-7 展示了其实现原理。

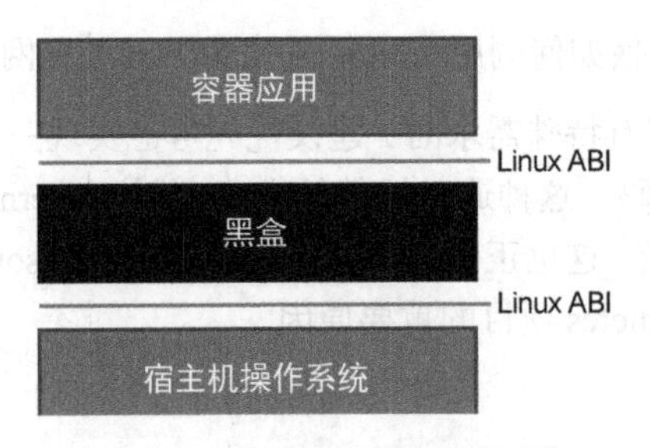

图 9-7　安全容器的实现原理①

二者的区别在于，Kata Containers 使用的是传统的虚拟化技术，通过虚拟硬件模拟出了一台“小虚拟机”，然后在这台小虚拟机里安装了一个裁剪后的 Linux 内核来实现强隔离。gVisor 的做法则更激进，谷歌的工程师直接用 Go 语言“模拟”了一个在用户态运行的操作系统内核，然后通过这个模拟的内核来代替容器进程向宿主机发起有限、可控的系统调用。

接下来详细解读 Kata Containers 和 gVisor 具体的设计原理。

首先讨论 Kata Containers。图 9-8 展示了它的工作原理。

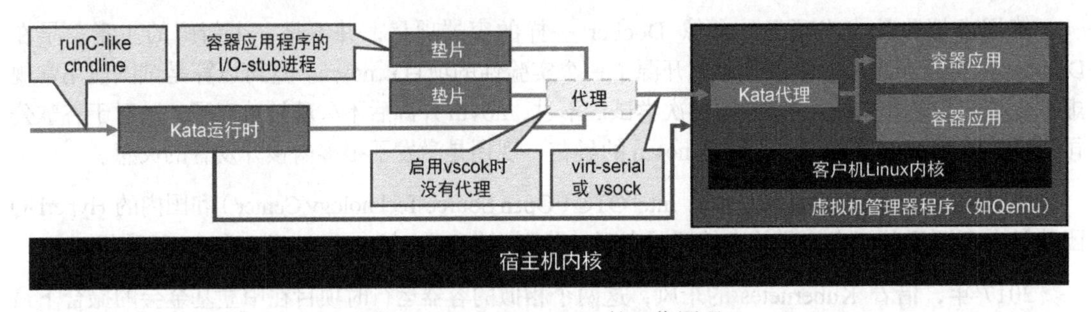

图 9-8　Kata Containers 的工作原理

前面讲过，Kata Containers 的本质是轻量化虚拟机。所以当 Kata Containers 启动之后，你就会看到一个正常的虚拟机在运行。这也就意味着，一个标准的 VMM（virtual machine manager，虚拟机管理程序）是运行 Kata Containers 的必备组件。图 9-9 中使用的 VMM 就是 Qemu。

使用虚拟机作为进程的隔离环境之后，Kata Containers 原生就带有 Pod 的概念。也就是说，Kata Containers 启动的虚拟机就是一个 Pod；而用户定义的容器，就是在这个轻量级虚拟机里运行的进程。在具体实现上，Kata Containers 的虚拟机里会有一个特殊的 Init 进程负责管理虚拟机中的用户容器，并且只为这些容器开启 Mount Namespace。所以，这些用户容器之间原生就是共享 Network Namespace 以及其他 Namespace 的。

此外，为了跟上层编排框架，比如 Kubernetes 进行对接，Kata Containers 项目会启动一系列跟用户容器对应的 shim 进程，来负责操作这些用户容器的生命周期。当然，这些操作实际上还

① 本节图片均来自 Kata Containers 的官方对比资料。

是要靠虚拟机里的Init进程来完成。

在具体的架构上，Kata Containers的实现方式同正常的虚拟机也非常类似。图9-9展示了其实现原理。

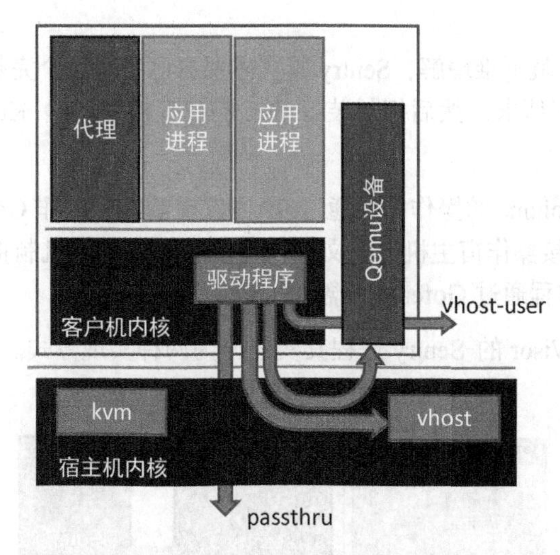

图9-9 Kata Containers的实现方式

可以看到，当Kata Containers运行起来之后，虚拟机里的用户进程（容器）实际上只能“看到”虚拟机里被裁减过的客户机内核以及通过Hypervisor虚拟出来的硬件设备。

为了能够优化这台虚拟机的I/O性能，Kata Containers也会通过vhost技术（比如vhost-user）来实现客户机与宿主机之间的高效网络通信，并且使用PCI Passthrough（PCI穿透）技术来让客户机里的进程直接访问宿主机上的物理设备。这些架构设计和实现跟常规虚拟机的优化手段基本一致。

相比之下，gVisor的设计要更“激进”一些。图9-10展示了其设计原理。

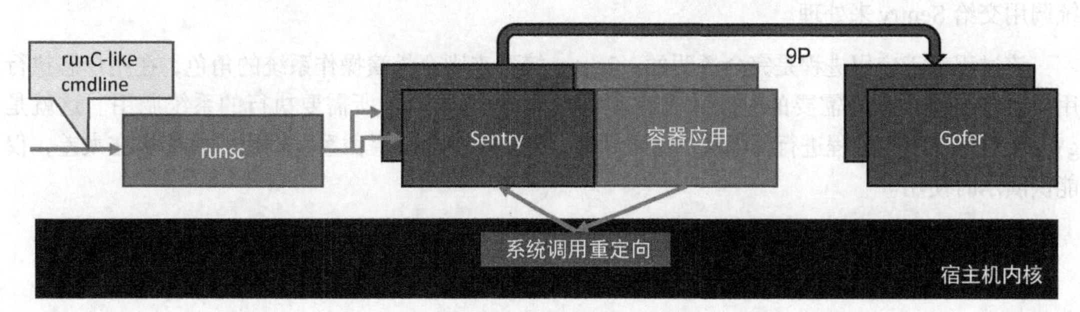

图9-10 gVisor的设计原理

gVisor工作的核心在于它为应用进程（用户容器）启动了一个名为Sentry的进程。该进程的主要职责是提供一个传统的操作系统内核的能力：运行用户程序，执行系统调用。所以，Sentry并不是使用Go语言重新实现了一个完整的Linux内核，而只是一个对应用进程“冒充”内核的系统组件。

在这种设计思想下，就不难理解，Sentry其实需要自己实现一个完整的Linux内核网络栈，以便处理应用进程的通信请求，然后把封装好的二层帧直接发送给Kubernetes设置的Pod的Network Namespace即可。

此外，Sentry对于Volume的操作需要通过9P协议交给一个叫作Gofer的代理进程来完成。Gofer会代替应用进程直接操作宿主机上的文件，并依靠seccomp机制将自己的能力限制在最小集，从而防止恶意应用进程通过Gofer从容器中“逃逸”。

在具体的实现上，gVisor的Sentry进程其实还分为两种实现方式。图9-11展示了其中一种的工作原理。

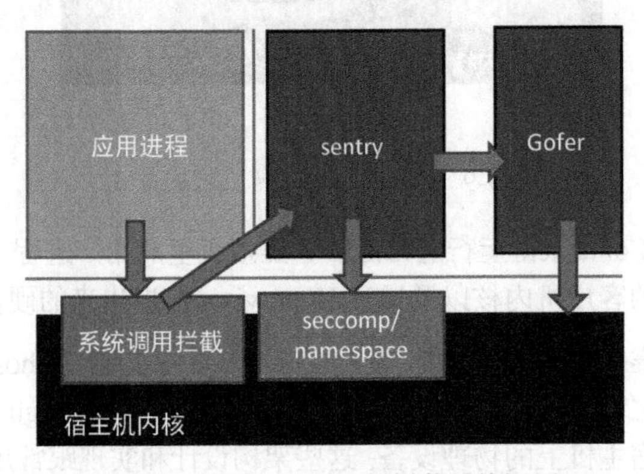

图9-11　使用Ptrace机制拦截系统调用

第一种实现方式是使用Ptrace机制来拦截用户应用的**系统调用**（system call），然后把这些系统调用交给Sentry来处理。

该过程对于应用进程是完全透明的。Sentry接下来则会扮演操作系统的角色，在用户态执行用户程序，然后仅在需要的时候才向宿主机发起Sentry自己所需要执行的系统调用。这就是gVisor对用户应用进程进行强隔离的主要手段。不过，Ptrace拦截系统调用的性能实在太差，仅能供演示时使用。

第二种实现方式更具普适性。图9-12展示了它的工作原理。

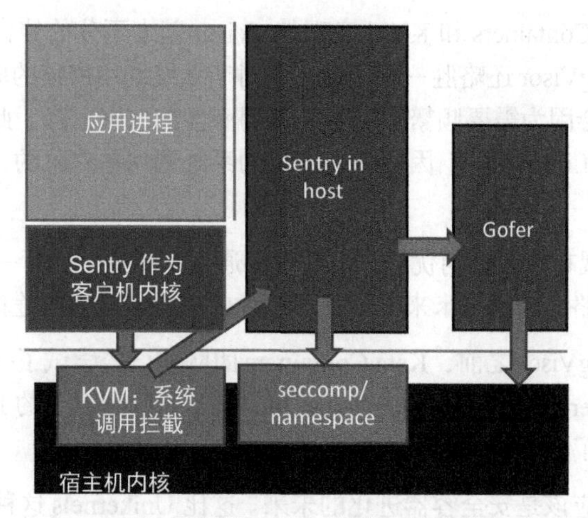

图 9-12　使用 KVM 拦截系统调用

在这种实现里，Sentry 会使用 KVM 来拦截系统调用，其性能明显优于 Ptrace。当然，为了能够做到这一点，Sentry 进程就必须扮演一个客户机内核的角色，负责执行用户程序，发起系统调用。而这些系统调用被 KVM 拦截下来，还是继续交给 Sentry 进行处理。只不过，此时 Sentry 就切换成了一个普通的宿主机进程的角色，来向宿主机发起它所需要的系统调用。

可以看到，在这种实现里，Sentry 并不会真的像虚拟机那样虚拟出硬件设备、安装 Guest 操作系统。它只是借助 KVM 拦截系统调用以及处理地址空间切换等细节。

值得一提的是，谷歌内部也使用第二种基于 Hypervisor 的 gVisor 实现。只不过谷歌有自己研发的 Hypervisor，所以其性能优于 KVM 实现。

通过以上讲解，相信你对 Kata Containers 和 gVisor 的实现原理有了感性的认识。需要指出的是，到目前为止，gVisor 的实现依然不太完善，很多 Linux 系统调用它还不支持，很多应用在 gVisor 里还无法运行。此外，gVisor 也暂时不支持一个 Pod 多个容器。当然，后面的发展中会逐渐解决这些工程问题。

另外，AWS 在 2018 年末发布了安全容器项目 Firecracker。该项目的核心其实是一个用 Rust 语言重新编写的 VMM。这就意味着，Firecracker 和 Kata Containers 的本质原理相同。只不过，Kata Containers 默认使用的 VMM 是 Qemu，而 Firecracker 使用自己编写的 VMM。所以，理论上 Kata Containers 也可以使用 Firecracker 运行起来。

小结

本节详细地介绍了拥有独立内核的安全容器项目，对比了 Kata Containers 和 gVisor 的设计与实现细节。

在性能方面，Kata Containers和KVM实现的gVisor基本不分伯仲，在启动速度和占用资源上，基于用户态内核的gVisor还略胜一筹。但是，对于系统调用密集的应用，比如重I/O或者重网络的应用，gVisor就会因为需要频繁拦截系统调用而性能急剧下降。此外，gVisor由于要自己使用Sentry去模拟一个Linux内核，因此它能支持的系统调用是有限的，只是Linux系统调用的一个子集。

不过，gVisor虽然现在没有任何优势，但是这种通过在用户态运行一个操作系统内核来为应用进程提供强隔离的思路，的确是未来安全容器演化的一个非常有前途的方向。

值得一提的是，在gVisor之前，Kata Containers团队就已经尝试了一个名为Linuxd的项目。该项目使用了UML（user mode Linux）技术，在用户态运行一个真正的Linux内核来为应用进程提供强隔离，从而避免了重新实现Linux内核带来的各种麻烦。

我认为这个方向才应该是安全容器进化的未来。这比Unikernels这种根本不适合在实际场景中使用的思路更切实可行。

思考题

安全容器的意义绝不仅仅止于安全。设想这样一个场景：你的宿主机的Linux内核版本是3.6，但是应用要求Linux内核版本是4.0。此时，你就可以在一个Kata Containers里运行该应用。那么请问，你觉得使用gVisor能否提供这种能力呢？原因是什么呢？

第 10 章

Kubernetes 监控与日志

10.1 Prometheus、Metrics Server 与 Kubernetes 监控体系

前面介绍了 Kubernetes 的核心架构、编排概念以及具体的设计与实现。本章将介绍 Kubernetes 监控相关的一些核心技术。

Kubernetes 项目的监控体系曾经非常繁杂，社区中也有很多方案。但这套体系发展到今天，已经完全演变成以 Prometheus 项目为核心的一套统一的方案。

鉴于有些读者对 Prometheus 项目还太不熟悉，所以下面先简单介绍该项目。实际上，Prometheus 项目是当年 CNC 基金会起家时的“第二把交椅”。该项目发展至今，已经全面接管了 Kubernetes 项目的整套监控体系。

有趣的是，与 Kubernetes 项目一样，Prometheus 项目也来自谷歌的 Borg 体系。它的原型系统叫作 BorgMon，是一个几乎与 Borg 同时诞生的内部监控系统。Prometheus 项目的发起原因也跟 Kubernetes 很类似，都是希望以更友好的方式将谷歌内部系统的设计理念传递给用户和开发者。

作为监控系统，Prometheus 项目的作用和工作方式如图 10-1 所示。

可以看到，Prometheus 项目工作的核心是通过 Pull（抓取）的方式搜集被监控对象的 Metrics 数据，然后把它们保存在一个 TSDB（时间序列数据库，比如 OpenTSDB、InfluxDB 等）当中，以便后续可以按照时间进行检索。

有了这套核心监控机制，Prometheus 的其余组件就是用来配合这套机制的运行的。比如 Pushgateway，可以允许被监控对象以 Push 的方式向 Prometheus 推送 Metrics 数据。Alertmanager 则可以根据 Metrics 信息灵活地设置报警。当然，Prometheus 最受用户欢迎的功能，还是通过 Grafana 对外暴露出的、可以灵活配置的监控数据可视化界面。

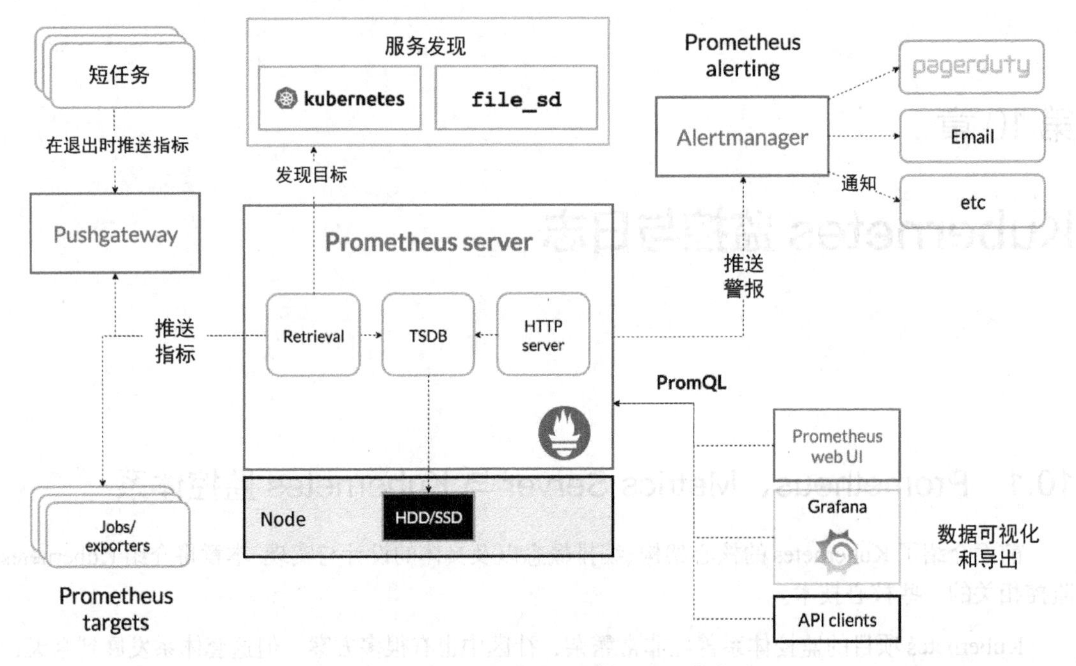

图 10-1　Prometheus 项目的作用和工作方式

有了 Prometheus 之后，我们就可以按照 Metrics 数据的来源来对 Kubernetes 的监控体系进行汇总了。

第一种 Metrics 数据是宿主机的监控数据。这部分数据需要借助一个由 Prometheus 维护的 Node Exporter 工具来提供。一般说来，Node Exporter 会以 DaemonSet 的方式在宿主机上运行。其实，所谓的 Exporter，就是代替被监控对象来对 Prometheus 暴露可以被“抓取”的 Metrics 信息的一个辅助进程。

Node Exporter 可以暴露给 Prometheus 采集的 Metrics 数据，不单单是节点的负载、CPU、内存、磁盘以及网络这样的常规信息，它的 Metrics 可谓“包罗万象”。

第二种 Metrics 数据来自 Kubernetes 的 API Server、kubelet 等组件的 /metrics API。除了常规的 CPU、内存的信息，还主要包括了各个组件的核心 Metrics。比如，对于 API Server 来说，它就会在/metrics API 里暴露各个 Controller 的工作队列的长度、请求的 QPS 和延迟数据等。这些信息是检查 Kubernetes 本身工作情况的主要依据。

第三种 Metrics 数据是 Kubernetes 相关的监控数据。这部分数据一般叫作 Kubernetes 核心监控数据。这其中包括了 Pod、Node、容器、Service 等 Kubernetes 核心概念的 Metrics 数据。

其中容器相关的 Metrics 数据主要来自 kubelet 内置的 cAdvisor 服务。在 kubelet 启动后，cAdvisor 服务也随之启动，而它能够提供的信息可以细化到每一个容器的 CPU、文件系统、内存、网络等资源的使用情况。

需要注意的是，这里提到的 Kubernetes 核心监控数据其实使用的是 Kubernetes 的一项非常重要的扩展能力——Metrics Server。

在 Kubernetes 社区中，Metrics Server 其实是用来取代 Heapster 这个项目的。在 Kubernetes 项目发展的初期，Heapster 是用户获取 Kubernetes 监控数据（比如 Pod 和 Node 的资源使用情况）的主要渠道。后面提出的 Metrics Server，则把这些信息通过标准的 Kubernetes API 暴露了出来。这样 Metrics 信息就跟 Heapster 完成了解耦，允许 Heapster 项目慢慢退出舞台。

有了 Metrics Server 之后，用户就可以通过标准的 Kubernetes API 访问到这些监控数据了，比如下面这个 URL：

```
http://127.0.0.1:8001/apis/metrics.k8s.io/v1beta1/namespaces/<namespace-name>/
pods/<pod-name>
```

当你访问这个 Metrics API 时，它会返回一个 Pod 的监控数据，而这些数据其实是从 kubelet 的 Summary API（`<kubelet_ip>:<kubelet_port>/stats/summary`）采集而来的。Summary API 返回的信息既包括了 cAdvisor 的监控数据，也包括了 kubelet 汇总的信息。

需要指出的是，Metrics Server 并不是 kube-apiserver 的一部分，而是通过 Aggregator 这种插件机制，在独立部署的情况下同 kube-apiserver 一起统一对外服务的。

Aggregator API Server 的工作原理如图 10-2 所示。

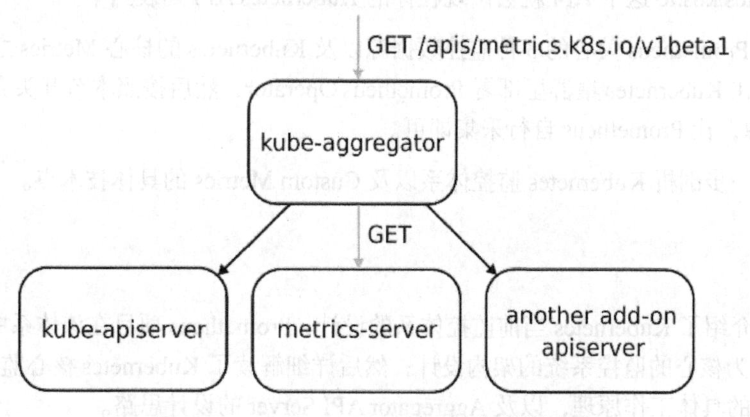

图 10-2 Aggregator API Server 的工作原理

可以看到，当 Kubernetes 的 API Server 开启 Aggregator 模式之后，你再访问 apis/metrics.k8s.io/v1beta1，实际上访问到的是一个叫作 kube-aggregator 的代理。而 kube-apiserver 正是这个代理的一个后端，Metrics Server 则是另一个后端。

而且，在该机制下，你还可以给这个 kube-aggregator 添加更多后端。所以 kube-aggregator 其实就是一个根据 URL 选择具体的 API 后端的代理服务器。通过这种方式，我们就可以很方便地扩展 Kubernetes 的 API 了。

开启 Aggregator 模式也非常简单。

- 如果你使用 kubeadm 或者官方的 kube-up.sh 脚本部署 Kubernetes 集群，Aggregator 模式是默认开启的。
- 如果手动搭建，你就需要在 kube-apiserver 的启动参数里加上如下所示的配置：

```
--requestheader-client-ca-file=<path to aggregator CA cert>
--requestheader-allowed-names=front-proxy-client
--requestheader-extra-headers-prefix=X-Remote-Extra-
--requestheader-group-headers=X-Remote-Group
--requestheader-username-headers=X-Remote-User
--proxy-client-cert-file=<path to aggregator proxy cert>
--proxy-client-key-file=<path to aggregator proxy key>
```

这些配置的主要作用就是为 Aggregator 这一层设置对应的 Key 和 Cert 文件。这些文件的生成需要你自己手动完成，具体流程请参考官方文档。

Aggregator 功能开启之后，你只需要将 Metrics Server 的 YAML 文件部署起来即可，如下所示：

```
$ git clone https://github.com/kubernetes-sigs/metrics-server.git
$ cd metrics-server-release-0.3/deploy/1.8+/
$ kubectl apply -f .
```

然后 metrics.k8s.io 这个 API 就会出现在你的 Kubernetes API 列表当中。

在理解了 Prometheus 关心的 3 种监控数据源以及 Kubernetes 的核心 Metrics 之后，作为用户，你要做的就是在 Kubernetes 集群里部署 Prometheus Operator，然后按照本节开头介绍的架构配置上述 Metrics 源，让 Prometheus 自行采集即可。

后面会进一步剖析 Kubernetes 监控体系以及 Custom Metrics 的具体技术点。

小结

本节主要介绍了 Kubernetes 当前监控体系的设计、Prometheus 项目在该体系中的地位，以及以 Prometheus 为核心的监控系统的架构设计；然后详细解读了 Kubernetes 核心监控数据的来源：Metrics Server 的具体工作原理，以及 Aggregator API Server 的设计思路。

希望以上讲解能让你对 Kubernetes 的监控体系形成整体的认知：Kubernetes 社区在监控上全面以 Prometheus 项目为核心进行建设。

最后，在具体的 Metrics 规划上，建议你遵循业界通用的 USE 原则和 RED 原则。

USE 原则指按照如下 3 个维度来规划资源 Metrics：

(1) 利用率（utilization），资源被有效利用来提供服务的平均时间占比；

(2) 饱和度（saturation），资源的拥挤程度，比如工作队列的长度；

(3) 错误（error），错误的数量。

RED 原则指按照如下 3 个维度来规划服务 Metrics：

(1) 每秒请求数量（rate）;

(2) 每秒错误数量（error）;

(3) 服务响应时间（duration）。

不难发现，USE 原则主要关注“资源”，比如节点和容器的资源使用情况；而 RED 原则主要关注“服务”，比如 kube-apiserver 或者某个应用的工作情况。在本节讲解的 Kubernetes+Prometheus 组成的监控体系中，可以完全覆盖这两种指标。

思考题

在监控体系中，对于数据的采集，其实既有 Prometheus 这种 Pull 模式，也有 Push 模式。你如何看待这两种模式的异同和优缺点？

10.2 Custom Metrics：让 Auto Scaling 不再“食之无味”

上一节详细介绍了 Kubernetes 中的核心监控体系的架构。不难看出，Prometheus 项目在其中居于核心位置。实际上，借助前述监控体系，Kubernetes 就可以提供一种非常有用的能力——Custom Metrics。

在过去的很多 PaaS 项目中，其实有一种叫作 Auto Scaling（自动水平扩展）的功能。只不过，该功能往往只能依据指定的资源类型执行，比如 CPU 或者内存的使用值。

在真实的场景中，用户需要进行 Auto Scaling 的依据往往是 Custom Metrics，比如某个应用的等待队列的长度，或者某种应用相关资源的使用情况。在传统 PaaS 项目和其他容器编排项目中，几乎不可能轻松支持这些复杂多变的需求。

凭借强大的 API 扩展机制，Custom Metrics 已成为 Kubernetes 的一项标准能力。并且，Kubernetes 的自动扩展器组件 HPA（horizontal Pod autoscaler）也可以直接使用 Custom Metrics 来执行用户指定的扩展策略，而且整个过程非常灵活和可定制。

不难想到，Kubernetes 里的 Custom Metric 机制也是借助 Aggregator API Server 扩展机制实现的。这里的具体原理是，当 Custom Metrics API Server 启动之后，Kubernetes 里就会出现一个叫作 custom.metrics.k8s.io 的 API。而当你访问该 URL 时，Aggregator 就会把你的请求转发给 Custom Metrics API Server。

Custom Metrics API Server 的实现，其实就是一个 Prometheus 项目的 Adaptor。

比如，现在要实现一个根据指定 Pod 收到的 HTTP 请求数量来进行 Auto Scaling 的 Custom

Metrics，就可以通过访问如下所示的自定义监控URL来获取。

```
https://<apiserver_ip>/apis/custom-metrics.metrics.k8s.io/v1beta1/namespaces/defau
lt/pods/sample-metrics-app/http_requests
```

这里的工作原理是，当你访问这个URL时，Custom Metrics API Server就会去Prometheus里查询名为sample-metrics-app这个Pod的`http_requests`指标的值，然后按照固定格式返回给访问者。

当然，`http_requests`指标的值，需要由Prometheus按照上一节讲到的核心监控体系从目标Pod上采集。具体做法有很多，最普遍的做法是让Pod里的应用本身暴露一个/metrics API，然后在这个API里返回自己收到的HTTP请求的数量。所以，接下来HPA只需要定时访问前面提到的自定义监控URL，然后根据这些值计算是否要执行扩展即可。

接下来举例说明Custom Metrics的具体使用方式。这个例子依然假设你的集群是用kubeadm部署出来的，所以Aggregator功能已默认开启。

说明

这里使用的实例来自Lucas Käldström读高中时制作的一系列Kubernetes指南。

第一步，当然是部署Prometheus项目，自然会使用Prometheus Operator来完成，如下所示：

```
$ git clone https://github.com/resouer/kubeadm-workshop.git

$ kubectl apply -f demos/monitoring/prometheus-operator.yaml
clusterrole.rbac.authorization.k8s.io/prometheus-operator created
serviceaccount/prometheus-operator created
clusterrolebinding.rbac.authorization.k8s.io/prometheus-operator created
deployment.apps/prometheus-operator created

$ kubectl apply -f demos/monitoring/sample-prometheus-instance.yaml
clusterrole.rbac.authorization.k8s.io/prometheus created
serviceaccount/prometheus created
clusterrolebinding.rbac.authorization.k8s.io/prometheus created
prometheus.monitoring.coreos.com/sample-metrics-prom created
service/sample-metrics-prom created
```

第二步，部署Custom Metrics API Server，如下所示：

```
$ kubectl apply -f demos/monitoring/custom-metrics.yaml
namespace/custom-metrics created
serviceaccount/custom-metrics-apiserver created
clusterrolebinding.rbac.authorization.k8s.io/custom-metrics:system:auth-
delegator created
rolebinding.rbac.authorization.k8s.io/custom-metrics-auth-reader created
clusterrole.rbac.authorization.k8s.io/custom-metrics-resource-reader created
clusterrolebinding.rbac.authorization.k8s.io/custom-metrics-apiserver-resource-
reader created
```

```
clusterrole.rbac.authorization.k8s.io/custom-metrics-getter created
clusterrolebinding.rbac.authorization.k8s.io/hpa-custom-metrics-getter created
deployment.apps/custom-metrics-apiserver created
service/api created
apiservice.apiregistration.k8s.io/v1beta1.custom.metrics.k8s.io created
clusterrole.rbac.authorization.k8s.io/custom-metrics-server-resources created
clusterrolebinding.rbac.authorization.k8s.io/hpa-controller-custom-metrics created
```

第三步，需要为 Custom Metrics API Server 创建对应的 ClusterRoleBinding，以便能够使用 curl 来直接访问 Custom Metrics 的 API：

```
$ kubectl create clusterrolebinding allowall-cm --clusterrole
custom-metrics-server-resources --user system:anonymous
clusterrolebinding.rbac.authorization.k8s.io/allowall-cm created
```

第四步，就可以把待监控的应用和 HPA 部署起来了，如下所示：

```
$ kubectl apply -f demos/monitoring/sample-metrics-app.yaml
deployment.apps/sample-metrics-app created
service/sample-metrics-app created
servicemonitor.monitoring.coreos.com/sample-metrics-app created
horizontalpodautoscaler.autoscaling/sample-metrics-app-hpa created
ingress.extensions/sample-metrics-app created
```

这里需要关注 HPA 的配置，如下所示：

```
kind: HorizontalPodAutoscaler
apiVersion: autoscaling/v2beta1
metadata:
  name: sample-metrics-app-hpa
spec:
  scaleTargetRef:
    apiVersion: apps/v1
    kind: Deployment
    name: sample-metrics-app
  minReplicas: 2
  maxReplicas: 10
  metrics:
  - type: Object
    object:
      target:
        kind: Service
        name: sample-metrics-app
      metricName: http_requests
      targetValue: 100
```

可以看到，HPA 的配置就是你设置 Auto Scaling 规则的地方。比如，`scaleTargetRef` 字段就指定了被监控对象是名为 `sample-metrics-app` 的 Deployment，即前面部署的被监控应用。并且，它最小的实例数目是 2，最大是 10。

在 `metrics` 字段，我们指定了这个 HPA 进行扩展的依据是名为 `http_requests` 的 Metrics。获取这个 Metrics 的途径是访问名为 `sample-metrics-app` 的 Service。

有了这些字段里的定义，HPA 就可以向如下所示的 URL 发起请求来获取 Custom Metrics 的值了：

```
https://<apiserver_ip>/apis/custom-metrics.metrics.k8s.io/v1beta1/namespaces/
default/services/sample-metrics-app/http_requests
```

需要注意的是，上述这个 URL 对应的被监控对象，是我们的应用对应的 Service。这跟本节开头举例用到的 Pod 对应的 Custom Metrics URL 不同。当然，对于一个多实例应用来说，通过 Service 采集 Pod 的 Custom Metrics 其实才是合理的做法。

此时，可以通过一个名为 hey 的测试工具来为我们的应用增加一些访问压力，具体做法如下所示：

```
$ # 安装 hey
$ docker run -it -v /usr/local/bin:/go/bin golang:1.14 go get github.com/rakyll/hey

$ export APP_ENDPOINT=$(kubectl get svc sample-metrics-app -o template --template
{{.spec.clusterIP}}); echo ${APP_ENDPOINT}
$ hey -n 50000 -c 1000 http://${APP_ENDPOINT}
```

与此同时，如果你访问应用 Service 的 Custom Metircs URL，就会看到这个 URL 已经可以为你返回应用收到的 HTTP 请求数量了，如下所示：

```
$ curl -sSLk
https://<apiserver_ip>/apis/custom-metrics.metrics.k8s.io/v1beta1/namespaces/
default/services/sample-metrics-app/http_requests
{
  "kind": "MetricValueList",
  "apiVersion": "custom-metrics.metrics.k8s.io/v1beta1",
  "metadata": {
    "selfLink":
"/apis/custom-metrics.metrics.k8s.io/v1beta1/namespaces/default/services/sample-
metrics-app/http_requests"
  },
  "items": [
    {
      "describedObject": {
        "kind": "Service",
        "name": "sample-metrics-app",
        "apiVersion": "/__internal"
      },
      "metricName": "http_requests",
      "timestamp": "2020-09-20T20:56:34Z",
      "value": "501484m"
    }
  ]
}
```

这里需要注意 Custom Metrics API 为你返回的 Value 的格式。

在为被监控应用编写/metrics API 的返回值时，其实比较容易计算该 Pod 收到的 HTTP 请求的总数。所以，这个应用的代码如下所示：

```
  if (request.url == "/metrics") {
    response.end("# HELP http_requests_total The amount of requests served by the
server in total\n# TYPE http_requests_total counter\nhttp_requests_total " +
totalrequests + "\n");
    return;
  }
```

可以看到，我们的应用在/metrics对应的HTTP响应里返回的，其实是`http_requests_total`的值，也就是Prometheus收集到的值。而Custom Metrics API Server在收到对`http_requests`指标的访问请求之后，它会从Prometheus里查询`http_requests_total`的值，然后将其折算成以时间为单位的请求率，最后把这个结果作为`http_requests`指标对应的值返回。

所以，我们访问前面的Custom Metircs URL时，会看到值是501484m。这里的格式其实就是milli-requests，相当于过去两分钟内每秒有501个请求。这样，应用的开发者就无须关心如何计算每秒的请求数目了。而这样的“请求率”的格式，HPA可以直接拿来使用。

此时，如果你同时查看Pod的个数，就会看到HPA开始增加Pod的数目了。

不过，这里你可能会有一个疑问：Prometheus项目是如何知道采集哪些Pod的/metrics API作为监控指标的来源呢？实际上，如果仔细观察前面创建应用的输出，会看到有一个类型是ServiceMonitor的对象也被创建了出来。它的YAML文件如下所示：

```
apiVersion: monitoring.coreos.com/v1
kind: ServiceMonitor
metadata:
  name: sample-metrics-app
  labels:
    service-monitor: sample-metrics-app
spec:
  selector:
    matchLabels:
      app: sample-metrics-app
  endpoints:
  - port: web
```

这个`ServiceMonitor`对象正是Prometheus Operator项目用来指定被监控Pod的一个配置文件。可以看到，我其实是通过Label Selector来为Prometheus指定被监控应用的。

小结

本节详细讲解了Kubernetes里Custom Metrics的设计与实现机制。这套机制的扩展性非常强，也终于使得Auto Scaling在Kubernetes里不再是一个“食之无味”的鸡肋功能了。

另外可以看到，Kubernetes的Aggregator API Server是一个非常有效的API扩展机制。而且，Kubernetes社区已经提供了一个叫作KubeBuilder的工具库，帮你生成一个API Server的完整代码框架，你只需要在里面添加自定义API以及对应的业务逻辑即可。

思考题

在你的业务场景中，你希望使用什么样的指标作为 Custom Metrics，以便对 Pod 进行 Auto Scaling 呢？如何获取这种指标呢？

10.3　容器日志收集与管理：让日志无处可逃

前面详细讲解了 Kubernetes 的核心监控体系和自定义监控体系的设计与实现思路。本节将详细介绍 Kubernetes 里对容器日志的处理方式。

首先需要明确，Kubernetes 里对容器日志的处理方式都叫作 cluster-level-logging，即这个日志处理系统与容器、Pod 以及节点的生命周期都完全无关。这种设计当然是为了保证无论容器不工作、Pod 被删除，甚至节点宕机，依然可以正常获取应用的日志。

对于一个容器来说，当应用把日志输出到 stdout 和 stderr 之后，容器项目本身默认会把这些日志输出到宿主机上的一个 JSON 文件里。这样，通过 `kubectl logs` 命令就可以看到这些容器的日志了。

上述机制就是本节要讲解的容器日志收集的基础假设。如果你的应用是把文件输出到别处，比如直接输出到容器里的某个文件里，或者输出到远程存储里，就另当别论了。当然，本节也会介绍这些特殊情况的处理方法。

Kubernetes 本身实际上不会为你做容器日志收集工作。所以，为了实现上述 cluster-level-logging，你需要在部署集群的时候提前规划具体的日志方案。Kubernetes 项目本身主要推荐了 3 种日志方案。

第一种方案，在节点上部署 logging agent，将日志文件转发到后端存储里保存起来。这种方案的架构如图 10-3 所示。

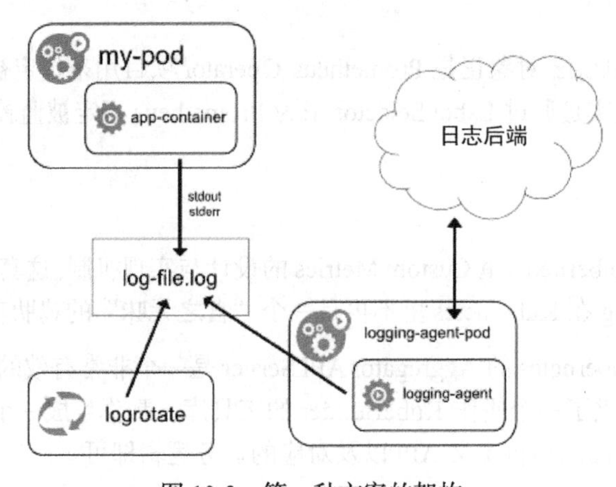

图 10-3　第一种方案的架构

不难看出，这里的核心就在于 logging agent，它一般会以 DaemonSet 的方式在节点上运行，然后把宿主机上的容器日志目录挂载进去，最后由 logging-agent 把日志转发出去。

例如，我们可以把 Fluentd 项目作为宿主机上的 logging-agent，然后把日志转发到远端的 Elasticsearch 里保存起来供将来检索。具体的操作过程参见官方文档。另外，Kubernetes 的很多部署会自动为你启用 logrotate，在日志文件大小超过 10 MB 时自动对日志文件进行切割（logrotate）操作。

可以看到，在节点上部署 logging agent 最大的优点在于一个节点仅需部署一个 agent，并且对应用和 Pod 没有任何侵入性。所以，在社区中该方案最常用。但是，这种方案的明显不足之处在于，它要求应用输出的日志都必须直接输出到容器的 stdout 和 stderr 里。

第二种 Kubernetes 容器日志方案处理的就是这种特殊情况：当容器的日志只能输出到某些文件里时，我们可以通过一个 sidecar 容器把这些日志文件重新输出到 sidecar 的 stdout 和 stderr 上，这样就能够继续使用第一种方案了。这种方案的具体工作原理如图 10-4 所示。

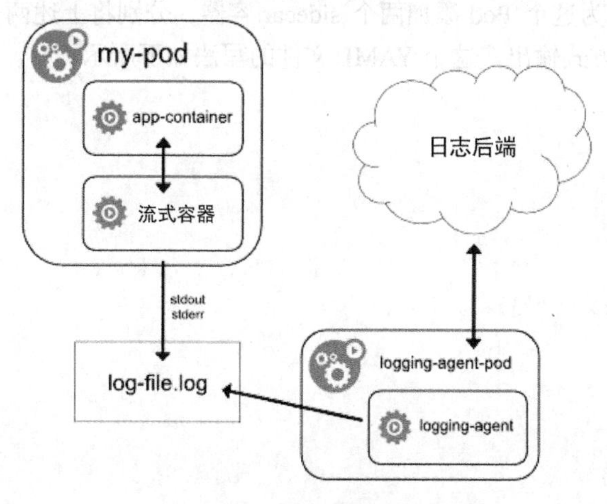

图 10-4 第二种方案的工作原理

比如，现在我的应用 Pod 只有一个容器，它会把日志输出到容器里的/var/log/1.log 和 2.log 这两个文件里。这个 Pod 的 YAML 文件如下所示：

```
apiVersion: v1
kind: Pod
metadata:
  name: counter
spec:
  containers:
  - name: count
    image: busybox
    args:
    - /bin/sh
    - -c
```

```
    - >
      i=0;
      while true;
      do
        echo "$i: $(date)" >> /var/log/1.log;
        echo "$(date) INFO $i" >> /var/log/2.log;
        i=$((i+1));
        sleep 1;
      done
    volumeMounts:
    - name: varlog
      mountPath: /var/log
  volumes:
  - name: varlog
    emptyDir: {}
```

在这种情况下，使用 kubectl logs 命令看不到应用的任何日志。而且前面讲解的最常用的第一种方案也无法使用。

此时，我们就可以为这个 Pod 添加两个 sidecar 容器，分别将上述两个日志文件里的内容重新以 stdout 和 stderr 的方式输出。这个 YAML 文件的写法如下所示：

```
apiVersion: v1
kind: Pod
metadata:
  name: counter
spec:
  containers:
  - name: count
    image: busybox
    args:
    - /bin/sh
    - -c
    - >
      i=0;
      while true;
      do
        echo "$i: $(date)" >> /var/log/1.log;
        echo "$(date) INFO $i" >> /var/log/2.log;
        i=$((i+1));
        sleep 1;
      done
    volumeMounts:
    - name: varlog
      mountPath: /var/log
  - name: count-log-1
    image: busybox
    args: [/bin/sh, -c, 'tail -n+1 -f /var/log/1.log']
    volumeMounts:
    - name: varlog
      mountPath: /var/log
  - name: count-log-2
    image: busybox
```

```
    args: [/bin/sh, -c, 'tail -n+1 -f /var/log/2.log']
    volumeMounts:
    - name: varlog
      mountPath: /var/log
  volumes:
  - name: varlog
    emptyDir: {}
```

此时，就可以通过 `kubectl logs` 命令查看这两个 sidecar 容器的日志，间接看到应用的日志内容了，如下所示：

```
$ kubectl logs counter count-log-1
0: Mon Jan  1 00:00:00 UTC 2001
1: Mon Jan  1 00:00:01 UTC 2001
2: Mon Jan  1 00:00:02 UTC 2001
...
$ kubectl logs counter count-log-2
Mon Jan  1 00:00:00 UTC 2001 INFO 0
Mon Jan  1 00:00:01 UTC 2001 INFO 1
Mon Jan  1 00:00:02 UTC 2001 INFO 2
...
```

由于 sidecar 跟主容器之间共享 Volume，因此这里的 sidecar 方案的额外性能损耗并不大，也就是多占用一点儿 CPU 和内存罢了。

需要注意的是，此时宿主机上实际上会存在两份相同的日志文件：一份是应用自己写入的，另一份则是 sidecar 的 stdout 和 stderr 对应的 JSON 文件。这对磁盘是很大的浪费。所以，除非万不得已或者应用容器完全不可能被修改，否则还是建议你直接使用第一种方案，或者直接使用第三种方案。

第三种方案，就是通过一个 sidecar 容器直接把应用的日志文件发送到远程存储中去。这就相当于把第一种方案中的 logging agent 放在了应用 Pod 里。这种方案的架构如图 10-5 所示。

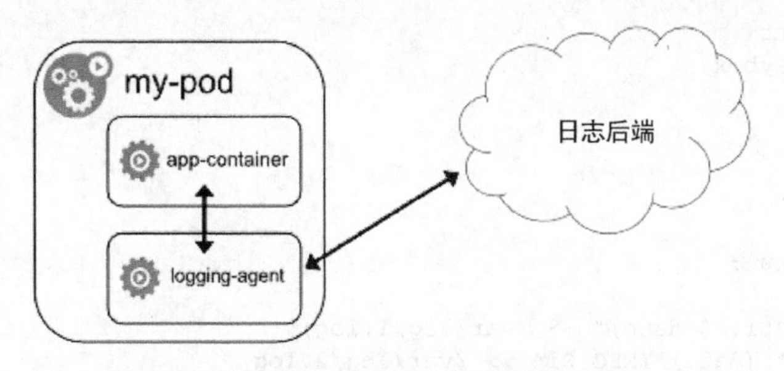

图 10-5 第三种方案的架构

在这种方案下，你的应用还可以直接把日志输出到固定的文件里，而不是 stdout，你的 logging-agent 还可以使用 fluentd，后端存储还可以是 Elasticsearch。只不过，fluentd 的输入源变成了应用的日志文件。一般说来，我们会把 fluentd 的输入源配置保存在一个 ConfigMap 里，如下所示：

```
apiVersion: v1
kind: ConfigMap
metadata:
  name: fluentd-config
data:
  fluentd.conf: |
    <source>
      type tail
      format none
      path /var/log/1.log
      pos_file /var/log/1.log.pos
      tag count.format1
    </source>

    <source>
      type tail
      format none
      path /var/log/2.log
      pos_file /var/log/2.log.pos
      tag count.format2
    </source>

    <match **>
      type google_cloud
    </match>
```

然后，我们在应用 Pod 的定义里就可以声明一个 Fluentd 容器作为 sidecar，专门负责将应用生成的 1.log 和 2.log 转发到 Elasticsearch 当中。这个配置如下所示：

```
apiVersion: v1
kind: Pod
metadata:
  name: counter
spec:
  containers:
  - name: count
    image: busybox
    args:
    - /bin/sh
    - -c
    - >
      i=0;
      while true;
      do
        echo "$i: $(date)" >> /var/log/1.log;
        echo "$(date) INFO $i" >> /var/log/2.log;
        i=$((i+1));
        sleep 1;
      done
    volumeMounts:
    - name: varlog
      mountPath: /var/log
  - name: count-agent
```

```
    image: k8s.gcr.io/fluentd-gcp:1.30
    env:
    - name: FLUENTD_ARGS
      value: -c /etc/fluentd-config/fluentd.conf
    volumeMounts:
    - name: varlog
      mountPath: /var/log
    - name: config-volume
      mountPath: /etc/fluentd-config
  volumes:
  - name: varlog
    emptyDir: {}
  - name: config-volume
    configMap:
      name: fluentd-config
```

可以看到，这个 Fluentd 容器使用的输入源就是通过引用前面编写的 ConfigMap 来指定的。这里用到了 Projected Volume 来把 ConfigMap 挂载到 Pod 里。5.3 节讲解过该用法，可自行回顾。

需要注意的是，这种方案虽然部署简单，并且对宿主机非常友好，但是这个 sidecar 容器很可能会消耗较多资源，甚至拖垮应用容器。并且，由于日志还是没有输出到 stdout 上，因此通过 `kubectl logs` 看不到任何日志输出。

以上就是 Kubernetes 项目管理容器应用日志最常用的 3 种手段。

小结

本节详细讲解了 Kubernetes 项目对容器应用日志的收集方式。上述 3 种方案中，最常用的一种方式就是将应用日志输出到 stdout 和 stderr，然后通过在宿主机上部署 logging-agent 来集中处理日志。

这种方案不仅管理简单，可靠性高，`kubectl logs` 也可以用，而且宿主机很可能自带了 rsyslogd 等成熟的日志收集组件供使用。

除此之外，还有一种方式：在编写应用时直接指定好日志的存储后端，如图 10-6 所示。

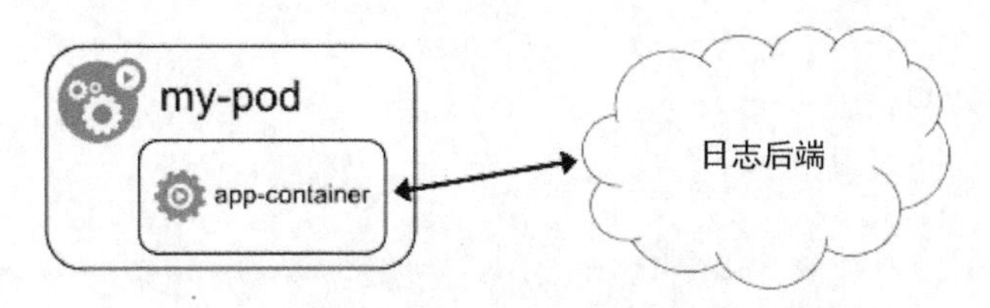

图 10-6　编写应用时直接指定好日志的存储后端

在这种方案下，Kubernetes 就完全不必操心容器日志的收集了，这对于已经有完善的日志处理系统的公司来说是一个非常好的选择。

最后需要指出的是，无论采用哪种方案，你都必须配置好宿主机上的日志文件切割和清理工作，或者给日志目录专门挂载一些容量巨大的远程盘。否则，一旦主磁盘分区占满，整个系统就可能陷入崩溃状态，这是非常麻烦的。

思考题

(1) 当日志量很大时，直接将日志输出到容器 stdout 和 stderr 上有无隐患？有何解决办法？

(2) 你还有哪些容器日志收集方案？

第三部分

Kubernetes 实践进阶

- 第 11 章　Kubernetes 应用管理进阶
- 第 12 章　Kubernetes 开源社区

第 11 章

Kubernetes 应用管理进阶

11.1 再谈 Kubernetes 的本质与云原生

前面讲过 Kubernetes 的本质是“平台的平台”，讲解了 Kubernetes 的声明式 API 的设计和用法，并且深入剖析了这个项目的各项核心设计原理。本章继续深入，将讲解 Kubernetes 项目更高阶的设计原理和实践。

11.1.1 什么是云原生

为了更好地讲解后面的内容，首先解释云原生到底是什么。

在不同的场合，这个词的定义也不同。有人说，云原生就是 Kubernetes 和容器；也有人说，云原生就是“弹性可扩展”；还有人说，云原生就是 Serverless；后来有人干脆宣称，云原生就像“哈姆雷特”，每个人的理解都不同。

实际上，自这个关键词被 CNCF 和 Kubernetes 技术生态“借用”之初，云原生的意义和内涵就是非常确定的。在这个生态当中，云原生的本质是一系列最佳实践的结合；更详细地说，云原生为实践者指定了一条低心智负担的，能够以可扩展、可复制的方式最大化地利用云的能力、发挥云的价值的最佳路径。

所以，云原生并不指代某个开源项目或者某种技术，而是一套指导软件与基础设施架构设计的思想。这里的关键在于，基于这套思想构建出来的应用和应用基础设施，将天然地能够与“云”集成，充分发挥“云”的能力和价值。

这种思想，以一言以蔽之，就是“以应用为中心”。正是因为以应用为中心，云原生技术体系才会无限强调让基础设施能更好地配合应用，以更高效的方式为应用“输送”基础设施能力。相应地，Kubernetes、Docker、Operator 等在云原生生态中起关键作用的开源项目，就是让这种思想落地的技术手段。

以应用为中心，是指导整个云原生生态和 Kubernetes 项目蓬勃发展至今的重要主线。

11.1.2 “下沉”的应用基础设施能力

你可能听说过，在以 Kubernetes 为代表的基础设施领域的演进过程中，有一个重要的关键词，那就是应用基础设施能力的“下沉”。

过去我们编写一个应用所需要的基础设施能力，比如数据库、分布式锁、服务注册/发现、消息服务等，往往是通过引入中间件库来解决的。这个库其实就是由专门的中间件团队编写的服务接入代码，让你无须深入了解具体基础设施能力细节，便能以最小的代价学习和使用这些基础设施能力。这其实是一种朴素的“关注点分离”的思想。不过更确切地说，中间件体系的出现，不单单是要让“专业的人做专业的事”，更多是因为过去基础设施的能力既不强大，也不标准。这就意味着，假如没有中间件来屏蔽这些基础设施细节，统一接入方式，业务研发只得“被迫营业”，去学习无数晦涩的基础设施 API 和调用方法，对于“生产力就是一切”的研发人员来说，这显然是不可接受的。

不过，基础设施本身的演进过程，实际上也伴随着云计算和开源社区的迅速崛起。时至今日，以云为中心、以开源社区为依托的现代基础设施体系，已经彻底打破了原先企业级基础设施能力良莠不齐或者只能由全世界几家巨头提供的情况。

这个变化，正是云原生技术改变传统应用中间件格局的开始。更确切地说，原先通过应用中间件提供和封装的各种基础设施能力，现在全都被 Kubernetes 项目从应用层“拽”到了基础设施层，也就是 Kubernetes 当中。值得注意的是，Kubernetes 本身其实不直接提供这些能力，Kubernetes 项目扮演的角色，是通过声明式 API 和控制器模式对用户“暴露”更底层的基础设施能力。这些能力或者来自“云”（比如 PolarDB 数据库服务），或者来自生态开源项目（比如 Prometheus 和 CoreDNS）。

这也是 CNCF 能够基于 Kubernetes 这样一个种子迅速构建起一个由数百个开源项目组成的庞大生态的根本原因：Kubernetes 从来就不是一个简单的平台或者资源管理项目，而是一个分量十足的“接入层”，是云原生时代真正意义上的“操作系统”。

可是，为什么只有 Kubernetes 能做到这一点呢？这是因为，Kubernetes 是第一个真正尝试以“应用为中心”的基础设施开源项目。

这其实才是 Kubernetes 项目的设计初衷。以应用为中心，使得 Kubernetes 从一开始就把声明式 API，而不是调度和资源管理作为自己的立身之本。声明式 API 最大的价值在于“把简单留给用户，把复杂留给自己”。通过声明式 API，Kubernetes 的使用者永远只需要关心和声明应用的终态，而不是底层基础设施（比如云盘或者 Nginx）的配置方法和实现细节。注意，这里应用的“终态”不仅包括应用本身的运行终态，还包括应用所需要的所有底层基础设施能力（比如路由策略、访问策略、存储需求等所有应用依赖）的终态。

这些都是以“应用为中心”的切实体现。所以，Kubernetes 并没有让中间件消失，而是把自己变成了一种“声明式”“与语言无关的”中间件，这正是应用基础设施能力“下沉”的真实含义。

应用基础设施能力“下沉”实际上始终伴随着整个云原生技术体系和 Kubernetes 项目的发展。比如，Kubernetes 最早提供的应用副本管理、服务发现和分布式协同能力，其实就是把构建分布式应用最迫切的几个需求，通过 Replication Controller、kube-proxy 体系和 etcd “下沉”到了基础设施当中。Service Mesh 进一步把传统中间件里至关重要的“服务与服务间流量治理”部分也“下沉”了。

随着底层基础设施能力的日趋完善和强大，越来越多的能力会以各种方式“下沉”。而在此过程中，CRD+Operator 的出现更是起到了关键的推进作用。CRD+Operator 实际上对外暴露了 Kubernetes 声明式 API 驱动，任何基础设施“能力”的开发人员都可以把这个“能力”轻松地植入 Kubernetes 当中。当然，这也体现了 Operator 和自定义 Controller 的本质区别：Operator 是一种特殊的自定义 Controller，它的编写者一定是某个“能力”对应的领域专家，比如 MySQL 的开发人员，而不是 Kubernetes 专家。

11.1.3 Kubernetes 会变得越来越复杂，但这其实没什么

一个不争的事实是，Kubernetes 项目其实会越来越复杂，而不是越来越简单。更确切地说，“声明式基础设施”的基础就是让越来越多的“复杂性”下沉到基础设施里，无论是插件化、接口化的 Kubernetes “民主化”的努力，还是容器设计模式或者 Mesh 体系，所有这些令人兴奋的技术演进，最终都会导致 Kubernetes 变得越来越复杂。而声明式 API 的好处就在于，它能够在基础设施本身的复杂度以指数级攀升的同时，保证使用者的交互界面复杂度仍呈线性上升。否则，如今的 Kubernetes 恐怕早就已经重蹈 OpenStack 的覆辙而被人抛弃了。

“复杂”是任何一个基础设施项目天生的特质，而非缺点。今天的 Linux 内核一定比 1991 年的第一版复杂不止几个数量级，今天的 Linux 内核开发人员也一定无法像十年前那样对每一个模块都了如指掌。这是基础设施项目演进的必然结果。

但是，基础设施本身的复杂度并不意味着基础设施的所有使用者都需要承受。这就好比虽然我们使用 Linux 内核，但并不会抱怨“Linux 内核实在是太复杂了”，因为大多数时候我们甚至察觉不到 Linux 内核的存在。

所以，在接下来几节的高阶实践中，我会重点讲解如何基于“以应用为中心”的思想来解决 Kubernetes 的“复杂度”难题，所涉及的各种方法实际上跟 Linux 进行“分层抽象”的思路完全一致。

11.2 声明式应用管理简介

前面多次讲到这样一个概念——声明式应用管理。实际上，这也是 Kubernetes 项目跟其他所有技术设施项目都不同的一个设计，也是 Kubernetes 独有的能力。那么，声明式应用管理在 Kubernetes 中的具体表现到底是什么？

11.2.1 声明式应用管理不仅仅是“声明式 API”

回顾 Kubernetes 的核心工作原理，就不难发现这样一个事实：Kubernetes 中的绝大多数功能，无论是 kubelet 执行容器、kube-proxy 执行 iptables 规则，还是 kube-scheduler 进行 Pod 调度，以及 Deployment 管理 ReplicaSet 的过程等，其实在整体设计上遵循着前面介绍的“控制器模式”。用户通过 YAML 文件等方式表达期望状态，也就是终态（无论是网络还是存储），然后 Kubernetes 的各种组件就会让整个集群的状态向用户声明的终态逼近，以至最终两者完全一致。这个实际状态逐渐向期望状态逼近的过程叫作“调谐”。Operator 和自定义 Controller 的核心工作方式同理。

这种通过声明式描述文件，以驱动控制器执行调谐来逼近两个状态的工作形态，正是声明式应用管理最直观的体现。需要注意的是，这个过程其实有两层含义。

(1) 声明式描述的期望状态。该描述必须是严格意义上使用者想要的终态，如果你在该描述里填写的是某个中间状态，或者你希望动态地调整这个期望状态，都会影响这个声明式语义的准确执行。

(2) 基于调谐的状态逼近过程。调谐过程的存在确保了系统状态与终态保持一致的理论正确性。确切地说，调谐过程不停地执行“检查→Diff→执行”的循环，系统才能始终知道系统本身状态与终态之间的差异并采取必要行动。相比之下，仅仅拥有声明式描述是不充分的。这个道理很容易理解，你第一次提交这个描述时系统达成了你的期望状态，并不能保证 1 小时后情况依然如此。很多人会搞混“声明式应用管理”和“声明式 API”，其实就是没有正确认识调谐的必要性。

你也许比较好奇，采用这种声明式应用管理体系对于 Kubernetes 来说有何好处？

11.2.2 声明式应用管理的本质

实际上，声明式应用管理体系的理论基础，是一种叫作 Infrastructure as Data（IaD）的思想。按照这种思想，基础设施的管理不应该耦合于某种编程语言或者配置方式，而应该是纯粹的、格式化的、系统可读的数据，并且这些数据能够完整地表征使用者所期望的系统状态。

这样做的好处在于，我们任何时候对基础设施执行操作，最终都等价于对这些数据的增、删、改、查。更重要的是，对这些数据进行增、删、改、查的方式与这个基础设施无关。所以，跟一个基础设施交互的过程就不会绑定在某种编程语言、某种远程调用协议，或者某种 SDK 上。只要能够生成对应格式的“数据”，就能天马行空地使用任何方式来完成对基础设施的操作。

这种好处体现在 Kubernetes 上，就是如果想在 Kubernetes 上执行任何操作，都只需要提交一个 YAML 文件，然后对该 YAML 文件进行增、删、改、查即可，而不是必须使用 Kubernetes 项目的 Restful API 或者 SDK 。这个 YAML 文件其实就是 Kubernetes 这个 IaD 系统对应的 Data。

所以，Kubernetes 自诞生起就把它的所有功能都定义成了所谓的“API 对象”，其实就是一个个 Data。这样，使用者就可以通过对这些 Data 进行增、删、改、查来实现目标，而不是被绑定在某种语言或者 SDK 上。这不仅赋予了 Kubernetes 使用者极大的自由，而且基于 Kubernetes 构建上层系统或者跟其他系统集成也变得非常容易：不管这个系统是用什么语言编写的，它只需要通过自己的方式生成和操作一个个 Kubernetes API 对象，就可以跟 Kubernetes 进行交互。

正是因为使用者能够以非常小的代价基于 Kubernetes 构建或者集成其他系统，Kubernetes 才成功地把自己"塞进"基础设施与传统 PaaS 之间，向下集成各种云和基础设施的能力，向上支持使用者构建各种应用管理系统。所以，IaD 正是 Kubernetes 能够达成"平台的平台"这个目标的核心能力所在。

至此，估计大家已经明白了：IaD 设计中的 Data 具体表现出来，其实就是声明式的 Kubernetes API 对象；而 Kubernetes 中的控制循环确保系统本身能够始终跟这些 Data 所描述的状态保持一致。

在使用 Kubernetes 时之所以要写那么多 YAML 文件，只是因为我们需要通过一种方式把 Data 提交给 Kubernetes 而已。在此过程中，YAML 只是一种为了让人类格式化地编写 Data 的一种载体。打个比方，YAML 就像小朋友作业本里的"田字格"，"田字格"里写的那些文字才是 Kubernetes 真正需要处理的 Data。

你可能已经想到了，既然 Kubernetes 需要处理这些 Data，那么 Data 本身是不是也应该有一个固定的"格式"或"规范"，这样 Kubernetes 才能解析它们？

没错，这些 Data 的格式在 Kubernetes 中就叫作 API 对象的 schema。这个 Schema 在编写自定义控制器时体现得就非常直接了，它正是通过自定义 API 对象的 CRD 来进行规范的。

小结

本节简要讲解了声明式应用管理的理论基础，这有助于你真正理解 Kubernetes 的技术本质。比如，声明式应用管理与声明式 API 的关系，为什么需要控制器模式，API 对象与 CRD 的关系，为什么 Kubernetes 要通过 YAML 来进行操作等。归根结底，这些设计的本质都是 IaD，都是为了能够让使用者通过与工具、协议无关的方式，把 Data 提交给 Kubernetes。

11.3　声明式应用管理进阶

上一节介绍了声明式应用管理体系的核心是用来表征系统期望状态的 Data，以及这些 Data 的格式是由 Kubernetes 中的 schema 机制（比如 CRD）来约束的。本节将深入讲解 Data 部分的进阶实践。

11.3.1　Kubernetes 项目的"复杂性"

如果你经常使用 Kubernetes，相信时常会听到这样一种说法："Kubernetes 实在是太复杂了。"

但通过本书对 Kubernetes 的介绍，你应该能够感觉到，Kubernetes 本身的设计和核心思想并没有很复杂的概念；它所对接的网络、存储等基础设施能力都是常见的技术，并没有什么“黑科技”。那么，Kubernetes 的“复杂性”究竟从何说起呢？

其中的主要原因是，IaD 这种设计的主要目标是让上层系统更好地集成 Kubernetes，而不是直接服务用户。这就使得 Kubernetes 对于大多数人来说学习门槛很高，需要处理很多 YAML 文件，它们的各种组合也非常复杂。实际上，声明式 API 以及基于 YAML 文件承载 Data 的做法尽管不是新概念，但确实只有 Kubernetes 项目将这个概念在基础设施领域真正发扬光大。这个变革对于每个 Kubernetes 使用者都是一个挑战，而对于那些尝试直接使用 Kubernetes 的业务研发人员与运维人员来说尤其麻烦。

11.3.2 构建上层抽象

既然我们弄清楚了 Kubernetes 的复杂性来源于其定位（一个构建上层平台的基础底座，而非面向用户的平台），那么一个自然而然的思路就是，我们应该尝试基于 Kubernetes 打造一个上层平台，提供更面向用户的语义，这样就能更好地满足我们的诉求。

为了更好地说明这个问题，下面看几个最基本的 Kubernetes 对象。

```
kind: Deployment
apiVersion: apps/v1
metadata:
  name: web-deployment
spec:
  replicas: 4
  selector:
    matchLabels:
      deploy: example
  template:
    metadata:
      labels:
        deploy: example
    spec:
      containers:
        - name: web
          image: nginx:1.7.9
          securityContext:
            allowPrivilegeEscalation: false
---
apiVersion: v1
kind: Service
metadata:
  name: my-service
spec:
  selector:
    deploy: example
  ports:
    - protocol: TCP
```

```
      port: 80
      targetPort: 80
```

在很多人的印象中，这样一个 YAML 文件跟一个“应用”等价，理应属于业务研发人员日常操作的一个重要文件。然而真实情况是，在整个云原生社区中，极少有公司或者团队会直接把这个 Deployment+Service 的组合对象暴露给业务研发人员，原因有很多。

首先，这里有太多业务用户不关心的细节性字段。比如，如果上述 Deployment YAML 文件应该由业务研发人员负责编写，那他们如何知道怎么填写这个 `securityContext` 字段呢？显然，业务研发人员并不是安全专家，可能不知道如果这个 `allowPrivilegeEscalation` 字段不设置为 `false`，那么这个应用对应的容器就有权限泄露的风险。再比如，Service 具体是什么意思？它的定义中用来关联 Pod 的 `selector` 字段又该怎么处理？这些都不是业务人员所熟悉的概念。

其次，这里还有很多字段，并且跟系统强相关。例如，上述 Deployment 里的 `replicas=4` 字段代表该应用的副本数应该始终为 4，这看起来应该是研发人员需要定义好的应用终态。然而事实是，在生产环境中，这个 Deployment 有可能被运维人员或者 Kubernetes 自动水平扩展功能（比如 HPA）接管。在这种情况下，系统里真正的副本数就不一定是 4 了，它可能是一个任意值。这种字段会给用户带来很多困惑，尤其是当系统本身也会操作或者修改这个字段时。

作为“平台的平台”，Kubernetes 的主要用户是基础设施工程师或者平台开发工程师，所以哪怕是像 Deployment、Service 这样在我们看起来比较简单的对象，对于真正的业务研发人员、运维人员这些最终用户来说，学习成本和心智负担都比较重。这就好比他们只想用 PHP 写个网站，却被要求必须精通 Linux 内核网络栈一样：不仅“学不动”，而且根本“不想学”。

11.3.3　设计一个面向研发人员的 Deployment 对象

那么，假设我们现在想为业务研发人员打造一个更上层的应用平台，暴露出更简单、更面向用户的对象，能否做到呢？

其实，如果仔细观察前面的例子，就不难发现，这个 YAML 中业务研发人员真正关心的字段其实很少，大概只有下面这些：

```
...
  containers:
    - name: web
      image: nginx:1.7.9
...
      port: 80
```

也就是说，研发人员实际上只需要告诉系统以下信息：

(1) 我要部署一个容器；

(2) 这个容器的镜像是 `nginx:1.7.9`；

(3) 这个容器对外暴露 80 端口。

至于这个容器启动后有多少个实例、如何扩容、安全策略是什么，应该是运维侧根据系统的需求来设置的，研发人员在部署时不必关心。

其他字段，比如运行后的实例数 `replicas` 和容器的安全配置 `securityContext`，都是运维侧的概念，不属于研发人员需要关心的范畴。至于 `template`、`selector` 这种字段，已经完全是系统关心的概念了，与研发人员和运维人员无关。

根据以上描述，一个真正面向研发的对象应该是什么样子的呢？

```
apiVersion: demo/v1alpha1
kind: WebService
metadata:
  name: web
spec:
  containers:
    - name: web
      image: nginx:1.7.9
      port: 80
```

如上所示，现在把一个简化后的、新的部署对象叫作 `WebService`，它仅需要包含研发侧关心的信息。在系统中，我们可以用这样一个 `WebService` 对象来生成 Deployment 和 Service 对象。这样一来，给研发人员的对象是不是就简洁很多了呢！

这种为 Kubernetes API 对象设计“简化版”API 对象的过程，就叫作“构建上层抽象”。它是我们基于 Kubernetes 构建上层应用平台的必经之路。

11.3.4 从“构建抽象”到“应用模型”

综上所述，Kubernetes 饱受诟病的复杂性和高使用门槛，本质上是它作为基础设施层项目的天然属性。正是由于 Kubernetes 的抽象程度足够低，以及其故意与 PaaS 拉开距离，专注于对更下层的基础设施进行抽象和封装，才造就了如今基于 Kubernetes 的百花齐放的云原生生态。

当然，这也就意味着，我们如果想把 Kubernetes 打造成一个“人见人爱”的云原生应用管理平台，那么“构建上层抽象”就是必不可少的关键步骤。而这一过程其实也是大多数团队基于 Kubernetes 构建容器云或者 PaaS、Serverless 平台时主要的二次开发工作，几乎每个团队都有自己的一套做法。上面举例的定义 `WebService` 抽象就是一种实践。

那么问题来了：有没有一种方法能够让我们以统一、标准化、可扩展的方式来定义和管理上层抽象呢？

下一节会介绍云原生社区中一种叫作“应用模型”的技术，它能够专门从 API 层来优雅、统一地解决这个问题。

11.4　打造以应用为中心的 Kubernetes

前面介绍了 Kubernetes 声明式 API 的本质是通过 IaD 的方式，把整个基础设施的所有能力都通过数据的方式暴露出来，这些数据就是 Kubernetes 里常见的 YAML 文件。

此外，我们也知道，Kubernetes 作为一个“平台的平台”项目，其核心目标用户是基础设施工程师或者平台构建者。所以，上述 YAML 文件里的数据，本质上是暴露给基础设施工程师用来构建 PaaS 等上层平台使用的基础性原语。这就解释了为什么哪怕是最简单的 Deployment 对象，如果要直接暴露给业务研发人员使用，还是困难重重。

前面提到了上述问题其实可以通过构建“上层抽象”来解决，比如设计一个更简单的、面向用户的对象来生成最终的 Deployment。其实，在有了 Kubernetes 之后，我们构建 PaaS 这样的上层平台，本质上就变成了基于 Kubernetes 构建上层抽象的过程。这也就意味着，在云原生时代，构建一个用户友好的 PaaS 甚至 Serverless 平台，不再是大公司、大团队的专利，几个普通开发者基于 Kubernetes 及其生态中的各种插件能力，在短时间内“攒”出一个应用平台，应该不是问题。

不过，这件事情理论上虽然可行，但是难就难在这个“攒”字。

类比乐高积木这类产品，乐高提供的实际上是一堆基础模块，你可以拿这些基础模块“攒”出各种玩具。可是，不知道大家有没有想过，如果我们只有基础模块，没有图纸，还能这么轻松地“攒”出玩具吗？

其实目前 Kubernetes 和云原生生态就是这样。在今天的云原生生态里，几乎已经具备“攒”出一个应用平台所需的所有能力或者说基础模块。比如，工作负载（Deployment、StatefulSet、Operator）、流量管理（Service Mesh）、发布策略（Flagger、ArgoRollout）、云服务管理与接入（Crossplane）等。但问题是，把这些能力“攒”成一个应用平台的图纸在哪里呢？

所以，本节将重点介绍开源项目 OAM（Open Application Model，开放应用模型）和 KubeVela。它们的主要价值就是帮助你基于 Kubernetes“攒”出一个端到端的应用管理平台的“通用图纸”。

11.4.1　OAM 简介

OAM 是一个由阿里巴巴和微软在 2019 年末共同发布的开源项目，旨在帮助开发者以统一、标准、简单的方式面向所有运行时交付应用，并以此为基础构建“以应用为中心”的上层平台。该项目主要包括两部分：OAM 规范和 OAM 规范的 Kubernetes 实现。

OAM spec 项目定义了 OAM 的核心设计和使用规范。该规范本身与底层平台无关，你既可以基于 Kubernetes 来实现 OAM，也可以基于云服务、OpenStack、IoT 基础设施等所有底层运行时来实现。OAM spec 项目本身没有与这些基础设施绑定。

KubeVela 项目是 OAM spec 在 Kubernetes 上的完整实现。因此，对于最终用户（比如业务研发人员和运维人员）来说，KubeVela 很像一个功能完善、使用体验良好的“PaaS 平台”。而对于平台工程师来说，KubeVela 则更像是一个可以无限扩展、Kubernetes 原生的应用平台构建引擎。KubeVela 本质上其实就是在 Kubernetes 上安装了一个 OAM 插件，从而使得平台工程师能够按照 OAM 模型，把 Kubernetes 生态中的各种能力或者插件“攒”成一个应用交付平台。所以，它既对最终用户提供媲美 PaaS 的使用体验，又为平台工程师带来了 Kubernetes 原生的高可扩展性和平台构建规范，这是 KubeVela 项目不同于各种传统 PaaS 项目的关键所在。

11.4.2 KubeVela 的使用体验

KubeVela 的使用体验到底如何呢？不妨看一个简单的例子。

- **Application**

KubeVela 暴露给用户的主要操作对象叫作 Application，下面是一个 Application 对象的示例：

```
apiVersion: core.oam.dev/v1alpha2
kind: Application
metadata:
  name: application-sample
spec:
  components:
    - name: myweb
      type: worker
      settings:
        image: "busybox"
        cmd:
        - sleep
        - "1000"
      traits:
        - name: scaler
          properties:
            replicas: 10
        - name: sidecar
          properties:
            name: "sidecar-test"
            image: "fluentd"
```

只要上述一个文件， KubeVela 就能通过 Kubernetes 为你创建一个 Deployment、若干个 Service、若干个 Ingress，还自动分配了域名，配置了已经签名的证书，创建注入 sidecar 容器等。可见，通过引入 Application 这个上层抽象，KubeVela 对 Kubernetes 的能力做了更高层次的封装，大大简化了用户使用 Kubernetes 的流程，降低了学习门槛。

在实现上，Application 对象中可填写的字段是由 Definition 对象里的组件模板（Component）和运维特征（Trait）决定的。而这个模板是 KubeVela 通过 CUElang 这个配置语言或者直接引用 Helm Chart 等方式，定义在 ComponentDefinition 和 TraitDefinition 对象中的。

- **ComponentDefinition**

ComponentDefinition 的主要作用是在系统中注册组件模板，示例如下：

```
apiVersion: core.oam.dev/v1alpha2
kind: ComponentDefinition
metadata:
  name: worker # 组件类型
spec:
  template:
    ... # 用户提供的组件模板
  parameters:
    ... # 组件模板暴露出的参数
```

如上所示，这样一个 ComponentDefinition 对象安装在 Kubernetes 后，它的名字就提供了它所注册的组件类型，即 Application 对象中的 `component.type` 字段；而这个组件具体工作负载的 schema，也就是 `component.settings` 部分怎么写，则取决于上述对象里 `parameters` 字段的内容。

- **Trait**

Trait（应用特征）就是一系列面向应用运维行为的对象，它们一般是经过抽象和封装后的应用运维能力，比如 rollout（灰度发布）、route、scale（扩容策略）等，如图 11-1 所示。

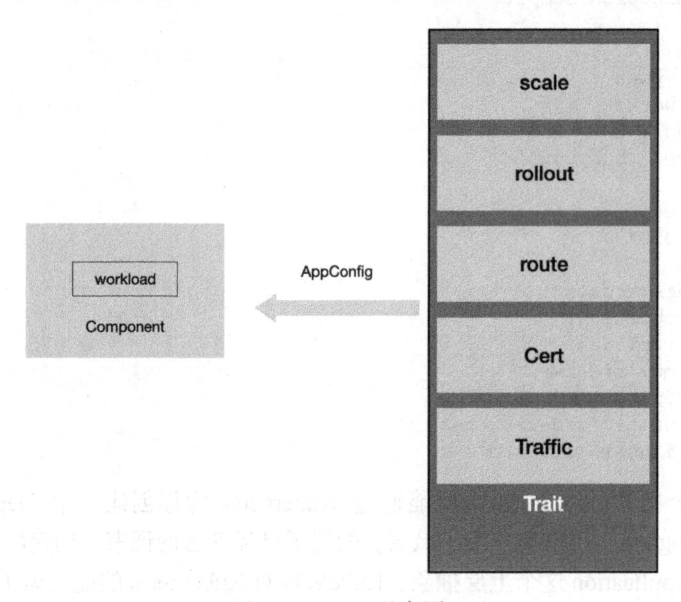

图 11-1　Trait 示意图

和组件类似，Trait 也允许用户在系统中自由添加，而且该功能的实现也依赖另一个对象：TraitDefinition（应用特征定义）。

- **TraitDefinition**

```
apiVersion: core.oam.dev/v1alpha2
kind: TraitDefinition
metadata:
```

```
  name: scale
spec:
  appliesTo:
    - *.core.oam.dev
    - *.apps.k8s.io
  template:
    ... # 用户提供的运维对象模板
  parameters:
    ... # 运维对象模板暴露出的参数
```

与 ComponentDefinition 类似，TraitDefinition 提供了一个运维能力的定义和使用方式，使得用户可以在 Application 对象中引用它。

上述 Application 以及 Definition 等对象其实正是 OAM 规范的主要内容。关于 OAM 和 KubeVela 的设计与使用方式，本书不再赘述，欢迎你访问 KubeVela 官网进一步学习。

小结

随着以 Kubernetes 为核心的云原生技术体系的逐渐成熟，开发一个媲美 Cloud Foundry 这样的企业级 PaaS 不再是大公司的专利，而会成为每个小团队甚至个人触手可及的目标。

OAM和KubeVela项目就是在此背景和愿景中诞生的。它们的价值主要体现在以下两个方面。

(1) 对于平台构建者：构建标准化、高可扩展 PaaS/Serverless 平台的“图纸”与基础模块。

(2) 对于最终用户：简单友好的应用交付体验，无门槛享受“无限”的平台能力。

所以，相比于传统 PaaS“封闭、不可扩展”的难题，像 KubeVela 这种基于 OAM 和 Kubernetes 构建的现代云原生应用平台，本质是“以应用为中心”的 Kubernetes，保证了应用平台能够端到端地接入整个云原生生态的所有能力。与此同时，还为平台的最终用户带来低心智负担、媲美 PaaS 的应用管理与交付体验。随着未来基于 OAM 的应用平台越来越普遍，一个应用定义可以完全不加修改地在云、边、端等任何环境中直接交付并运行，这会很快成为现实。

第12章

Kubernetes 开源社区

前面详细讲解了容器与Kubernetes项目的所有核心技术点、CNCF和Kubernetes社区的关系，以及Kubernetes社区的运作方式。本章最后讨论Kubernetes开源社区以及CNCF相关的话题。

我们知道，Kubernetes项目托管在CNCF基金会下。但是，前面介绍容器与Kubernetes的发展历史时提过，CNCF跟Kubernetes并不是传统意义上的基金会与托管项目的关系，CNCF实际上扮演的是Kubernetes项目的市场推广者角色。

这就好比本来Kubernetes项目应该由谷歌公司一家维护、运营和推广。但是为了表示中立，并且吸引更多贡献者加入，Kubernetes项目从一开始就选择了由基金会托管的模式。关键在于，这个基金会本身就是Kubernetes背后的“大佬们”一手创建的，然后以中立的方式对Kubernetes项目进行运营和市场推广。

通过这种方式，Kubernetes项目既避免了因为谷歌公司在开源社区里的“作风”和非中立角色被竞争对手口诛笔伐，又可以站在开源基金会的制高点上团结社区里所有跟容器相关的力量。而随后CNCF基金会的迅速发展和壮大，也印证了这个思路其实非常正确和有先见之明。

不过，在Kubernetes和Prometheus这两个CNCF的一号和二号项目相继“毕业”之后，现在CNCF社区更多地扮演了传统的开源基金会的角色：吸纳会员，帮助项目孵化和运转。

由于Kubernetes项目的巨大成功，CNCF在云计算领域已经获得了极高的声誉和认可度，也填补了以往Linux基金会在这一领域的空白。所以，可以认为现在的CNCF就是云计算领域里的Apache，它的作用跟当年大数据领域里Apache基金会的作用相同。

需要指出的是，对于开源项目和开源社区的运作来说，第三方基金会从来就不是一个必要条件。事实上，世界上成功的开源项目和社区大多来自于一个聪明的想法或者一帮杰出的黑客。在这些项目的发展过程中，第三方基金会的作用更多体现为在该项目发展到一定程度后主动进行商业运作。切勿把开源项目与基金会间的这一层关系本末倒置了。

另外，需要指出的是，CNCF基金会仅负责成员项目的市场推广，而绝不会也没有能力直接影响具体项目的发展。任何一家成员公司或者是CNCF的TOC（Technical Oversight Committee，技术监督委员会）都没有对 Kubernetes 项目“指手画脚”的权利和义务，除非是 Kubernetes 项目里的关键人物。

所以，真正能够影响 Kubernetes 项目发展的，当然还是 Kubernetes 社区。可能你会好奇，Kubernetes 社区是如何运作的呢？

通常情况下，一个基金会下面托管的项目需要遵循基金会的管理机制，比如统一的 CI 系统、代码审核流程、管理方式等。

但是，实际情况是先有 Kubernetes，后有 CNCF，并且 CNCF 基金会还是 Kubernetes“一手带大”的。所以，在项目治理这件事情上，Kubernetes 项目早就自成体系，发展得非常完善了。而基金会里的其他项目一般“各自为政”，CNCF 不会对项目的治理方法提出过多要求。

Kubernetes 项目的治理方式其实还是比较贴近谷歌风格的，即重视代码，重视社区的“民主性”。

首先，Kubernetes 项目是一个没有 maintainer（维护者）的项目。这一点非常有意思，Kubernetes 项目里曾经短时间存在过 maintainer 这个角色，但很快就被废弃了。取而代之的是 approver+reviewer 机制。具体原理是在 Kubernetes 的每一个目录下，你都可以添加一个 OWNERS 文件，然后在文件里写入如下字段：

```
approvers:
- caesarxuchao
reviewers:
- lavalamp
labels:
- sig/api-machinery
- area/apiserver
```

比如，在上面这个例子里，approver 的 GitHub ID 就是 caesarxuchao（Xu Chao），reviewer 就是 lavalamp。这就意味着，任何人提交的 PR，只要修改了该目录下的文件，就必须经 lavalamp 审核代码，然后经过 caesarxuchao 的批准才能被合并。当然，在这个文件里，caesarxuchao 的权力最大，他既可以审核代码，也能做最后的批准，但 lavalamp 不能做出批准。

当然，无论是代码审核通过，还是批准，这些维护者只需要在 PR 下面评论/lgtm 和/approve，Kubernetes 项目的机器人（k8s-ci-robot）就会自动给该 PR 加上 lgtm 和 approve 标签，然后进入 Kubernetes 项目 CI 系统的合并队列，最后被合并。此外，如果你要给这个项目加标签，或者把它指派给他人，也都可以通过评论的方式进行。

在上述整个过程中，代码维护者不需要对 Kubernetes 项目拥有写权限，即可完成代码审核、合并等所有流程。这当然得益于 Kubernetes 社区完善的机器人机制，这也是 GitHub 最吸引人的特性之一。

顺便一提，很多人问，GitHub 比其他代码托管平台强在哪里？实际上，GitHub 庞大的 API 和插件生态，才是它最具吸引力的地方。

当然，当你想把自己的想法以代码的形式提交给 Kubernetes 项目时，除非你的改动是修补漏洞或者很简单，否则直接提交一个 PR，很可能不会被批准。一定要按照下面的流程进行。

(1) 在 Kubernetes 主库里创建 Issue，详细描述你希望解决的问题、方案以及开发计划。如果社区里已经存在相关的 Issue，那你必须在这里引用它们。如果社区里已经存在相同的 Issue，你就需要确认，是否应该直接转到原有 Issue 上进行讨论。

(2) 给 Issue 加上与它相关的 SIG 的标签。比如，你可以直接评论/sig node，这个 Issue 就会被加上 sig-node 的标签，这样 SIG-Node 的成员就会特别留意这个 Issue。

(3) 收集社区中这个 Issue 的信息，回复评论，与 SIG 成员达成一致。必要时还需要参加 SIG 的周会，更好地阐述你的想法和计划。

(4) 在与 SIG 的大多数成员达成一致后，就可以开始进行详细的设计了。

如果设计比较复杂，你还需要在 Kubernetes 的设计提议目录（在 Kubernetes Community 库里）下提交一个 PR，加入你的设计文档。这样，所有关心这个设计的社区成员都会对你的设计进行讨论。不过最后，在整个 Kubernetes 社区只有很少一部分成员才有权限来审核和批准你的设计文档。他们当然也被定义在了这个目录下面的 OWNERS 文件里，如下所示：

```
reviewers:
- brendandburns
- dchen1107
- jbeda
- lavalamp
- smarterclayton
- thockin
- wojtek-t
- bgrant0607
approvers:
- brendandburns
- dchen1107
- jbeda
- lavalamp
- smarterclayton
- thockin
- wojtek-t
- bgrant0607
labels:
- kind/design
```

这几位成员便是社区里的“大佬”。不过需要注意，“大佬”并不一定代表水平高，所以还是要擦亮眼睛。此外，Kubernetes 项目的几位创始成员被称作 Elders（元老），分别是 jbeda、bgrant0607、brendandburns、dchen1107 和 thockin。

上述设计提议被合并后，你就可以按照设计文档的内容编写代码了。这个流程才是大家所熟知的编写代码、提交 PR、通过 CI 测试、进行代码审核，然后等待合并的流程。

如果你的 feature 需要在 Kubernetes 的正式 Release 里发布上线，那么还需要在 Kubernetes Enhancements 这个库里提交一个 KEP（Kubernetes Enhancement Proposal）。KEP 的主要内容是详细描述你的编码计划、测试计划、发布计划以及向后兼容计划等软件工程相关信息，供全社区进行监督和指导。

以上就是 Kubernetes 社区主要的运作方式。

小结

本章详细介绍了 CNCF 和 Kubernetes 社区的关系以及 Kubernetes 社区的运作方式，希望能够帮助你更好地理解该社区的特点及其先进之处。

除此之外，你可能还听说过 Kubernetes 社区里有一个叫作 Kubernetes Steering Committee 的组织。该组织其实也属于 Kubernetes Community 库的一部分。成员的主要职能是对 Kubernetes 项目治理的流程进行约束和规范，但通常不会直接干涉 Kubernetes 具体的设计和代码实现。

其实，到目前为止，Kubernetes 社区最大的优点就是清楚地区分了“搞政治”的人和“搞技术”的人。不难理解，在一个活跃的开源社区里这两种角色其实都是需要的，但是，如果这两部分人大量重合，那对于一个开源社区来说恐怕就是灾难了。

结语

Kubernetes：赢开发者赢天下

第 1 章用了大量篇幅探讨了这样一个话题：Kubernetes 为什么会赢？

当时下了这样一个结论：Kubernetes 项目之所以能赢，最重要的原因在于它争取到了云计算生态里的绝大多数平台开发者（或者叫：平台工程师）。不过，当时你可能会对这个结论有所疑惑：大家不都说 Kubernetes 是一个运维工具吗？怎么就和平台工程师搭上关系了呢？

事实上，Kubernetes 项目发展至今，已成为云计算领域中平台层当仁不让的事实标准。但这样的生态地位并不是一个运维工具或者 DevOps 项目所能达到的。其中的原因也很容易理解：Kubernetes 项目的成功，是云计算平台上的众多平台工程师用脚投票的结果。在学习完本书之后，相信你也应该能够明白，云计算平台上的平台工程师所关心的，并不是调度、资源管理、网络或者存储，他们只关心一件事——Kubernetes 的 API。

这也是为什么，在 Kubernetes 这个项目里，凡是跟 API 相关的事情就都是大事儿；凡是想在这个社区构建影响力的人或者组织，就一定会在 API 层面展开角逐。这个“API 为王”的思路，早已经深入 Kubernetes 里每一个 API 对象的每一个字段的设计过程当中了。

所以，Kubernetes 项目的本质其实就是“控制器模式”。这个思想不仅是 Kubernetes 项目里每一个组件的“设计模板”，也是 Kubernetes 项目能够将平台工程师紧紧团结到自己身边的重要原因。作为平台的构建者，能够用一个 YAML 文件表达一个非常复杂的基础设施能力的最终状态，并且自动地对应用进行运维和管理，这种信赖关系就是连接 Kubernetes 项目和平台工程师最重要的纽带。更重要的是，当这个 API 趋向于足够稳定和完善时，越来越多的平台工程师会自动汇集到这个 API 上来，依托它所提供的能力构建出一个全新的生态。

事实上，在云计算的发展历程中，像这样围绕一个 API 创建出一个“新世界”已有先例，这正是 AWS 和它庞大的用户生态的故事。这一次 Kubernetes 项目的巨大成功，其实就是 AWS 故事的另一个版本。只不过，相比于 AWS 作为网络、存储和计算层提供运维和资源抽象标准的故事，Kubernetes 生态更进一步把触角探到了平台工程师的边界，使得平台工程师有能力聚焦在如何服务好应用的运行状态和运维方法，实现了经典 PaaS 项目很多年前就已经提出，却始终没能实现的美好愿景。

这也是为什么本书一再强调，Kubernetes 项目里最重要的是它的“容器设计模式”，是它的 API 对象，是它的 API 编程范式。这些都是未来云计算时代的每一个平台工程师需要融会贯通，融入自己技术基因里的关键所在。也只有这样，作为平台工程师，你才能开发和构建出符合未来云计算形态的应用基础设施能力。而更重要的是，再借助 Open Application Model 等构建上层应用平台的标准化框架，你就能够让自己系统级的技术工作通过更加友好的方式透出给用户，让 Kubernetes 和云原生真正产生价值。

通过本书的讲解，希望你能够真正理解 Kubernetes API 背后的设计思想，并领悟 Kubernetes 项目为了赢得开发者信赖的“煞费苦心”。更重要的是，当你带着这种“觉悟”再去学习和理解 Kubernetes 调度、网络、存储、资源管理、容器运行时的设计和实现方法时，才会真正触碰到这些机制隐藏在文档和代码背后的灵魂所在。

所以，当你不太理解为什么要学习 Kubernetes 项目时，或者你在学习 Kubernetes 项目感到困难时，不妨想象一下 Kubernetes 就是未来的 Linux 操作系统。在这个云计算以前所未有的速度迅速普及的世界里，Kubernetes 项目很快就会像操作系统一样，成为每一个技术从业者必备的基础知识。而现在，你不仅牢牢掌握住了该项目的精髓，也就是声明式 API 和控制器模式；掌握了这个 API 独有的编程范式，即 Controller 和 Operator；还以此为基础详细地了解了该项目每一个核心模块和功能的设计与实现方法。那么，对于这个未来云计算时代的操作系统，还有什么好担心的呢？

所以，本书阅读的结束，其实是你技术生涯全新的开始。相信你一定能够带着这个“赢开发者赢天下”的启发，在云计算的海洋里继续乘风破浪，一往无前！